中国城市科学研究系列报告
Serial Reports of China Urban Studies

中国绿色建筑2023
China Green Building 2023

中国城市科学研究会　主编
China Society for Urban Studies（Ed.）

U0179233

中国建筑工业出版社
CHINA ARCHITECTURE & BUILDING PRESS

图书在版编目（CIP）数据

中国绿色建筑. 2023 ＝ China Green Building 2023/
中国城市科学研究会主编. — 北京：中国建筑工业出版
社，2024.2
（中国城市科学研究系列报告）
ISBN 978-7-112-29608-8

Ⅰ．①中… Ⅱ．①中… Ⅲ．①生态建筑－研究报告－
中国－2023 Ⅳ．①TU18

中国国家版本馆 CIP 数据核字(2024)第 020236 号

本书是中国城市科学研究会绿色建筑与节能专业委员会组织编撰的第 16 本绿色建筑年度发展报告，旨在全面系统总结我国绿色建筑的研究成果与实践经验，指导我国绿色建筑的规划、设计、建设、评价、使用及维护，在更大范围内推广绿色建筑理念、推动绿色建筑的发展与实践。本书共设置 7 个篇章——综合篇、标准篇、科研篇、交流篇、地方篇、实践篇和附录篇，力求展现我国绿色建筑在 2022 年度的发展全景。

本书可供从事绿色建筑领域技术研究、开发和规划、设计、施工、运营管理等专业人员、政府管理部门工作人员及大专院校师生参考使用。

责任编辑：杨　允　刘婷婷　李静伟
责任校对：赵　力

中国城市科学研究系列报告
Serial Reports of China Urban Studies
中国绿色建筑2023
China Green Building 2023
中国城市科学研究会　主编
China Society for Urban Studies（Ed.）
＊
中国建筑工业出版社出版、发行（北京海淀三里河路 9 号）
各地新华书店、建筑书店经销
北京红光制版公司制版
北京同文印刷有限责任公司印刷
＊
开本：787 毫米×1092 毫米　1/16　印张：29¼　字数：585 千字
2024 年 2 月第一版　　2024 年 2 月第一次印刷
定价：**89.00** 元
ISBN 978-7-112-29608-8
　　　(42321)

《中国绿色建筑 2023》编委会

代　序

当前"双碳"战略设计存在六大误区

仇保兴

党的二十大报告指出，推动经济社会发展绿色化、低碳化是实现高质量发展的关键环节。而城市又是"双碳"战略实施的重要主体，但由于"双碳"战略是一项全新的战略部署，习惯于旧增长模式的基层党政干部在短期内还难以适应并缺乏相应的知识储备。"双碳"战略能不能顺利实施，这不仅是各级政府的责任，也是企业长远的责任。本文正是从城市政府管理者和企业的可持续发展分析入手，提出当前"双碳"战略设计需要避免六大误区。

第一个误区，妄图通过购买绿电、CCER 来代替减碳。当前部分企业甚至地方政府认为，只要购买足够的绿电，或者用 CCER 来代替减碳就能实现该单位、地区的碳中和，但这实际是短视的行为。如果只是针对一个展会，或者举行的某一个短期研究项目，其过程碳排放是可以通过 CCER 这种碳交易来完成减碳的，但这也是将减碳责任临时转嫁给其他降碳企业。从长远角度看，这是减碳的外包，把社会责任和生态责任推卸给其他社会主体了。低碳是一种长期生活和生产方式的转变，而这种"外包"模式显然是不能被大规模推广的。

此外，目前社会上大量出现的"CCER 碳中和证书"其实是有一定误区的。"双碳"战略的实践，始终是需要企业和地方政府实践生产活动、生产方式的低碳化转变，实现碳中和必然需要通过社会主体自身进行节能减排，或者发展可再生能源来使自身的碳排放得到中和，这才是可持续的方式。这就需要做出很大的、非常复杂且艰巨的努力，因此"双碳"战略也是长期且艰巨的创新过程。

现代城市是非常复杂的社会经济和自然的复合结构，但也可以被简化为几种模块——建筑、交通、废弃物处理、工业、碳汇农业农村。只要在某一个方面获得技术创新，就能获得碳减排。例如中国城市科学研究会已经发布的《碳中和建筑评价导则》，首先就要求了建筑本身要通过节能减排或自身创造的可再生能源作为一种基础的碳减排方式，在此基础上，我们再要求增设一些对社会生态有影响的要素，例如提高了绿电比例、对电网能够主动地相应调节等。

第二个误区，栽培"超级生物"，利用生物质能源实现碳中和。许多地方政府甚至一些植物学专家认为，可以通过一种以我国本土野生芦竹为母体，采用现代生物育种技术进行科学诱导驯化、组培繁育出的新型高产能源作物"超级芦竹"来获得大规模的可再生能源，他们认为如果这种生物质能源能够大面积种植，就可以使碳中和顺利实现。据介绍，"超级芦竹"可在荒地、滩涂地、沼泽地、盐碱地等 pH3.5～pH9 的土壤环境中生长。一次种植可连续收割 15～20年，干生物量达 5～10t/（亩·年），为玉米秸秆的 7 倍、水稻秸秆的 15 倍以上。不少植物学家认为这种"超级芦竹"还具有超强的碳汇能力，是森林的 25～40 倍。

因此很多权威专家宣称，我国只要拿出 11 亿亩左右土地种上芦竹，就可以满足全国 50％以上的可再生能源的需求。照此说法，岂不是只要在足够多的土地上种上这种植物就能直接解决我国碳中和难题实现一劳永逸了？但事实上在年降雨量小于 1000mm 的地方是不可能种植存活这类高耗水作物的。按照植物固碳所需水量比例计算，1kg 生物量固碳需要 100～300kg 水，植物吸收的 99.5％的水分都会自然蒸发"浪费"，只有 0.1％～1％的水量能被植物吸收转化为固碳植物纤维素。事实上，植物固碳用水的效率都明显低于 1％，不同种类植物都差别不大，包括超级芦竹。

可以想象，若按照每亩超级芦竹能生产 5t 干物质计算，则每年需要的用水量为 500t，若蒸发系数为 2.5，则每亩种植的超级芦竹至少需要 1250t 水。由此可见，在我国大面积地推行超级芦竹的种植，不长途调水灌溉是不可能实现的。只有少数地方能满足年降水量 1000mm 以上的条件，但用地与传统粮食作物高度重叠，若采用长途输调水需要大量的能源和占用耕地。我国能够满足超级芦笋种植条件，而且不用长距离调水的地方仅有江南的小部分区域，但这些地方也基本是高产粮田。碳中和没有捷径可走，试图通过种植某种人工改良的超级植物来低成本地实现某省或全国性减碳，显然是不可能的事情。从可再生能源可开发总量来看，我国陆上风能可开发量理论值为 3000 亿 GJ 以上，陆上光伏发电理论值更高达百万亿 GJ（比 2060 年我国预计用电量 1000 亿 GJ 还要多出上千倍）。由此可见，以城市为主体大力发展太阳能光伏、陆上或海上风电，再结合有效的储能才能替代传统化石能源，形成可行的碳中和路线图，而生物质能源只能是一种区域性、补充性可再生能源。

第三个误区是林木碳汇的提升占比过大。从各个城市的双碳方案路线图、未来规划蓝图来研判，许多城市错误地认为，碳汇的提升能够对"碳中和"贡献 20％甚至 30％的份额，这显然是错误的。根据经验判断，一个县甚至一个省，一个城市的林木碳汇再提高，也仅能贡献 3％～5％的减碳份额。

为什么会产生这么巨大的误区？这是受到了一些错误的文章的引导。例如，国际知名学术期刊《自然》曾发表的所谓的多国科学家最新研究成果显示，2010—2016 年中国陆地生态系统年均吸收约 11.1 亿 t 碳，吸收了同时期人为碳排放的

45%。文章指出：该研究成果表明，此前中国陆地生态系统碳汇能力被严重低估。

这个结论有两个错误。一是我国的陆地系统，根据现在所作的模型，也没有那么高的碳可以吸收。如果吸收了，到了年终即冬季大部分植物自然枯萎，原来固碳量肯定是又要排回去了。二是我国 2010—2016 年，每年的碳排放已经接近 100 亿 t，就是吸收了 11 亿 t 的碳排放，怎么可能达到 45%？最多是 11%，所以这种算法明显存在错误。

根据中共中央、国务院发布的文件，我国近些年碳汇任务是"森林蓄积量从 2025 年 180 亿 m^3 增加到 2030 年 190 亿 m^3（相当于每年可增碳汇 3.6 亿 t）"。这与国际知名学术期刊《自然》的数据是明显矛盾的。实际上，我国近些年每年排放的二氧化碳超过了 100 亿 t，如果真如同《自然》所说的"吸收了同时期人为碳排放的 45%"，那么我国每年林木碳汇的量应该在 50 亿 t 左右。这些具有明显错误的文章被大量引用，才会导致这些误区的产生。

但是，我们不能忽略自然界具有巨大的潜在的碳调节能力，碳调节能力最大的还是海洋，从单位面积来看，每平方公里的碳吸收能力，海洋是森林的 10～20 倍，而森林是草原的 10～20 倍。完成减碳是一个伟大的事业，但要在科学研究上下功夫。

第四个误区是过分地依赖碳封存，即 CCUS。根据研究测算，国际国内一致的意见是不包括运输和封存成本，国外捕集 CO_2 的成本为 11～57 美元/t，而我国煤发电厂工艺流程中的低浓度 CO_2 捕集成本为 300～900 元/t。煤化工工艺流程中的高浓度的 CO_2 捕获比较容易，但成本仍达 200～600 元/t，而且这还不包括运输与封存过程中发生的成本。

在 2020 年，根据 E&ENews 网站的报道，由于油价偏低，由美国 NRG 能源公司（NRGEnergy Inc.）支持的 Petra Nova 碳捕集设施已经停止捕集 CO_2。也就是说，曾被视为碳捕捉的一盏明灯，也是美国唯一的一家大型商业碳捕集发电厂自 2017 年 1 月投入运行以来首次停运。

当然，目前也有人提出，能不能把 CO_2 运到油田，替换水，把其作为增加开采石油的填料，可"一举多得"进行碳封存。但事实是，从生产总量上看，我国 2020 年产油量仅为 2 亿 t，全部等量注入 CO_2 也仅为我国每年碳排放量的零头。从单位成本看，通过注水增加石油开采量与注 CO_2 成本相差百倍，而且通过收集、浓缩、运输和注入封存 CO_2 也需要很高的能源消耗。在全球范围来看，通过传统的碳封存技术（CCUS 或 CCS）几乎没有成功的商业案例。但大自然早就存在的许多"低成本"的碳封存模式值得人类去借鉴：海洋中的贝类与珊瑚虫等生物能将水中的 CO_2 与钙相结合形成碳酸钙类物质，后者作为碳封存的中介质至少能将碳封存千年以上，而且在这一过程中几乎不消耗能源，这非常值得科学家们进行探索。

第五个误区是没有区分灰氢和绿氢。许多企业家、许多地方政府都把发展氢能源作为自己减碳的主要手段,但他们不知道我们现在的氢能源方案走的是纯氢的方案,实际上是充满着陷阱的。

第一个陷阱,例如我们推行的氢能源汽车,作为燃料的氢如果来自于化工燃料,当前我国97%纯氢来自于天然气或煤炭,如果纯氢是天然气转化过来的,成本最低,但这样的氢气是"灰氢",将这类"灰氢"作为燃料汽车的燃料的话,从全生命周期算,它产生的碳排放比直接烧柴油汽油还要高20%以上。来源于生物质或通过太阳能和风能转化的H_2,就被称为"绿氢",碳排放就降低了20倍。

由此可见,同样是氢,绿氢与灰氢是明显不同的。我们需要意识到,人类能源利用进入了这么一个新历史阶段,针对同样种类的交通燃料而言,其来源是非常重要的一个减碳大问题。

第二,氢能源最大的危险在于它极易爆炸的特性,即在密度4%~70%之间都是非常容易点燃爆炸的。为什么也有很多专家说氢能源、H_2泄漏不容易爆炸,那是因为由于氢气比较轻,所以在空旷的原野中逃逸快,但我国各个城市都是密集型住宅区,80%的汽车如果都要停在大楼的地下车库,地下车库是密封的空间,一旦发生H_2泄漏,就会引起连锁爆炸,这是非常危险的。所以许多方案在国外人口密度稀少的郊区行得通,在我国密集的大城区则行不通。

第三,因为H_2逃逸量非常大,运输成本非常高。所有的纯氢如果运输的距离超过200km,运输费比运输氢的价值还要高,所以不适宜长途运输;加上氢气可以与钢铁相互作用产生"氢脆",使钢铁的结构遭到破坏,必须要用昂贵的特殊材料,因此长距离运输氢很难实现。

第四个问题是加氢站投资太大,往往是一般加油站的50倍以上,这些问题都是目前无法得到解决的。

正是由于以上诸多问题,我们需要换个思路来完成氢能源的发展,即人类要学习大自然把氢转化成绿色甲醇或者绿氨等稳定的氢化合物载体。只要将氢转化成绿色甲醇和绿氨就能轻易地储存、运输,同时也能低成本与煤掺杂混烧来大幅度降低煤发电的碳排放。

第六个误区,过去数百年工业文明的成就,使得我们推崇建造大而集中的化学储能。众所周知,可再生能源有波动性,需要进行调峰储存进行平衡,这是一个基本常理——发展100万kW的可再生能源,至少需要30kW,就是1/3的容量用来储能。但如果我们沿用工业文明,建设大型、集中、中心控制式的储能站,则肯定是错误的。

有一个非常惨痛的教训。在2022年4月16日,北京市丰台区一个25MW·h直流光储充一体化电站发生起火，在对电站南区进行处置过程中，电站北区在毫无征兆的情况下突发爆炸，导致两名消防员牺牲。从此，北京市下了一个命令，所有大型化学储电站一律停止投资建设，这是血的教训。因为越大型、越集中的化学储能越具爆炸性危险，有专家认为这与将大规模杀伤性武器安置在城区无本质差别。

从全国来看，如果电力系统整个进行转型，还需要大量的储能设备。储能方面首先要考虑到安全，其次考虑到成本。

未来有两个方向值得科学家和企业家做出努力：第一个方向，建筑脱碳和储能的潜力在于社区的"微能源"。从目前的趋势来看，在 2030 年我国将会有 1 亿辆电动车，目前每辆电动车的储电能力平均是 70 度电，按每年每辆电动车充放电 100 次计算，全年储能调节能力为 7000 亿度，相当于将 7 个三峡电站改为抽水蓄能电站。这样巨量的储电能力若合理调配就能使未来电网稳定运行。例如，通过利用社区的分布式能源微电网以及电动车储能组成"微能源系统"，在电网处于用电峰谷的时候，使所有社区停放的电动汽车进行自动低价充电；当电网处于用电峰顶时，可以借用电动车所储的电按峰谷差价出售给电网一部分电力，这既能对电网用峰谷能进行调节，又能为电动车主带来利润。如果外部突发停电，社区也可以借助各家各户的电动车电能作为社区的临时能源供应。如此一来，这样的居民小区实际上就是一个发电单位，也是一个韧性很强的虚拟电厂。更重要的是，比起传统的大型化学电池蓄能，这种分布式的社区微电网在储能成本、韧性安全保障能力等方面都有显著的优势。

另外一个方向是利用抽水蓄能进行可再生能源的储能调峰。因为抽水蓄能不仅效率很高，可以达到 80%，更重要的是一旦建成可以使用百年以上，这个过程中间损耗很小，是最绿色的储能模式。但是，建设成本很高，周期长达 15 年，这就是我国在两个五年规划中都没有完成任务的原因。解决之道在于充分利用我国现有的 9 万多个已建成的水库中合适的一部分水库进行抽水储能。

按照我国《抽水蓄能中长期发展规划（2021—2035 年）》，2035 年需要达到 3 亿 kW 抽水储能总容量。国家电网总工程师陈国平介绍："2030 年我国要想实现 12 亿 kW 新能源装机容量，至少需要匹配 2 亿 kW 的储能，但我国现有的抽水蓄能装机仅为 4000 万 kW 左右，受制于建设周期，到 2030 年我国抽水蓄能装机最多只能达到 1 亿 kW。"由于新建抽水蓄能电站面临选址难、征地拆迁难和开山修公路生态环保审批难等障碍，已经连续两个五年计划未完成预定建设任务。我国实际在建抽水蓄能电站总规模为 5513 万 kW，全部投产也仅满足需求量的 30% 左右。从装机总量来看，我国抽水蓄能占电力装机总量的 1.4%，远低于日本的 8% 以及意大利、德国等国家的 3%～6%，发展空间巨大且需求紧迫。

因此，将现有具备抽水蓄能条件的中小型水库改装成多功能抽水储能电站，不仅可以解决新增可再生能源的储能比问题，还能利用水库改建机会解决病险水库维修资金缺口难题，实现病险水库的大规模加固，同时抽水蓄能电站稳定的储能性，也能快速解决我国"弃风、弃光"问题。

总之，第一，"双碳"路线图的设计和制订需要科学的态度，需要跨学科团队艰苦持续的创新研究，没有捷径可走；第二，"双创"是唯一引领"双碳"的途径，90％以上的"双碳"科技与政策工具都将在未来涌现；第三，"双碳"需要对固有的知识进行更新，把固有的利益格局打破，同时突破传统的思维框架；第四，"双碳"战略需要更多市场主体和社会主体的参与，参与主体越多，主动性越强，"双碳"蓝图实施的成功率越高；第五，城市再次成为"双碳"和经济增长竞争的主体和创新的平台，抓住这一机会，不仅能够实现城市经济"二次腾飞"，更能使我国"双碳"战略从上而下"构成"与从下而上"生成"相互协同，形成坚韧灵活的碳中和能源新体系。

前　言

"十四五"时期是开启全面建设社会主义现代化国家新征程的第一个五年，也是落实 2030 年前碳达峰、2060 年前碳中和目标的关键时期。2022 年 3 月，住房和城乡建设部印发《"十四五"建筑节能与绿色建筑发展规划》（简称《规划》），《规划》部署了九大主要任务，明确了 5 项保障措施，为全面提升建筑节能与绿色建筑发展水平、加强高品质绿色建筑建设指明了实施路径。

为了全面系统总结我国绿色建筑的研究成果与实践经验，指导我国绿色建筑的规划、设计、建设、评价、使用及维护，在更大范围内推广绿色建筑理念、推动绿色建筑的发展与实践，中国绿色建筑委员会组织了绿色建筑年度发展报告编写。本书是系列报告的第 16 本，展现了我国绿色建筑在 2022 年度的发展全景。本书以国务院参事、中国城市科学研究会理事长仇保兴博士的文章"当前'双碳'战略设计存在六大误区"作为代序，共设置 7 个篇章——综合篇、标准篇、科研篇、交流篇、地方篇、实践篇和附录篇。

第一篇是综合篇，从行业视角介绍和分析了当前的新动向、新思路和新举措，阐述了在绿色发展方针指引和双碳目标约束下，关于我国绿色建筑的演化和未来发展趋势、全面实现绿色建筑新时代、走中国特色绿色建筑发展之路等内容的思考，以及智能建造、城市地下空间建设、数字化时代更新、建筑结构防震减灾、太阳能技术与双碳目标等内容的思考。

第二篇是标准篇，选取年度具有代表性的 1 个国家标准、3 个地方标准、3 个团体标准，分别从标准编制背景、编制工作、主要技术内容和主要特点等方面，对绿色建筑领域的最新标准编制情况进行介绍。

第三篇是科研篇，通过介绍 7 项代表性科研项目，反映"十四五"期间绿色建筑技术的进步与展望，以期通过多方面的探讨与交流，共同提高绿色建筑的新理念、新技术，走可持续发展道路。

第四篇是交流篇，本篇内容由中国城市科学研究会绿色建筑与节能专业委员会各专业学组共同编制完成，旨在为读者揭示绿色建筑相关技术与发展趋势，推动我国绿色建筑发展。

第五篇是地方篇，主要介绍了上海市、江苏省、浙江省等8个省市开展绿色建筑相关工作情况，包括地方发展绿色建筑的政策法规情况、绿色建筑标准和科研情况等内容。

第六篇是实践篇，本篇从2022年的新国标绿色建筑项目和国际双认证项目中，遴选了6个代表性案例，分别从项目背景、主要技术措施、实施效果、社会经济效益等方面进行介绍。

附录篇介绍了绿色建筑定义和标准体系、中国绿色建筑委员会、中国城市科学研究会绿色建筑研究中心，并对2022年度中国绿色建筑的研究、实践和重要活动进行总结，以大事记的方式进行了展示。

本书可供从事绿色建筑领域技术研究、规划、设计、施工、运营管理等专业技术人员、政府管理部门、大专院校师生参考。

本书是中国绿色建筑委员会专家团队和绿色建筑地方机构、专业学组的专家共同辛勤劳动的成果。虽在编写过程中多次修改，但由于编写周期短、任务重，文稿中不足之处恳请广大读者朋友批评指正。

本书编委会
2023年8月8日

目　录

— 14 —

第一篇 | 综 合 篇

　　党的二十大报告明确提出要"推动绿色发展,促进人与自然和谐共生""加快发展方式绿色转型""积极稳妥推进碳达峰碳中和,推进工业、建筑、交通等领域清洁低碳转型"。2022 年 3 月《住房和城乡建设部关于印发"十四五"建筑节能与绿色建筑发展规划的通知》提出,到 2025 年,我国城镇新建建筑将全面建成绿色建筑,建筑能源利用效率稳步提升,建筑用能结构逐步优化,建筑能耗和碳排放增长趋势得到有效控制,基本形成绿色、低碳、循环的建设发展方式。

　　本篇收录来自多位权威专家对行业发展现状、趋势判断及经验总结的最新研究。国际欧亚科学院院士、住房和城乡建设部原副部长仇保兴撰文,对我国绿色建筑的发展阶段进行了梳理,阐述了绿色建筑发展中出现的若干误区以及推进绿色建筑的发展因素。中国工程院院士吴志强撰文,探讨数字化时代的城市更新并提出实施路径。中国工程院院士刘加平撰文,剖析我国推广绿色建筑所面临的难题,针对区域介绍了绿色建筑技术的研究与应用,并对绿色建筑的发展提出了建议。中国工程院院士周绪红撰文,对"双碳"背景下推进智能建造的发展提出了思路。中国工程院院士陈湘生撰文,介绍了低碳视角下的城市地下空间开发技术。中国工程院院士吕西林撰文,总结了建筑工程中混凝土结构防震减灾中的减碳方法与技术,并对未来的发展方向进行了展望。中国科学院院士褚君浩撰文,结合能源环境和双碳目标的大背景,介绍了太阳能技术新进展。住房和城乡建设部原总工程师王铁宏撰文,深刻分析了中国城市建设转型发展需要高度关注的问题。中国建筑学会理事长修龙撰文,回顾了我国绿色建筑的发展,指出中国特色的绿色建筑发展之路,并分享了典型案例。

新发展理念坚持以人民为中心,绿色建筑目标就是为人民群众的美好生活提供保障。期盼读者能够通过本篇内容,对行业发展趋势有更好的理解。

1 绿色建筑的演化与未来

1 The Evolution and Future of Green Buildings

早在 2006 年,我国就颁布了《绿色建筑评价标准》GB/T 50378—2006,至今已更新到第三版。根据该评价标准,绿色建筑是指"在全生命周期实行节能、节水、节材,室内空气环境良好的建筑"。由此可知,"安全、宜居和生态可持续性"是绿色建筑的 3 个特征,也被称为绿色建筑的"铁三角"(图 1)。

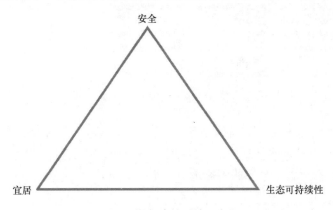

图 1 绿色建筑"铁三角"

时至今日,绿色建筑经历了 5 个重要的发展阶段。第一阶段开始于 2005 年 3 月,标志性事件是国家六部委联合召开首届"绿色建筑大会",提出"中国的节能建筑应该迈向国际通用的绿色建筑"。第二阶段开始于 2006 年 3 月,标志性事件是第二届绿色建筑大会颁布了我国首部绿色建筑方面的国家标准《绿色建筑评价标准》GB/T 50378—2006。第三阶段开始于 2008 年 3 月,标志性事件是"中国城市科学研究会绿色建筑与节能专业委员会(China Green Building Council,简称 China GBC)"成立。第四阶段开始于 2013 年,标志性事件是经国务院批复,《绿色建筑行动方案》正式发布;《国家新型城镇化规划(2014—2020 年)》提出城镇绿色建筑在新建建筑中占比要从 2012 年的 2% 提升到 2020 年的 50%。第五阶段开始于 2015 年,标志性事件是国家主席习近平在联合国气候变化巴黎大会上发表重要讲话,指出需要"发展绿色建筑和低碳交通、建立全国碳排放交易市场等一系列政策措施,形成人与自然和谐发展的现代化建设新格局"[1]。这五个阶段对应着绿色建筑发展过程中的里程碑事件,标志着我国绿色建筑事业在不同阶段的不同成就。

　　过去十几年，绿色建筑顺应时代需求，从节地省能到低能耗建筑、被动房、近零能耗建筑乃至零能耗建筑，种类越来越丰富。从建造过程和模式角度，首先提出了装配式建筑，接着是模块化建筑、智能建筑以及全钢建筑，未来还可以是3D打印建筑。从建筑与人的关系角度，提出了适老建筑、健康建筑和立体园林建筑。从建筑的乡村化角度，提出了乡村绿色建筑、生土建筑，甚至是未来的地埋式建筑。从建筑与环境的适应性视角，尤其是从能源的角度，提出了主动房、正能房以及光伏与直流电柔性结合的产物——光伏柔直正能房。（图2）

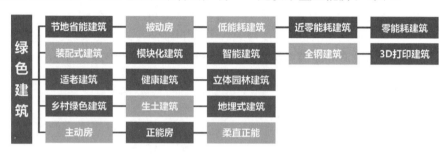

图2　绿色建筑的多种模式

　　随着绿色建筑的覆盖范围越来越广、品种越来越丰富（图3为2011—2017年全国累计绿色建筑面积），从一般住宅、办公楼，到厂房、医院、酒店等，各个领域的建筑都形成了具体的国家建筑评价标准。

图3　2011—2017年全国累计绿色建筑面积

　　然而，在绿色建筑的发展过程中，不可避免地存在一些技术误区和经验教训，值得引起注意并做出反思。

　　盲目认为装配率、工业化程度越高越好。早在20世纪50年代，我国的大板结构住房（简称"大板房"）等建筑的装配率就曾达到100%。苏联、南斯拉夫等国家和地区为我国提供了大量的大板房技术，但这种大板房的抗震、保温、防水等性能都较差，目前这类建筑都已逐步被淘汰。因此，不能完全以"装配率的高低"评价建筑的质量和能效。

盲目应用非常昂贵的高新技术。有的建筑体量不大，却耗费大量资金建造，这类建筑不宜作为绿色建筑的样板。例如，有报道称，美国头部企业亚马逊公司的伦敦办公大楼耗资上百亿美元。尽管它采用了许多新奇的技术，但却不具备普适性和可推广性，不值得推崇。

盲目追求中心化控制与过大的规模。不少地方建设三联供、四联供的能源中心，意图通过各类中心化控制对片区进行运营管理，把规模大、供应范围广、控制度高作为绿色建筑的衡量标准。实际上，从目前的技术发展来看，绿色建筑更应采用分布式的空调和能源系统，以精准控制实现减碳降耗。

盲目认为运行能耗越低越好。当前，许多零碳建筑、零碳社区乃至零碳工厂，它们所体现的节能减排往往是运行过程中的零碳。但减碳跟绿色建筑一样，应强调全生命周期内的节能减碳，而不仅仅是在运行环节上实现节水、节地、节电等。

忽视当地气候适应性与原材料的可获得性。农村地区建房应鼓励就地利用本地建材，生土建筑的概念由此而来。实验证明，夯土建筑每立方米比热容量约为混凝土建筑的1倍，而改良后的抗震夯土建筑不仅成本低廉，同时也是最节能的。它凝聚着老百姓的历史生活经验与古老的中华智慧。

重设计、重施工，轻运行、轻维护。绿色建筑是一门精细活儿，必须通过维护来实现真正的节能。虽然近年来绿色建筑的面积大大增加，但绿色建筑运行标识的增加速度却跟不上。

绿色建筑应具备以下基本特征：

当地气候适应性。绿色建筑是一种环境适应性建筑，是与周边环境、气候融合生成的绿色细胞。例如，建筑围护结构节能技术，使建筑的能源系统和围护结构能够像鸟儿一样自动更换羽毛，并随着气候变化自行调节，使建筑的用能模式发生适应性变化。

多样性。绿色建筑的形式、品种多样化是其生命力的本质特征。只要符合"四节一环保"（即节能、节地、节水、节材和环境保护）的建筑模式，就蕴含"绿色"，不宜用行政手段或命令强制约束绿色建筑的类型。多样化、群设计应成为绿色建筑质量提升的新突破口，要防止单体优秀的建筑集合起来成为单调丑陋的建筑垃圾群。要通过双向创作，使更多建筑物转变成为绿色建筑，并进一步成为绿色社区、绿色城区。

全生命周期减碳。应从全生命周期的视角来衡量绿色建筑的可持续性特征。在美国、日本等国家，多层建筑中钢结构建筑面积占总建筑面积的比例已超过

40%，但在我国，这一数字还不到5%。钢结构或木结构的建筑在回收利用和整个生命周期中的碳排放比较低，而我国以钢筋混凝土建筑为主，建筑物碳排放比其他国家和地区要高出10%左右。由此可见，应更多地关注建材的生产和品种，关注其他环节的碳排放效应。

无废循环性。城市的建筑应该成为城市的矿山。经过工业革命，全球80%以上的可利用矿产资源已经从地下转换成地上的、城市的矿产储备。如果这些建筑用耐候钢（图4）或不锈钢来建造，那么100年甚至200年后，我们的子孙后代还可以百分百地对其进行回收利用。这不仅能降低建筑能耗，更重要的是降低未来钢铁生产等环节的能耗，从而使绿色建筑的优势延伸到其他行业的减碳脱碳。

图4　符合"城市矿山"理念的耐候钢建筑

可负担性。绿色建筑应该是人人都能住得起、用得起的好建筑。在偏僻、贫困的乡村地区，建筑师更应该就地取材，把建材的能耗降低，并借助优良的绿色设计，在控制成本的前提下，提升抗震和其他方面的地方适应性。

集群脱碳性。绿色建筑不仅单体能够减碳，相互之间结合起来时还能发挥更理想的绿色效果。不同能源系统之间通过网络、信号等形式协调联动，将每个单元的能耗可视化，能有力地调动建筑物使用者的节能行为并提高其节能意识，最大限度地实现节能减排。

进入工业文明以来，世界各地的人们创造出许多的立体绿化模式，从最初较为简单的绿植墙，演化成现在各种园林阳台、搭积木模式、立体农业等。这些模式之间相互交融，不断演变，将来还可能创造出更多和更宜居美观的新模式。

意大利建筑师斯坦法诺·博埃里（Stefano Boeri）在米兰设计建造了"垂直森林"（图5）。两座摩天"树塔"分别高80m和112m，其上种植大中型树木400多棵、小型树木300多棵、多年生植物1.5万株、灌木丛5000株，相当于把等量于2万m²的林地或灌木丛植被集中在了一个3000m²的城市建筑立面上。与普通玻璃或石头等"矿物"材质的建筑物立面不同，这种基于植物的防护罩并不反射或放大阳光，而是对其进行自然过滤，从而创造出一种舒适的室内微气候。

图 5　米兰"立体森林"投入使用后的内外室景

与此同时，这个"绿色窗帘"还可以调节湿度、产生氧气、吸收二氧化碳和微粒。对使用者而言，这座建筑物带来的是"人在景中、景在城中"的新奇体验[2]。

再如日本空中花园 ACROS 福冈（图 6），它是福冈市国际文化信息交流中心所在。ACROS 福冈英文全称为"Asian Crossroads Over the Sea-Fukuoka"，意为"越过海洋，连接亚洲"。设计师把地上 14 层建筑设计成台阶状的屋顶花园，最大限度地保留了城市中心的绿色空间。建筑本身被当成"一座山体"处理，通过种植不同植被来表现"春之山、夏之荫、秋之林、冬之森"各种植物的季节变化。竣工时，屋顶花园上共有 76 种植物，草木、灌木和乔木全部计算在内约有 3.7 万株，后来通过鸟类运来新的物种以及人工追加，现在植物种类已高达 120 多种，总量也增加到约 5 万株。时至今日，这座城市中央的绿色"人工山林"，已成为福冈市民娱乐休闲的理想空间[3]。

图 6　日本福冈梯田结构立体园林

位于曼谷的泰国国立法政大学也采用了类似的梯田模式建造屋顶农场（Thammasat University Rooftop Farm，简称 TURF）（图 7），使整座大学成为该国节能节水建筑的典范。所有的雨水都被收集用于梯田植物的栽培，还形成了各种各样的试验田。师生们常在这些试验田里面劳作和收获。在漫长的夏季，立体园林使空调能耗降低 50%，那是因为整座建筑处于被梯田"水冷却"的状态。这座面积达 2.2 万 m^2 的亚洲最大的城市绿色屋顶农场，通过将现代景观建筑与传统农业形态融为一体，为校园创造了一个包容性的循环经济空间，包括可持续食品生产、可再生能源、有机废物、水资源管理和公共空间。

图 7　泰国国立法政大学的绿色屋顶农场

新加坡首个为老年人设计的综合住宅区"海军部村庄（Kampung Admiralty）"，由新加坡建屋发展局（Housing and Development Board）领衔打造，其出发点是在老龄化社会为年长者打造一个宜居空间。项目的外观看似普通，建筑内庭却十分特别（图 8）。这个综合住宅区的设计借鉴了"总会三明治（Club Sand-

图 8　新加坡海军部村庄的立体园林内庭

wich)"的构造，底层是社区广场和商店，二层为餐饮区，三、四层为医疗中心，其上有托儿所，顶楼为社区公园，同时也是开放的社区农场和社区活动中心。从剖面来看，其建筑内部梯田状的绿化景观层次分明，里面的住户得以将满庭绿意尽收眼底。

欧盟地区推行的一种绿色建筑模式名为"鱼菜共生（Aquaponics）"。它是一种新型的复合耕作体系，使水产养殖与水耕栽培这两种原本完全不同的农耕技术，通过巧妙的生态设计，达到科学的协同共生，从而实现"养鱼不换水而无水质忧患、种菜不施肥而正常成长"的生态共生效应[4]。荷兰的一个实验室在其楼顶加盖了一座玻璃房（图9），基于上述原理和设计，实验室收获了40t菜和20t鱼，蔬菜产量比同等面积大田的单位产量高出50倍以上。

图9　荷兰"鱼菜共生"绿色建筑

绿色建筑在未来具有广阔的应用场景和需求。在城市社区微改造中，利用10%～20%的空间来配置如立体园林等绿色建筑，让建筑本身也成为一年四季变化不断的景观。将厨余垃圾处理终端作为立体园林建筑的生态小系统，不仅可就地消纳居民的厨余垃圾，实现废物利用，还能形成安全的蔬菜生产消费短链，未来可不断发展为生态城市的一个基本细胞。民众健康需要立体园林，立体园林是未来绿色建筑消费升级的重要模式。城市生活节奏快，忙碌的城市人无法像居住在郊区或乡村的人们那样，随时随地亲近自然。而位于城市里、身边、眼前的立体园林建筑，便成为人们日常放松身心的最佳场所，在露台、阳台、天台上开展适度种植，更是人们体验绿色生活、重拾乡愁的最好归宿（图10）。

绿色建筑是包容量非常大的自主体系，在未来应鼓励各种绿色建筑技术和模式的创新应用与实践总结。通过有效的管理提升绿色建筑的质量，在建筑的全生命周期重视绿色与环保，力求让绿色建筑的设计、运行等环节尊重自然环境和本土文化，符合民众与全社会的长远利益。最后，应通过绿色建筑微循环体系的小范围测试推动其普及。只有微循环体系的链路打通，才有可能逐步建立全社会循

图 10　位于成都的立体园林建筑

环经济和绿色经济的新体制。

作者：仇保兴（国际欧亚科学院院士，住房和城乡建设部原副部长）

参考文献

［1］　习近平. 习近平谈治国理政第二卷［M］. 北京：外文出版社，2017.

［2］　博埃里建筑设计事务所. 垂直森林［DB/OL］https：//www. stefanoboeriarchitetti. cn/ project/垂直森林/. 2022-12-10.

［3］　殷丽峰，李树华. 日本屋顶花园技术［DB/OL］. http：//www. a-green. cn/document/ 200706/article169. htm. 2022-12-10.

［4］　刘士勇. 阳台创意种菜一本通［M］. 北京：中国农业出版社，2017.

2 数字化时代的城市更新：虚实再生

2 Urban renewal in the digital era: virtual and real regeneration

摘　要：城市更新已上升为国家战略行动，对城市更新的研究和探索越来越紧迫和重要。同时，伴随着数字技术的快速发展，城市更新也迎来了全新的机遇和挑战。本文着重探讨了数字化时代的城市更新，以笔者几十年来积累的城市更新实践为支撑，提出数字化时代的城市更新更需要回归本质，即洞悉城市演进的生命过程，持续跟踪空间主体特征，尤其注重实施落位的精细化导向。本文进一步提出数字化时代的城市更新实施路径：虚实相生，回归人本需求，精准感知；利用数字技术赋能，以虚促实；鼓励全民参与，汇聚群落智慧。

2.1 城市更新的时代要求

党的十九届五中全会审议通过的《中共中央关于制定国民经济和社会发展第十四个五年规划和二〇三五年远景目标的建议》，首次提出"实施城市更新行动"，包括"推进城市生态修复、功能完善工程，统筹城市规划、建设、管理，合理确定城市规模、人口密度、空间结构，促进大中小城市和小城镇协调发展"。

"城市更新"是一种将城市中已经不适应现代化城市社会生活的地区作必要的、有计划的改建活动，其源于实践，是规划理论与实务最具一致性的内容。"城市更新"的概念具有复杂性，将改变地区的现有特征，是一种多目标的行动，且根据地方独特的问题和潜力，融贯了政府各方面的责任，通常有不同利益相关者的合作。正是由于这些特征，"城市更新"实践也具有复杂性。

随着数字技术的快速发展，数字化时代的城市更新正在发生深刻的变革。城市更新不再仅是对物质空间的修补、改造，而可以利用数字技术实现更加全面、高效和智能的更新，将原本的实体空间单向维度扩展到虚实融合的双向空间维度，为城市更新的实施提供更大可能性。数字化时代的城市更新内涵正在发生深刻的变化，数字技术的应用使城市更新更全面、高效和智能化，这对于提高城市更新的质量和效率具有重要的意义。应用数字化方法助力城市更新，是城市更新的新机遇，更是城市更新的时代要求。

2.2 回归本质：数字化时代的城市更新要义

2.2.1 洞悉城市演进的生命过程

城市是由自然生态系统、基础设施系统、社会经济系统耦合而成的复杂有机体。这三套系统相互支持、相互支撑，不能偏废。自然生态系统为人类提供了广泛的产品和服务，是人类赖以生存繁衍的生命支持系统，是人和社会持续发展的根本基础；基础设施系统是城市有序有效运行的保障；社会经济系统是城市发展的核心动力，不同经济活动的频繁交互是城市经济的本质特征，也是城市形成、生存和发展的重要推动。任何生命体一定是在不断的生长和演化过程中的，也一定需要不断的吐故纳新和更新改造。"城市更新"是城市这个有机体生长中的一个过程，城市发展推动着城市更新。

笔者在德国柏林参与旧城改造时深刻地认识到，城市是由主体和客体两部分构成的（图1），客体是客观存在的城市空间，主体是生存在该空间里的人群；社会的发展与演进使同一客体所容纳的主体不断变化。在柏林，西门子公司曾经建造了一座新城，为其员工提供住所。起初，新城中提供的住房是为大家庭设计的，有大型的多代同堂的房子。然而，随着时间的推移，人口素质不断提升，人们都受到过良好的教育，但对生孩子或结婚不感兴趣。因此，柏林的住房趋势转向较小的两室公寓，一个房间用于居住，另一个用于学习，这使得原有的这些房屋必须被细分，以便重新利用。故城市更新关注的从来不仅是空间问题，更是一个对物质空间重塑和社会治理重整的过程，需要从城市发展的自然生境、优质设施、空间场所、文化认同、社会善治、经济活力6个维度进行思考，结构更新、功能更新和形态更新3

图1 柏林36邮区改建规划图纸

大维度并存。在城市发展不平衡、不充分的动态历程中及时修正其问题和不良发展走向，开展"城市更新"，才能推动城市走可持续的发展之路。

2.2.2 持续跟踪空间主体特征

因为空间主体是不断变化的，更需要持续跟踪空间主体的特征。在数字化时代，随着大数据技术的发展，精准化地持续跟踪空间主体特征成为可能，精准识别到所在地区的人的集体愿景和个性需求，才能够"对症下药"。笔者团队在浙江省台州市官河古道开展的"仙元宇宙"更新实践聚焦了台州市文化街区的激活（图2）。项目建设了一个智慧中台系统，利用大数据技术分析人流动向和交通情况，并进行环境监测，能够做到实时预警，以确保街区中游客的安全并降低拥堵的风险。此外，系统结合实时人流数据分析商铺的热度和用户评价，即时反馈给商户，以促进商铺更新换代，不断提升其吸引力（图3）。

图2 "仙元宇宙"实景图

图3 感知网络架构

2.2.3 实施落位的精细化导向

城市更新就城市（或城市地区）而言是片段式的，并且是以问题和行动为导向的，有的是以项目为基础的；所有的更新地区都是特殊的，即有现状、有居民，任何的更新措施都与特定的物质空间、经济、社区组织等相关联；城市更新在重塑地区特性时，需要涉及"内"与"外"两个方面的问题，包括更新导向如何，功能如何升级转换；地区结构如何重塑，凝聚力如何激发，这都是需要面向实践探讨的问题，需要精准感知并精细化实施落地，确保城市更新工作的高效性和质量。笔者曾参与了1988年巴黎老城改建项目（图4），在老城街区中，每一栋房屋都有不同的特征和不同的主体，在改建过程中需要满足极其个性化的需求，并做到与历史肌理和谐统一，这是十分困难的事情。数字化时代为城市更新的精细化实施提供了基础，运用数据分析、智能化技术、人工智能等技术手段进行精细化操作和管理，可以极大地提高城市更新的效率和质量。同时，城市更新的精细化实施也需要强化政府和社会各方面的协作和配合，形成多方联动、共同推进的局面，以推动城市更新工作的成功实施。

图4　1988年巴黎老城改建模型

2.3　虚实再生：数字化时代的城市更新实施路径

2.3.1　精准感知：回归人本需求

"以人为本"是城市更新开展的核心要义。从人的发展需求出发，探讨城市发展的价值观追求可以看到，目前还有很多需求不能得到满足。为了更"精准"地进行城市更新，回归人本需求，精准感知是十分重要的。除了传统实地调研访谈摸排之外，可以结合相关的大数据技术来挖掘和识别愿景。笔者团队关注到社交媒体平台是传递情绪的重要媒介，采用带有地理定位的社交媒体数据来提取指定地理区域的人群情绪倾向，判断激发这些情绪的原因，可以实现对指定范围内市民正负向情绪来源的精细捕捉，帮助获取市民对该地理区域内城市空间的不满和渴望，从而为城市更新的开展提供前提。这种方法不仅可以更准确地了解市民的需求和期望，还可以更快地获取数据和信息，促进城市更新的精细化实施。

2.3.2 以虚促实：数字技术赋能

在现实世界中，城市更新常常受到人口增长、资源枯竭等因素的限制，传统的城市建设手段已经无法满足城市集体愿景对城市某些区域、空间或生活场景品质的提升要求。数字化时代提供了新的契机，借助数字技术，人们可以在虚拟世界中构建理想场景来描绘愿景。但仅在虚拟世界中描绘愿景是远远不够的，如果虚拟世界和现实世界之间没有关联，那么现实世界中的城市实体空间仍然得不到改变，故需要将虚拟世界和真实世界相互搭接、互为补充，并最终实现虚实同构。这样，就可以用虚拟世界中描绘的愿景激活城市实体空间，创造出全新的场景、服务和体验，从而扩展城市的新维度。

笔者团队在福建省福州市所开展的"福元宇宙"城市更新设计实践在第五届数字中国峰会的背景下展开，旨在激活城市滨水空间，并为第五届数字中国峰会赋能。设计以闽江两岸真实的场景作为承载，赋予虚拟对象运动轨迹，塑造流动的生命状态，注入福州市文化历史情感，并设计脉络逐步展开故事叙述：第一幕是千年穿越，第二幕是两岸回应，第三幕是多元的宇宙，通过场地的运用，把闽江两岸盘活了起来，这是传统设计手段和传统媒体形式无法触达的（图5）。

图5　"福元宇宙"项目实景图

2.3.3 全民参与：汇聚群落智慧

城市更新需要考虑到城市居民的需求和利益，而这些需求和利益是多元的，需要充分了解和收集。因此，城市更新需要通过各种渠道和方式，积极地征求城市居民的意见和建议。这样可以更好地理解城市居民的需求和想法，让居民参与城市更新的过程，共同打造美好城市的未来。同时，城市更新需要整合各方资源，形成合力，提高更新效率和质量。通过群众的智慧和参与，可以形成协同合作的态势，形成更广泛的社会共识和合力。因此，城市更新需要倡导全民参与，让城市的每个居民都有机会参与其中，共同推进城市的更新和发展。

作者：吴志强[1] 贾蔚怡[2] 周咪咪[2] 张少涵[3] （1. 同济大学建筑与城市规划学院，中国工程院院士；2. 同济大学建筑与城市规划学院；3. 同济大学建筑设计研究院（集团）有限公司）

参考文献

[1] 吴志强，潘云鹤，叶启明，等. 智能城市评价指标体系：研制过程与应用[J]. Engineering，2016(2)：105-137.

[2] 董玛力，陈田，王丽艳. 西方城市更新发展历程和政策演变[J]. 人文地理，2009，24(5)：42-46.

[3] 翟斌庆，伍美琴. 城市更新理念与中国城市现实[J]. 城市规划学刊，2009(2)：75-82.

[4] 王伟年，张平宇. 创意产业与城市再生[J]. 城市规划学刊，2006(2)：22-27.

[5] 张平宇. 城市再生：我国新型城市化的理论与实践问题[J]. 城市规划，2004(4)：25-30.

[6] 李建波，张京祥. 中西方城市更新演化比较研究[J]. 城市问题，2003(5)：68-71＋49.

[7] 阳建强. 中国城市更新的现况、特征及趋向[J]. 城市规划，2000(4)：53-55＋63-64.

[8] Murray C. Loosing Ground：American Social Policy，1950-1980 [M]. New York：Basic Books，1984. 134-178.

[9] Schaffer R，Smith N. The gentrification of Harlem？[J]. Annals of the Association of American Geographers，1986，76(3)：347-365.

[10] Elvin K，et al. Island of decay in seas of renewal：Housing policy and the resurgence of gentrification [J]. Housing Policy Debate，1999，4(10)：711-760.

3 迈向全面实现绿色建筑新时代

3 Towards a New Era of Fully Realizing Green Buildings

摘　要：绿色建筑能够在全寿命周期内，最大限度地节能、节地、节水、节材、保护环境和减少污染，为人们提供健康、适用和高效的空间。全面推广普及绿色建筑是新时代国家重大需求，为了积极稳妥推进碳达峰碳中和，促进社会迈向全面实现绿色建筑新时代，本文从绿色建筑的内涵与演化出发，深度剖析我国全面推广绿色建筑所面临的3大难题：（1）重个别专业，轻集体合作；（2）重设计标识、轻运行标识；（3）重技术集成、轻建筑设计。本文以南海地区为例，介绍了绿色建筑技术在极端热湿气候区的研究与应用，对绿色建筑的发展提出相关建议：（1）提高全民对绿色建筑的正确认识；（2）将绿色建筑性能化指标贯彻融入到建筑设计标准的强制性条文中；（3）在现有装配式施工条件基础上，尽快组织力量研发"人机协同"成套绿色施工装备。

关键词：绿色建筑；新时代；极端热湿气候区

3.1 绿色建筑内涵及演化

3.1.1 新时代国家重大需求

党的二十大报告中强调应"统筹乡村基础设施和公共服务布局，建设宜居宜业和美乡村"，应"推进以人为核心的新型城镇化，加快农业转移人口市民化。以城市群、都市圈为依托构建大中小城市协调发展格局，推进以县城为重要载体的城镇化建设。实施城市更新行动，加强城市基础设施建设，打造宜居、韧性、智慧城市"。积极稳妥推进碳达峰碳中和，推进工业、建筑、交通等领域清洁低碳转型。所以，全面推广普及绿色建筑是新时代国家重大需求。

3.1.2 绿色建筑——概念回顾

绿色建筑是指在全寿命周期内，最大限度地节能、节地、节水、节材、保护环境和减少污染，为人们提供健康、适用和高效的空间，与自然和谐共生的建筑。我国现以"坚固、实用、美观、绿色"作为新的建筑方针。2021年，我国建筑物的建造和运行使用消耗了商品能源的 30%、水资源的 50%、钢材的 40%[1]；与此同时，2019 年全国建材生产过程 CO_2 排放占比约为 28%，建筑运行过程 CO_2 排放占比约为 22%[2]。我国人口基数大、建筑能耗及碳排放增长速率高，建筑总能耗和 CO_2 总排放量远高于其他国家[3]，因此发展绿色建筑，关系着低碳节能，影响着可持续发展。

3.1.3 绿色建筑概念的起源

绿色建筑的早期版本是节能建筑。20 世纪 70 年代末的中东战争突然让全世界明白：石油、天然气不仅在战略上而且在战术上可作为武器使用。依据当时探明的储量，常规化石能源短缺是全世界共同面临的挑战。研发节能型技术、低能耗产品以节约常规能源，是所有国家持续发展的必由之路。对于建筑行业，其关联行动——研究发展节能建筑，德国、瑞典、加拿大等国率先开展了建筑节能和供热系统效率研究。加拿大和北欧国家走在前列（气候寒冷、供暖季节长）。

对于中国来说，改革开放初期（20 世纪 80 年代），我国城镇住宅、办公等民用建筑室内热环境普遍很差，主要表现在：

（1）南方（夏热冬暖、夏热冬冷气候区）民用建筑、工业建筑普遍采用自然通风模式，夏季热环境质量很差；

（2）夏热冬冷气候区的住宅、办公、教学等民用建筑冬季无供暖，室内热环境品质差，建筑热工性能差；

（3）北方城镇建筑供暖能耗很高，建筑物本体的能耗指标为 $35\sim60W/m^2$，折合成单位建筑面积的年煤耗量为 $14\sim30kgce$，对于全国数百亿面积建筑，能耗总量达到数亿吨标准煤。

20 世纪 90 年代初，加拿大等国的建筑节能学者意识到：建筑物不仅消耗大量能源，而且消耗物质资源，排放大量气、液、固体废弃物甚至污染物，特别是 CO_2，同时改变地表的性态，损坏了不同尺度的生态环境，甚至是全球气候。加拿大于 20 世纪 90 年代初率先提出绿色建筑概念，并于 1998 年在温哥华 (Vancouver)组织召开了首次绿色建筑国际学术会议——Green Building Challenge 98。

3.1.4 绿色建筑概念的扩展

国际绿色建筑挑战组织（Green Building Challenge，GBC）最初认为，绿色建筑必须考虑以下基本要素（公益性要素）：

- energy（建筑能源）
- emissions（CO_2 排放）
- water use（水资源消耗）

- land use（土地利用）
- impacts on site ecology（场地生态）
- reduced waste（废弃物减排）
- indoor air quality（室内空气品质 IAQ）

然而，如图 1 所示，当向社会推荐绿色建筑时，国际上绿色建筑的先驱者们就发现：在市场经济社会，如果没有建筑业界、投资人和购房者的合作，仅依靠人们的"环保意识"，全面推行绿色建筑非常困难。所以，推行绿色建筑，不能仅仅关注能源与资源消耗、废弃物与污染物排放等"公益类"要素，还应考虑建筑功能、品质、健康等大众关注的要素。

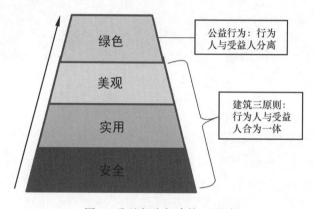

图 1　公益行为与建筑三原则

3.2　全面推广绿色建筑面临的难题

3.2.1　国外绿色建筑推广情况

对于绿色建筑的推广，国外尽管典型成功案例很多，但整体上推进缓慢。美国人均建筑能耗、人均碳排放远高于我国。在民主体制和市场经济模式下，西方国家推行绿色建筑普遍采用的是"绿建评价标识＋政府引导＋业主自愿"模式。无论环保人士怎么呼吁，因未能纳入法律体系，也就无法强制推行绿色建筑。

欧洲是频繁制造环保新理念的地方：节能、环保、生态、绿色、可持续、低碳等。但欧盟也好，美国也好，推行绿色建筑的最大特点是：

（1）"迷信技术"：只要有先进的节能减碳技术就能实现碳中和；

（2）广泛的独立式住宅居住模式，增加成本，总依赖新技术实现节能减碳。

挪威零能耗零碳住宅示范工程中共使用了 41 项新节能技术。但是，成本高昂，很难大范围推广。

3.2.2　国内全面普及绿色建筑面临的困境

（1）重个别专业，轻集体合作

首先，业内相当多的人士认为，绿色建筑是一种新的建筑类型。古典建筑、现代建筑、后现代建筑，解构主义，绿色建筑。所以，绿色建筑的实现，属于"绿色建筑专业人员"的业务范围（图2）。

图 2　绿色建筑示意图

（2）重设计标识、轻运行标识

中国研究和推行绿色建筑起步晚，但进步快。中国政府注意到：全面推行绿色建筑，是实现建筑双碳目标、提升城乡环境品质的最佳途径和最好办法。而推行绿色建筑、减少建筑 CO_2 排放，具有强烈的"社会公益性"特征。所以，目前多采用利益驱动下的"绿建评价＋各级政府奖励刺激"模式特色鲜明，亮点颇多。

例如，2012 年颁布的《浙江省深化推进新型建筑工业化促进绿色建筑发展实施意见》中指出对获得国家绿色建筑二星和三星标志的新型建筑工业化项目，按照财政部、住房和城乡建设部《关于尽快推动我国绿色发展的实施意见》规定给予财政奖励。该意见中指出 2012 年奖励标准为：二星级绿色建筑 45 元/m²（建筑面积，下同），三星级绿色建筑 80 元/m²。2013 年 6 月 1 日通过的《广州

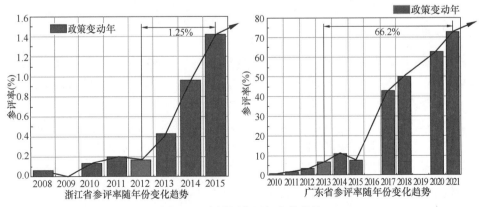

图 3　两省测评率逐年变化趋势

市绿色建筑和建筑节能管理规定》中提出达到二星以上（含二星）等级的绿色建筑，给予容积率奖励扶持政策。对有重大示范意义的项目按建筑面积给予补助，其中，二星级每平方米补助25元，单位项目最高不超过150万元；三星级每平方米补助45元，单位项目最高不超过200万元。可以看出，随着针对绿色建筑奖励政策的推出，浙江省的参评率由2012年的0.17％逐渐增长至2015年的1.42％，增长达到1.25％；广东省的参评率由2013年的6.80％逐渐增长至2021年的73.00％，增长达到66.2％。图3为浙江省与广东省两省测评率的变化趋势。

但是，由图4、图5可以看出，各省绿色建筑设计标识的个数和占比均高于绿色建筑运行标识，表明全面推广绿色建筑过程中存在重设计标识、轻运行标识的弊端。

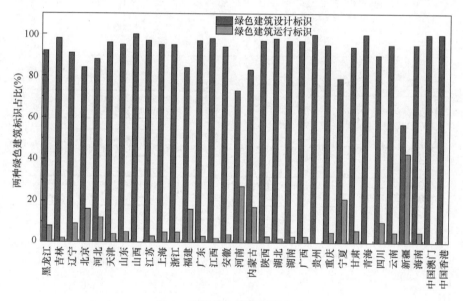

图4　两类绿色建筑标识占比

（3）重技术集成、轻建筑设计

轻视、忽视方案阶段考虑"绿色"性能指标的构思，缺乏创作"绿色"建筑方案的能力，在确定建筑形体、平面、空间和构造时，没有考虑与绿色建筑性能指标的关系，然后把设计方案交给绿色建筑咨询专家。理想及现实的绿色建筑设计阶段实现技术路径如图6、图7所示。绿色建筑咨询专家面对一个完全"非绿色"的建筑设计方案，为达到不同星级绿色评价指标要求，通过微调修正方案、添加各种绿色建筑技术和产品，使绿色建筑性能化指标"达标"。结果就导致建造成本增加，与"评价补助"相比，得不偿失。

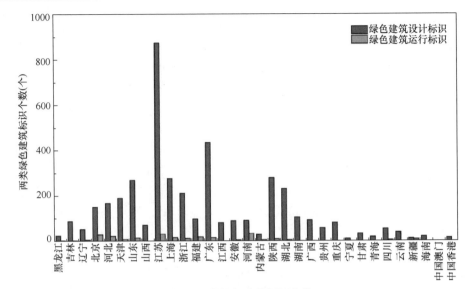

图5 两类绿色建筑标识个数

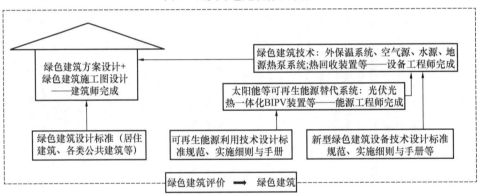

图6 理想版绿色建筑设计阶段实现技术路径

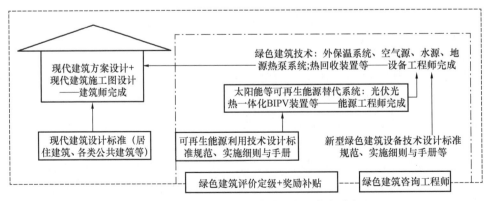

图7 现实版绿色建筑设计阶段实现技术路径

3.2.3 "概念性"绿色建筑技术

国外一批"概念性"技术进入中国，如国际上流行的几个绿色建筑评价标准、"被动房""主动房"等在部分地区建筑市场十分盛行，但因缺乏实质性技术进步，无助于建筑双碳目标的实现，甚至成为赢利的工具。

中国经济快速发展，中国的门窗生产技术、门窗质量、热工性能、气密水密性能、抗风性能等，在过去20年间有了质的飞跃。建筑部品工厂化生产、现场装配式施工，建筑围护结构"夹心"式保温，可满足《民用建筑热工设计规范》GB 50176—2016对不同气候区建筑围护结构热工性能的要求。

3.3 全面推行绿色建筑的对策

3.3.1 改变传统观念

改变传统观念，"做好思想工作"，是首要任务：人类社会已经走向绿色文明时代！要贯彻落实以下建筑方针：

（1）坚固、实用、美观、绿色（适用、经济、绿色、美观）；

（2）改变全行业从业人员的观念：未来的工业与民用建筑，都应该是绿色建筑；建筑行业的每个专业、建筑物全寿命周期内的每个阶段，都与绿色建筑指标的实现密切关联；

（3）业内每一位从业人员都应该明白：必须具备绿色建筑的理念和相应的能力。

3.3.2 各个专业应明确担负的责任

绿色建筑性能化指标的实现，涉及建筑策划、方案创作、施工图设计、技术设计、施工建造以及运行维护等各个阶段。

绿色建筑性能化指标与各专业工种的关系：

（1）建筑设计专业：节能、节地、雨水收集、节材、心理环境、适老适幼、健康宜居；

（2）结构工程专业：节材、装配式、耐久性；

（3）设备工程专业：节能、节水、污水回用、海绵城市；

（4）建筑施工专业：绿色施工，减少固、气、液垃圾排放，节约建材等。

3.3.3 研究编制绿色建筑设计标准体系和教材

在节能低碳等绿色性能化指标没有完全"融入"所有类型建筑设计标准、规范和手册，也没有完全"融入"建筑学专业教材体系的前提下，由于缺少技术法规约束和绿色设计职业训练，建筑师无法创作出"绿色"的建筑方案和设计蓝图。因此，亟待开展绿色建筑科学基础研究，逐渐将现行全部标准规范特别是建筑专业教材（公共建筑设计原理等）提升到"绿色建筑设计"水平。

3.3.4　明确绿色建筑评价指标的类型

绿色建筑的性能化指标，根据实现的过程和方式，还可以按以下方式进行分类：

（1）政策性指标：政府主管部门的相关政策和规定制定合理，在技术层面实施起来并不困难，如生态建材的选用（禁止使用实心砖等）。

（2）理念性指标：相关人员具备了绿色建筑的理念，在技术层面实施起来也不困难。如节地（合理使用的地下空间）、节水（雨水收集、污水回用等）。

（3）技术设计类指标：这类指标实施起来较为困难，如建筑碳排放指标、建筑用能指标、室内物理环境指标等。

政策性指标的实现在于制定合理的政策，主要取决于本地区的社会经济、技术发展水平（限制性、规定性措施等，配套的奖罚措施等）。

理念性指标的实现，需要通过宣传新建筑方针（适用、经济、绿色、美观），提高全民素质。

技术设计类指标的实现，既要求建筑师、结构工程师、设备工程师具有绿色建筑的理念，还需要一定的专业理论修养，更需要具备协调处理建筑设计过程中诸多矛盾的能力。

对于设计类指标，应全面修改、提升建筑设计标准规范，将绿色建筑性能化指标"渗透"到"强制性规范条文"之中，然后全面修编建筑设计类教材。

3.4　研究与实践案例简介

中国南海海域与岛屿面积约为 350 万 km²，自古属于我国领土的约为 210 万 km²，其中干礁、暗礁及潟湖面积为 5000 余平方公里。台风频发，"四季如夏""高温、高湿、高盐、强辐射"是南海气候的别称。依据我国建筑气候区划原则，南海大部分区域全年日平均气温高于 25℃ 的天数远大于 200d，故被称为"极端热湿气候区"。由于历史原因，南海部分岛礁被他国侵占，油气和渔业资源被吞食。所以，建设大型人工岛基地，收回南海疆土，是我国国防安全的重大需求。极端热湿气候区常年高温高湿的特殊气候条件，导致照搬内地的建筑隔热、遮阳、自然通风等被动技术难以满足当地人体的热舒适需求，室内热湿环境全年依赖降温、除湿设备系统。然而南海岛礁远离大陆、能源匮乏，从大陆长途转运成本高昂，虽然周边海域已探明石油资源丰富，但远未进入采炼阶段，常规空调依赖的电力和热力在此均属稀缺资源，但当地太阳能资源极其丰富，年日照时间超过3000h，年均太阳能辐射总量超过6500kJ/m²，且太阳辐射强度与建筑冷负荷波动规律正向同步。因此，在南海岛礁建设中，如何最大程度地有效利用太阳能，研发适宜于极端热湿气候区超低能耗建筑的被动节能体系及室内热环境营造关键技术，创建绿色宜居的岛礁人居环境，对南海国防建设具有极其重要的战略性与现实意义。极端热湿气候区的特殊地理位置与自然条件对超低能耗建筑研发提出了严格要求：

（1）无常规供电系统，因此要求每栋超低能耗建筑必须能够"自持运行"；

（2）建筑空调运行负荷必须足够小，以保证在较高建筑容积率下，建筑物自设光伏空调系统能够保证人员热舒适需求；

（3）在夜间以及阴雨天等极端天气，蓄能系统能够保障空调系统的正常运行；

（4）实现空调设备系统的快速搭建和灵活组装，保障岛礁战备生活、医疗、维护等特殊性情形需求。因此，极端热湿气候区超低能耗建筑是真正意义上运行能耗接近于零的建筑。

为服务南海岛礁建设的重大需求，"极端热湿气候区超低能耗建筑关键技术与应用"项目系统地开展了适宜于南海岛礁极端自然环境和资源条件的室内外设计参数体系、超低能耗建筑热工设计方法、太阳能空调系统及关键技术3个方面的创新研究，形成的极端热湿气候区超低能耗建筑设计原创性成果在南海岛礁建筑建设中进行示范应用，建成民用和军用建筑2万余平方米，提升了海上边防官兵和居民宜居水平，引领了南海岛礁超低能耗建筑发展，为我国极端热湿气候区超低能耗建筑发展提供了坚实的理论基础和技术储备。主要贡献如下：

（1）提出了南海岛礁室内外关键设计参数取值依据，建立了极端热湿气候区气象参数数据库；确定了极端热湿条件下建筑围护结构表面热工参数及构造层材料热物性参数取值方法，为当地建筑热工设计及空调负荷计算提供了准确的基础数据[4-7]。

（2）阐明了极端热湿气候区空调负荷形成机理与热湿负荷构成特点；提出了"自持化"太阳能空调系统形式及优化设计方法，形成了适用于极端热湿气候区的空调系统选型方案；提出了太阳能空调系统能量蓄调及热泵机组模块化等关键技术，实现了空调用能系统的常规能源近零依赖，提高了系统的安全可靠性[8-10]。

（3）首次提出极端热湿气候区建筑"全遮阳"设计原则（图8），创立了以太阳能光伏制冷系统与建筑防热设计相耦合的超低能耗建筑"逆向"热工设计方法[11]（图9），为极端热湿气候区超低能耗建筑模式的发展提供技术支撑。

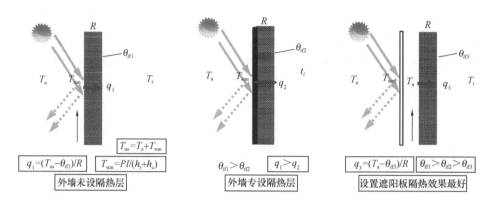

图8 超低能耗建筑"全遮阳"设计原则

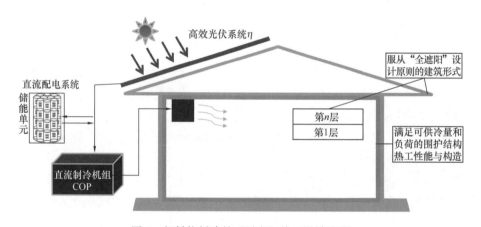

图9 超低能耗建筑"逆向"热工设计流程

3.5 结 论 与 建 议

发展绿色建筑将是建筑行业可持续发展的必然趋势，有利于促进我国建筑行业的可持续发展。推行绿色建筑，尽快实现双碳目标，应该尽快落实以下任务：

（1）提高全民对绿色建筑的正确认识；

（2）将绿色建筑性能化指标贯彻融入建筑设计标准的强制性条文中；

（3）在现有装配式施工条件基础上，尽快组织力量研发"人机协同"成套绿色施工装备。

作者：刘加平[1,2] 杨雯[1]（1. 西部绿色建筑国家重点实验室，西安建筑科技大学；2. 中国工程院院士）

参考文献

[1]　国家统计局.2012—2021年能源数据统计[EB/OL].中国：国家统计局，2021. https：//data.stats.gov.cn/easyquery.htm? cn＝C01.

[2]　中国碳核算数据库.2012—2019年碳排放数据统计[EB/OL].中国：中国碳核算数据库， 2019.https：//www.ceads.net/user/login.php? lang＝cn.

[3]　清华大学建筑节能研究中心.中国建筑节能年度发展研究报告（2022）[M].北京：中国 建筑工业出版社，2022.

[4]　刘加平，谢静超.广义建筑围护结构热工设计原理与方法[J].建筑科学，2022，38(8)： 1-8.

[5]　张晓静，盖世博，谢静超，等.西沙地区建筑能耗模拟用典型气象年研究[J].太阳能学 报，2022，43(2)：311-320.

[6]　景鹏飞，谢静超，徐鑫，等.极端热湿气候区相变屋顶隔热性能优化分析[J].西安建筑 科技大学学报(自然科学版)，2021，53(6)：887-896.

[7]　罗戴维，刘加平，何知衡.极端热湿地区建筑材料热湿物理性能实验研究[J].建筑科 学，2019，35(8)：39-42＋64.

[8]　刘艳峰，刘正学，罗西，等.基于柔性负荷的孤立多能互补建筑能源系统优化设计[J]. 太阳能学报，2022，43(6)：24-32.

[9]　刘艳峰，王亚星，罗西，等.基于动态运行策略的太阳能分布式供能系统设计运行联合 优化[J].太阳能学报，2022，43(5)：244-251.

[10]　陈迎亚.极端热湿气候区太阳能空调系统匹配及优化研究[D].西安：西安建筑科技大 学，2021.

[11]　何知衡，陈敬，刘加平.热湿气候区超低能耗海岛建筑热工设计[J].工业建筑，2020， 50(7)：1-4＋14.

4 "双碳"背景下推进智能建造的思考

4 Thoughts on promoting intelligent construction under the background of emission peak and carbon neutrality

摘　要："双碳"目标是我国经济社会可持续发展的重大战略。发展智能建造技术，可有效降低建造能耗，节省建筑材料，减少建筑垃圾排放，提升建筑品质，提高建筑使用年限，从而有力推动我国双碳战略目标的实现。但当前，我国建筑业存在建造效率低、人力投入大、经济效益低、技术体系不完整、关键软件与设备缺失等问题。本文对这些问题进行了分析，并在此基础上提出了我国智能建造发展的思路。

4.1 引　　言

国家主席习近平在第七十五届联合国大会上提出的"双碳"目标，是我国经济社会可持续发展的重大战略。建筑业是我国的支柱产业，但因发展粗放所带来的资源能源消耗和环境污染问题越来越严重，推动建筑业转型升级和绿色发展迫在眉睫。

建筑业发展智能建造技术可有效降低能耗，是实现双碳目标和绿色发展的重要途径。智能建造是以人工智能为核心的新一代信息技术与工程建造相融合而形成的一种工程建造技术，它不仅是工程建造技术的创新，还将从经营理念、市场形态、产品形态、建造方式以及行业管理等方面重塑建筑业。智能建造是以建筑工业化为基础，将以现场粗放式施工为主的建造方式升级为工厂预制—现场安装的方式，并辅以智能设计—制造—施工—运维一体化技术，减少人力投入，节省建筑材料，避免大量建筑垃圾和废水污染，从而有效降低建造或使用环节的能耗与碳排放。发展智能建造是当前建筑业突破发展瓶颈、增强核心竞争力、实现转型升级和高质量发展的关键所在。

在 20 世纪 20 年代，法国建筑大师勒·柯布西耶提出了建筑工业化的概念，该概念在欧洲得到了初步发展。目前，美国、日本及欧洲国家等发达国家在建筑工业化方面的发展比较成熟，形成了各自较为完整的技术体系和产业链。与之相比，我国的建筑工业化技术体系还存在差距，尚需要进一步完善。智能建造技术已成为全球建筑业的主要发展趋势，世界各国均处于探索阶段。但我国在智能建造产业发展所需的通用软件、高端设备和工程管理模式等较多方面尚处于落后阶段，在设计、制造、施工和运维环节均存在较为严重的问题。

4.2 我国工程建造存在的问题与挑战

4.2.1 工程建造中的主要问题

1. 设计效率低，设计与制造、施工信息割裂

初步调研后发现，在当前的工程设计中，设计师从事方案创意的时间不足30%，而70%以上的时间都被耗费在建模、计算、优化调整和绘图工作上；设计师一般都要反复地进行人工调整和优化，受时间和精力的限制，人工方案优化很难得到最优结果，导致设计师的绝大部分时间和精力都耗费在一些低水平重复性劳动中，设计效率低、周期长、工程成本高。

工程设计中存在的另外一个问题就是设计与制造、施工环节割裂。这一方面与工程承包模式有关。我国工程建设的主要承包模式是设计、制造与施工等单位各自承包，这就导致各单位只考虑己方的利益最大化，无法从工程整体最优的角度去完成工作，其中设计环节对工程的影响最大。在工程设计中，设计师一般以设计工作的高效完成为第一目标，并不完全考虑设计成果是否有利于工厂制造和现场施工，设计结果在工厂制造和现场安装时存在执行难度大、效率低和成本高等问题，而制造与施工单位向设计单位反馈修改意见时，设计单位没有积极性进行及时调整，从而又进一步造成了工期延迟和成本提高。另一方面，也存在技术上的瓶颈问题。建筑构部件在工厂制造前，需先进行深化设计。当前的深化设计成果一般都是由人工在软件中完成的图纸或 BIM 模型，而不是工厂制造设备所需的数字化信息，还需要工厂技术人员将深化设计成果转化为数字化信息并输入制造设备，从而导致效率低且出错率高。此外，缺乏高效信息化建设管理平台，也是造成设计与制造、施工环节割裂的重要原因。

2. 工厂数字化设备缺失，人工投入多

目前，与汽车制造等行业相比，我国的建筑业工厂制造技术处于严重落后状态。建筑构部件工厂的生产设备普遍处于低水平机械化状态，一般要由技术工人根据深化设计图纸人工调整机械状态后才能完成制造工作。即使工程的深化设计环节可以提供数字化制造信息，但国产的生产设备大多数字化水平低，不能读取数字化信息并进行自动化生产，从而导致建筑构部件在制造过程中仍需较多的技术工人参与，人工作业占比过高，劳动强度大，生产效率低，并存在生产质量和安全风险。

3. 劳动力短缺，安全与质量管控难度大

由于建筑工业化程度不足，施工现场甚至一些高风险场景，仍需大量的人工参与，落后的施工方式存在劳动强度大、危险程度高、工作效率低、垃圾排放多、噪声和粉尘污染大等问题。越来越多的年轻人员不愿意当建筑工人，使得工人短缺和人力成本上升成为我国建筑业日益严重的问题。

我国建筑施工中的安全事故较多，施工安全管控难度很大。施工中高空坠落、物体打击、触电、机械伤害、坍塌、火灾和爆炸等事故时有发生，必须通过先进技术手段进行实时管控。目前施工现场的安全管控主要依靠安全员巡检和摄像头监控，但安全员的巡检不可能全时、全域覆盖，很难对工人危险作业或安全防护不到位的情况进行实时监控；摄像头虽然可以实时全面采集施工现场信息，但仍需安全人员进行人工实时观察和判断，难免出现疏忽。

由于建筑施工以粗放式作业为主，工程的质量事故也比较多。但目前的质量管控技术手段落后，管控难度大。很多施工质量问题均以人工观察或人工持尺测量为主，抽检数据不全面、检测精度差、效率低且标准不统一，检测技术落后已经成为我国建筑施工质量管控的瓶颈问题。

4. 运维效率低、成本高和技术落后

我国的房屋与基础设施运维中，一般以被动方式为主，即出现问题后才进行维护维修，缺乏高效检测和预警的先进技术措施，常造成工程事故。虽然在一些重要的工程中设置了面向全寿命周期的监测系统，但采集的海量数据基本未得到充分利用，不能对其安全与耐久监控提供有效信息。且诸如混凝土开裂与老化、钢结构锈蚀、螺栓松动等基础性的检测工作，仍以人工完成为主，效率低，成本高，很多高空作业工作，检测难度大、安全风险高。问题一般需要人工检测完成，检测难度大，检测的效率低、成本高。

4.2.2 智能建造产业发展的技术挑战

1. 工业软件和高端设备"卡脖子"

智能设计、生产、施工和运维都离不开工业软件的支撑，但目前在我国通用的绘图软件、有限元软件和BIM（建筑信息模型）软件及生产控制软件严重依赖国外产品，而国外软件与我国的标准和建设管理流程不一致，存在实用性较差的问题，很多国内软件商只能基于国外的软件进行二次开发。我国在采用这些国外软件时，一些基础数据容易泄漏，给国家基础设施方面的安全带来威胁。通用软件的缺失已经成为我国发展智能建造的"卡脖子"技术难题。

智能建造离不开精密测量设备和先进生产设备，与国外产品相比较，我国的工业机器人在精密度、可控性和可二次开发性能方面明显落后；激光三维扫描仪等精密光学测量设备在测量精度和效率方面均存在较大差距。

2. 算法、软件、设备的一体化集成度低

智能建造技术的应用，需要将算法、软件和硬件设备进行一体化集成，只有充分利用了人工智能算法和算力的软件及设备才具有智能化功能，才能从技术上解决智能设计、生产、施工和运维各环节信息割裂的问题。但目前智能建造技术还处于研发和应用的初步阶段，高校往往以人工智能算法和算力的应用基础研究为主，而企业以软件和设备开发为主，合作研发和技术集成程度不足。

3. 龙头建筑企业的工业化技术体系不完整

与美国、日本和欧洲国家等发达国家相比，我国的建筑类企业普遍存在研发投入不足和高端研发人才缺失的问题，即使是龙头建筑企业也大多未形成具有自主知识产权的集设计、生产、施工、运维于一体的成套技术体系和装备，也没有形成针对自己特有技术体系的完整供应链。

4.3 智能建造发展路径

针对我国智能建造产业发展的技术挑战和瓶颈问题，提出如下发展思路。

4.3.1 攻克关键技术问题，引领智能建造产业发展

针对我国通用软件与高端设备缺失等"卡脖子"问题，必须通过产学研结合的手段，建立以大型建筑业央企、国企或民企牵头，软件开发商、制造企业和高校及科研院所参与的跨专业、跨行业协同创新体系。以工程实际问题为导向，组织工程、数学、物理、信息、计算机、自动化等多学科交叉研发队伍，开发具有我国自主知识产权的三维图形引擎、平台和符合中国建造需求的 BIM 软件；突破数据采集与分析、智能控制和优化、新型传感感知、工程质量检测监测、故障诊断与维护等一批核心技术和关键高端装备。研发智能数字化设计技术和软件，解决当前工程设计效率低、周期长、人力投入多、出错率高等问题。研发智能设计与制造的一体化技术，解决设计与生产信息割裂、设计成果难以转化为生产信息的问题。针对制造与施工中危险性较高、环境污染大、工作繁重或操作重复的工序，研发建筑部品部件智能制造技术与智能施工机器人技术，有效应对建筑业劳动力缺失、劳动强度大、成本高等问题，并确保工程更加安全、高效和环保。研发施工安全智能监控和工程项目智能管控技术，解决施工安全管控难度大、安全事故多、项目管理工作量大、工程进展信息统计滞后等问题。研发智能检测与监测技术，解决质量检测技术落后、检测效率低、质量管控人为影响因素多、工程全寿命周期运维难度大等问题。

4.3.2 建立健全标准体系，推进智能建造产业发展

智能建造采取的方法、设备、技术等与传统建造方式有显著差异，对建造过程中的数字化、精细化、机械化和效率要求也更高。要发展智能建造技术和产业，必须做好智能建造标准化体系的顶层设计，明确总体要求和方案，逐步建立覆盖设计、生产、施工、检测、验收、运维等各方面的完整标准体系。

智能建造标准应包括数据标准、技术标准、产品标准、质量标准和工作范围标准。人工智能是智能建造技术的核心，而数据是人工智能技术的重要基础，因此数据标准是智能建造的基础标准，包括设计成果交付数据标准、设计与生产一体化数据衔接标准、施工安全监控数据标准、检测数据标准、运维数据标准、智能算法模型训练数据标准等。智能建造的技术标准必须针对智能化设计、生产、安装和管理特点，建立数字化设计、智能生产与施工、智能检测与监测等方面的技术标准。智能建造产业发展中将应用大量建筑材料、机械设备、信息技术设备等新产品，对这些产品均需要建立产品标准和质量标准。对工程整体而言，其质量检查方法与评价方法都将采用数字化手段，也必须建立相应的质量控制标准。人工智能技术在发展过程中正面临各种安全和伦理问题，因此需要编制相关标准区分人和人工智能的各自工作范围，明确智能设备的管控要求，约束人工智能行为，避免出现各种安全和伦理问题。

4.3.3 重塑建筑业务流程，推动工程建造效率提升

数字化和智能化是近年来发展起来的全新技术，目前已经在互联网、先进制造、金融、交通等领域得到了较为广泛的应用。这些领域在充分利用数字化和智能化技术过程中，都进行了工艺或业务流程重塑，从而显著提高了行业效率和科技水平。

建筑业要将工业化、数字化和智能化技术充分融合，显著提高行业的效率、质量和科技水平，也需要进行工艺或业务流程的重塑。实现智能建造需要采取设计—生产—施工—运维一体化的总承包模式，这就需要进行业务流程重塑，解决以往设计、生产和施工环节割裂的问题，提高工程效率和总体效益，降低工程成本。在工程设计环节，采用 BIM 等数字化技术，可以进行全专业的正向设计，避免出现各专业之间的冲突，这需要对传统设计业务进行重塑，解决各专业之间配合困难的问题。在生产环节，需要提高数字化水平，将设计成果直接用于数字化生产，实现两者的有效衔接。在施工环节，传统施工工艺和流程并不适合数字化质量控制、智能化安全施工监控、智能化工程项目管控、建筑机器人等技术的应用，因此需要对传统施工流程和工艺进行重塑。建筑业在引入数字化和智能化技术后，以往的业务流程也需要改进和提升，充分利用新一代信息技术对工程项

目进行全过程管理和优化，提升项目效率和效益。

4.3.4 改革工程建设组织模式，服务智能建造产业发展

工程总承包和全过程工程咨询是当前建筑业的发展趋势。在智能建造过程中，工程总承包企业作为整个产业链上的龙头企业，可以引领整个产业组织集成，打通产业链的壁垒，突破工程建造各环节割裂的严重问题，解决设计、生产、施工、运维一体化问题以及技术与管理脱节问题，保证工程建设高度组织化，实现产业链上的资源优化与整体效益最大化。采用工程总承包模式，有利于企业规模化发展，有利于技术优势、管理优势和产业链资源配置优势的充分发挥，能够有效适应智能建造技术实施带来的流程重塑。

但是目前，很多建设单位对工程总承包不了解或缺乏认识，没有专业的项目管理人才，不具备综合管理能力和技术能力，无法做到设计与施工的深度融合，不能发挥工程总承包模式集设计、采购、施工为一体的优势，并不是真正意义上的工程总承包管理模式。因此，行业主管部门要进一步引导建设单位积极采用与智能建造产业发展相适应的工程总承包管理模式，培育一批具有智能建造系统解决方案能力的工程总承包企业，打造智能建造产业链。

4.3.5 加快创新人才培养，支撑智能建造产业发展

智能建造是一个新兴产业，相关人才严重短缺，亟需培养研发、设计、生产、施工、管理和运维方面的人才。一要培养智能建造技术研发人才。智能建造技术是一种多学科交叉的先进技术，既需要掌握传统的土木建筑知识，又需要精通人工智能算法、物联网、通信技术、云计算、机器人、计算机、智能制造和先进设备等方面的知识，传统的土木建筑专业技术人才难以承担这种多学科交叉的研究工作。二要培养适应智能建造产业发展的技术人才。这类技术人才既需要掌握传统土木建筑技术和富有经验，又需要具备建筑工业化、信息化的思维，能够在全产业链上实施和应用智能建造技术，当前的土木建筑专业毕业生难以达到这样的要求。三要大力培养智能建造产业工人。下一步需要重点培养具备智能生产、智能施工、智能检测监测、智能运维等专业技能的建筑产业工人。目前，我国的建筑工人以农民工为主，只熟悉现场的粗放式手工作业，对建筑工业化和数字化技术不了解，很难承担智能建造相关工作。

高等院校要改革人才培养模式，完善人才培养体系，设置智能建造专业，建设多学科交叉的课程体系，努力培养高层次学科交叉型、复合型专业技术人才和经营管理人才；职业院校要积极开展土木建筑类专业的改造和升级，培养具有智能建造技术实施能力的技术应用型人才；应鼓励骨干企业和研发单位依托重大项目、示范工程，培养一批领军人才；应加强国际交流，改革人才评价机制，完善

人才合作机制和激励机制。

4.4 结 语

针对建筑业生产方式粗放、劳动效率不高、能源资源消耗较大、劳动力日益短缺、科技创新能力不足等一系列问题，智能建造应运而生。工业化是智能建造的重要基础，加快推动智能建造与建筑工业化协同发展，研发涵盖设计、生产、施工、运维的智能建造技术，形成智能建造的产业体系，对培育新业态、新模式，推动产业转型升级，实现"双碳"目标，促进高质量发展具有重要意义。

作者：周绪红[1] 刘界鹏[2]（1. 重庆大学钢结构工程研究中心，中国工程院院士；2. 重庆大学钢结构工程研究中心）

5　低碳视角下城市地下空间建设思考

5　Thinking on construction of urban underground space from the low-carbon perspective

摘　要：地下空间开发可为城市发展提供新方向，在解决多种城市病、提升宜居度、完善基础设施等方面发挥作用。低碳视角下城市地下空间开发要以减少碳排放为目标。首先，本文对城市地下空间低碳化开发的必要性进行了分析，提出了评估地下空间减碳能力的方法，指出地下空间减碳应从减排和利用清洁能源两个方面着手，针对这两个方面总结了相关新理念、新材料、新工法。地下空间减排方面，可依据韧性理论实现建造过程的数字化、智能化、无人化，提升建造精度，降低建造和运营维护阶段的资源投入；通过对废弃物的资源化利用，可产生新的经济和环境效益，提升资源利用率；通过掺杂钢纤维，在保证混凝土力学性能的同时节省钢筋用量；通过盾构施工混凝土压注技术可减少混凝土用量。地下空间清洁能源利用方面，主要介绍了能源桩与能源隧道建造技术，并对其技术特点进行了分析。未来城市地下空间开发需提升全域感知能力，以无人化、智能化、数字化、信息化为导向，结合低碳化开发要求，广泛开展新材料、新工法的研究。

5.1　引　　言

随着生产力和科技水平的提升，人类对地球资源的开发利用能力快速提高，化石能源的大规模消费，使得在地球历史中经过百万年积攒的碳元素被释放，其中 CO、CO_2 是最主要的释放形式[1]。第二次工业革命之后，全球 CO_2 排放量快速增加，如图 1 所示，全球 CO_2 排放量与全球经济及安全形式密切相关，在经历新冠疫情期间短暂的下降之后，可以预见随着全球经济复苏，能源需求的增长将促使全球 CO_2 排放量呈现增长态势，2022 年全球 CO_2 排放量为 37.5Gt，

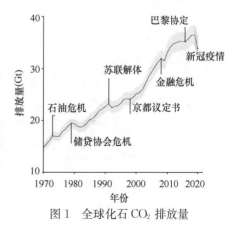

图 1　全球化石 CO_2 排放量

创下历史新高。而 CO_2 又是构成温室气体的主要组成成分，从而会导致地球温室效应增强，全球变暖，如图 2 所示，根据联合国政府间气候变化专门委员会（IPCC）统计，全球每 10 年升温 0.2℃±0.1℃，在过去的 100 年间已经升温 1℃，并且这种温度上升趋势还在进一步加快，预计 2030—2052 年之间将达到 1.5℃，2100 年最高达 6.4℃。为避免过快的温度上升趋势，《巴黎协定》中将世界全球气温升幅限定在了 2℃，同时寻求将气温升幅进一步限制在 1.5℃ 以内的措施。将全球变暖限制在 1.5℃ 而不是 2℃ 或更高的温度，可以避免一系列气候变化影响，并有效地避免海平面过大的上升幅度以及降低极端气候现象发生的概率。全球变暖导致的各种自然灾害已引起人类的警觉，冰川融化加速，导致海平面上升，高温、热浪、风暴等极端气候现象近年来也变得越来越频繁，例如，2021 年 7 月 20 日至 7 月 21 日河南北部出现的特大暴雨，郑州市城区 24h 内降雨达 657mm，达到了历史罕见水平，造成直接经济损失达 1200.6 亿元[2]。过量碳排放导致的气候异常已对人类的生命和财产安全造成了显著的威胁。

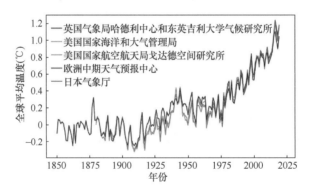

图 2 全球平均温度变化(1850—2025 年)

2020 年 9 月，习近平总书记在第七十五届联合国大会上宣布了中国将在 2030 年实现 CO_2 排放达到峰值，并在 2060 年实现碳中和。此后，在中国共产党第二十次全国代表大会上，习近平总书记指出，实现碳达峰碳中和，是贯彻新发展理念、构建新发展格局、推动高质量发展的内在要求，是一场广泛而深刻的经济社会系统性变革，具有重大的现实意义和深远的历史意义。"双碳"目标的提出是中国为应对全球气候变化做出的承诺与努力。"碳中和"是指人类利用化石能源等不可再生资源时产生的 CO_2 排放以光合作用、工程封存以及海洋吸收等手段所吸收，实现人类向自然界中的碳排放量归零[3]。"碳中和"目标的提出，将对我国产业与经济形态产生深刻影响，推动我国由高能耗、低产出、污染严重的工业文明迈向低消耗、低污染、健康可持续的生态文明。

目前，我国城市地表空间开发利用已逐渐完善，随着环保要求的提高以及"耕地红线"的设置，城市发展空间开始由横向的面积扩展，转向地下空间开发的纵向发展。"十四五"规划中也强调要转变城市发展方式，统筹地上地下空间开发利用[4]。截至 2020 年，我国地下空间累积建设面积达 24 亿 m²，建设规模领先世界[5]。地下空间的开发利用可以被认为是解决众多城市病的有效途径，对于提升城市土地资源的利用效率、促进土地的节约集约利用具有重要意义。2018 年，中国碳排放量达到了 11706 万 t，位居世界第一，如图 3 所示，其次分别为美国和印度，但中国人均碳排放量仅有 84kg/人，还处于全球平均水平 108kg/人以下[6]。其中，生产制造行业（水泥、钢筋、塑料）产生的碳排放占比为 31%[7]，如图 4 所示。城市地下空间开发过程中需要践行低碳战略，从资源的输入端和消耗端双管齐下降低工程建设向自然界中排放的碳元素量。输入端可通过使用清洁能源代替化石能源，提升资源利用能效，消耗端可通过提升能源利用效率降低单位能耗。此外，还可以利用地下空间结合碳捕捉、碳封存技术实现碳排放量的负增长。在践行"低碳"战略的过程中，需要革新传统地下空间开发理念，对高耗能、高污染的建造技术进行变革，推动绿色环保新材料、新技术的应用。

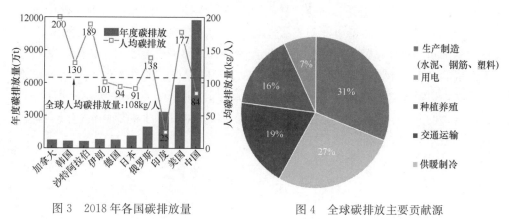

图 3 2018 年各国碳排放量　　　　图 4 全球碳排放主要贡献源

5.2 地下空间开发助力城市碳中和

地下空间是指地表以下自然存在（地下溶洞等）或人工开挖（地下车站、仓储等）的空间。地下空间周边被地层所包围，具有天然的密闭性，同时其不易受地面气候影响，具有稳定的温度和湿度环境。基于这两个特点，很早之前人类便开始了对地下空间的开发利用，古代会将粮仓、酒窖、冰窖等修建于地下，以提供物品长期保存的温度和湿度条件，并降低资源投入，现代地下空间开发也紧密结合这两个特点，开展地下工程建设，如地下实验室、油库、防空洞等。"低碳"视角下城市地下空间的开发，在利用地下空间基本特点的前提下，也要降低工程建设、施工、运维过程中的能耗。

5.2.1 城市地下空间低碳开发的必要性

随着地表空间利用率的提高以及城市人口的增加,目前中国一线城市均出现了不同程度的"城市病",如交通拥堵、环境污染、能源紧张等[8]。有限的地表空间已难以满足城市发展的需求;同时,在城市的早期建设中,不合理的规划设计,无法为城市功能的升级提供有利的空间储备,这就导致一些早期建造的建筑需要进行频繁的拆建,造成极大资源消耗的同时产生大量废物、废气和噪声。城市地下空间的开发是解决城市人口、资源和环境三大危机的重要措施,是医治"城市病"、实现城市可持续发展的重要途径[9]。城市由地上建设转向地下开发已是大势所趋,钱七虎院士就曾指出"21 世纪是地下空间开发利用的世纪"。

城市地下空间开发过程中需大量使用钢筋、混凝土等建筑材料来建设支护结构,而水泥钢材的生产过程中需消耗大量能源,自新中国成立以来,我国水泥和钢筋持续大量生产和消耗,而这两种建材的单位碳排放量均是巨大的,其中水泥平均碳排放量为 865.8kg/t,钢材平均碳排放量为 1700～1800kg/t,截至 2020年,我国水泥年产量便达 24 亿 t,粗钢产量为 10.53 亿 t,如图 5 所示,其中水泥产量的 30%、钢材产量的 10% 被用于基础设施建设。此外,地下空间的日常运营维护也需消耗大量能源,地下空间工程深埋于地下,周围被地层所封闭,日常运营中的照明、通风等均需通过机械设备提供,由其产生的能耗负担最高可占到投资成本的近一半。

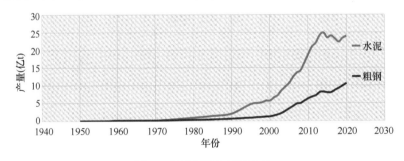

图 5 中国水泥和粗钢产量

以深圳地铁为例,截至 2020 年底,深圳地铁运营里程数已超过 400km,车站数量为 283 座,已跻身于世界地铁城市行列,同时,深圳地铁仍具有巨大的规划建设空间,预估到 2030 年投入运营里程将达到 1000km,车站数量达到 600 余座,如图 6 所示。

深圳地铁建设阶段累计产生的碳排放量常年保持增长状态,在 2020 年达到 17.01Mt,如图 7 所示,其中地铁隧道建设累积碳排放量为 5Mt,地铁车站

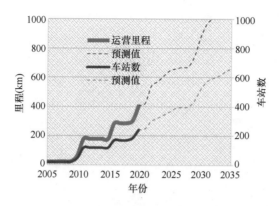

图 6 深圳地铁运营里程及车站数量

建设累积碳排放量为 12Mt，并可预见到 2035 年常规情景下地铁建设阶段累积碳排放量将达到 52Mt 左右，而目前深圳地铁已开始尝试在地铁建设过程中使用再生混凝土、再生钢筋等环保材料，同时通过两墙合一工艺将地下连续墙与结构墙一体化设计施工，减少工程材料的投入，颠覆了传统的资源高耗、环境负效、建时过长的建造模式，"两墙合一"装配式地下连续墙工艺相较传统施工方式带来了 15% 的减碳效益，并利用太阳能、风能等清洁能源，通过以上措施的实施，优化情境下 2035 年地铁建设阶段累积碳排放量可降至 39Mt，减少 24.5% 的碳排放量。

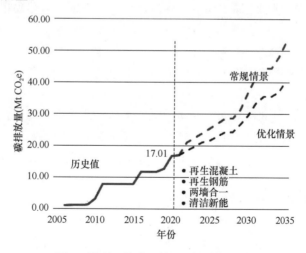

图 7 深圳地铁建设阶段累计碳排放量

深圳地铁规模的扩大也带来了运营期间巨大的能耗和碳排放负担，如图 8 所示，地铁新线路及延长线的开通促使运营阶段耗电量呈阶梯式增长，在 2020 年总能耗便已达到 30 亿 kW·h，占深圳全社会用电量的 2.7%，目前车站动力及照明用电、行车牵引用电是深圳地铁系统的主要能耗来源，2005—2021 年的车站运营和行车牵引能耗平均占比为 49% 和 51%，随着地铁建设规模的扩大，预估到 2035 年会达到 75kW·h，在这个过程中深圳地铁运营期 CO_2 排放量也常年保持增长状态，截至 2020 年，碳排放量为 1.34Mt，如图 9 所示，常规情景下预测到 2035 年可达到 3.49Mt，而若在地铁运营阶段引入太阳能、地热能等清洁能源，并配合再生制动能量利用技术和通风空调照明等节能技术，可使得预估碳排放量降低至 2.10Mt。

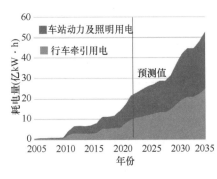

图 8　深圳地铁运营期耗电量　　　　图 9　深圳地铁运营期碳排放量

　　低碳视角下地下空间的开发利用可通过对地下空间的分层开发，节约地面土地资源，为城市绿地建设腾出空间，建设绿色生态系统，增强城市固碳能力；地下空间的开发可利用地层稳定的温湿环境优势，建设贮藏室、储能站等，在节能的同时又能开发新型清洁能源；此外，交通系统建设是地下空间开发最为常见的形式，公共交通系统转入地下建设将显著降低路线规划上的限制，可实现对资源的集约利用，减小出行距离，提高出行效率，降低城市碳排放。地铁以其客运量大、可连续高速运行的优势而被众多城市所兴建，地铁系统的建设对于缓解如北京、上海、深圳等特大城市的交通拥堵具有显著效果，地铁系统可减少地面交通中的私家车数量，这对于节能减排具有良好的意义。在基础设施的建设过程中，均会消耗大量的水泥、钢筋等材料，而这些材料的生产在能源消耗中占比很大。但是城市轨道交通在运维过程中，相比其他的基础设施交通项目，在减少能源消耗、CO_2 排放以及噪声等环境污染方面，都具有明显优势。可以说，地下空间的开发利用具有巨大的潜力。这种潜力不仅体现在为城市发展提供空间，也体现在可为"双碳"目标的达成做出新贡献上。

5.2.2　地铁系统碳排放特征

　　城市地铁系统多以盾构法进行施工，在该过程中涉及对大量钢筋混凝土预制管片、接头螺栓等高耗能材料的消耗，同时盾构机掘进过程中需通过液压电机推动刀盘旋转，从而迫使刀具切削前方土体，在盾构隧道建设过程中涉及大量的能源和资源消耗。地铁系统的碳排放可以从隧道和车站两部分来进行划分。

首先，对盾构碳排放情况进行统计，单位盾构隧道建设阶段碳排放强度为1.1Mt/km，从生命周期来看（图10），建材生产阶段贡献的碳排放量最大（72.73%），其次是施工阶段（25.36%），由于运输成本等限制，运输阶段占比最小（1.91%）；从工程部位来看（图11），隧道主体结构碳排放占比90%以上，即主要碳排放来源于隧道管片与螺栓，而端头加固以及相关附属工程的占比均为4%左右。

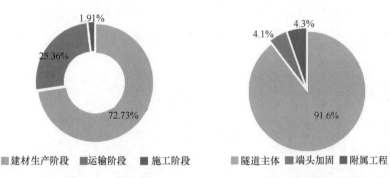

图10 盾构隧道建设阶段碳排放占比　　图11 盾构隧道工程部位碳排放占比

可见，对于盾构隧道来说，建材生产阶段应作为减碳的重点，碳排放量排名前三的分别是预制管片、水泥和钢铁材，其中预制管片占比最大，为59.95%（图12），相比于运输阶段，施工阶段也存在不小的减排空间，其中驱动盾构机产生的碳排放占比最高，为23.28%（图13），其次是隧道工程中均会面临的通风问题，占比为18.75%，为了保证隧道内的环境质量，通风设备需要在建设阶段始终保持运转，这也会带来巨量的碳排放，这个问题在一些超长隧道中尤为显著。

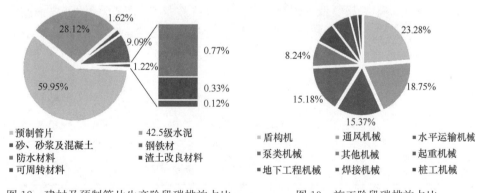

图12 建材及预制管片生产阶段碳排放占比　　图13 施工阶段碳排放占比

除了隧道修建导致的碳排放外，地铁车站的建设和运营也会带来巨量的碳排放，以深圳地铁12号线沙三站为例，该车站通过顶管法施工，统计显示单位面积地铁车站建设阶段碳排放强度为340t/100m²，与隧道类似，从生命周期来看，建材生产阶段贡献的碳排放量最大（92%），其次是施工阶段（6.5%），运输阶段占比最小（1.5%）；从工程部位来看，如图14所示，主体结构碳排放占比为71.11%，附属结构占比为28.89%；建材生产阶段极具减排潜力，碳排放量前三的分别是钢铁材、混凝土和水泥，如图15所示；水泥（14.39%）和预制组合顶管（9.65%）是暗挖段碳排放的主要贡献源，水泥主要用于端头加固工程，端头加固工程占到暗挖段碳排放量的50%以上。虽然顶管法依然带来巨量的碳排放，但相较于采用明挖法需要进行箱涵改迁、路面破除等带来碳排放，采用顶管法施工可以带来35%的碳排放减排效益，具有显著的减碳效果。

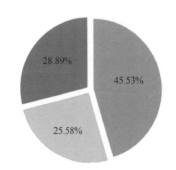

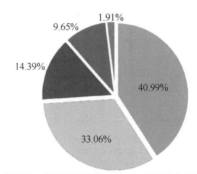

■ 明挖段　■ 暗挖段　■ 附属工程　　　　■ 钢铁材　■ 混凝土及砂浆　■ 水泥　■ 预制组合顶管　■ 防水保温材料

图14　沙三站地铁车站建设碳排放占比　　　图15　建材及预制管片生产阶段碳排放占比

相较于其他交通运输方式，地铁因运行环境及运载空间大，运行1km的能耗及碳排放均大于公共汽车和出租车，如表1所示，平均单位运行里程碳排放量为2.7kg/km，平均单位面积碳排放量为132.5kg/m²。但同时，因地铁的运载效率优势，人均碳排放却要低于出租车，人均碳排放量为0.7kg/人次，并整体呈现逐渐下降的趋势。从全国来看，2021年全国地铁运营共消耗电力213亿kW·h，产生的碳排放总量约为1910Mt CO₂e，其中北京、上海、成都位居前3位，如图16所示，深圳位居第5位，全国地铁人均碳排放量为0.85kg/人次，如图17所示，深圳地铁人均碳排放量为0.6kg/人次，低于全国平均水平，但单位运行里程碳排放量为2.7kg/km，要高于全国平均水平的1.7kg/km，可以说深圳地铁运营的能耗及碳排放强度仍有较大的减排降耗空间。

深圳市公共交通能源消耗及碳排放强度对比（2021）　　　表1

指标名称	单位	地铁	公共汽车	出租车
客运量	亿人次	21.79	10.9	3.31
人均碳排放量	kg/人次	0.7	0.54	1.38
1km碳排放量	kg/km	2.7	1.1	0.3

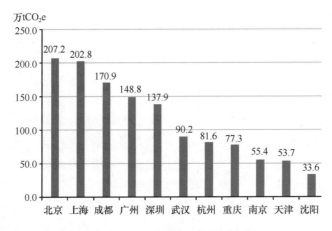

图 16 2021 年不同城市地铁的碳排放

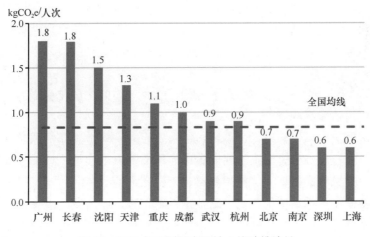

图 17 2021 年不同城市地铁人均碳排放量

通过分析深圳地铁的碳排放统计数据可以发现，对地铁系统的减排降耗可以从以下 4 个方面着手：首先，与建材运输和施工建造阶段相比，建材生产阶段应作为减排的重点对象；其次，运营阶段的碳排放主要来源于电力消耗，应全面发展清洁低碳能源，实现能源零碳转型；再次，运营能耗及碳排放处于全国中等及偏上水平，应合理规划线路布局，提升运输效率，深圳地铁单位运行里程能耗为 $2.5kW \cdot h/km$，比全国平均高 $0.6kW \cdot h/km$；最后，要推动和落实建设和运营阶段的绿色节能措施，进一步实现碳减排，建设阶段使用再生混凝土和再生钢材，碳减排率可达到 9%，采用不同程度节能技术(无极调光、再生制动能量等)，减排率可分别达到 24%～40%。

5.2.3 城市地下空间低碳化开发策略

城市地下空间低碳化开发需要围绕着与周边环境和谐共生，保证高质量发展，促进绿色转型，保护生物多样性，配合"双碳"目标实现的主题开展，配套实施绿色建造、绿色策划、绿色设计、绿色建材、绿色施工、智慧工地、建筑信息模型等新型低碳技术，从资源的输入端和消耗端2个方向进行规划，发展面向生态环保的工程建造技术，实现城市地下空间开发从绿色施工到全过程绿色建造。低碳化的城市地下空间开发的主要成效体现在3个方面：首先，通过建设地铁、隧道、物流等地下公共交通线路，可节省城市地表空间；同时，可减少污染较重的私家车使用，释放城市绿地；其次，通过修建地下商城、停车场等，可提升土地商业价值，实现绿色交通；最后，在城市地下空间开发过程中广泛利用清洁能源设施可有效减少碳排放。

地下空间开发减碳要从2个方面开展，首先是要减小地下工程设计、施工、运维期间的碳排放；其次，要扩大地下空间对清洁能源的利用规模。地下空间开发过程中的减碳能力可以通过公式(1)来表征：

$$C = C_{\text{mission}} - E_{\text{clean}} \tag{1}$$

式中，C 为地下空间的减碳能力，C_{mission} 为地下空间的碳排放能力，E_{clean} 为地下空间利用清洁能源的能力。

对于地下工程来说，设计、施工、运维阶段减小碳排放是最为常见的，目前行业内也已进行了多种尝试：①对建筑废弃物的资源化利用，减少处理过程中的碳排放，提高材料使用率；②使用新材料，提高结构耐久性，同时减少水泥等高能耗原材料使用；③采用新工艺、新技术、新工法，提高施工效率，减少重复施工；④优化施工及运维管理模式，减少粗放施工带来的过度碳排放。同时，增强地下空间碳汇和清洁能源利用能力也有所尝试，如采用先进规划、开发技术，实现土地集约利用，释放地表空间，绿化产生碳汇；将地热能利用与地下空间开发进行结合，实现高效地热能的开发利用。

地下空间的低碳化开发利用还需要对地下工程开展全寿命周期碳排放评估，基于评估结果，从新规划、新设计、新材料、新技术、新工法等多个角度，进行地下空间开发利用和低碳化升级；并进行升级过程中投入成本与减碳效果分析，从而实现量化、有序、合理的低碳化升级，以达到减碳效益的最大化。

5.3 地下空间建设低碳技术

轨道交通系统是城市地下空间开发过程中的重要部分，截至2023年，全国53个城市共计开通运营城市轨道交通线路290条，运营里程9584km，车站5609

座，并且城市轨道交通系统建设规模依然呈现逐年快速增加的趋势，本节将以城市地铁交通系统为例，介绍城市地下空间开发过程中发展出的新的绿色低碳技术。

5.3.1 土地集约化利用

地下空间的开发是集约利用土地的有效手段，对地下空间进行分层规划开发，将多种地上建筑、线路转移到地下以此释放地表空间，增加城市绿地空间，利用植物碳汇作用吸收 CO_2，改善城市居住环境，还可充分利用地下空间环境稳定的特点，将存储仓库、综合管廊、水库等移入地下，如图18所示。对于北京、上海、深圳等超大型城市，地表空间已开发殆尽，城市建筑密集程度高，对地下空间的开发将有效扩大城市发展空间，提高城市宜居度，但在密集地表建筑下进行地下空间的开发需要严格控制施工工艺，防止引起过大的地层变形，从而威胁已有建筑的安全。目前，我国城市地下空间总

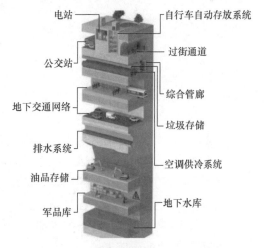

图 18 土地集约化利用模式示意图

体发展格局广阔，但开发深度多集中于浅层（-10m）或次浅层（-30m），开发项目以轨道交通、停车场以及人类娱乐活动项目为主，而对于次深层（-50m）或深层（-100m）的城市地下空间，目前我国的开发利用尚不足，在这个深度可以建设地下能源仓库、仓储空间以及大量的基础设施。同时，我国城市地下空间的一体化规划水平有待提高，城市地下空间开发利用项目主要集中在沿海地区，以京津冀都市圈、长三角城市群和粤港澳大湾区为主要代表，这些地区目前已经形成了较为完善的城市地下空间开发方案，但对于中东部城市，如成渝地区、关中平原地区的城市，受限于自身的地质条件以及地下空间开发需求不足的问题，这些地区的城市地下空间开发尚处于粗放式的发展时期。同时，各地区的城市地下空间开发多以自身城市为单位，未能形成整体式的区域联动。

对于城市轨道交通来说，可利用低价值的土地（空间）建设占地巨大的地铁场段，减少对城市用地的负担。例如，可利用废弃采石场、水库修建车辆段，并结合立体化集约设计，实现多功能合一；在地铁的正线段可通过立交桥下设站点（图19）、设备外挂、叠侧式站台、错位岛式站台以及重叠盾构隧道（图20）等施工技术，将地铁线路靠近既有建筑物，实现对城市用地的节约。

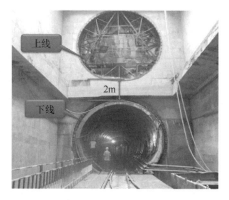

图 19　立交桥下的洪湖站　　　　图 20　小净距重叠盾构隧道设计

地下空间集约化利用的典型做法是开发地下综合体，以深圳市为例，地下综合体往往由地面高层建筑、立交系统、地下商业体、城市轨道交通、地下停车场、应急场所等构成，如岗厦北综合交通枢纽、深圳湾超级总部、宝安中心区、龙岗大运枢纽等，均集商业、居住与交通功能于一体。在地下综合体的建造过程中，需要进行严格的地层变形控制，其中往往涉及深大基坑开挖支护、小净距隧道掘进等多种具有挑战性的工程难题，同时，先后施工的地下结构之间须保持尽可能小的相互影响，这就对施工技术提出了很大的挑战。

以城市深大基坑开挖为例，深大基坑的开挖除了需要面对巨大的水土压力之外，往往还需考虑既有构筑物变形控制要求，基坑开挖导致地层应力释放，如果不能提供有效的支护便会引起周围构筑物产生较大变形，从而威胁构筑物安全，如地铁线路变形控制，如图 21 所示。

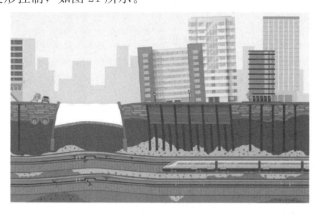

图 21　基坑邻近既有构筑物施工风险巨大

如何在确保地铁运营安全的前提下开发地下空间，对实现城市的可持续发展和增强碳汇能力意义重大。而高效利用邻近结构密集分布的地下空间土地资源，存在机理不明、理论缺失、技术空白的瓶颈。为实现这一目标，亟需解决以下关键科学问题和工程技术难题：①分次扰动地层开挖卸载力学特性时空演化机理不明，导致基坑周围地层变形难以预测和精准控制；②经历分次施工扰动的地层与新老地下结构相互协同变形互馈机制不明，地层、运营隧道和新建结构变形综合控制难度大。为了解决深大基坑开挖对邻近地铁扰动的问题，深圳大学等团队提出了一套涵盖地质勘查阶段、设计阶段、施工阶段及施工监测的近运营地铁深大基坑开挖技术。该套技术在地质勘查阶段运用钻心取样结合探地雷达可获得场地中不良地层的分布情况，在设计阶段结合数值模拟技术，建立起多种工况的施工方案优化模型，在施工阶段通过千斤顶伺服钢支撑可有效补偿支护轴力的损失，同时通过研发的围岩群泵综合注浆加固技术有效降低地铁周围地层的变形，相较于传统技术其密实度提高 12%，强度提高 20%，此外，还通过门式框架实现了对深大基坑的盖挖逆作施工，施工监测则是融合 BIM 技术、5G 技术、GIS（地理信息系统）和虚拟现实技术，建立起高精度、高可视化的施工现场监测系统，实现数字化和智能化管理，如图 22 所示。该套技术各步骤之间相互协同工作，共同保障了深大基坑开挖对运营地铁线路的微扰动，如图 23 所示。目前该项技术已在深圳、广州、杭州、厦门、成都等 50 多项地下工程中广泛应用，将地铁隧道保护区范围由 50m 科学地减小到 3m，顶部降到 2m，释放了大量的城市土地资源，实现了土地的集约利用，提升了地下空间工程的固碳能力，生态和经济社会效益显著。

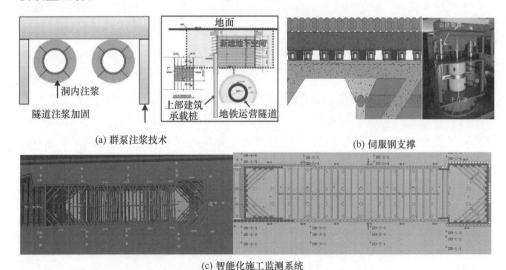

(a) 群泵注浆技术　　　　　　　　　　(b) 伺服钢支撑

(c) 智能化施工监测系统

图 22　运营地铁深大基坑支护技术关键技术

图 23 多种措施保障基坑支护效果

5.3.2 资源高效利用技术

地铁建设过程中践行环境友好的准则，建设生态地铁，尽可能地提升资源利用率，减少由于工程施工导致的资源浪费。在地下空间开发过程中，会产生大量的废弃物，这些废弃物按照来源可分为以下 3 个方面：首先是基坑工程，基坑土方开挖，产生巨量渣土，若得不到妥善地处理和处置，会造成环境污染、堆体塌方等次生灾害，例如，深圳市光明区发生的"12·20"渣土滑坡事故就是由于严重超量超高堆载导致的[10]；其次，地下连续墙、桩基施工中产生大量泥浆，处置不当则严重污染环境；最后，临时支护构件拆除、建筑物更新等产生大量废弃混凝土，造成严重的资源浪费和环境压力[11]。在当前自然资源逐渐匮乏的背景下，对建筑废弃物开展绿色、低碳的资源化利用已是大势所趋。目前，我国每年产生 30 多亿吨建筑废弃物，并保持高速增长，而我国对于建筑废弃物的资源化利用率仅有 5％左右，远低于西方发达国家的 80％，我国建筑废弃物资源化利用还有很大的提升空间。以深圳市为例，2020 年产生的建筑废弃物约为 9476 万 m^3，其中渣土产量便占75％～80％，已远超深圳市渣土受纳场地的承载力[12]。盾构隧道在掘进过程中会产生大量渣土和泥浆，每公里盾构隧道建设至少产生 4.5 万 m^3 盾构渣土。预计至2030 年，深圳市依然有 500km 的轨道交通规划建设规模。因而，对地下空间开发过程中废弃物的资源化利用对于节约土地空间，降低碳排放具有重要意义。

对盾构渣土可开展原位资源化利用，通过开发智能化、集成化、模块化的渣土资源化装备技术，采用泥砂分离、固液分离等工艺，将渣土分离为粗骨料、细砂、泥饼和水，进行回收利用[13-16]。目前，我国盾构渣土资源化利用装备已发展第二代，由粗颗粒、旋转分离模块、高效沉淀模块和干化脱水模块组成，具有移动式、智能化、模块化的优势，能够满足大规模场地需求，可以解决渣土流动过程中频繁堵塞以及渣土再利用产品质量差的问题，如图 24 所示。针对废弃泥浆研发的絮凝—固化一体化工艺/技术，可避免压滤后泥饼进一步资源化过程中再次破碎、加水、搅拌等重复低效环节[17]，如图 25 所示；并且，生产的泥饼具有较高的固化强度，1d 龄期强度便可达 1～2MPa。通过絮凝—（压滤）—固化联合处理可生产填料和建材，用于地基回填材料、碾压路基材料制作免烧砖、砌块等，通过絮凝—固化/功能化联合处理，则可将泥浆用于轻质柔性体的生产，制作超轻质填料、柔性隔离填料等，如图 26 所示。目前，该项技术已推广至国内多个城市地铁盾构施工中的渣土资源化处理工程，以深圳市地铁四期工程为例，渣土资源化减量化了 500 万 m³，可带来 33 万 t 的碳减排效益；产生了 300 万 m³ 的再生砂，可带来 5 万 t 的碳减排效益；若外运处置的 1828.1 万 m³ 渣土资源化利用为再生免烧结压实砖，将带来 162.5 万 t 的碳减排效益。

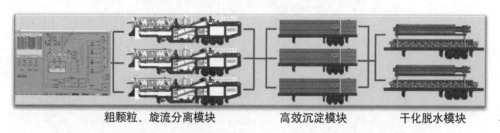

图 24　第二代移动式、智能化、模块化泥浆资源化装备

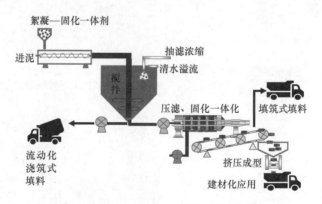

图 25　絮凝—（压滤）—固化一体化技术

地下空间开发中固体废弃物的资源化利用需要建立起从废弃物产生源头到终端产品的全流程系统，如图 27 所示。需要构建基于 BIM 技术、GIS 的适用于地下空间开发的固体废弃物优化决策管理平台；同时，开发基于多源信息融合和"互联网＋"的渣土精准管控模块化集成技术及处置与利用全过程可视化智能管控

系统，最终目标是实现对渣土的数字化、智慧化管控。此外，还需建立面向"无废"地下空间开发的扶持政策体系，需要从管理机制、政策法规与标准规范(即有效的激励手段和保障措施)等多角度、全方位地支持地下空间开发"无废化"模式、技术和装备的推广应用。

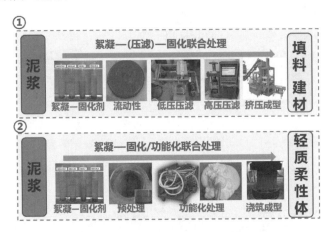

图 26　废弃泥浆生产再生材料技术

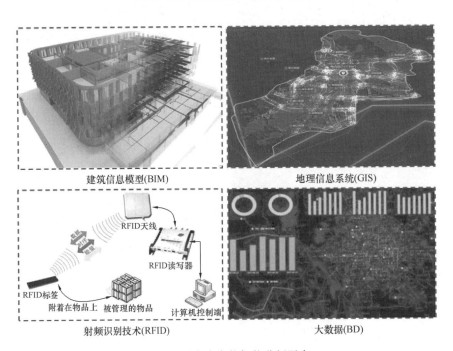

图 27　城市废弃物智能分析平台

5.3.3 低碳、高效、长寿命的地下结构建造

未来的城市地下空间建设将发生深刻的转变，《交通强国建设纲要》和《国家综合立体交通网规划纲要》分别强调要构建便捷顺畅、经济高效、绿色集约、智能先进、安全可靠的现代化高质量国家综合立体交通网城市（群）交通网，发展模式由速度规模向质量效益转变，内驱动由要素驱动向创新驱动转变。这就要求在地下空间开发过程中要重视工程有效服役寿命，提升地下工程的抗劣化和抗干扰能力，并且践行低碳建设、运营的核心理念，也即提升工程的韧性[18-22]。

地下工程设计经历了以结构极限状态为目标控制的容许应力设计到依据概率统计理论进行的概率极限设计，再到以性能为目标的性能设计，未来发展趋势要以结构韧性和功能韧性为目标进行韧性设计，如图 28 所示。这就要求地下工程不仅要满足建设之初的力学要求，还应考虑运营、灾害、灾后阶段中是否能够实现长期稳定的运行功能。

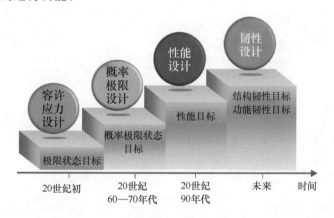

图 28　地下工程设计理念发展历程

目前，低碳、高效、长寿命的地下结构建造还面临着 2 个主要问题，分别是传统钢筋混凝土材料与结构在复杂恶劣环境因素影响下，容易发生材料劣化和结构损伤，传统的土—隧道相互作用理论和地层变形控制方法无法完全确保盾构隧道管片的韧性的问题，以及既有制造与建造过程缺乏全域感知能力，高度依赖人工进行判别控制，导致的精度不足、效率低下的问题。

在地下空间开发过程中，混凝土是使用量最为庞大的建筑材料[23]，而传统混凝土在长时间的服役期内会产生多种问题，如由于浇筑不均匀导致的初始缺陷最终容易演化为结构开裂，与空气中 CO_2 相作用引起的碳化效应导致混凝土承载力下降，由于氯离子渗透导致的钢筋锈蚀，从而引起锈胀现象使得混凝土结构破碎[27,28]。工程中为了处理这些病害，往往需要采取多种措施进行修补，如裂缝修补、阴极保护、钢内衬

加固等方法[29]，这无疑会增加地下工程结构的碳排放。以地铁工程为例，盾构隧道通过预制混凝土管片进行拼装，但在长期列车振动荷载、地铁杂散电流、不均匀地应力以及地下水携带的离子腐蚀下，混凝土管片往往会出现开裂、掉块等现象，为了克服传统混凝土管片的缺点，以钢纤维为代表的各种纤维混凝土开始被应用于管片的制作中。钢纤维具有较高的机械强度和柔韧性，常用在混凝土中以提高混凝土力学性能、抗裂性能和延性。钢纤维通过连接混凝土起始微裂纹的两侧来提升开裂强度，延缓裂纹发展，以此达到提升混凝土抗裂性能的目的，同时还可将传统混凝土的脆性破坏改变为延性破坏，如图 29 所示。通过在混凝土管片中掺杂不同比例的钢纤维，以实现对钢筋的部分或全部替代，如图 30 所示，提升混凝土承载能力的同时还可节省钢筋用量，是具有良好应用前景的工程材料。

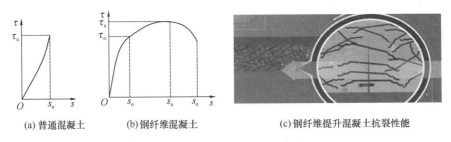

(a) 普通混凝土　　　(b) 钢纤维混凝土　　　　(c) 钢纤维提升混凝土抗裂性能

图 29　钢纤维提高混凝土性能

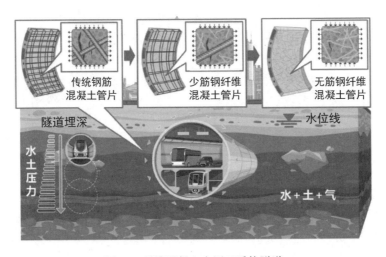

图 30　纤维混凝土应用于盾构隧道

　　目前，如何在保证混凝土力学性能的前提下寻找到合适的钢纤维形状、产量、长径比是值得深究的问题；同时，钢纤维混凝土在抗腐蚀方面依然存在较大劣势[30]，其氯离子扩散系数为 $4.79 \times 10^{-12} \sim 9.60 \times 10^{-12} \mathrm{m^2/s}$，为普通砂浆混凝土的 2～3 倍，这是因为钢纤维在掺杂过程中也会在混凝土表面露出，钢纤维与混凝土基体的粘结面便成为氯离子渗入的通道。要推广钢纤维混凝土的工程应用，就需要解决其抗腐蚀能力差的问题，这可以通过在钢纤维表面电镀耐腐蚀材料，或改善掺杂手段，仅将其分布于混凝土内部，提供保护层来实现。此外，钢纤维混凝土的应用研究目前仍处于试验阶段，而英国、法国、德国等已有应用尝试，我国应尽快开展相关工程的应用研究。

传统的地下工程建造过程需要大量依靠人力资源，需要依赖有经验的技术人员进行人工判别控制，这就导致工程建设精度不足、效率低下。例如，目前我国对于混凝土结构钢筋笼绑扎、混凝土结构浇筑等工作还大量依靠工人进行，自动化程度较低，我国相关制造设备的研发依然落后于日本、德国、荷兰等传统制造业强国。地下空间开发需要朝着自动化、无人化、智能化方向发展，这就需要转变传统工程质量把控的思路，对于结构的性态感知要由外部监测向全域感知、数字孪生发展，制造工艺装备要由自动化向数字化、智能化发展，打造智能化产业链，开发智能装备与系统，最终实现全产业链的韧性设计，如图31所示。韧性设计阶段需要对材料的基本性质以及规划建设的地下结构模态具有深刻的把握，特别是其在各种突发灾害下的表现，并依据韧性设计的基本要求开展韧性提升的基础研究；智能感知阶段要进行全域感知，能实时把握材料及构件制作质量，并结合数字孪生技术建立综合管理平台，这就要求实现对多源异构数据获取与物理世界实时联动的数字孪生，需要更敏感的传感器组件、更先进的通信技术，以及更智能化的数据处理与分析手段；智能制造就要求以智能化装备代替人工，对工程的基本构件能够进行精准制造，以减少误差，并对构件制造过程进行全程质量把控，这就需要实现虚拟和现实对应的模态判识和阈值获取，实现更精细的物理世界和数字世界的相互映射；现场施工中就需要对预制构件能够进行智能化定位、拼装，以减小施工误差，使工程性能尽可能地接近理想状态，大幅减小后续补救、维护的资源投入，这需要开发更精准的复杂环境下智能拼装测控技术，要能够实现信息真实可见、轨迹实时可循、状态随时可查，如图32所示。

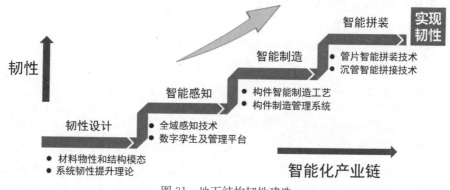

图31　地下结构韧性建造

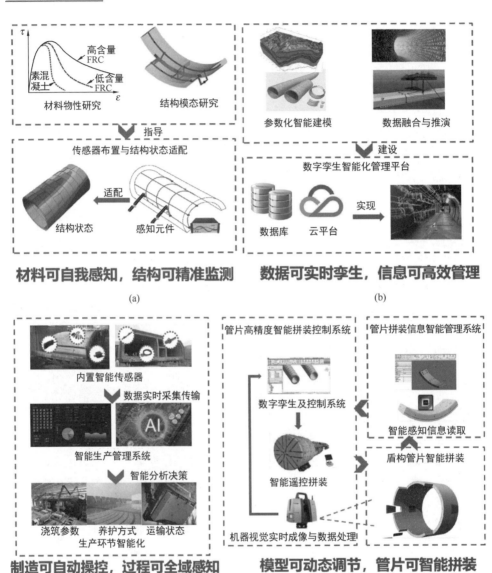

图 32 地下空间开发的发展方向

5.3.4 混凝土压注技术

传统的地下工程通过喷射混凝土(山岭隧道)或现场浇筑(地下车站、储藏室)等工艺建造,这种工艺建造的结构具有较好的整体性,但往往会造成较大的资源浪费,如山岭隧道通过喷射施工会产生大量的混凝土回弹[31-32],而这些混凝土往往伴随着开挖渣土被一并外运处置,造成资源浪费。同时混凝土在搅拌站至工程现场的运输途中会产生大量的燃料能源消耗，排放大量 CO_2，此外现场施工会产生大量的粉尘等有害物质，污染环境的同时危害工人的生命健康。虽然现有研究已经证明工厂预制构件具有节省现场施工时间、实现流水线生产和降低能耗的优势[33-34]，但其拼装节点往往是结构力学性能的薄弱处，以盾构隧道为例，盾构管片通过螺栓进行环向和纵向连接，当盾构隧道承受长期偏压荷载或地震作用时，接头部位往往是最先发生损伤的部位[35-36]。因而，一种结合现浇混凝土和装配混凝土构件优势的工法被提出，即混凝土压注工法，目前这种工法已开始应用于TBM 隧道工程[37]。

混凝土压注工法的过程为：(1)通过 TBM 辅助推进油缸将掘进机前部刀盘等进行推进；(2)在千斤顶后两环处进行同步压注混凝土，形成混凝土压注环，达到及时封闭支护效果；(3)油缸支撑靴回收，并在该处拼装钢模板；(4)在后段拆卸已养护一个周期硬化的混凝土钢模板。以此循环往复，实现钢模板的循环往复利用，如图 33 所示。通过这种工法建设隧道具有快速通过、及时封闭支护、施工安全的优势。

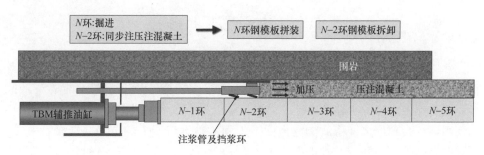

图 33　混凝土压注工法原理

混凝土压注工法仅适用于硬岩掘进的 TBM 隧道，这是由于混凝土在压注过程中会对地层产生附加应力。若在软土地层中，该压力有可能导致地层隆起。此外，TBM 隧道需快速通过，仅对压注混凝土进行一个周期的养护，混凝土强度并未达到峰值，因此，需要围岩具有一定的自稳定性。该工法对混凝土的性能提出了很高的要求，压注混凝土需要具有很强的工作性、早强性和低收缩性，同时，由于该工法通过钢板形成混凝土压注的模板，因而无法在混凝土内绑扎钢筋笼，所以目前压注混凝土多采用超高性能混凝土，这也就导致了该工法较适用于围岩条件较好的工程段(Ⅲ级及以上围岩)，也即传统钻爆法施工仅需素混凝土支护的地质条件。为了增强该工法使用的地质条件，工程技术人员发明出了单护盾形式的 TBM 掘进机械，通过护盾结构能够为舱内工程人员提供安全的作业环境，可适用于Ⅳ、Ⅴ级围岩，如图 34 所示。

目前，我国混凝土压注工法应用于隧道建设尚处于起步阶段，压注混凝土的性能是很大的限制条件。对于山岭隧道应用该工法施工，混凝土配制往往就地取

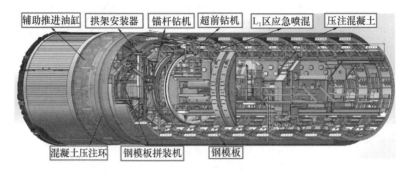

辅助推进油缸　拱架安装器　锚杆钻机　超前钻机　L_1区应急喷混　压注混凝土

混凝土压注环　钢模板拼装机　钢模板

图 34　混凝土压注工法应用于 TBM 隧道

材，不同地区粗细骨料、矿物质、黏土颗粒等会导致压注混凝土很难满足工程要求，这需要对混凝土的配合比、外加剂等进行创新研究。钢纤维混凝土的应用提供了一种可行的解决办法。但如前文所述，其配合比的合理性和耐腐蚀性尚须进一步优化研究。

5.4　清洁能源利用

降低地下空间碳排放量还可从清洁能源利用入手，清洁能源利用方面则主要将地下工程建设与地热能利用相结合。相较于太阳能、风能、潮汐能等清洁能源，地热能主要来源于地球内部的熔岩，不受地表气候的影响，具有可稳定供给的优势，综合利用多种清洁能源为地下工程供给运行所需的电能或取暖、制冷，可有效降低地下空间开发过程中的碳排放。

随着地层深度的增加，地层温度逐渐升高，形成地热能，地热能是一种绿色低碳、可循环利用的可再生能源，具有分布广、清洁环保、稳定可靠等特点，是一种现实可行且具有竞争力的清洁能源，并且我国具有丰富的地热资源[38]。随着地下空间开发的开展，可将地下工程结构与地热能开采装置相结合，将地热能与太阳能、风能、潮汐能等综合利用，通过风能和太阳能驱动地源热泵运转，并提供能源消耗端 25％的能源需求，剩余的 75％则可由能源桩提供电力、供热、制冷，如图 35 所示。一系列新能源利用、结合其他各类减碳型技术链和产业链，实现地下空间开发全过程低碳，力争达到全寿命周期碳中和甚至负碳排放。常见的地下空间开发过程中的地热能开采方式包括建筑能源桩和能源隧道，其基本原理均是通过换热介质实现对冷热资源的交换。

5.4.1　建筑能源桩

建筑能源桩是在建筑桩基中铺设换热管道，在满足上部荷载承载要求的同时实现对地热能的利用。建筑能源桩可用于上部建筑的供暖和制冷。传统的换热系

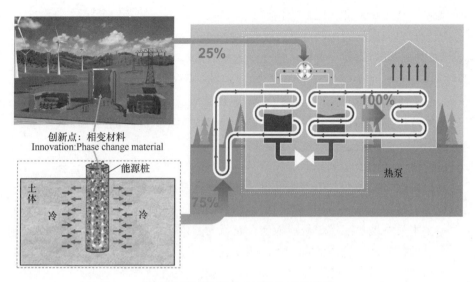

图 35 清洁能源驱动地热能开发利用

统采用水为传热媒介，这种媒介需要对地热能即采即用，不能对地热能进行储存，无法灵活应对地下结构能源需求曲线的波峰与波谷；同时，水的传热系数较低，其与地层的热交换效率低下。相变材料是一种良好的传热储能物质，其在相态转换时的吸放热多数能达到水比热容的几百倍[39-40]。新一代能源桩系统往往采用相变材料换热结合储能混凝土传热来实现地热能的开采，高导热相变材料作为换热流体介质能克服传统水介质换热性能与换热时效性的缺陷。储能混凝土结构中的相变材料一般通过真空吸附或钢球、微胶囊等密闭容器封装，如图 36 所示。常见的相变材料有石蜡、油基微胶囊等有机相变材料与无机盐、金属等无机相变材料，有机相变材料因其稳定性与经济性具有更好的应用前景。相变材料依据地表与地下的温差改变其相态，通过相态转变时的吸放热提取地热能，经由下部结构—换热介质—上部结构的传递路径加以储存利用。

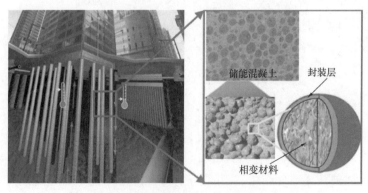

图 36 相变材料用于能源桩热交换

能源桩已在我国开展工程应用，其换热效率始终是学者们所关注的焦点，也是限制其进一步推广应用的难题。能源桩的换热涉及复杂的水—热耦合过程，其热交换过程一般为流体—管壁—桩体—地层。当存在地下水时，还涉及热对流现象，该过程的研究还尚不充分。此外，在传热媒介相变过程中反复地吸放热循环，也会对桩体的力学性能产生影响，导致其承载力下降。能源桩深埋于地下。若换热管线出现破损、堵塞等则修复困难，将大大降低能源桩的换热效率。

5.4.2 能源隧道

隧道是地下空间开发中重要的形式，隧道需穿越复杂的地质条件，其中不乏地热资源丰富的区域，特别是在断层破碎带密集区域，如青藏高原地区，破碎带中的地下水易将地热能携带至浅地层，这就为隧道工程建设的同时利用地热能创造了有利条件。通过能源隧道，将地热能进行开发和利用，既解决了隧道中温度过高带来的安全风险，也为车辆提供清洁能源，实现隧道系统低碳运行。此外，对于寒区隧道，由于长期的冻融循环，隧道衬砌容易开裂，隧道洞门部位易受天气影响，产生冻裂、挂冰等问题，这会威胁铁路系统的安全运行[41]。将隧道高地热能区域的热能转移到易冻结区域，对于寒区隧道的冻害防治也具有很大的意义。将储存起来的能源，一方面用于线路的运行，另一方面用于附近的城镇，为沿线城镇提供低碳经济的能源供应，如图37所示。目前，该项技术已在我国30多个城市开展了现场试验研究[42-44]。

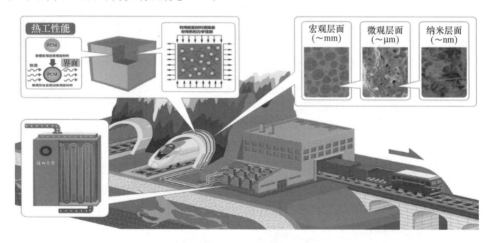

图37 能源隧道建设方法

与建筑能源桩相类似，能源隧道的建设也是通过换热媒介提取地热能，一般来说换热管铺设于隧道衬砌内部，其热量传递路径为围岩—衬砌—管壁—桩体，也存在着相关热传递原理作用不明的问题。此外，能源隧道若在地质条件较为恶劣的地区修建，则需面对较大的地层压力，换热管的铺设必然会导致衬砌力学性能的降低，同时换热管与混凝土的接触面也会成为衬砌内在的力学薄弱点，在长期荷载作用下，该处可能会成为结构劣化的起点。

综上所述，地下空间开发结合地热能开采可有效降低地下工程碳排放，但在工程应用中还存在传热理论不明的问题，同时地热能利用需要寻找到稳定的高温区域，这就对地质勘查技术提出了更高的要求，目前常用岩土热响应试验来进行测试。此外，换热管线的排布位置和方式也会对其换热效率产生影响，这就需要开展广泛的室内试验、数值模拟等，以寻找到适用不同地质条件、温度场分布的最佳结构形式。未来的地热能利用应充分发挥相变材料的储能优势，研发具有更高热容、更高换热效率、更稳定的换热材料，提高能源地下结构的能量密度，增大换热量，同时，还需充分考虑温度场时变引起的地下结构温度应力和变形，并减小地层由于热量损失而引起的热固结和变形，在保证地下工程稳定安全运行的前提下尽可能地利用地热能。

5.5 结 论 与 展 望

"双碳"战略的提出是中国为应对气候变化挑战做出的努力，面对已被逐渐开发完毕的地表空间，地下空间开发将为扩展城市发展空间，增强城市宜居度，提升城市碳汇能力，降低城市碳排放，实现"碳达峰、碳中和"贡献力量。本文主要从降低碳排放和清洁能源的利用2个方面介绍了低碳视角下的城市地下空间开发技术。

(1)提出了一种用来评估地下空间开发过程中减碳能力的方法，要尽量减小地下工程设计、施工、运维阶段的碳排放，同时提升清洁能源的利用能力。

(2)可通过对建筑废弃物的资源化利用降低地下空间开发过程中的碳排放，盾构渣土资源化利用尚存在着技术、方法、设备方面的限制，要实现建筑废弃物充分的资源化利用，就需要建立起一套能够从源头对废弃物进行数字化、智慧化管控的系统。

(3)韧性建造已成为未来地下空间开发的趋势，韧性建造可有效降低工程运维损耗，减小灾害期间的损失以及修复阶段的成本。韧性建造需要结合数字化、智能化技术，实现韧性设计、智能感知、智能制造、智能拼装。

(4)钢纤维混凝土可提升混凝土的抗裂能力，通过掺杂钢纤维，可以在保证混凝土力学性能的同时减少钢筋用量，具有良好的减碳效果。但目前钢纤维混凝土的应用还存在诸多问题，其中最为显著的便是其抗腐蚀性较差，这需要对钢纤维进行电镀或提供混凝土保护层。

(5)混凝土压注技术结合TBM工法在降低混凝土施工浪费的同时，可改善施工现场的环境，具有良好的应用前景，但其在我国的应用尚处于起步阶段，还需对混凝土的配合比、外加剂开展创新研究。

（6）通过地热能开采可有效降低地下空间的碳排放，多种清洁能源的联合利用、结合其他多种减碳型技术和产业链，有望实现地下空间开发全过程的低碳，全寿命周期的碳中和甚至负碳排放。

未来几十年，受到国内外的共同影响，中国生态文明理念及"双碳"战略所引领的经济转型，形成了新的增长路径——多目标协同发展。为达成"双碳"目标，我们必须立即行动，在保证经济增长的同时，各行业必须要进行减碳、脱碳和固碳。地下空间低碳减碳建造和运维事业还很艰巨，要结合大数据、物联网、智能化的时代趋势，提升地下空间开发过程中的全域感知能力，以无人化、智能化、信息化、数字化为导向，广泛开展新材料、新工法的研究。

作者：陈湘生（中国工程院院士）

参考文献

[1] 邹才能，马锋，潘松圻，等．论地球能源演化与人类发展及碳中和战略[J]．石油勘探与开发，2022，49（2）：411-428.

[2] 国务院灾害调查组．河南郑州"7·20"特大暴雨灾害调查报告．2022.

[3] 邹才能，薛华庆，熊波，等．"碳中和"的内涵、创新与愿景[J]．天然气工业，2021，41（8）：46-57.

[4] 国务院．中华人民共和国国民经济和社会发展第十四个五年规划纲要[EB/OL]．2021．http：//www.gov.cn/xinwen/2021-03/13/content_5592681.htm

[5] 中国工程院战略咨询中心，中国岩石力学与工程学会地下空间分会，中国城市规划学会．2022中国城市地下空间发展蓝皮书[M]．北京：科学出版社，2022.

[6] 碳交易网．全球各国碳排放量排行榜，中国第一[EB/OL]．2017.12.10http：//www.tanjiaoyi.com/article-23347-1.html

[7] 陈坤阳，周鼎，粟月欢，等．城市轨道交通生命周期碳排放强度与碳减排潜力研究[J]．铁道标准设计，2022，66（5）：1-7.

[8] 杨星琪，黄海军．治理"大城市病"的城市群税收政策[J]．清华大学学报（自然科学版），2022，62（7）：1212-1219.

[9] 钱七虎．迎接我国城市地下空间开发高潮[J]．岩土工程学报，1998（1）：112-113.

[10] 高杨，卫童瑶，李滨，等．深圳"12.20"渣土场远程流化滑坡动力过程分析[J]．水文地质工程地质，2019，46（1）：129-138+147.

[11] 陈坤阳，王家远，喻博，等．地铁工程余泥渣土环境影响研究[J]．环境工程，2022，40（2）：191-198.

[12] 刘恒，周学彬，张宇，等．深圳市地铁盾构渣土利用与处置技术路径及管理策略优化研究[J]．工程管理学报，2021，2021（2）：50-55.

[13] 刘霆宇，王树英，钟嘉政．土压平衡盾构改良渣土坍落度试验与理论研究综述[J]．现代

隧道技术，2023，1-12.

[14] 杨果林，徐明煌，刘欢，等．富水石地层盾构掘进衡盾泥渣土改良试验研究[J]．华中科技大学学报(自然科学版)，2023，1-8.

[15] 郭沁颖，李白云，丁建文，等．工业废渣改良泥水盾构渣土的路用性能试验研究[J]．土木与环境工程学报(中英文)，2023，1-11.

[16] 朱伟，赵笛，范惜辉，等．渣土改良为流动化回填土的应用研究[J]．河海大学学报(自然科学版)，2021，49(2)：134.

[17] 孙晓辉，郭柯雨，姬凤玲，等．盾构泥浆絮凝—固化联合作用试验研究及宏细观探析[J]．隧道建设(中英文)，2022，42(4)：602-610.

[18] 陈湘生，喻益亮，包小华，等．基于韧性理论的盾构隧道智能建造[J]．现代隧道技术，2022，59(1)：14-28.

[19] 陈湘生，徐志豪，包小华，等．中国隧道建设面临的若干挑战与技术突破[J]．中国公路学报，2020，33(12)：1-14.

[20] 宋亮亮，张劲松，杜建波，等．基于组合赋权和云模型的水利工程运行安全韧性评价[J]．水资源保护，2022，1-14.

[21] Woods D. Four concepts for resilience and the implications for the future of resilience engineering[J]. Reliability Engineering & System Safety, 2015, 141：5-9.

[22] Fang C, Wang W, Qiu C, et al. Seismic resilient steel structures：A review of research, practice, challenges and opportunities[J]. Journal of Constructional Steel Research, 2022, 191：107172.

[23] 张宇，段华波，张宁．深圳市建筑水泥流量-存量分析及环境影响评估[J]．中国环境科学，2021，41(1)：482-489.

[24] Wang H, Dai J, Sun X, et al. Characteristics of concrete cracks and their influence on chloride penetration[J]. Construction & Building Materials, 2016, 107：216-225.

[25] Tian L, Cheng Z, Hu Z. Numerical investigation on crack propagation and fatigue life estimation of shield lining under train vibration load[J]. Shock and Vibration, 2021：1-10.

[26] Zajac M, Irbe L, Bullerjahn F, et al. Mechanisms of carbonation hydration hardening in Portland cements[J]. Cement and Concrete Research, 2022, 152：106687.

[27] 修建得，金祖权，李宁，等．海洋盐雾环境下混凝土中氯离子传输研究进展[J]．硅酸盐通报，2023，1-18.

[28] 林鑫源，梅侃泽，李晓珍，等．阴极型阻锈剂在氯盐混凝土中阻锈效果的研究[J]．水资源与水工程学报，2022，33(2)：165-171+178.

[29] 荣辉，胡凯玥，张津瑞，等．修复方式对墩身混凝土裂缝修复效果的影响[J]．土木工程学报，2022，55(12)：47-53.

[30] Hwang J, Jung M, Kim M, et al. Corrosion risk of steel fibre in concrete[J]. Construction & Building Materials, 2015, 101：239-245.

[31] Ginouse N, John M. Mechanisms of placement in sprayed concrete[J]. Tunnelling and Underground Space Technology, 2016, 58：177-185.

［32］ Chen L，Sun Z，Liu G，et al. Spraying characteristics of mining wet shotcrete［J］. Construction and Building Materials，2022，316.

［33］ 江志伟，杨秀仁，李霞. 强震区装配式和现浇地铁车站结构地震响应对比研究［J］. 工程力学，2023，1-11.

［34］ Kurama Y，Sritharan S，Fleischman R，et al. Seismic-resistant precast concrete structures：State of the art［J］. Journal of Structural Engineering，2018，144(4)：03118001. 1-03118001. 18.

［35］ 耿萍，郭翔宇，王琦，等. 基于子模型法的盾构隧道纵向接头地震力学特性研究［J］. 铁道学报，2022，44(2)：117-125.

［36］ Shi C，Cao C，Lei M，et al. Effects of lateral unloading on the mechanical and deformation performance of shield tunnel segment joints［J］. Tunnelling and Underground Space Technology，2016，51：175-188.

［37］ 卞士元，杨继来. TBM压注式混凝土施工工法试验原理及应用分析［J］. 工程机械，2020，51(4)：88-92＋9-10.

［38］ 王双明，刘浪，赵玉娇，等. "双碳"目标下赋煤区新能源开发—未来煤矿转型升级新路径［J］. 煤炭科学技术，2023，1-21.

［39］ 崔宏志，黎海星，包小华，等. 非饱和黏土地层中相变能源桩热性能测试［J］. 清华大学学报(自然科学版)，2022，62(5)：881-890.

［40］ 崔宏志，邹金平，包小华，等. 制冷工况相变能源桩热交换规律［J］. 清华大学学报(自然科学版)，2020，60(9)：715-725.

［41］ 肖立，刘洋，赵铭睿，等. LNG工程中超长能源桩应用可行性研究［J］. 建筑结构，2022，52(S2)：2523-2529.

［42］ 桂树强，程晓辉. 能源桩换热过程中结构响应原位试验研究［J］. 岩土工程学报，2014，36(6)：1087-1094.

［43］ 亓学栋，黎海星，崔宏志，等. 能源桩试验材料热力学参数测试研究［J］. 防灾减灾工程学报，2022，42(5)：929-936.

［44］ Alirahmi M，Dabbagh R，Ahmadi P，et al. Multi-objective design optimization of a multi-generation energy system based on geothermal and solar energy［J］. Energy Conversion and Management，2020，205：112426.

6　减碳目标驱动的建筑结构防震减灾

6　Earthquake disaster prevention and mitigation of building structures driven by the goal of carbon reduction

摘　要：中国是世界上地震灾害最为严重的国家之一，其中建筑物在地震中的破坏和倒塌是造成人员伤亡和经济损失的主要原因之一。随着我国双碳目标的提出，如何在提高建筑工程防震减灾能力的同时，有效减少建筑物建设和运维中的碳排放是建筑行业面对的新挑战。本文主要总结了建筑工程中混凝土结构防震减灾中的减碳方法与技术，包括减碳设计方法、高性能材料与结构体系、建筑材料的循环应用、既有结构与构件再利用、可恢复功能防震结构、建筑更新改造与抗震加固等。最后，对未来的发展方向进行了展望。

6.1　引　　言

　　地震作为一种破坏性极大的自然灾害，给人民的生命和财产安全带来了巨大威胁。中国地处世界两大地震带（环太平洋地震带和欧亚地震带）的交会处，是世界上地震灾害最严重的国家之一。建筑物在地震中的破坏和倒塌是造成人员伤亡和经济损失的主要原因之一。近年来，随着建筑技术的进步，在地震中建筑倒塌和人员伤亡的数量得到了有效的控制，生命安全有了较大保障，但是地震所造成的经济损失和社会影响却依然十分巨大，而且地震灾害总体损失有上升的趋势。事实上，地震之所以会造成巨大的经济损失，主要是由于地震时建筑物破坏严重，特别是混凝土结构震后难以修复，只能推倒重建；或者是由于需要修复，但修复时间长，建筑功能中断，直接影响了人们的生产和生活。社会发展对建筑工程抗震提出了新的要求：如何实现强震后建筑快速恢复其正常使用功能？

　　同时，随着全球碳排放量的不断增加，气候变化日益凸显，推动低碳经济发展已成为全球范围内的共同目标。自 2005 年以来，由于经济快速发展与城市化进程的加快，中国已成为碳排放大国。2020 年 9 月 22 日，中国提出了"2030 碳达峰与 2060 碳中和"的双碳目标。为了实现这一目标，各行各业都在积极探索新的减碳方法和技术。在建筑工程领域，研究人员试图通过减少建筑材料用量、循环利用既有结构资源、延长建筑使用寿命、使用新型高效结构体系等措施，来降低碳排放。然而，这些措施是否有效，如何在提高建筑工程防震减灾能力的同时，有效减少建筑物建设和运维中的碳排放，是建筑行业面对的新挑战。

6.2　建筑工程防震减灾中的减碳技术

6.2.1　减碳设计方法

人类对结构性能认知的不断清晰和调控手段的不断丰富推动了结构设计方法的进步。多次强震灾害造成的巨大经济损失和社会影响，使得单纯强调建筑结构在地震作用下不发生倒塌等严重破坏，成为并非最理想的设计理念。针对地震下结构性能的多样化需求，基于性能的设计理念得到广泛推广。通过构建不同性能水平下的极限状态内涵，并开展概率化极限状态设计，从而保障结构在不同性能需求下的可靠性，成为当前建筑工程防震减灾的主流设计目标。然而，以上设计目标主要局限在功能和安全的视角。在环境关切方面，结构设计方法仍滞后于低碳材料与建造技术的创新。为了应对全球气候变化，减少碳足迹，促进可持续发展，呼吁建筑行业的低碳转型，催生低碳设计理论与方法，应构建由结构可靠性和碳排放指标介导、受气候变化与结构性能演化自然规律驱动的结构——环境动态耦合模型，如图1所示，构建可持续发展所需的结构可靠与低碳双重设计目标，并开展多策略调控与设计。

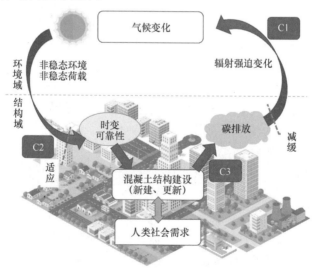

图1　结构——环境共生系统的双向动态耦合影响

注：C1：工程结构碳排放对气候变化的影响；C2：气候变化对结构时变可靠性的影响；C3：结构设计方法对其碳排放量级的影响。

64

近年来，混凝土结构低碳提升在新材料、结构与建造模式研发中得到广泛开展，形成了考虑可持续性的结构可靠性设计理念。面向气候变化适应，结构安全可靠性仍为混凝土结构设计所需保障的核心目标，但需补充量化气候变化所造成的自然灾害频率与强度上升以及服役环境恶化的影响，预测结构生命周期内的服役性能，形成考虑可持续性的结构可靠性设计，见公式（1）：

$$P(R \geqslant S) = P[R(c_c) \geqslant S(c_c)] = \int_{G(c_c)} f_\Omega(\omega) \mathrm{d}\omega \qquad (1)$$

式中，$P(\cdot)$ 为括号内事件发生的概率；R 和 S 分别为描述结构抗力与效应的随机变量，Ω 为 R 和 S 联合分布的样本空间，G 为样本空间中结构安全随机事件的子集（结构安全域）；$R(c_c)$、$S(c_c)$、$G(c_c)$ 表示考虑 3 类变量随气候变化情景 c_c 的变化，气候状况恶化将使结构安全域缩小；ω 为 G 中的基本事件（安全事件），$f_\Omega(\omega)$ 为其概率密度函数。

面向气候变化减缓，逐步发展至以双向设计为特征的结构可持续性设计，即从针对经验性减碳策略的可靠性保障，过渡至明确减碳目标下的结构可靠性与碳排放量级同步控制。结构低碳设计将视角从结构本体拓展至结构——环境共生系统，需纳入结构与环境交互关系的量化，而交互的显著性需通过时域累积体现。

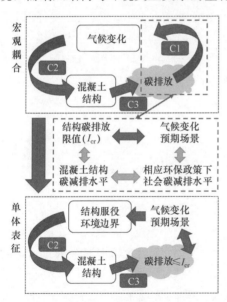

图 2　结构碳排放与气候变化情景关联的构建

为此，需对常规结构可靠性设计开展时空边界延拓，补充对混凝土结构生命周期碳排放量级的评价。碳排放量化评价是近年来结构领域应对气候变化迈出的重要一步，生命周期评价方法（LCA）得到了广泛应用。在结构可靠性设计或生命周期管理的基础上，拓展碳排放评价环节，并依托多策略评价结果的方案优选或基于限值目标的设计校核，推动结构可持续性的量化。结构对气候变化的影响通过结构群体的长期碳排放体现，可通过结构碳减排限值约束其碳排放水平，并与社会减碳政策及气候变化预期情景建立对应联系，从而将宏观层次的结构——环境共生系统动态耦合关系映射至结构单体设计中，如图 2 所示。单次 LCA 通常仅得到单一安全事件下的碳排放结果，通过安全域统计可得出结构可靠度与碳排放量同时满足要求的概率，见公式（2）：

$$P(I \leqslant I_{cr}, R \geqslant S) = \int_{G(c_c)} P\left\{I_{Safe}[r(\omega), s(\omega)] \leqslant I_{cr}(c_c)\right\} f_{\Omega}(\omega) d\omega \qquad (2)$$

式中，I 为结构生命周期碳排放量，I_{cr}（c_c）为气候变化情景 c_c 对应的结构生命周期碳排放限值；r（ω）和 s（ω）分别为安全事件 ω 对应的结构抗力与效应；$I_{Safe}[r(\omega), s(\omega)]$ 为结构在安全事件 ω 发生时的 LCA 碳排放结果。

事实上，结构碳排放满足要求的概率还需综合失效状态评估，不同重要性结构或构件在不同失效模式下的可靠度目标存在差异，这蕴含了失效后果的严重性差异，也将造成强震等灾害所致失效情形下，应急保障与次生灾害相关碳排放的显著区别，使得采用联合概率近似表征碳排放满足目标概率将高估了可靠度水平相对较低结构的碳排放水平。为表征结构与环境的共生能力，在默认可靠性设计能够保障结构预期服役寿命内使用性能满足需求的前提下，结构本体的可持续性建议采用公式（3）来刻画：

$$P(I \leqslant I_{cr} | R \geqslant S) = \frac{P(I \leqslant I_{cr}, R \geqslant S)}{P(R \geqslant S)} \qquad (3)$$

式中，$P(I \leqslant I_{cr} | R \geqslant S)$ 为结构安全状态下，其生命周期碳排放满足限值要求的概率，即结构可持续性概率。

减碳设计的落地有赖于在结构设计中融入低碳新技术，科学调控结构本体可靠性与其生命周期碳排放的关系。依托以碳减量（carbon reduction）、碳再用（carbon reuse）与碳循环（carbon recycling）为内涵的结构减碳技术体系 3R^{+c} 原则，通过高性能材料和高性能结构体系，建筑材料的循环利用，既有结构与构件再利用，可恢复功能防震结构，建筑更新改造与抗震加固等，可实现建筑结构减碳优化，以下详细介绍相关技术特点与应用前景。

6.2.2 高性能材料和高性能结构体系

高性能材料的研发为建筑业的碳减排提供了高效路径，适应现代工程结构向大跨、高耸、重载发展和承受恶劣条件的需要，高性能混凝土、高性能筋材的开发与应用是当今的研究热点。高性能混凝土具有优异的强度、耐久性与流动性，如高强度混凝土，其抗压强度可达到 100MPa 以上；自密实混凝土，在不进行振捣的情况下，由于其较好的流动性与自密实性能，可自行充填混凝土模具；超高性能混凝土，抗压强度通常大于 150MPa，耐久性较高而渗透性较低；高耐久性混凝土，具有良好的抗化学侵蚀性能，适用于在恶劣环境下的长期服役要求；纤维增强混凝土，由于纤维材料的加入，大大提高了混凝土的韧性与抗裂性能。在实际建筑结构的抗震设计中，ECC（工程水泥基复合材料）和 UHPC（超高性能混凝土）已有较多应用。在研究中，UHPC 中还会掺入纳米碳纤维、钢纤维等用于高效增强增韧；ECC 中掺入纤维、活性粉末等，可减少 40% 的生命周期能耗和 38% 的原材料消耗。此外，FRP 纤维增强复合材料自 20 世纪 40 年代问世以来，以其高强、轻质、耐腐蚀等优点，受到工程界的广泛关注。利用 FRP 筋代替普通钢筋，重量减轻 4/5，而强度增大 5 倍，由于其良好的耐腐蚀性，可避免锈蚀损害，从而减少结构维护。

然而，高性能材料的单位碳排放强度通常较高，其生产过程限制了碳减排效益，而我国现行结构抗震设计要求在满足承载力的同时，必须具备足够的变形能力。考虑到高强材料往往承载力较大而延性不足，且结构构件不同部位的功能需求与受力状况不同，为达到"物尽其用"的目的，高性能材料通常用于组合结构，利用钢材等材料改善构件延性，从而实现结构的抗震安全。其可与混凝土形成组合结构，如组合梁、板结构，或 FRP 约束混凝土结构。有研究表明，FRP约束混凝土结构的碳排放可减少 60%，FRP—混凝土—钢双壁空心管柱变形能力和耗能能力显著增大。与之类似，"组合混凝土衍生结构"这一新概念也可以实现不同性能材料的梯度化应用，如图 3 所示。材料层次上，可使得不同种类的骨料、功能性材料、外加剂等更好融合，如人工砂与再生粗骨料的组合、海水海砂与再生骨料的组合等；构件层次上，让不同强度或功能的混凝土在截面上形成梯度或分层，或按照受力区域及约束情况在纵向上分段组合，可高效利用材料性能优势实现减量化设计，如 ECC—海水海砂混凝土组合柱、ECC—普通混凝土组合柱、UHPC—普通强度混凝土组合柱等；结构层次上，对结构不同部位的构件根据性能要求采用"分而治之"策略，可充分利用构件承载特点，实现力学性能与低碳性能的同步提升，例如普通混凝土与高性能混凝土的组合梁柱节点，以及普通混凝土与 ECC 组合的框架等。

(a) 材料层次　　　　　　　　(b) 构件层次　　　　　　　　(c) 结构层次

图3　组合混凝土衍生结构的多层次实例

我国对新型组合结构的大量研究从 20 世纪 80 年代开始，在钢—混凝土组合梁、钢管混凝土、型钢混凝土、钢板—混凝土组合构件等组合结构构件方面取得了大量系统的研究成果。进入 21 世纪后，结合国内已经建成或正在建设的大量超高层建筑，对组合及混合结构体系开展了一系列试验研究和数值模拟，有力推动了组合结构体系的发展。组合结构体系被认为是一种符合我国国情、抗震性能良好的高层建筑（特别是超高层建筑）结构形式之一。近年来，我国研发或优化了多种高性能组合结构体系，开发了组合结构体系精细化模拟的高效数值模型和软件平台，从而在高层组合结构体系研究和应用方面取得了重要进展。目前国内400m以上的超高层建筑多采用多重组合结构体系抵抗水平荷载。随着建筑物高度不断增加，高性能钢、高强高性能混凝土成为高性能建筑用料的新趋势，实现面向超高承载需求的结构减量化设计，前者的应用可见于德国柏林索尼中心大楼、澳大利亚悉尼 Latitude 大厦、日本横滨 Landmark Tower 大厦、上海环球金融中心等；后者的应用可见于俄罗斯联邦大厦、哈利法塔、上海中心大厦等。

　　总之，高性能材料以其高强、耐久的特性，可提高抗震性能和使用寿命，抵抗环境侵蚀、温度变化，减少维护次数。与其他材料在构件、结构层次上的梯度化使用，再次弥补其碳排放劣势，具有广阔的应用前景。能够依据功能需求及受力状态实现灵活应用，使得结构与受力结合统一，提升了不同种类材料的使用效率，减少材料用量，碳减排效益显著。

6.2.3　建筑材料的循环应用

　　近年来，我国建筑业以高能耗、高物耗、高排放的传统粗放型模式迅速发展，拆除建筑物的同时产生了大量的建筑垃圾。据估计，全世界范围内建筑垃圾占固体废弃物的30%～35%，其中混凝土废弃物占比高于50%。而资源化使得建筑垃圾具有重新利用的价值，成为"城市矿山"的重要组成部分。提高废旧建筑材料的循环利用率，一定程度上可以减少建筑过程中对新建筑材料的需求，从而减少建筑资源开采和生产过程中的能耗与污染。

　　传统混凝土结构的生命周期从开发自然资源开始，到原材料加工、建筑施工、服务和维护，最后直到拆除，大部分建筑垃圾被直接丢弃，造成土地侵占和潜在的土壤破坏。再生混凝土的推广应用，一方面可缓解大量废弃混凝土伴随的生态问题，另一方面可减少天然骨料消耗，缓解自然资源短缺。同时，再生混凝土在减碳方面具有独特优势。环保需求下，天然骨料开采与挖掘不断受限，致使在多区域建设活动中，天然骨料运输距离远，而再生骨料主要来源于城市拆除工程，具有运输距离近的特点，大体量材料运输需求的削减具备显著减碳优势。此外，废弃混凝土的常规处置需额外消耗能源，并需占用大量土地（林地、耕地等），再生混凝土通过避免废弃混凝土填埋也可实现碳排放削减。同时，由于废弃混凝土破碎处理使其比表面积显著增大，还赋予了再生混凝土在材料制备阶段的高效碳吸收和碳汇集能力。

　　过去20余年，再生粗骨料混凝土的理论技术体系日趋完善与成熟。抗震研究表明，再生混凝土框架结构和砌块砌体结构整体抗震性能较好，可在地震灾后重建地区推广应用。目前针对再生粗骨料混凝土梁、柱等构件的研究，以及相关工程应用已大范围铺开（图4）。再生细骨料、再生粉相关研究处于发展阶段，再生粗、细骨料100％双取代的全再生混凝土的研究正处于起步阶段。全再生混凝土的研究，一方面实现了废弃混凝土的完全回收，为供应链安全、减少自然资源消耗、促进循环经济发展创造了特殊机遇；另一方面，实现了碳排放的有效减少，原料的生产和运输两大主要比例大幅削减。与此同时，利用废弃混凝土以及废旧轮胎作为原料建造隔震基础，也是资源再利用的另一种思路。通过全级配再生骨料制备的垫层与底板以及设于凹槽内废旧轮胎外皮所包裹的耗能单元二者间的滑移来达到隔绝地震作用的效果，构造简单，施工方便，可在城市和乡村推广，助力结构抗震设计中减量化的实现。

(a) 再生混凝土高层结构 (已建成)   (b) 全再生混凝土科普馆 (待建)

图 4   再生混凝土结构典型工程

6.2.4   既有结构与构件再利用

基于全寿命期的结构设计理念的逐步推广，使结构的寿命延长、性能提升，为既有结构部品的再利用提供了有力支撑。通过既有结构、子结构及构件的再利用，可构建建筑产业内循环，使结构隐含碳排放在城市更新的功能需求更迭中流动并得到充分利用，而非一次利用、直接"销毁"。此时，结构或构件的隐含碳排放在其多个服役期间分配，在长期结构功能需求的满足中实现碳排放的高效降低。

结构移位和可拆装设计为既有结构与构件的再利用提供了有效途径。结构移位是改变结构位置以适应城市规划的方法，通过同步顶升、旋转、平移等控制技术，可实现上部结构在微损乃至无损状态下的移动与整体再利用。通过将建筑物上部主体结构与地基分离，重新承接在托换体系上，利用在原址和新址之间的轨道来实现移位。该技术包括在建筑物原址的纠偏、竖向空间位置调整、建筑物与地基基础分离后转运、建筑物分区切割分离后移位到新址再组装以及移位到新址后与新（扩）建结构再连接等多种工艺。建筑旋转移位技术结合了多项相关科学研究，丰富了绿色施工工艺与方法，基于各材料层次组合分析不同建筑结构类型，拓展梁柱以及梁梁节点的连接和可拆装性设计，为绿色拆除与改造提供理论基础，促进了建筑物资源化再利用，降低环境污染和减少碳排放。

然而，城镇化的快速发展带来的结构功能变更需求常常较大，且建筑部品耐久性存在较大差异，导致结构整体再利用在大量更新情景下难以被接受。"拆建协同"使结构拆解与新建相配合，将原结构中构件逐渐拆卸，并保障拆后构件的完整性，施工中减少构件损伤，从而为再利用提供基础，是施工建造的逆向过程。由传统建筑拆除的拆毁式方法向解构式转变，通过从原有建筑中尽可能多地拆卸下损伤程度较小的构件进行再利用，为后续更高效的资源化利用奠定基础，可助力建筑的二次生命。为进一步优化结构拆解和构件整体再利用的便捷性，与拆解相匹配的可拆装结构的理念与具体构造设计方法被提出；可拆装节点是区分可拆装结构与传统预制装配式结构的关键要素，经过工艺试验、数值模拟研究，证实了合理构造的可拆装节点具备优良的抗震性能（图5），为城市更新中碳再用的实现提供了更为灵活的途径。

(a) 混凝土梁柱可拆装节点   (b) 混凝土剪力墙可拆装节点

图5 可拆装混凝土结构的典型节点构造方式

6.2.5 可恢复功能防震结构

传统抗震结构的设计目标是保护人身安全，通过延性设计避免结构在地震作用下发生脆性破坏甚至倒塌，一定程度上降低了地震造成的危害。然而，结构的主要构件在地震作用下为耗散输入结构中的地震能量而发生塑性变形，引起构件损伤进而使结构产生难以修复的破坏甚至完全丧失使用功能。建筑物在震后往往需要耗费大量的资源进行修复甚至重建，并且建筑使用功能的中断会使得灾区的生活和生产停滞，造成的间接损失可能会大于直接损失。

鉴于此，近年来研究者们提出了可恢复功能防震结构的概念，可恢复功能防震结构是指地震时保持一定的功能、地震后不需修复或者稍加修复即可恢复使用功能的结构。可恢复功能防震结构的研究受到了世界各国地震工程界学者和工程技术人员的广泛关注，目前已成为地震工程领域新的研究方向。相比于传统抗震结构，可恢复功能防震结构的抗震性能目标有较大幅度的提升，如表1所示。可恢复功能防震结构将抗震功能集中于高效构件或可更换的阻尼器，而承担结构使用功能的构件在地震作用下处于无损或轻微损伤的可恢复性能水平状态，能在震后实现结构功能的快速恢复，将地震对社会的影响降至最低。总体而言，可恢复功能防震结构的初期建造成本与传统抗震结构持平或略高于传统抗震结构，但后期维护和修复的成本远低于传统抗震结构，其全寿命周期成本效益高。因此，可恢复功能防震结构的应用有助于推动建筑业向低碳转型。

结构的抗震性能目标 表 1

结构类型	抗震性能目标			
	多遇地震	设防地震	罕遇地震	极罕遇地震
传统抗震结构	无需修复	可修复	不倒塌	—
可恢复功能防震结构	无需修复	无需修复	可修复	不倒塌

对目前已开发的可恢复功能防震结构，从结构体系上进行分类，可划分为摇摆结构体系、自复位结构体系和可更换构件结构体系3类。摇摆结构体系是指在结构中合理选择一定比例的结构构件或组件，改变其与基础的约束形式，释放与基础连接处的部分约束，使其变形模式转变为整体摆动模式。在地震作用下，结构通过摇摆耗散地震输入的能量，并利用摆动构件的刚体转动变形使得结构的层间变形沿结构高度的分布趋于均匀，避免了构件的损伤，进而使结构具备一定的可恢复能力。此外，在结构的摆动界面处引入耗能装置和自复位装置，耗散地震输入能量和消除残余变形，可使结构成为受控摇摆结构。根据摇摆构件或组件的约束释放情况可将摇摆结构分为两类：一类是摇摆构件或组件可在一定范围内竖向抬升的有抬升摇摆结构；另一类是摇摆构件或组件铰接于基础的无抬升摇摆结构。

自复位结构体系是指在结构中设置自复位装置（如预应力筋、形状记忆合金、碟形弹簧等）使得结构/构件在地震后可恢复到其初始位置，有效减小其残余变形，从而使结构在震后不需修复或稍加修缮后即可继续发挥其使用功能。自复位结构有多种实现形式，包括自复位框架、自复位剪力墙、自复位支撑框架、自复位框架—剪力墙等。以自复位框架结构为例，在保证梁端剪力和轴力传递基础上，将原本梁柱节点处的刚性连接放松，通过设计使得梁端可以在界面处张开，并通过自复位装置和耗能装置共同抵抗节点弯矩；同理可用相似方法对框架柱脚进行设计，以降低地震作用，避免柱脚产生塑性变形。

可更换构件结构体系是指将损伤集中于可更换的构件上，使得主体结构的其余构件无损伤或低损伤。可更换构件具有耗能能力强、易于拆卸的特点，将其设置于结构易发生损伤的部位，在结构遭受地震后可以较快的速度和较小的维修成本对该构件进行更换，使结构能在短时间内恢复其使用功能。此外，可更换构件结构具备快速装配的特点，适合与预制装配式结构相结合，在发挥各自优势的情况下，创造高性能和标准化的抗震结构体系，符合新时代下建筑工业化和可持续化发展的要求。

在实际工程中，上述 3 类可恢复功能防震结构体系也可以根据实际需求进行灵活组合。目前可恢复功能防震结构已在多个国家和地区有了实际工程应用案例，这对于可恢复功能防震结构的推广有着重要的示范作用。例如，采用后张拉预应力核心筒结构体系的美国加州旧金山公共事业委员会大楼，采用摇摆剪力墙结构体系的日本东京工业大学津田校区 G3 教学楼，采用自复位框架—剪力墙结构体系的新西兰惠灵顿维多利亚大学 Allan MacDiarmid 建筑。现阶段可恢复功能防震结构在中国的工程应用还较少。西安市中大国际项目的 5 幢 29 层的住宅建筑采用了可更换构件结构体系，在框架—剪力墙结构的 2～20 层布置可更换连梁，连梁中部采用剪切型金属阻尼器，如图 6 所示。天津高银 117 大厦的底部部分区域也应用了可更换钢连梁。此外，在上海市浦东新区的三林环外区域公交停车场新建工程中，在建的一栋 6 层公交管理用房采用了全装配预应力混凝土自复位框架结构体系。

图 6　西安中大国际项目中的可恢复功能防震结构

6.2.6　建筑更新改造与抗震加固

目前中国已成为全球城镇化最快、建设工程量最大的国家。根据国家统计局发布的数据，2022 年年末全国常住人口城镇化率为 65.22%，我国已步入以提质发展为核心的发展阶段。城市发展按模式可分为向外扩展的增量发展和向内提升的存量发展。在建设用地日趋紧张的情况下，以存量发展为核心的城市更新改造日渐重要，成为落实城市转型、增强城市经济活力的关键路径。

建筑的更新改造是实现城市更新改造的重要途径之一。根据住房和城乡建设部 2020 年的统计数据，全国共有老旧小区近 17 万个，涉及居民超过 4200 万户，建筑面积约为 40 亿 m^2。受限于历史原因以及社会经济的发展水平，大部分老旧房屋抗震设防标准低，缺乏合理的抗震设计。由于结构受使用年限和环境因素等方面的影响，结构性能退化，房屋经常出现墙体开裂和渗漏、钢材和钢筋锈蚀等损伤现象。历次震害表明，老旧房屋在地震作用下的破坏较为严重，对人民的生命财产安全构成了重大威胁。对上述类型的既有建筑采用拆除重建的方式会严重浪费资源并污染环境，不符合"双碳"战略。因此，对既有建筑进行抗震加固以提高其安全性从而延长其使用寿命符合"双碳"战略。

我国从 20 世纪 50 年代起就开始了对建筑结构改造与加固的研究工作。近 20 年来，随着经济与科技的发展，建筑更新改造与抗震加固技术得到了迅速的发展。建筑抗震加固方式按其加固原理主要可分为传统型加固、消能减震型加固和隔震型加固 3 种。传统型加固是指通过增加结构自身的强度、刚度和延性等来提高抵御地震灾害的能力。常见的措施包括：增大截面、外包钢、粘贴纤维布/钢板和喷涂复合材料。增大截面法通过增大结构构件的截面面积以提高其承载力，该方法广泛用于混凝土结构的梁、柱等构件的加固（图 7a）。外包钢法是将待加

(a) 增大构件截面　　　(b) 粘贴纤维布　　　(c) 喷涂复合材料

(d) 加装耗能阻尼器　　(e) 加装调谐质量阻尼器　　(f) 设置隔震支座

图 7　建筑工程的抗震加固（图片来源于网络）

固结构构件的四周包上角钢，在不显著增大构件尺寸的情况下有效提高其强度和刚度。粘贴纤维布/钢板法是用高性能粘结剂将纤维布/钢板粘贴于加固构件表面，在基本不增加构件自重的情况下，利用加固材料良好的抗拉强度增强构件的工作性能，目前在工程中被大量应用（图 7b）。喷涂复合材料法常用于砖混结构的抗震加固，其做法是在结构表面喷涂上一层复合材料（通常采用水泥基复合材料），形成的复合材料层与原结构构件共同工作，提高结构的抗震性能（图 7c）。近年来高性能纤维增强复合材料、UHPC 等高性能材料也在结构抗震加固中应用。

消能减震型加固的做法是在待加固的建筑结构中设置消能减震装置，消能减震装置在地震时能有效耗散或吸收输入到结构中的地震能量，减轻结构的地震响应。消能减震装置根据其作用原理可分为耗能阻尼器和调谐质量阻尼器。耗能阻尼器常布置于结构遭受地震作用时变形显著的部位，通过其与结构构件的协同变形为主结构提供附加阻尼以达到减震效果（图 7d）。常见的耗能阻尼器包括：摩擦阻尼器、黏弹性阻尼器、黏滞阻尼器和金属阻尼器。在使用效果上，前 3 者主要是对结构提供耗能能力，后者在提高结构耗能的同时也会增大结构的刚度。调谐质量阻尼器利用共振原理，将其振动频率调整至主结构频率附近，当建筑遭受地震作用时，通过给主结构提供反力来控制结构的振动以达到减震效果（图 7e）。在实际工程中，可将调谐质量阻尼器装置安装于结构层间，也可将屋顶水箱等结构质量改造为调谐质量阻尼器或把结构顶层设计为调谐质量阻尼减震系统。

隔震型加固是在建筑物的上部结构和基础之间或上部结构层间设置隔震层，隔离层能有效阻碍地震能量向上部结构传递，从而降低地震对于上部结构的影响。目前应用较为广泛的是将隔震支座布置于原结构基础上的基础隔震形式（图 7f），常用的隔震支座主要分为橡胶支座和滑动支座。该方式也适合用于对历史古建筑的加固保护。以南京博物院老大殿为例，技术人员在殿内立柱下增加了隔震支座，在不改变建筑室内布局的情况下有效提高了结构的抗震能力。

此外，绝大多数需加固的既有建筑在供暖和制冷方面均属于高耗能建筑，不符合我国目前在建筑工程领域大力推动绿色建筑的要求。近年来抗震加固与节能改造一体化技术逐渐成为既有建筑更新改造的重要手段。一体化技术将结构的抗震加固和节能改造有机结合，避免了施工过程中的重复施工，从而在实现结构安全和节能目标的同时最大程度地减少建造过程中的资源消耗和运行过程中的能源消耗。该技术的常用做法是将高性能绿色建筑材料以喷涂或浇筑的方式与加固构件形成统一整体。以玻化微珠保温混凝土为例，其强度和极限变形优于同等级的普通混凝土，且材料热导率仅为 $0.206 \sim 0.769 W/(m \cdot 度)$，以该材料加固的结构在满足抗震要求的同时也使建筑能耗满足节能 65% 的标准要求。

6.3　展　望

为了实现建筑工程的防震减灾和节能减碳的双重目标，笔者认为今后还可在以下方面继续开展研究和工程实践工作：

（1）进一步完善建筑混凝土结构抗震减灾与减碳设计方法的交叉融合，使设计的低碳建筑具有更好的抗震性能。

（2）开发具有高耐久性、高强度、高延性的高性能结构材料和高性能结构体系，通过提高材料品质，减少材料用量，改善结构抗震性能。避免"大拆大建"，延长既有建筑服役寿命，实现源头减碳。

（3）大力推进可循环材料在防震结构中的应用，进一步完善既有结构与构件再利用的方法，减少建造过程中对新建筑材料的需求，实现过程减碳。

（4）开发摇摆、自复位和可更换等多种技术组合使用的可恢复功能防震新体系，使结构具有更好的防震韧性和更强的适应性，进一步减少建筑震后的修复工作量和资源消耗。

（5）进一步完善和推广消能减震、隔震等新技术在建筑抗震加固中的应用，开发结构抗震加固和节能一体化的技术，延长建筑服役寿命，实现建筑全过程节能减排。

作者：吕西林[1]　蒋欢军[2]　肖建庄[2]（1. 同济大学土木工程学院，中国工程院院士；2. 同济大学土木工程学院）

参考文献

[1]　吕西林，武大洋，周颖. 可恢复功能防震结构研究进展[J]. 建筑结构学报，2019，40(2)：1-15.

[2]　吕西林. 可恢复功能防震结构——基本概念与设计方法[M]. 北京：中国建筑工业出版社，2020.

[3]　Eatherton M R，Ma X，Krawinkler H，et al. Quasi-static cyclic behavior of controlled rocking steel frames[J]. Journal of Structural Engineering，2014，140(11)：04014083.

[4]　Qu Z，Wada A，Motoyui S，et al. Pin - supported walls for enhancing the seismic performance of building structures[J]. Earthquake Engineering & Structural Dynamics，2012，41(14)：2075-2091.

[5]　吕西林，崔晔，刘兢兢. 自复位钢筋混凝土框架结构振动台试验研究[J]. 建筑结构学报，2014，35(1)：19-26.

[6]　吴浩，吕西林，蒋欢军，等. 预应力预制混凝土剪力墙抗震性能试验研究[J]. 建筑结构学报，2016，37(5)：208-217.

［7］　Zhu S，Zhang Y. Seismic behavior of self‐centering braced frame buildings with reusable hysteretic damping brace[J]. Earthquake Engineering & Structural Dynamics，2007，36 (10)：1329-1346.

［8］　Chou C C，Wu C C. Performance evaluation of steel reduced flange plate moment connections[J]. Earthquake Engineering & Structural Dynamics，2007，36(14)：2083-2097.

［9］　Shen Y，Christopoulos C，Mansour N，et al. Seismic design and performance of steel moment-resisting frames with nonlinear replaceable links[J]. Journal of Structural Engineering，2011，137(10)：1107-1117.

［10］　Jiang H，Li S，Bolander J E，et al. Seismic performance of a new type of coupled shear wall with replaceable components：experimental validation[J]. Journal of Earthquake Engineering，2023，27(4)：810-832.

［11］　周颖，吴浩，顾安琪. 地震工程：从抗震、减隔震到可恢复性[J]. 工程力学，2019，36 (6)：1-12.

［12］　张泽平，刘鸽，师鹏，等. 玻化微珠保温混凝土的绿色评价[J]. 建筑节能，2010，38 (7)：59-61.

［13］　肖建庄，夏冰，肖绪文. 工程结构可持续性设计理论架构[J]. 土木工程学报，2020，53 (6)：1-12.

［14］　肖建庄，夏冰，肖绪文，等. 混凝土结构低碳设计理论前瞻[J]. 科学通报，2022，67：3425-3438.

［15］　肖建庄，张青天，余江滔，等. 混凝土结构的新发展—组合混凝土结构[J]. 同济大学学报(自然科学版)，2018，46(2)：147-155.

［16］　Xia B，Xiao J，Ding T，et al. Probabilistic sustainability design of structural concrete components under climate change. Structural Safety，2021，92：102-103.

［17］　Xia B，Ding T，Xiao J. Life cycle assessment of concrete structures with reuse and recycling strategies：A novel framework and case study. Waste Management，2020，105：268-278.

7 太阳能技术与双碳目标

7 Solar energy technology and dual carbon goals

太阳能利用是实现双碳目标的重要技术，也是绿色低碳建筑的重要技术基础。本文主要讨论 4 个方面的问题。第一是能源与环境问题；第二是太阳能技术新发展；第三是科技创新促进低碳建筑的发展；第四是努力实现双碳目标。

7.1 能源与环境问题

联合国认为，今后 50 年地球人类将面临 10 个难题，其中能源与环境就是其中两个主要的问题。当前，能源与环境问题凸显，全球可持续发展面临巨大压力，我们看到城市中交通工具都在不断排放 CO_2，有时雾霾严重。北冰洋现在可以去旅游，船可以开进去，因为北冰洋的冰在融化，所以夏天就开辟了一条旅游的路线。20 世纪以来，地球上温度上升，CO_2 增加，人口增长。气候变化，温度上升，这个问题最早是一个生命科学家在《自然》杂志上面发表了一篇论文，研究了一种叫作斑蝶的蝴蝶，由于地球温度上升，斑蝶过去在北美洲比较南部的地区出现，而现在都转移到北美洲比较北部的地区，这引起了人们对于地球温度上升的重视。2021 年 8 月，人们也发现了一个现象，在北京市密云水库上游的 5 座楼林区也发现了一种过去只有在南方才会出现的野生植物，这种野生植物叫做尖帽草，现在从南方移到了北方。有人做过分析，如果格陵兰岛的冰盖全部融化，海平面会上升 7.2m。地球气候变化引起了人们极大的关注，2021 年度诺贝尔物理学奖就颁给了能够可靠预测全球变暖的研究成果的所有者。所以当前我们要发展低碳技术，实现双碳目标，来解决能源环境问题，实现人类可持续的发展。

低碳的技术包括 3 个方面，第一是减碳技术，包括节能减排、LED 照明、煤的清洁高效利用、油气资源和煤气层的勘探和开发技术等；第二是无碳技术，包括核能、太阳能、风能、生物质能等可再生能源技术；第三是去碳技术，如把 CO_2 捕获后再储存下去。

我们地球上的能源总的来说分为两大类。一类是核能，其中一种就是核裂变，但资源是有限的，还有一种是核聚变，但是技术层面比较困难。另一类是太阳能。太阳能又分为即时的太阳能和过去积累的太阳能，比如我们的生物质能、化石、煤、石油，都是过去积累的太阳能，它们总有枯竭的时候。即时的太阳能包括太阳能、风能、水能等，太阳能是无穷大的，只要太阳系存在，一直会给地球提供太阳能。

全球太阳能资源的分布应该说是很丰富的，拿我们中国地区来说，每天 $1m^2$ 大概有 3～5 度电这样的太阳能量。2009 年在德国召开过一个 5 个国家的化学学会的会议，会议的主题是"用阳光驱动世界"。围绕这个主题，中国、德国、美国、英国、日本 5 个国家化学学会参加讨论，在会后发表了白皮书。我们现在需要太阳能光伏技术的跨代发展，来促进光伏产业能级的跃升。

根据国际能源署报告的预测，2050 年全球 90％的电力由可再生能源发电供应，其中 33％的电力由光伏发电来供应。根据国家发展和改革委员会能源研究所预测，2050 年光伏将成为中国的第一大电力来源，占当年全社会用电量的 39％，2021 年光伏的占比是 4％。根据联合国环境规划署的报告，楼宇的电能消耗已经占总能源消耗量的 1/3 以上。在美国大约要占 72％。CO_2 排放量达到总排放量的 38.9％。我国楼宇能耗以及排放问题也非常突出。根据 2021 年 6 月 26 日 IEEE 直流电力系统技术委员会中国低压直流技术分委会发布的直流建筑发展路线图（2020—2030），到 2030 年，我国民用建筑的规模将达到 720 亿 m^2，每年新增光伏建筑的应用面积大约为 14.3 亿 m^2，其中直流建筑应用的面积大约是 7.1 亿 m^2，占比为 50％。民用建筑安装分布式光伏容量，容量每年大约新增要 22GW，分布式储能容量每年大约新增 1000 万 $kW \cdot h$，形成的调峰能力大约为 5800 万 kW。直流建筑相关行业每年产量为 7000 亿，累计达到 7 万亿元人民币。

7.2 太阳能技术新进展

当前太阳能技术应用主要围绕 3 个方面，第一是发展太阳能技术，即光伏、光热、光化学、光生物学；第二是发展智能化分布式能源系统和能源互联网技术；第三是因地制宜推广太阳能技术的广泛应用，包括绿色交通与绿色建筑。

发展太阳能技术，包括光伏、光热、光化学、光生物学。例如，光伏技术是基于 P 型半导体和 N 型半导体组成的 PN 结。当光照到了半导体里面，就会产生光生载流子，其中电子带负电，空穴带正电。它们在空间迁移运动，如果它们能够到达 PN 结里面，就会使 PN 结里面的内建电场分开，然后在外电路形成电流。所以半导体的 PN 结非常重要，它使得光生电子空穴对在空间电荷层中就被内建电场分开，并贡献二光电流与外电路当中。这里面有若干科学问题，不仅包括了电池结构、内建电场、能带排列、表面界面，还包括材料的特性、杂质的缺陷、光生载流子的激发、输运，载流子的迁移率、寿命、扩散长度等。此外，也包括一些设备工艺、材料生长和特性、器件结构制备和功能之间的关系。当前太阳能电池主要分为 3 类，一是晶硅太阳能电池，主要由单晶硅、多晶硅材料制作，中国的这 3 类电池具有全世界领先水平。第二类光伏电池主要是薄膜电池，包括了非晶硅、砷化镓、碲化镉、铜铟镓硒等。第三类光伏电池是新型薄膜电池，高效率、低成本，包括了宽光谱的叠层多结电池，燃料敏化电池、钙钛矿结构电池、量子点纳米结构电池，还有有机太阳电池等多种新概念电池。这些电池是否能占领市场、获得应用，取决于它们的效率、成本和寿命。未来，不同类型的电池所占比例将呈合理分布，每种电池都将有对应的应用场景。

当前光伏发电的成本逐年下降，根据统计，每度电的成本可以下降到 5 美分，所以光伏技术有望成为最廉价的可再生能源。根据我国能源发展战略目标，到 2050 年光伏占比要达到 33％左右，化石能源占比达到 31％，风电占比为 17％，核电为 10％，水电为 7％，氢能为 2％，因此光伏有望成为第一大能源供给。全球光伏经过了几十年的发展进程，效率得到了不断的提升。隆基、协鑫、晶科、天合光能、阿斯特 5 家中国企业占据了全球光伏发电企业的前 5 强，第六是美国的第一太阳能，第六是韩国的企业，第七晶澳，第八是通威，第八是京澳，第十是中环半导体股份有限公司。

当前太阳能电池技术有很多新进展，这里介绍两方面进展。一是钙钛矿结构的太阳能电池，它发展迅速。晶硅的电池从 20 世纪 70 年代开始到 2020 年前后，效率从 12％左右上升至 26.7％，大约经过了 40 多年时间。但是钙钛矿电池从 2012 年开始发展到现在，能够达到 25.7％的效率，也就 10 年左右的时间。这类电池有它的优势。加工工艺方面，可以在低温下加工，小于 150℃，可以溶液加工，易于大规模地制备，而且它的材料组分具有很高的调控性，应用广泛，也可以做叠层器件。光电特性好，具有低的束缚能，高的吸收光系数，长的载流子的寿命，有很高的缺陷容忍性，也可以卷对卷地进行印刷制备该结构电池。在光伏建筑一体化方面，它可以做成半透明的，对光调控，又能发电，也可以做成有不同颜色的太阳能电池。它具有优越的响应，即使在低强度的日光下，也能很好地响应。它对散射光也有响应，所以在房间内外都能作出响应。它具有良好的性能和低廉的价格，可以做成高功率质量比的柔性光控器件，从而实现空间应用，在飞艇上都可以得到利用。

提高钙钛矿电池的效率，除了提高单结电池的效率外，还可以做叠层多结器件，也就是太阳能波段里不同波段的太阳光都能够转化为电，从而提高效率。晶硅电池可以将 700～1200nm 波长的太阳光转化为电，钙钛矿电池可以将 400nm 到 800 多 nm 的太阳光转化为电。将晶硅电池和钙钛矿电池做成叠层双结电池，效率就会得到提高。当前钙钛矿和硅的叠层电池已经可以实现 31.25％的效率。同时也可以利用钙钛矿材料，做成钙钛矿和钙钛矿叠层器件，当前效率可以达到 30％左右。南京大学谭海仁课题组在这方面做了很多的工作。目前也在研究钙钛矿单晶太阳能电池。钙钛矿多晶太阳能电池研究得较早，从 2012 年开始研究，而单晶电池的研究是从 2016 年开始的。截至 2021 年，多晶钙钛矿太阳能电池的研究论文有近 1 万篇，它的效率约为 25.7％。同时期单晶钙钛矿太阳能电池的研究论文大概只有 19 篇，效率是 22.8％，目前在仅有的为数不多的研究当中，单晶器件的效率提升非常显著。

多结电池与聚光光伏电池研究是太阳能光伏电池很重要的研究内容。它是用几个 PN 结，分别吸收太阳光谱中不同波段的能量，这样可以提高太阳能转化的效率。为了降低成本，多结电池可以采用聚光的方式，用塑料或玻璃做成透镜，把太阳光聚焦到电池面，减少电池面积，节省成本。目前砷化镓产业化三结电池的转化效率可以达到 34.5％，重量轻，为 $300g/m^2$ 左右，能量密度高，这都是它的优点。还可以做成高效率柔性薄膜砷化镓电池，实验室效率为 38％，量产平均效率为 34％，它具有优异的弱光性能和极低的温度系数，它重量轻，可以柔性可以弯折，制造成本相对低。现在已经完成临近空间可靠性测试，也已经批量生产。砷化镓多结太阳能电池现在是一个重要的发展方向。复旦大学光电研究院德融科技实验室可以制备大面积砷化镓薄膜的三结电池，量产的平均转换效率达 34.5％，峰值效率达 36％。柔性薄膜低成本制造技术大幅拓展了砷化镓电池的应用，航空航天以及地面的应用都在发展，应用场景非常多，如无人机超长时间巡航，临近空间高分辨率的对地观测，再如浮空器、飞艇、气球等。此外，它可以方便地在野外使用，较轻、高效又可以扩展，同时也可以用于移动电子产品和可穿戴的设备，如物联网、智能汽车内的弱电系统等。探索高效率、低成本太阳能电池的热潮正在全世界兴起，以降低成本、提高效率、延长寿命。

二是发展智能化分布式能源系统和能源互联网技术。智能化分布式能源系统，不仅包括了大规模间歇式电源并网技术、大规模多能互补发电技术、大容量快速储能技术、分布式的电源技术装置、大规模光伏并网逆变技术、能量交付管理技术，还包括智能电网微网技术、提高能源效率的技术。智能化分布式能源系统会引起能源利用方式发生根本性的变化，覆盖能源生产、传递交易和管理各个方面，其中也包括了分布式发电集群规划的优化，分布式可再生能源集群高效的消纳并网装备和系统集成化的技术，优化调度控制技术、灵活并网装置，群控、群调系统、并网装备，以及通过优化设计来打造区域分散型示范工程和区域集中型示范工程，形成典型的应用模式进行推广。

关于能源互联网，美国科学家里夫金的一本关于第三次工业革命的书里，将能源互联网看成新经济系统的 5 大支柱之一。新经济系统包括能源结构转型、就地收集能源、就地存储能源、能源互联网以及电动运输工具。能源互联网的要素包括电能、发电站、储能装置、能量路由器，还有输电线路等，它可以跟信息互联网对等。信息互联网里有数据信息、网站、服务器、信息路由器和通信线路。

能量路由器用于微网等能量自制单元之间的互联和能量的交换分享，集逆变转换、能量存储、通信与数据交换、能源智能调度、监测与管理等功能于一体，它是一个智能的能量变化与路由调度中心。

  储能也起很大的作用，如一块储能电池的容量为 6.4 度电，白天通过太阳能板储存的电量，就足够一个普通家庭夜里的用电，有更高用电需求的家庭可以同时安装多块电池。光伏加储能有多种技术路径，那么液流电池会是其中的一个方面。2021 年 3 月，首个光伏储能实验平台在大庆建成投运，正式开始为新能源行业提供实证检验等服务。太阳能光伏应用也包括直流供电，已有一些直流供电的例子。随着电动汽车行业的发展，电动汽车逐渐普及，电动车充电业务也被带动起来，常规的家用充电系统以交流充电为主，充电的功率比较小，电力来源以交流大电网为主。近年来以新能源支撑充电的应用模式也越来越多，根据目前市场的发展，能够预见未来会出现更多的应用场景和应用模式。

  三是因地制宜推广太阳能技术的广泛应用。除了集中式的光伏电站，要发展分布式的光伏发电系统，其中包括 BIPV 和 BAPV；同时，我们发展农村电气化电站，独立的光伏系统；此外就是通信工业的应用，在建筑行业、铁路、气象、基站、航标等都可以广泛地应用；最后还有光伏产品的分散利用，包括交通照明和日常应用等。太阳能农业现在发展得很普遍，如几年前山东潍坊华天新能源公司建成了一个蔬菜大棚光伏发电网，并且并网发电，它有 6800 块的太阳能电池板，组成 17 个太阳能蔬菜大棚，1 年的发电量是 160 万度电，并且以 400V 的电网电压等级并入到国家电网里面去。农村太阳能电气化也有许多例子，如农业大棚，养鱼塘上的光伏发电。在交通方面也有许多应用，如奥迪 A6 的太阳能天窗，太阳能与氢气混合动力的汽车，太阳能的电瓶车，太阳能的赛车等。中国国际进口博览会上有许多太阳能应用的展品。例如，依靠太阳能保持超长飞行时间的无人机，全球首款基于柔性薄膜太阳能技术的多功能遮阳伞，既能遮风挡雨又能让建筑变身绿色发电站的汉瓦汉墙，将薄膜太阳能发电板和背包合体的背包等。现在欧洲客车厂制造商又制造出一种新一代的机场摆渡车，它不仅仅是一款电动车，还是太阳能辅助的供电的大巴。这款车的太阳能充电设施可以满足全车车上的照明、空调等设备的利用，而且电子系统可以满足 150km 的续航，这是在第二届中国国际进口博览会展出的展品。杜邦和晶科联合的产品——高效 PEC 透明背板的双面发电电池组件也在中国国际进口博览会上展出。第四届中国国际进口博览会上，还展出了光储充一体化充电站。充电站利用太阳能进行充电，并将收集到的电能储存在储能设备中，供电动汽车使用。光伏技术助力绿色低碳生活："I'm a Tesla power wall""汉能的太阳能汽车晒太阳就能续航""德融科技"也正在开展低成本柔性的砷化镓太阳能电池的生产。建筑光伏一体化和太阳能汽车将是推动太阳能技术广泛应用的两个非常重要的方面。现在也有载人的太阳能飞机，从瑞士飞到土耳其，土耳其飞到重庆，重庆到南京，再到日本，到夏威夷，到美国，再回到欧洲，实现绕地球一周的航行。太阳能动力船也实现了首次环游世界，航行过程中停靠 6 个大陆等。

7.3 科技创新与低碳绿色建筑

我们经历了狩猎时代、农耕时代、工业时代、信息时代，那么现在我们要进入到 net zero 时代。世博会时，主题馆 BIPV 就进行了非常好的展示，这个主题馆在屋面铺设了大约 26000m² 的多晶太阳能电池组件，面积巨大的太阳能电池板让主题馆的装机容量达到了 2825kW，而大菱形平面相间隔的铺设方法，也保证了屋面的美观。上汽大众在南京市江宁区做了光伏的车棚，既能够停车又能发电。在英国也有好多小镇，屋顶都是太阳能电池。在 BIPV 应用方面，汉能曾经发明过一种"汉瓦"，应用于建筑物材料发电。国家能源集团在广东省惠州市一个小镇构建了绿色建筑群，建筑物上面全部用太阳能电池板覆盖，绿色发电，供建筑物内部使用。

实现建筑物系统能量消耗的"净零"，也就是 net zero，是一个重要和复杂的问题。除了可再生能源综合利用，还牵涉控制环境能源、可回收材料、水循环等。在可再生能源利用方面，光伏一体化建筑非常重要，国际上也有许多例子。此外，还有地热集成系统、商用建筑地热泵、住宅用地、热泵等。控制能源消耗也是重要的方面，就是将其他的能量收集使用，包括机械类振动能量的收集，用于压电效应、压电转换器、压电涡轮；另外就是无线电波能量的收集，10M 到 2.5GHz 的射频可通过转位器进行能量收集。在控制能源消耗方面，可利用低发射率的玻璃、仿生学的墙体、柔性的 OLED 等来降低能源消耗。此外，采用智能控制系统也是控制能源消耗的重要方法，可以用智能电表来进行负载控制，包括智能家居控制、照明控制、智能温度控制等，从而控制能源的消耗。在可回收的材料方面，可回收材料主要包括自然材料、板岩、茅草纤维、水泥、软木屑纤维、高分子材料等。这些可回收的材料也用于建筑建造中。水循环的管理也是重要方面，绿色建筑的水循环，住宅用水循环管理，商用水循环的管理，这些方法结合起来进行综合利用，就可以做成一个真正的 net zero 建筑。Net zero 的住宅和商业楼都可以做出来。有很多样板可以进行参考，这些样板都经过认证。国际上，美国绿色委员会是发布这种认证的机构。

7.4 努力实现"双碳目标"

当前，全球光伏发电装机容量在不断增加，如 2014 年是 176GW，2015 年是

226GW，2016 年是 303GW，2017 年是 402GW，2018 年是 512GW，2019 年是
627GW，2020 年是 692GW，2021 年是 830GW，2022 年是 996GW，2023 年估
计是 1195GW。累计的装机容量会很大。全球光伏发电区域主要分布在亚洲、欧
洲、北美洲、大洋洲、南美洲、非洲。亚洲占比为 56.90％，欧洲占比为
23.80％。中国 2019 年全国光伏装机容量达到 240GW，光伏发电量为 2243 亿度
电，2020 年全国光伏装机容量达到 253GW 以上，光伏发电量将达到 3000 亿度
电以上，相当于近 3 个三峡水电站 1 年的发电量。这是非常显著的进步。欧盟提
出 2050 年 100％用可再生能源，美国提出 2050 年 80％用可再生能源。那么，
2050 年我们可再生能源在总发电量中应占比 86％左右。我们把"碳达峰碳中和"
纳入到生态文明建设的整体布局中。向可再生能源的转型，可以使电力行业的
CO_2 排放量减少 60％，使得建筑、交通和工业领域的排放分别减少 25％、54％
和 16％，能源相关总的减排量将超过 60％。

"十四五"规划和 2035 年远景规划中提出大力提升风电和光伏发电的水平。
5 个国家部委联合发文，加大金融支持力度，促进光伏发电等行业健康有序发
展。国家发展和改革委员会也指出，要进一步扩大可再生能源装机的规模，工业
和信息化部也发布了光伏制造行业规范条件（2021 年），全国多项政策都在促进
可再生能源的发展。

实现"3060"双碳目标，我们的电源结构要加快向清洁能源转型，电力行业
是实现碳达峰碳中和目标的关键行业。按照我国 2030 年实现碳达峰，2060 年实
现碳中和的"3060"双碳目标，到 2030 年，非化石能源在一次性能源消费的占
比要达到 25％左右，而电力行业脱碳是实现这一目标的关键。第二个方面，清
洁电源装机容量占比逐年提高。2021 年以来，风电光伏装机规模增长加速，根
据 23060 双碳目标，到 2030 年我国风电太阳能发电总的装机容量要达到 12 亿
kW 以上。根据国家能源局关于 2021 年风电光伏发电行业发展有关事项的通知，
2021 年我国风电光伏行业发电量占全社会的总电量的比重将达到 11％左右，以
后再逐年进行提高。

当前"光伏＋"产业很有发展前景。光伏发电除了集中式的光伏电站和分布
式的光伏发电，还可以从以下 4 个方面推动光伏技术的发展，从而实现碳中和。
一是光伏加制氢，二是光伏加 5G 通信，三是光伏加新能源汽车，四是光伏加
建筑。

未来 5 年，全球新能源汽车销量将增至 2000 万辆，在这个趋势下，与新能
源汽车配套的基础设施建设将越来越完善。随着光伏充电桩建设业务的逐渐扩
大，光伏加新能源汽车应用模式将会逐渐普及。在太阳能汽车方面，我们可以看
到光伏驱动汽车具有最低的碳排放量，与燃油车 100km 碳排放量相比，数值低
一个数量级。影响太阳能汽车占有率的关键因素是电池的效率和价格，如果效率

高于 30%，价格是每瓦 1.5 $，根据有关分析，太阳能汽车的占有率将达到 50%。

在建筑光伏方面，建筑减排的要求会使建筑光伏得到发展，并在安全性、观赏性、便捷性和经济性方面水平得到提升。

太阳能发电的汽车玻璃市场也非常大。2020 年和 2021 年上半年，全球汽车玻璃销量分别是 3.69 亿 m^2 和 2.02 亿 m^2，汽车单车的玻璃用量大约是 4 个 m^2，预计到 2024 年，汽车玻璃市场将达到 140 亿美元，大约 1000 亿人民币。如果每辆汽车平均使用 $2m^2$ 的发电玻璃，平均年发电量为 175 度，中国年汽车产量按照 2600 万辆计算，每年的总发电量就是 45.5 亿度电，等于节约标准煤 139.5 万 t，减排 CO_2 381 万 t。

这样的太阳能发电玻璃，在建筑行业中也能得到广泛应用。汽车用的太阳能发电玻璃，透明且能发电，通过不断地升级换代，具备防晒、隔热、防眩光等特性。

当前，全球光伏发电装机的成本大幅下降，过去 10 年里，可再生能源发电成本急剧下降。根据 2019 年国际可再生能源机构从 17000 个项目中收集的成本数据，太阳能光伏发电、聚光太阳能热发电、陆上风电和海上风电的成本分别下降了 82%、49%、39%、29%。

中国力争在 2030 年实现"碳达峰"，2060 年前实现"碳中和"。"双碳目标"有助于光伏行业进入高速扩张期，加速电力及能源产业转型。"双碳目标"的直接指向是改变能源结构，从主要依靠化石能源的体系，向零碳的风电、光伏和水电转换。光伏等可再生新能源应用是实现"碳达峰碳中和"目标的必然选择，将纳入生态文明建设的整体布局中。发展绿色低碳、智能舒适、功能扩展的光伏建筑是实现双碳目标的重要方面。

作者：褚君浩（中国科学院院士）

8 关于建筑产业绿色化—低碳化—数字化的深刻变革

8 The profound transformation of green, low-carbon, and digitalization in the construction industry

党的二十大报告指出，要推动经济实现质的有效提升和量的合理增长。建筑产业是国民经济的重要支柱产业，也是绿色化—低碳化—数字化变革的最大场景，新发展格局下，建筑产业的绿色化—低碳化—数字化转型升级进而实现高质量发展正是推动经济质的有效提升和量的合理增长的重要方面，迫切要求我们深刻把握好建筑产业的市场模式等深层次改革、绿色化与低碳化深刻变革以及数字化转型升级。我们应以大格局、大思维、大战略的胸怀从容应对，实现质的有效提升和量的合理增长。

8.1 市场模式等深层次改革刻不容缓

《国务院办公厅关于促进建筑业持续健康发展的意见》（国办发〔2017〕19号）是指导建设领域深化改革的纲领性文件，其中所涉及的深层次改革有关于市场模式改革、招投标制度改革、公平公正监管改革、质量监督体制改革和全过程咨询模式改革。其中最突出、最重要的是关于市场模式改革，这是一项根本性改革，也是深层次的体制机制改革。我们早已进入社会主义市场经济阶段，但是城市建设中公共投资的房屋和市场基础设施项目的市场模式仍在延续着计划经济条件下的模式，客观上造成公共投资的城市房屋和市政基础设施项目超概算、超工期严重，有些甚至出现腐败问题。其实，我们国家一直在推进公共投资项目市场模式改革，即设计施工总承包（EPC）模式，"交钥匙"。工业项目已经很好地实现了EPC模式，不但"交钥匙"，还要求"达产"；铁道、交通、水利等也有很多成功范例；城市建设中已开始推进EPC模式改革并取得了初步效果。普遍地看，推进EPC模式，可以优化设计、节省投资、缩短工期，一般可节省投资15%左右，缩短工期10%~30%，实现公共投资项目的更好、更省、更快建设。

在推进EPC的同时，PPP不期而遇了。PPP是更深刻的改革，是投资方式变革的深化，正如我们建设领域的同志所说，"不会当乙方就不会当甲方"，PPP 就是要让会当乙方的人当好甲方。如何才能当好？其实，PPP 与 EPC 是有逻辑与辩证关系的，即 PPP 项目必须 EPC，必须优化设计、节省投资、缩短工期。一定要证明，PPP 项目就是比不是 PPP 项目更好、更省、更快，进而形成承接PPP 项目企业新的更高的核心竞争力，承接 PPP 的广大央企国企当有所作为。

地方政府有关公共投资主管部门要切实提升 EPC 模式管理能力，要真推EPC，要推真的 EPC。重大改革需要需求侧和供给侧双向推动才能成功。

习近平总书记指出，要"真刀真枪推进改革"，要"抓住突出问题和关键环节，找出体制机制症结，拿出解决办法，重大改革方案制定要确保质量"。党的二十大报告指出，必须完整、准确、全面地贯彻新发展理念，坚持社会主义市场经济的改革方向。

8.2　绿色化与低碳化变革时不我待

我们既要把握好建筑产业的绿色化深刻变革中的关键问题，还要把握好"双碳战略"中的深层次问题。

关于绿色化深刻变革中的关键问题，我认为，就是"装配化＋"，即"装配化＋EPC""装配化＋BIM""装配化＋超低能耗"，这是绿色化发展的逻辑主脉。突破瓶颈的关键在于城市级政府要真落实。

中共中央、国务院印发的《关于进一步加强城市规划建设管理工作的若干意见》指出，要大力发展装配式建筑，今后 10 年装配式建筑占新建建筑的比例要达到 30％。如何落实？关键在于城市级政府的真落实。上海市引领了全国城市装配化的发展方向，其装配化建筑占新建建筑的比例已超过 90％，现在全国有约一半的城市在学习对标上海。上海的经验概括就是 3 条，一是"倒逼机制"，二是"奖励机制"，三是"推广机制"。正如二十大报告指出的，要充分发挥市场在资源配置中的决定性作用，更好地发挥政府作用。

建筑产业要真刀真枪地回答好 4 个问题，一是到底要不要发展装配化，二是发展什么样的装配化（有 PC 装配化，1.0 版、2.0 版、3.0 版、4.0 版，还有钢结构装配化，而且现阶段已发展到结构—机电—装饰装修全装配化），三是准备在哪里发展装配化（装配化是有运输半径的，要抢抓重点区域、重点城市），四是怎样更好地发展装配化（把地方政府的优惠政策用足、用好）。

我们说"装配化＋"，一定是"装配化＋EPC"才能实现装配化更好、更省、更快；一定要加 BIM 实现装配化发展的数字化转型升级；一定要加超低能耗，实现绿色化与低碳化技术的融合应用。未来已至，装配化＋AI，装配化工厂制造AI 与装配化现场建造 AI 是不以人的意志为转移的必然发展方向，也是更广阔的蓝海。

关于实现"双碳战略"中的深层次问题，我认为，突出在于重视碳达峰与建筑（运行）碳排放增量的关系和突出在于实现碳中和与建造碳排放减量的关系。

我国有广阔的夏热冬冷地区，其建筑（运行）碳排放潜在的巨大增量问题要下大功夫、真功夫、狠功夫，确保在"碳达峰"前解决好，唯有大力推动超低能耗建筑等规模化发展方可破题。为此，《中共中央 国务院关于完整准确全面贯彻新发展理念做好碳达峰碳中和工作的意见》明确指出，要大力发展节能低碳建筑，要持续提高新建建筑节能标准，加快推进超低能耗建筑等规模化发展。

从碳达峰到碳中和一定要有碳交易政策，建筑建设的新原则即建造减碳设计原则呼之欲出，方案碳排放减量至关重要，建造减碳从科技到标准，到设计建造，一个全新的领域在呼唤建筑产业加快推进。

习近平总书记指出，绿色循环低碳发展，是当今时代科技革命和产业变革的方向，是最有前途的发展领域。我国在这方面的潜力相当大，可以形成很多新的经济增长点。

8.3　数字化转型升级未来已来

建筑产业是城市建设的供给侧，正在全力实现产业数字化和数字产业化。城市建设要在此基础上特别突出于以 CIM 建设为核心的数字化转型升级，未来已来，前景广阔。

建筑产业的系统性数字化转型升级，突出的就是做好产业数字化和数字产业化 2 篇大文章。

产业数字化是当前建筑产业的"必答题"，集中围绕 3 个方面展开，一是项目级，全面实现 BIM 大数据化；二是企业级，全面推广 ERP，打通层级和系统，创造价值；三是企业级数字中台，把企业的海量大数据通过科技赋能，创造价值。

在"必答题"中关于 BIM 应用要突出关注 4 个关键问题：一是自主引擎，解决"卡脖子"问题；二是自主平台，解决安全问题；三是贯通，设计施工共同建模，可以指导运维；四是价值，为国家、业主也为自身创造价值，并可支撑即将到来的智慧城市要求。

同样，ERP 也有自主引擎和自主平台的问题，突出强调"打通"，打通层级，打通系统，为企业创造价值。

基于此，建筑产业就看谁能做好"抢答题"，抓住未来已来与未来预期——数字产业化，"BIM＋""＋CIM""＋供应链""＋数字孪生""＋AI""＋区块链"以及"＋元宇宙"技术。

城市建设是数字产业化的最大场景，在建筑产业数字化转型升级基础上，要特别突出于以 CIM 建设为核心的城市建设数字化转型升级。这就是我们所说的城市既要以 CIM 为核心推进城市建设数字化转型升级，是"CIM＋""＋供应链""＋数字孪生""＋AI""＋区块链""＋元宇宙"，还要"＋双碳"。

一定要把握好 CIM 与 BIM 的关系，没有 BIM 就没有 CIM，BIM 不等于 CIM，BIM 是基础，是重要方面，但不是全部。因此，现在各城市就要明确未来一定要有 CIM，要 CIM 指导 BIM，BIM 要适应 CIM。两者之间一定迫切需要数字孪生技术，而且一定要基于北斗 mm 级数字孪生技术；同样重要的，CIM 也要解决底座的自主引擎和自主平台问题。我认为，在 BIM 和 ERP 自主引擎、自主平台成功方案基础上研究破题是完全可能的。

城市级甚至省级亦或更广阔区域级，供应链"公共平台"是应当充分重视的发展方向。

"装配化＋""＋EPC""＋BIM""＋超低能耗"以及"＋AI"是绿色化的逻辑主脉。

对于建筑产业的转型发展，我们要有哲学思辨，要有全面辩证思维、共创共享思维、价值思维、"互联网＋"与未来预期思维以及思辨存量与增量的关系。我们还要注重价值实现，把握好先进技术与成熟技术的关系。建筑产业是数字技术和双碳技术应用的巨大场景，要加快发展就要借助资本的力量，三者结合是实现数字化和绿色化低碳化发展的重要战略窗口期。

党的二十大报告再次明确，要加快建设数字中国。

综上，发展是量变和质变的辩证统一，"量的合理增长"是"质的有效提升"的重要基础，而"质的有效提升"又是"量的合理增长"的重要动力，两者相互作用、相互推动，构成高质量发展的实现路径。建筑产业的绿色化—低碳化—数字化深刻变革与转型升级进而实现高质量发展问题我们要研究透、解决好，要以大格局、大思维，思考大背景、大战略。

作者：王铁宏（住房和城乡建设部原总工程师）

9 走中国特色绿色建筑发展之路的思考与实践

9 Thinking and practice on the development of green buildings with Chinese characteristics

9.1 引　言

面对气候变化这一人类面临的共同挑战，各国都在采取积极的行动应对，绿色低碳发展在国际上形成了广泛共识。2020年，习近平总书记向世界承诺"双碳"目标，彰显了大国担当和发展的新要求。党的二十大报告也提出来：坚持以人民为中心的发展思想，推进文化自信自强，推动绿色发展，促进人与自然和谐共生。加快发展方式绿色转型，实施全面节约战略，发展绿色低碳产业，倡导绿色消费，推动形成绿色低碳的生产方式和生活方式。

建筑业作为我国国民经济的支柱产业，也是我国能源消费和碳排放的3大领域之一，如何促进建筑业向绿色低碳方向转型升级，实现高质量发展，助力"双碳"目标，发展绿色建筑是其中的关键路径。通过学习党的二十大精神，深刻领悟其中的丰富内涵，包括新时代的新定位、新特点、新要求，尤其是新理念及其指导下的新方针、新部署，才能明方向、识大局，把握发展大势、抓住时代机遇。

2023年1月，住房和城乡建设部部长倪虹在全国住房和城乡建设工作会议的讲话中指出："要以实施城市更新为抓手，着力打造宜居、韧性、智慧城市；以提升现代生活为目标，建设宜居宜业的美丽村镇；以建筑业工业化、数字化和绿色化为方向，不断提升建筑品质，以协同推进降碳、减污、扩绿为路径，切实推动城乡建设绿色低碳发展，加快建筑节能和绿色建筑发展；以制度创新和科技创新为引擎，激发住建事业高质量发展动力活力。"这一讲话为我国建筑业高质量发展做出了动员和部署，为实现中国式现代化明确了重点、规划了路径。

9.2 我国绿色建筑的探索和发展

20世纪90年代，我国学者开始关注绿色建筑的研究。1999年，在北京召开的世界建筑师大会发布了《北京宪章》，对绿色建筑理念在中国的普及起到了重要的推动作用。2006年，我国第一部《绿色建筑评价标准》GB/T 50378—2006颁布实施，标志着我国正式开启了绿色建筑发展之路，成为我国建筑业绿色发展的重要历史节点。2016年，国务院发文提出"适用、经济、绿色、美观"的建筑方针，将绿色建筑上升到了国家战略层面。

经过近30年的探索和发展，我国绿色建筑发展迅速，根据《"十四五"建筑节能与绿色建筑发展规划》的统计数据，截至2020年底，全国城镇新建绿色建筑占当年新建建筑面积比例达到77％，累计建成绿色建筑面积超过66亿 m^2，累计建成节能建筑面积超过238亿 m^2。同时，在发展过程中也发现了一些不足和需要提升的空间，包括：过程与措施导向导致的生硬嫁接绿色技术，使得相当一部分建筑的设备使用效率不高；绿色效果欠佳，甚至有些绿色建筑的能耗高于普通建筑；人民群众接受程度不高等。如何破解这些难题，有效地推动绿色建筑的高质量发展，顺应新时代的发展要求和目标，要求我们必须探索一条具有中国特色的绿色建筑发展之路。

9.3　走具有中国特色的绿色建筑发展之路的思考

中国特色的绿色建筑发展之路应该是尊重自然、融入自然、亲近自然、利用自然，是中华文化和现代建筑技术相互融合的发展模式。中华文化博大精深、源远流长，蕴含着前人的智慧和哲学思想。中国传统建筑根据自然气候条件、地理环境、人文特点，通过建筑平面、建筑形式主动调节室内采光、通风、温度、湿度等，形成了具有不同地域特色的设计技术和建筑文化。从苏州园林到西双版纳竹楼、从藏区石碉楼到蒙古族毡房，从中原黏土屋到西北窑洞，祖先们因地制宜、顺应自然的绿色智慧，形成了各地具有鲜明特征的地域文化，堪称绿色与美观完美融合的建筑。

中国特色的绿色建筑必须符合新时代的发展要求，必须传承好中华文化的智慧结晶，树立文化自信，必须与现代建筑技术完美结合，即道法自然，返璞归真，"道"就是价值观和文化理念，"法"就是建筑的技术与方法策略。"中国特色"是传承中华文化与智慧的内涵，尊重环境、融入自然、亲近自然、利用自然的绿色内涵，形成建筑的先天绿色基因；"现代绿色技术"是充分发挥现代科技的严谨一面，通过制度条文规范，形成应用效率的硬指标。两者结合，形成既有与自然结合利用的天然内在的绿色基因，又有明确的过程与措施要求，最终达到节约资源、保护环境、减少污染，为人民提供健康、适用、高效的使用空间，最大限度地实现人与自然和谐共生的高质量建筑目标。

为了实现上述目标，在建筑创作的起始阶段就应注重中华文化和现代建筑技术的结合，使我们的建筑创作既符合硬性的标准条文规定，又要有软性的内在绿色基因禀赋（图1）。可以用"四个加"的理念来进一步解读，即：策略＋指标、先天＋后天、内在＋外在、系统＋片段。其中，策略、先天、内在、系统都是中华文化所蕴含的思想智慧和哲学理念的诠释和体现，指标、后天、外在、片段都是现代建筑技术的运用和体现。

图1　中华文体和现代建筑技术结合

在中国特色绿色建筑发展之路的实践中，我们的科研人员、建筑师和工程师进行了大量、系统、深入的理论性研究和开拓性的实践探索。以崔愷院士领衔的科研队伍在工作实践中，针对现阶段绿色建筑存在的诸多有待解决的问题，基于大量的案例调研、经验总结、体系构建与专业分析，在中华文化和现代建筑技术融会结合方面进行了深入的思考和探索性的工作，于2021年推出了《绿色建筑设计导则》（以下简称《导则》）。这部《导则》与评价标准相辅相成、互为补充，标志着绿色建筑创作由过去只能依赖制度条文规范的状态发展到了在建筑创作中融入绿色建筑理念的新工作模式，开创了绿色建筑发展的全新局面。

《导则》一经发布就受到了业界的高度关注和持续跟进，热销近2万册。《导则》与中国特色绿色建筑所蕴含的思想理念深度呼应，书中提出建筑设计的五化理论：生态环境融入与本土设计（本土化）、绿色行为方式与人性使用（人性化）、绿色低碳循环与全生命期（低碳化）、建造方式革新与长寿利用（长寿化）、智慧体系搭建与科技应用（智慧化）。这体现了以建筑师的系统化思维有意识地进行中国文化和现代建筑技术的融会结合，引导中国特色绿色建筑的探索与发展实践。

中国特色绿色建筑的典型案例：成都天府农业博览园是一个完美诠释了中国特色绿色建筑蕴含的"四个加"理念的最佳范例。项目设计旨在打造在田间地头永不落幕的农博会。以绿色低碳发展理念为先导，倡导少用能、采用负碳材料；融入自然、打造和谐生态景观；引入新业态、改善产业结构布局；用更开放、更融合、更绿色的策略，创造一种返璞归真、贴近人民的田园生活。

农业博览园主展馆的5组木构彩棚宛如道道飞虹，与田野相称，高低起伏，空透灵巧，五指状开放布局与田野交织相融，随着季节的变换田野中耕种不同作物，成功打造永不落幕的大地艺术景观。主展馆复合了会议、会展、商业、办公等功能区域，棚内公共空间根据不同需求转变不同功能场地，夜间投影放映丰富了夜间生活的意趣，实现了人与自然、生产和生活的和谐相融。利用当地气候条件和地理环境，统筹设计开敞空间和封闭空间用能，棚顶采用ETFE膜设计，遮风挡雨的同时引入自然光线，借助前后田野和河流的地域条件引入自然通风，实现在大空间不用能、小空间少用能的情况下，仍能营造舒适空间。在建造设计过程中，坚持控制用材总量，去除冗余装饰，在开敞空间植入植物，引导健康、绿色的行为方式（图2）。

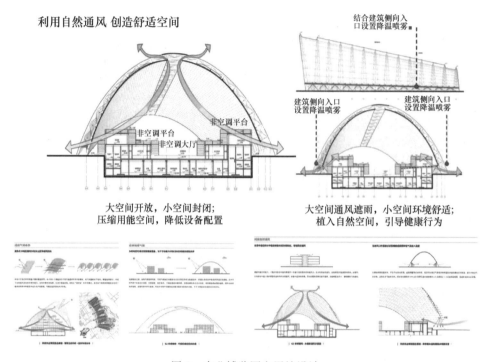

图 2　农业博览园主展馆设计

据统计，该项目开敞大空间使用木结构，封闭小空间使用钢结构，总共使用木材 7500m³，固碳 7500t，代替了 4934t 钢材（13914t CO_2），合计建造减碳 21414t CO_2；全年空调总碳排放约为 159t CO_2，同类全空调会展建筑的空调总碳排放约为 270t CO_2，非空调面积结合的设计方式减排 41%（图 3）。

成都天府农业博览园既展示了绚丽多姿的风采，又体现了朴实无华的本质，建筑师秉持着尊重自然、融入自然、亲近自然、利用自然的理念，完美融合了中国文化智慧和现代建筑技术，深刻阐释了道法自然、返璞归真的内涵要义，让绿色建筑彰显出了中华文化的自信，给人民带来了美好的生活体验和满满的幸福感，已经成为中国绿色建筑的典范代表。同时农业博览园也开创了博览项目的新模式和新业态，以魔方的形式融合了多彩环境和复合功能，注入了新的活力，实现了博览项目的可持续性。

大空间木结构，小空间钢结构;控制用材总量，去除冗余装饰

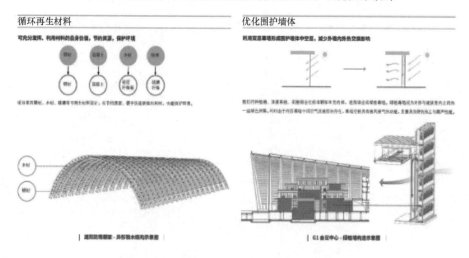

图3 大空间使用木结构、小空间使用钢结构

9.4 结 语

新时代提出了新的要求，也赋予我们这一代人新的发展机遇。我们要贯彻落实新理念、实现新作为，为绿色低碳发展、生态文明建设和"双碳"目标的实现做出我们这代人的努力，走出一条具有中国特色的绿色建筑发展之路，助力建筑业的转型升级和高质量发展，营造低碳宜居的生活环境，给中华民族的子孙后代留下更大的发展空间！

作者：修龙（中国建筑学会理事长）

第二篇 | 标 准 篇

2022年，住房和城乡建设部印发《住房和城乡建设领域贯彻落实〈国家标准化发展纲要〉工作方案》，提出"完善城镇功能和设施安全标准""健全乡村建设及评价标准""推进城乡建设绿色低碳发展标准化""加大标准国际化工作力度"等多项工作任务，对于持续发挥标准化支撑和引领作用，保障住房和城乡建设事业高质量绿色发展具有重要意义。

随着我国工程建设标准化改革的不断深入，以强制性工程建设规范为核心，推荐性技术标准和团体标准相配套的新型标准体系已初见雏形。其中，与推荐性国家标准、行业标准相比，推荐性地方标准更具地域性和可操作性，也能更快响应新技术、新材料、新设备、新工艺发展；团体标准在响应市场需求，发挥技术引领方面也发挥着重要作用。本篇主要介绍了绿色建筑领域标准工作的新成果、新动向，包括地方标准和团体标准，涉及城区绿色规划、绿色乡村、绿色建筑检测、绿色建筑施工、国际绿色建筑评价、绿色建筑数字化运维等内容，这些标准项目着力于提升城乡人居环境、创新绿色技术、推动绿色建筑国际化，为促进建筑领域绿色发展、建设绿色家园奠定坚实基础。

1 《绿色建筑评价标准》GB/T 50378—2019 局部修订介绍

1 Introduction to the partial revision of GB/T 50378—2019 *Assessment Standard for Green Building*

1.1 局部修订背景与目标

1.1.1 局部修订背景

"十三五"以来,我国建筑节能与绿色建筑发展取得重大进展,绿色建筑在各地加快推广建设。作为我国首部多目标、多层次的绿色建筑综合性技术标准,国家标准《绿色建筑评价标准》GB/T 50378—2019 在推进绿色建筑高质量发展方面发挥了重要作用,有效地指导了全国 27 个省、市、自治区及中国香港、澳门等地区制定地方标准,规范和引导我国绿色建筑发展。同时,国家标准《绿色建筑评价标准》GB/T 50378—2019 有效地带动我国绿色建筑实现了从无到有、从局部到全面、从跟跑到领跑的巨变,在贯彻落实国家绿色发展理念、推动城市高质量发展中发挥了重要作用。截至 2022 年底,全国累计建成绿色建筑面积超过 100 亿 m^2,2022 年城镇新建绿色建筑占新建建筑的比例达到 90% 左右,绿色建材评价认证和推广应用稳步推进,政府采购支持绿色建筑和绿色建材应用试点持续深化。

为落实《国务院关于印发深化标准化工作改革方案的通知》(国发〔2015〕13 号)精神,进一步改革工程建设标准体制,健全标准体系,完善工作机制,2016 年住房和城乡建设部发布《住房城乡建设部关于印发深化工程建设标准化工作改革意见的通知》(建标〔2016〕166 号),明确提出"加快制定全文强制性标准,逐步用全文强制性标准取代现行标准中分散的强制性条文"的工作任务。此后,住房和城乡建设部开始部署全文强制性标准的研编工作,并陆续发布强制性工程建设规范。

2020 年 9 月,习近平主席在第七十五届联合国大会上庄严地承诺了我国的

"双碳"目标,随即《中共中央办公厅 国务院办公厅印发〈关于推动城乡建设绿色发展的意见〉的通知》(中办发〔2021〕37 号)提出到 2025 年。建设方式绿色转型成效显著,碳减排扎实推进。到 2035 年,城乡建设全面实现绿色发展,碳减排水平快速提升。为支撑我国"双碳"目标的实施,《国务院关于印发 2030 年前碳达峰行动方案的通知》(国发〔2021〕23 号)要求到 2025 年,城镇新建建筑全面执行绿色建筑标准;《住房和城乡建设部关于印发"十四五"建筑节能与绿色建筑发展规划的通知》(建标〔2022〕24 号)进一步明确了绿色建筑发展的重点任务和重大举措,为城乡建设领域 2030 年前碳达峰奠定坚实基础。绿色建筑是我国"十四五"和中长期发展的重点,大力发展绿色建筑且进一步强化绿色建筑的碳减排性能,对我国全方位迈向低碳社会具有重要意义。

1.1.2 局部修订目的

国家标准《绿色建筑评价标准》GB/T 50378—2019(简称《标准》)自实施以来,对规范绿色建筑发展起到指导作用,对推进行业发展起到积极促进作用。随着强制性工程建设规范的发布实施以及其他标准的修订更新,《标准》的个别技术要求与新发布的标准规范出现了不协调的问题,因此须结合现行标准规范更新调整。同时,为推动国家"双碳"战略落地,在产业链上的各个环节均要落实"节能""减碳"政策,《标准》须结合现有技术发展水平补充强化碳减排相关技术要求,并在绿色建筑全寿命期内提升建筑性能,强化绿色建筑的碳减排能力。

1.2 《标准》简介

1.2.1 指标体系与技术特点

1. 指标体系

《标准》结合新时代需求,坚持以人民为中心的发展思想,始终把增进民生福祉作为发展的根本目的,以百姓为视角,构建了具有中国特色和时代特色的绿色建筑指标,具体为:安全耐久、健康舒适、生活便利、资源节约、环境宜居。图 1 为绿色建筑评价技术指标体系。

2. 技术特点

与 2014 年发布的《绿色建筑评价标准》GB/T 50378—2014 相比,《标准》具有如下特点:

拓展绿色建筑内涵。以"四节一环保"为基本约束,同时紧密跟进建筑科技发展,将建筑工业化、海绵城市、健康建筑、建筑信息模型等高新建筑技术和理念融入绿色建筑要求中;同时,通过考虑建筑的安全、耐久、服务、健康、宜

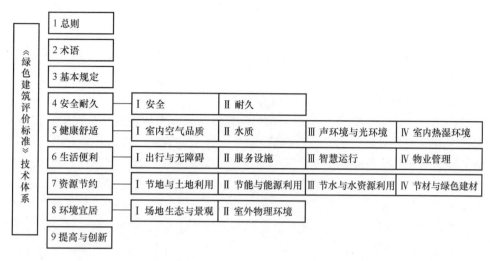

图 1　国家标准《绿色建筑评价标准》GB/T 50378—2019 技术体系

居、全龄友好等内容而设置技术要求，进一步引导绿色生活、绿色家庭、绿色社区、绿色出行等，拓展了绿色建筑的内涵。

更新绿色建筑术语。结合构建的绿色建筑指标体系及绿色建筑新内涵，对绿色建筑的术语进行了更新，使其更加确切地阐明了新时代的绿色建筑定义。

重设计分方式和评价时间节点。计分方式变为绝对分值累加法，简便易于操作。将绿色建筑评价的节点重新设定在了建设工程竣工后，规定"绿色建筑评价应在建筑工程竣工后进行"，可有效约束绿色建筑技术落地，将设计评价改为预评价，并规定"在建筑工程施工图设计完成后，可进行预评价"。

增加绿色建筑"基本级"。在原有绿色建筑一星级、二星级和三星级基础上增加"基本级"，扩大绿色建筑覆盖面。

分层级设置绿色建筑星级性能要求。为提升绿色建筑性能和品质，对一星级、二星级和三星级绿色建筑的等级认定分 4 个层级提出了不同的性能要求：（1）满足所有控制项要求且每类指标设置最低得分；（2）应进行全装修；（3）总得分达到 60 分、70 分、85 分；（4）满足对应星级在围护结构热工性能、节水器具用水效率、住宅建筑隔声性能、室内主要空气污染物浓度、外窗气密性能等附加技术要求。当同时满足上述 4 个层级要求时，方能认定为对应星级等级的绿色建筑。

提升绿色建筑性能。更新和提升建筑在安全耐久、节约能源、节约资源等方面的技术性能要求，提高和新增全装修、室内空气质量、水质、健身设施、垃圾、全龄友好、服务等以人为本的有关要求，综合提升了绿色建筑的性能要求。

1.2.2 《标准》的实施亮点

《标准》集成了建筑科技发展中的新技术、新理念，取得了良好的环境效益、社会效益和经济效益，实施亮点如下。

1. 构建绿色建筑评价五维指标体系

《标准》以建立新时代绿色建筑供给体系、推动绿色建筑高质量发展为目标，创新性地构建了"安全耐久、健康舒适、生活便利、资源节约、环境宜居"的绿色建筑评价五维指标体系。该体系更加强调健康舒适、全龄友好、宜居便捷、节资减排、智慧管理。健康舒适方面，提升了对空气品质、水质安全、声光热湿环境等要求；全龄友好方面，更加强调无障碍步行系统、公共场地无障碍设计等要求；宜居便捷方面，更加强调绿地覆盖、公共服务配套、场地生态等要求；节资减排方面，更加强调垃圾收集与处理、水资源节约、超低能耗等要求；智慧管理方面，更加强调实时监控、智能精准化服务等要求。五维绿色建筑技术体系拓展了绿色建筑的内涵，兼顾了城市和乡村、东部和西部的平衡发展需求，有效地保障了绿色建筑技术措施落地和绿色建筑运行实效。

2. 建立绿色建筑低碳技术体系

《标准》以降低建筑全寿命期的碳排放为目标，建立了以可再生能源、高性能围护结构、绿色建材、绿色施工为核心的绿色建筑低碳技术体系，首次在综合性建筑标准中提出进行建筑碳排放计算分析、采取措施降低单位建筑面积碳排放强度的要求。对围护结构热工性能、用能系统能效等设定了控制性、提升性、创新性的不同层级要求，大力鼓励以太阳能光伏、光热、地源热泵等在内的可再生能源应用，整体强化了绿色建筑的节能、可再生能源利用水平，提高了绿色建材、本地建材、绿色施工等方面的要求。

3. 创建绿色建筑室内环境保障系统

《标准》响应"健康中国"战略，以建设健康人居环境为目标，构建了以空气品质、水质、声环境、光环境、热湿环境为核心的绿色建筑室内环境保障系统。基于人群疾病负担理论首次提出了室内 $PM_{2.5}$ 和 PM_{10} 年均浓度控制限值，要求室内主要空气污染物浓度降低 $10\%\sim20\%$。提出了以全装修为前提，以各种装修材料、家具制品污染物释放特征为基础，以"总量控制"为原则的空气污染物预评估新方法。配备了空气质量及水质在线监测系统，室内环境质量全面提升，提高了建筑使用者对舒适性指标的量化可感知性。

4. 开创绿色建筑智能运行维护技术体系

《标准》为顺应建筑智能化趋势，以提高建筑管理精细化、使用智慧化为目标，提出配置建筑能源、空气质量、水质在线监测系统，具有家电控制、照明控制、设备控制、安全报警等建筑服务功能，鼓励运用智慧化手段进行物业管理，应用建筑信息模型技术优化建筑设计、施工和运行，系统地给出了建筑智能化的技术要求，提高了建筑管理精细化和使用的智慧化水平。

1.3 局部修订工作

根据《住房和城乡建设部关于印发2022年工程建设规范标准编制及相关工作计划的通知》（建标函〔2022〕21号）的要求，由中国建筑科学研究院有限公司会同有关单位开展《标准》的局部修订工作。为全面做好相关工作，修订组开展了前期研究和意见征求，并组织召开多次修订工作会议，稳步推进修订进度。

1.3.1 前期研究情况

为支撑城乡建设绿色发展，满足人民对美好生活的向往，《标准》在修订前期，结合已发布的强制性工程建设规范的有关要求，完成了绿色建筑相关的条文对比。对比的整体原则为"控制项的指标不低于强制性工程建设规范、评分项要求高于强制性工程建设规范"，经过梳理，找出室内噪声级、隔声性能、眩光控制、通风开口比例、无障碍设计、围护结构热工性能、冷热源机组能耗、节水灌溉系统、光污染设计等方面的技术指标，需要与强制性工程建设规范衔接，拟进行后续的修改调整，加强与强制性工程建设规范的协调一致。

为降低城乡建设领域碳排放强度、提高建筑能效水平，《标准》结合我国"双碳"目标和我国绿色建筑发展方向，落实国家对强化建筑节能减碳的有关部署，提出对控制项、评分项中的关键技术指标的修订原则，拟在自然资源与可再生能源利用、绿色建材使用、场地地表和屋面雨水径流控制、采用降低建筑碳排放措施等方面提出更高要求，促进我国绿色建筑的创新发展。

1.3.2 实施意见征集情况

为全面掌握《标准》的实施情况，在住房和城乡建设部标准定额司的支持指导下，修订组面向地方政府主管部门和社会公众群体开展《标准》实施情况意见征集工作。历时1个月，共收集到来自科研院所、学协会、设计施工单位、评价检测机构等单位提出的673条修订建议，涵盖了与强制性工程建设规范协调、强化绿色建筑碳减排性能、标准实施和操作等方面的建议，为《标准》的局部修订提供了重要参考。

1.3.3 工作会议情况

在充分开展前期研究及征集修订建议的基础上，修订组于2022年4月召开了《标准》局部修订启动会暨第一次工作会议，主管部门领导对《标准》局部修订提出总体要求，为后续工作奠定了重要基础。截至2023年8月，修订组召开了5次全体工作会议，并结合重点内容召开多次专题会议，确保高质量地完成修订工作。

1.3.4　修订稿征求意见情况

经修订组研究修改形成《标准》局部修订征求意见稿，并于2023年2月至3月公开征求意见，同时面向相关单位定向征求意见。《标准》局部修订获得了广泛的社会关注，共收到来自社会各界的468条反馈建议。

1.3.5　《标准》局部修订审查

2023年9月19日，《标准》局部修订审查会议在北京召开。会议组成了以刘加平为组长、毛志兵为副组长的审查专家组。专家组听取了《标准》修订工作报告，对《标准》内容进行逐条讨论和审查，一致认为《标准》将对提升建筑品质、推进绿色建筑发展、助力实现"双碳"目标起到重要作用，技术内容科学合理，可操作性和适用性强，达到国际领先水平。

1.4　主要修订内容

《标准》以协调强制性工程建设规范、强化减碳技术要求、更新完善技术要求为局部修订方向，经广泛征求意见，重点修改内容如下：

1.4.1　协调强制性工程建设规范

第5.2.6条、5.2.7条、5.2.8条、5.2.10条、6.2.2条、7.2.4条、7.2.5条、7.2.8条、9.2.1条为协调强制性工程建设规范而做了修订，包括取消评分项中与强制性规范相同的内容，对条文进行修改，使其引用标准或要求范围与强制性规范协调一致，修改技术内容相比强制性工程建设规范进一步提高要求等；部分条文在协调强制性工程建设规范的同时，亦加强了降低绿色建筑碳排放的要求。对于第7.2.4条，强制性工程建设规范《建筑节能与可再生能源利用通用规范》GB 55015提高了建筑围护结构热工性能，故本次局部修订对围护结构热工性能要求做了调整。

1.4.2　强化碳减排技术措施

第3.2.8条、7.2.9条、7.2.18条、9.2.3条、9.2.7条、9.2.10条主要为强化绿色建筑碳减排要求而做了修订。第3.2.8条新增明确全寿命期单位建筑面积碳排放强度和碳排放技术措施要求，新增绿色建材应用比例要求。第7.2.9条以"可再生能源利用率"替代原"可再生能源提供热水比例、空调冷热量比例、电量比例"的评分规则。第 7.2.18 条提升了绿色建材应用比例要求。第 9.2.3 条新增电力交互技术要求,引导建筑柔性用电,支持低碳电网和光储直柔等新技术的实践和推广。第 9.2.7 条量化建筑全寿命期碳排放强度要求。第 9.2.10 条增加降低碳排放的开放性规定,鼓励低碳建筑技术的创新发展。

1.4.3 更新完善技术要求

协调最新发布实施的引用标准,同步更新有关技术要求,协调国家标准《室内空气质量标准》GB/T 18883—2022 更新第 3.2.8 条室内空气污染物类别要求;协调房间空气调节器、电气设备等能效标准,更新设备能效等级要求;协调声环境及照明技术标准,提升室内声光环境品质。强调绿色设计与绿色效果,提出设计阶段提供绿色建筑专篇和交付提供绿色建筑使用说明书的要求,提出具有绿色建筑性能保险的加分规定。

1.5 结 束 语

本次局部修订具有如下特点:(1)增强绿色建筑对减碳的贡献。落实"双碳"战略,新增降低全寿命期单位建筑面积碳排放强度和电力交互技术要求,强化星级绿色建筑绿色建材应用,引导绿色雨水基础设施应用。(2)强化绿色建筑性能保障。明确提出绿色建筑预评价阶段要求,新增绿色建筑专篇、绿色建筑使用说明书、绿色建筑性能保险等规定,持续引领高品质绿色建筑发展。(3)优化可再生能源综合利用评价方式。提出"可再生能源利用率"指标,以一项指标综合评价和量化可再生能源贡献,取代按照可再生能源提供热水、冷热量、电量的复杂评价方式。(4)有力支撑好房子、好小区建设。完善健康舒适、环境宜居等指标,以建筑科技赋能绿色建筑,有力支撑好房子、好小区建设,满足人民群众对美好生活的需要。

作为推动城市高质量发展的重点标准之一,《标准》已经历经"三版两修",现阶段新一轮局部修订工作将进一步完善"安全耐久、健康舒适、生活便利、资源节约、环境宜居"新时代绿色建筑技术体系,支撑健康中国战略实施,助力城乡建设领域"双碳"目标的实现。

作者: 王清勤[1] 李国柱[1] 马静越[1] 孟冲[1,2] 姜波[1](1. 中国建筑科学研究院有限公司;2. 中国城市科学研究会)

2 《绿色村庄评价标准》DB 11/T 1977—2022

2 *Evaluation standard of green village*
DB 11/T 1977—2022

2.1 背景与意义

2.1.1 背景

党的十八大确立了"创新、协调、绿色、开放、共享"5 大发展理念，绿色发展已成为我国城乡建设的重要指引。党的十九大、二十大均提出了"乡村振兴战略"，强调农村可持续发展，建设绿色宜居乡村。为此，国家和北京市出台了与乡村振兴、农村人居环境治理、美丽乡村建设相关的一系列政策文件，为我国农村地区又好又快地发展提供了有力的政策支持。中共中央国务院印发的《乡村振兴战略规划（2018—2022 年)》中指出"实施乡村振兴战略，加快推行乡村绿色发展方式。开展农村人居环境整治行动，全面提升农村人居环境质量。大力提升农房设计水平"。2023 年 2 月发布的中央一号文件，也明确提出了要开展农村人居环境整治行动和推进宜居宜业和美丽乡村建设；住房和城乡建设部 2016 年 3 月份发布了《住房城乡建设部关于开展绿色村庄创建工作的指导意见》（建村〔2016〕55 号），提出了绿色村庄的工作目标和基本要求；北京市人民政府 2021 年 8 月发布了《北京市人民政府关于印发〈北京市"十四五"时期乡村振兴战略实施规划〉的通知》（京政发〔2021〕20 号），"十四五"期间指出深化美丽乡村建设，提高美丽乡村建设标准，开展美丽宜居村庄示范创建活动，推进绿色农宅建设。

建设社会主义新农村、持续推进乡村振兴战略已成为我国重大战略之一，而绿色村庄建设也是实现乡村振兴的重要路径，与美丽乡村建设存在一致性。开展绿色村庄建设是一项艰巨复杂的系统性工作，与农村的经济、政治、文化发展息息相关。因此，为了评估村庄的绿色化程度，对北京市绿色村庄发展提出合理建议，引导绿色村庄健康发展，中国建筑科学研究院有限公司会同有关单位共同编制了北京市地方标准《绿色村庄评价标准》DB 11/T 1977—2022（简称《标准》)。

2.1.2 意义

当前，我国绿色村庄建设处于起步阶段，绿色村庄的有效实施路径、推进机制、构建原则、评价指标等方面都需要进行深入研究和探索。推进绿色村庄建设，是贯彻落实《国务院办公厅关于改善农村人居环境的指导意见》（国办发〔2014〕25 号）的重要举措，也是改善农村人居环境的基本要求。

北京市人民政府于 2018 年 12 月 30 日印发的《北京市乡村振兴战略规划（2018—2022 年）》中提出了"到 2020 年，累计创建 1000 个首都绿色村庄，到 2022 年，预计累计创建 1100 个首都绿色村庄"。为指导北京市绿色村庄建设，提升村庄规划设计、建设质量、居住环境品质和绿色性能等水平，亟须结合北京市农村地区的自然环境、经济技术条件、资源状况、居民生产生活方式以及人文风俗等综合因素，建立一套符合北京市农村实际情况的绿色村庄评价体系，为实施绿色村庄建设奠定基础。

本标准的编制可以切实指导北京市绿色农宅建设与评价工作，推进北京市村庄绿色、生态、可持续发展，并为全面实现乡村振兴提供重要基础支撑。

鉴于北京市在新农村建设中已取得的基础性成果以及已具备的绿色村庄建设的技术、经济等基础条件，结合实施农村人居环境整治三年行动计划和乡村振兴战略，进行绿色村庄示范与建设，有利于提升北京农村地区建筑节能与区域节能，建设好生态宜居的美丽乡村，让广大农民有更多获得感、幸福感，同时为全国的绿色村庄发展做出表率。

2.2 技 术 内 容

2.2.1 体系架构

《标准》指标体系分为三级指标体系，如表 1 所示：一级指标为绿色村庄评价的重点范围，包括村庄规划与设施、绿色农宅、资源节约利用与环境保护、管理与保障机制 4 类指标组成，且每类指标均包括控制项和评分项，评价指标体系还统一设置提高与创新加分项；根据文献和实地调研及多次专家意见征集，提炼出一级指标各类涉及的关键项作为二级指标和三级指标，二级指标为分项评价指标，比如村庄规划与设施包括土地利用与选址、基础设施、公共服务设施；三级指标为具体评价指标的技术要求。

评价指标体系 4 类指标的评分项满分值均为 100 分，提高与创新加分项满分值为 10 分。

北京市绿色村庄评价技术指标体系 表1

一级指标	二级指标	三级指标
村庄规划与设施	土地利用与选址	村庄绿化
		村落布局
		村庄空间布局及设施配备
	基础设施	基础设施类别要求
		供水站、污水处理站
		生活饮用水
		村庄垃圾处理
		公厕、户厕
		供配电线路建设
		配电变压器安装
		道路照明设施
		内部道路各级路网
	公共服务设施	公共服务设施种类
		公共服务设施选址及服务半径
		功能适用性设计
绿色农宅	农宅庭院	采用庭院模式
		庭院环境整洁、美观、通行便利
		农宅布局
	农宅主体	采用绿色建材
		围护结构性能指标
		被动式技术
		节能灯具
		户用卫生厕所
		给水管网和用水器具
		节水器具
		污废水处理
		雨水集中收集和排放设施
资源节约利用与环境保护	能源规划与清洁利用	生活热水用清洁能源
		农宅供暖用清洁能源
		农宅炊事用清洁能源
		农宅日常生活用清洁电力
	资源节约与利用	用水器具计量设施
		排水分流方式
		非饮用水

一级指标	二级指标	三级指标
资源节约利用 与环境保护	固体废物处理 与环境保护	废物回收、综合利用
		垃圾站
		室内空气污染物
		环境噪声
管理与保障机制	—	村民满意率
		配备管护人员
		制定村规民约
提高与创新	—	绿色产业、循环经济
		能源计量、能源监管系统
		装配式建造
		超低能耗建筑
		公共服务设施

绿色村庄划分为基本级、一星级、二星级和三星级 4 个等级。当满足全部控制项要求时，绿色村庄等级达到基本级。当总得分分别达到 70 分、80 分、90 分且每类指标的评分项得分不低于 40 分时，绿色村庄等级分别评为一星级、二星级和三星级。

2.2.2 指标体系

1. 基本规定

绿色村庄评价的主体应为行政村。绿色农宅、资源节约利用与环境保护指标的评价应采用随机抽样方法。按照村庄规模进行不同比例抽查，村庄常住人口为600 人及以上的，抽查户数为 20 户；村庄常住人口为 600 人以下的，抽查户数为10 户。对于控制项指标，所有被抽查农宅的评定结果应全部为满足。对于评分项指标，60％以上的被抽查农宅满足评分项指标要求时，该项可得分。涉及农宅时，以整体农宅的抽查结果来评价。

2. 村庄规划与设施

（1）土地利用与选址

1）村庄绿化

依据《北京市新农村建设村庄绿化导则（试行）》要求，应着重提高运用当地植被在村口及"四旁四地"（村旁、宅旁、水旁、路旁；宜林荒山荒地、地质低效林地、坡耕地、抛荒地）进行绿化。

从改善农民住户居住环境和生活需求考虑，《标准》对村庄整体绿地率、村庄周边设有绿化林带等做出要求。

2）合理布置村落组团

村落布置要体现村庄特有民居风貌、农业景观、乡土文化，以多样统一为美，避免乡村建设"千村一面"。

3）村庄空间布局及设施配备

村庄的空间布局及设施配备应考虑村庄选址、村庄出入口、消防安全、避难场所等内容。

（2）基础设施

1）基础设施

村庄基础设施的建设应考虑主干道出入情况、路面硬化率，供电、交通、通信系统，供水系统，网络系统，安全保障系统，排洪、排水设施，灾害报警系统等内容。

主干道指连接村主要出入口，供行人及各种农业运输工具通行的道路。村主干道路面硬化率指村主干道路面中已硬化里程数占村主干道总里程数的百分比。

对绿色村庄而言，基础设施应符合村镇总体规划要求，且功能上基本具备，具有一定代表性。包括：村庄给水系统、排水系统、供电系统、通信系统（电信、邮政、广播、电视）、网络系统等。电话、电视、网络等基础设施应实现全村覆盖。村庄设置有安全保障信息化措施。行政村集中供水基本实现全覆盖。行政村公共交通实现全覆盖。

2）供水站、污水处理站

对村庄供水站、污水站的设置、运行、管理、收费等内容提出要求，保证在未来合理利用供水站、污水站。目前，已有较多村庄设置了供水站、污水处理站，但由于运行管理成本和人员成本等因素，未投入使用。

3）生活饮用水

对村庄的生活饮用水提出要求，生活用水的供水量和供水水质应符合要求，其中供水水质应符合现行国家标准《生活饮用水卫生标准》GB 5749 的规定。重视农村供水水质的安全可靠性，做好水源防污染措施，对水源、生产、供应等环节均需有科学合理的规划、设计，并做好运行管理。

4）垃圾处理

村庄的垃圾处理应建立日常保洁和垃圾清运制度，实现村庄保洁常态化，构建"组保洁，村收集，镇转运，区处理"的模式。对垃圾收集点与垃圾站（间）的设置、服务半径提出要求，以便大幅度地降低废物的运输及处理费用。

5）供配电线路及变压器建设

由于平原地区改建村庄和山地地区村庄设置供配电线路难度较大，《标准》对以上地区不进行评价。《标准》对村庄的供配电线路和配电变压器、太阳能光伏发电、接入电网容量等内容提出了要求。

6）道路照明建设

要求村庄出入口以及村庄内主要公共交通干道设置路灯，并选用高效光源、节能灯具等。

（3）公共服务设施

1）公共服务设施种类

为满足村庄居民的日常生活需求，促进村庄的经济发展，村庄应提供便利的公共服务，村庄内应设有餐饮生活服务、幼儿园或小学、文化体育服务设施、医疗服务设施、广场、养老服务驿站、残疾人服务设施、旅游民俗等公共服务业设施。

2）公共服务设施选址和服务半径

对平原地区和山区均提出不同的享受社区综合服务的要求，集中设置综合服务用房有利于节约建设用地，降低建造成本，并有利于后期节能运营。

3）功能适用性设计

为提高服务设施综合使用效率，节省投资与村落建设用地，提高村民的居住满意度，要求村庄设置多种多样的功能空间。

3. 绿色农宅

北京市于2012年开展了"北京市绿色农宅建设技术指标体系研究"及《北京市绿色农宅建设导则》的研究工作，《北京市绿色农宅建设导则》对绿色农宅设计和住区规划给出了较为具体的规定指标，并进行了详细阐述。

《标准》重点针对庭院建造的院落环境、布局、功能分区方面和农宅主体建造的造型、环境、建材使用、节能标准等方面的关键技术指标给出了规定。下面对几个关键性指标给予说明。

（1）庭院绿地率、非硬化地面问题

为增强农宅的宜居性和村落的生态性，设置庭院绿地率指标条款。庭院绿地率指庭院内绿化面积占庭院面积的比例。绿地可以栽种花草树木和蔬菜。绿地在夏季有明显的降温作用，针对不同的绿地形式，效果有一定的差异，但均可缓解夏季高温，并能适当降低室内温度；由于土壤和植物蒸腾的水汽不易扩散，故设有绿地的还有一定的增湿效应。除此之外，绿色植物还有一定的降噪声功效。但过多的绿地面积又会占用实质的庭院可用空间，严重时还会造成阳光遮挡，故应设定合理的绿地面积，为不低于30%，既能调节住户微环境又不影响住户的正常使用。图1为庭院有无绿化的对比图。

地面采取硬化措施虽不易起尘、起沙且美观，但硬化地面在夏季吸热会严重影响宅基地内微环境，同时减少了雨水的渗透。非硬化地面面积比为非硬化地面面积占庭院总面积的比例。

(a) 庭院有绿化 　　　　　　　　　　　　　　(b) 庭院无绿化

图 1　庭院有无绿化的对比图

（2）庭院功能分区

绿色农宅的功能分区应齐全且布局紧凑，居住环境干净，卫生状况良好。

（3）绿色建材

《标准》鼓励采用新型绿色建材，并对使用比例提出要求。

（4）围护结构

围护结构热工性能要求是农宅居住建筑节能设计的最主要内容，是决定农宅是否节能的关键因素。考虑到北京市绿色村庄的发展，根据农村现有经济水平及实地调研数据，要求绿色村庄的农宅围护结构执行更高节能标准要求。根据目前绝大多数北京市农村居住建筑保温材料采用模塑聚苯板（EPS）和挤塑聚苯板（XPS）等，满足现行标准对外墙的热工性能要求。门窗可采用塑钢窗、断桥铝合金窗等。对农宅的屋面传热系数提出要求。由于冬季受室外空气及建筑周围低温土壤的影响，有大量的热量从地面传递出去，导致地面温度往往很低，甚至低于露点温度，不但增加供暖能耗，而且有碍卫生，影响使用和耐久性，因此要求地面做保温处理，或者将垂直外围护结构的保温层延伸至基础。农宅设置保温门帘也有利于减少农户出入或室内外温差带来的热量损失。

（5）被动式技术

农宅采用遮阳、天然采光、自然通风等技术措施，既可以在使用过程中保证主要房间的热舒适度，还可以有效地节约能源。

（6）照明

为了在保障照明条件的前提下，降低照明耗电量，达到节能的目的，在照明光源选择上应不使用光效低的白炽灯。

（7）户用卫生厕所

为保证绿色农宅卫生状况良好，提高居住者生活舒适度，对农宅的卫生厕所面积、类型、位置等提出要求。

（8）给水管网及用水器具

管网漏损不仅会影响水质还会造成能源浪费，长时间会破坏管网，造成更为严重的经济损失。给水管网与用水器具漏损常出现在支管、管件、用水器具的连接口。

（9）节水器具

对农宅使用节水器具的比例提出要求。

（10）污废水处理

污水处理排放应符合现行北京市地方标准《农村生活污水处理设施水污染物排放标准》DB 11/1612 的规定。为避免污废水随意排放，保证农宅及其周边卫生，制定此条标准。生活排水的污染物会影响人的生活质量和身体健康。排水工程建设应遵循乡（镇）村总体规划，综合考虑经济效益和环境效益；充分利用现有条件和设施，统一规划，分步实施，因地制宜地选择安全可靠、运行稳定的排水技术。

（11）雨水收集处理

农宅内进行雨水收集和排放以保证院内无积水。可采用坡屋面、檐口集水管等将雨水直接渗入庭院绿化和种植区或进行收集。

4. 资源节约利用与环境保护

（1）能源规划与清洁利用

对村庄利用清洁能源满足热水、供能需求的户数以及对采用清洁电力的户数进行评价。

（2）资源节约与利用

对用水器具的计量和普及率提出要求，对采用不同形式的分流措施进行评价，要求农宅非饮用水采用非传统水源。

（3）固体废物处理与环境保护

要求对村庄固体废物回收处置、垃圾站、室内空气污染物浓度以及环境噪声等提出评价要求。

5. 管理与保障机制

要求对村民开展满意度调查、建立管户机制、制定村规民约、建立宣传机制。

6. 提高与创新相关指标

对村庄绿色产业、设置能源资源利用计量装置、采用装配式建造、超低能耗农宅、农宅符合绿色建筑要求等方面进行评价。

2.2.3 标准定位

《标准》具备 4 个方面的重要作用：一是落实北京市乡村振兴战略规划，为构建首都绿色村庄提供依据；二是改善农村人居环境、推进乡村建设可持续发展；三是提升村庄规划设计、建设质量、居住环境品质和绿色性能等水平；四是提升首都乡村清洁能源利用水平，从而实现北方农村地区清洁取暖目标。

本标准实施后，将进一步正确引导农村太阳能光伏、空气源热泵、节能门窗、高性能保温材料等产品或技术的广泛应用，有利于拉动北京市相关产品设备企业的发展与相关岗位人才的就业；通过标准落地，促进实施绿色美丽宜居村庄建设，进一步提高乡村建设水平，有利于改善农村老百姓居住环境，提升幸福指数，有利于降低建筑能耗，减少冬季取暖带来的环境污染问题，具有较好的社会效益。

2.3 应 用 前 景

北京市开展绿色村庄建设，包括绿色农宅建设，将有利于降低北京市农村整体建筑能源费用支出。截至目前，北京市累计完成100多万户农宅抗震节能保温改造，每年可以节省84.4万tce，减少约0.34万t的$PM_{2.5}$排放、243万t的CO_2排放、0.13万t的SO_2排放和0.21万t的NO_x排放，约节省冬季取暖支出3亿元。

2.4 结 束 语

《标准》从土地利用与选址、基础设施、公共服务设施等绿色村庄规划与设施、绿色农宅、资源利用与环境保护、管理与保障机制、提高与创新等方面，指导北京市绿色村庄建设，提高村庄规划设计、建设质量、居住环境品质和绿色性能等水平，结合北京市农村地区的自然环境、经济技术条件、资源状况、居民生产生活方式以及人文风俗等综合因素，建立了一套因地制宜、科学合理、符合北京市农村实际情况的绿色村庄评价体系，促进了北京市村庄建设的可持续发展。

《标准》的相关技术评价体系是在大量调研的基础上建立得到的，同时相关调研成果也获得了北京市住房和城乡建设委员会调研项目二等奖。评价体系为北京市"十四五"时期绿色乡村乃至美丽宜居乡村建设以及双碳目标实现提供了有力支撑，但标准的应用落地还缺乏一定市场主动性。在本标准的未来实施过程中还需要加强标准的宣贯培训工作，扩大标准知晓范围，研究完善的市场推广机制，通过政策激励、市场推动、村庄自愿等多种方式逐步推进标准的广泛应用。

作者：张圣楠[1] 邓琴琴[1,2] 宋波[1]（1. 中国建筑科学研究院有限公司；2. 建筑安全与环境国家重点实验室）

3 《天津市绿色建筑检测技术标准》 DB/T 29—304—2022

3 Technical standard for inspection of green building in Tianjin DB/T 29—304—2022

3.1 背景与意义

3.1.1 背景

自 2013 年以来，国家和地方相关政府部门都相继下发了关于加强绿色建筑技术标准规范研究的应用指导意见，《住房城乡建设部关于印发建筑节能与绿色建筑发展"十三五"规划的通知》（建科〔2017〕53 号）明确提出要加强标准体系建设，根据建筑节能与绿色建筑发展需求，适时制定和修订相关设计、施工、验收、检测、评价、改造等工程建设标准。

《天津市绿色建筑工程验收规程》中，由于缺少相关检测标准的支撑，只能进行措施性验收，需要相应的绿色建筑检测标准作为工程验收的支撑。目前，由于新版《绿色建筑评价标准》的实施，所有绿建标识项目全部为运营标识，绿色建筑的运行实效需要通过检测进行量化验证，同时绿色建筑评价中明确要求提供相应测试报告，因此，迫切需要绿色建筑检测标准对相关的测试工作进行规范，确保测试报告能够完整、真实地反映项目的实际情况。

3.1.2 意义

当前，对于绿色建筑实际效果的把握，主要来源于绿色建筑评价条文说明和实施细则。绿色建筑评价细则是以评价体系为主，主要以结果指标进行判定，而不涉及具体的检测操作方法。《天津市绿色建筑检测技术标准》DB/T 29—304—2022（简称《标准》）的发布，填补了国标和行标范围内绿色建筑检测技术标准的空白状态，明确了绿色建筑项目的检测范围、检测重点、抽样数量、操作方法、合格指标等参数，使得绿色建筑检测技术实施过程更具有规范性和实用性。

《标准》的实施，明确了绿色建筑各项检测的具体要求，通过建立绿色建筑检测技术标准体系，保障检测过程有据可依，为绿色建筑标识评审、工程验收、运行效果评价等工作提供技术支撑。未来，将持续引导天津市绿色建筑检测技术的健康发展，对于国内绿色建筑行业的持续、健康、稳定发展均产生较大的影响。

3.2 技 术 内 容

3.2.1 体系架构

《标准》共分13章和2个附录，主要内容包括：总则、术语和符号、基本规定、室外环境检测、室内环境检测、外围护结构热工性能检测、通风与空调系统检测、给水排水系统检测、安全耐久性能检测、供配电与照明系统检测、监测与控制系统检测、可再生能源系统检测、建筑能耗检测等（图1）。

3.2.2 主要内容

《标准》编制过程中，为提高标准的质量，突出其适用性，编制组通过广泛调研，借鉴了国内相关标准和工程实践经验，每月组织召开例会讨论，不断地修改和完善，尽量直接引用相关标准检测方法，基本遵守抽样数量、检测方法、判定标准的三段式结构，同时也对一些检测方法做了改进和优化。《标准》技术内容科学合理、可操作性较强，与现行国家、行业及天津市地方相关标准基本协调。

《标准》的主要章节设置主要基于绿色建筑评价标准，按照各专业进行划分，便于实际检测过程中各专业检测人员找到对应的检测项目，主要内容包括：室外环境检测、室内环境检测、外围护结构热工性能检测、通风与空调系统检测、给水排水系统检测、安全耐久性能检测、供配电与照明系统检测、监测与控制系统检测、可

图1 《天津市绿色建筑检测技术标准》框架

再生能源系统检测、建筑能耗检测等。

　　第一章规定了编制总则和适用范围，第二章明确了标准的相关定义，第三章为基本规定，主要对绿色建筑检测的使用条件、检测方法、检测方案、检测设备及特殊情况进行了统一要求。

　　第四章的内容为室外环境检测项目的检测方法、检测数量以及判定规则，主要包括场地土壤、电磁辐射、环境噪声、人行及非机动车道路照明、室外照明光污染、建筑外立面幕墙玻璃可见光反射比、透水铺装、下凹式绿地、热岛强度、路面（屋面）太阳辐射反射系数等相关检测内容。

　　第五章的内容为室内环境检测项目的检测方法、检测数量以及判定规则，主要包括室内噪声级、隔墙和楼板的空气声隔声性能、外墙和外门窗空气声隔声性能、楼板撞击声隔声性能、室内采光系数、室内温湿度、室内热湿环境、室内空气污染物浓度、室内 CO_2 浓度等相关检测内容。

　　第六章的内容为外围护结构热工性能检测项目的检测方法、检测数量以及判定规则，主要包括非透光外围护结构传热系数，外窗和透明幕墙气密、水密和抗风压性能，透光外围护结构热工性能、建筑围护结构气密性能等相关检测内容。

　　第七章的内容为通风与空调系统检测项目的检测方法、检测数量以及判定规则，主要包括机组能效指标、循环水泵耗电输冷（热）比、系统新风量、风机单位风量耗功率、新风换气机热交换效率等相关检测内容。

　　第八章的内容为给水排水系统检测项目的检测方法、检测数量以及判定规则，主要包括生活饮用水水质、直饮水水质、集中生活热水水质、游泳池水质、景观水体水质、非传统水源水质、供暖空调系统水质、供水压力、卫生器具用水效率等相关检测内容。

　　第九章的内容为安全耐久性能检测项目的检测方法、检测数量以及判定规则，主要包括地面材料防滑性能、外墙外保温粘接强度、幕墙平面内变形性能、玻璃安全性能，门窗、遮阳产品、水嘴耐久性，钢筋保护层厚度、混凝土耐久性、耐候钢、防腐涂料、防腐木材耐久性、外饰面水性氟涂料耐候性、防水和密封材料耐久性、室内装饰装修材料耐久性、装饰装修材料有害物质限量等相关检测内容。

　　第十章的内容为供配电与照明系统检测项目的检测方法、检测数量以及判定规则，主要包括变压器能效、灯具效率、照明频闪、照度、照度均匀度和照明功率密度、光源显色性、眩光值等相关检测内容。

　　第十一章的内容为监测与控制系统检测项目的检测方法、检测数量以及判定规则，主要包括能源管理系统、照明监控系统、室内空气质量监控系统、电梯和自动扶梯控制系统、用水计量监控系统等相关检测内容。

　　第十二章的内容为可再生能源系统检测项目的检测方法、检测数量以及判定规则，主要包括太阳能热利用系统、可再生能源发电系统、可再生能源空调系统等相关检测内容。

第十三章的内容为建筑能耗检测项目的检测方法、检测数量以及判定规则，主要包括居住建筑非供暖能耗、公共建筑非供暖能耗和建筑供暖能耗等相关检测内容。

附录 A 明确了所有绿色建筑检测项目实施阶段和检测方式，让检测人员使用起来更加便捷。

3.2.3 标准特色

《标准》是为指导天津市绿色建筑的检测工作而编写，在国标和行标范围内，有关绿色建筑检测技术标准仍处于空白状态，在实际检测过程中，常常参考其他与建筑有关的检测标准，绿色建筑检测技术缺乏规范性和统一性，天津地区通过建立绿色建筑检测技术标准体系，保障检测过程有据可依，规范绿色建筑检测标准化流程，促进绿色建筑检测水平和质量的提升，为绿色建筑行业的高质量发展奠定坚实的基础，本标准具有以下几项创新点：

（1）贴合新版《绿色建筑评价标准》提出的新指标要求，检测内容覆盖全，在全国属于领先。

（2）根据绿色建筑检测特点，提出适用于验收业务的静态检测方法和适用于运行业务的动态检测方法。

（3）根据绿色建筑实际情况，明确检测工况条件，避免盲目引用现有的检测标准。

（4）与现有的检测方法、检测内容有效衔接，避免重复工作。

（5）规范了检测报告的内容格式要求，明确检测结论，与绿色建筑的运行评价形成有机整体。

3.3 应 用 情 况

《标准》的部分条文规定已经在编制单位主持进行的三星级绿色建筑项目上得到应用和实施，工程应用的实践结果表明，该标准的编制原则与条文内容符合天津市绿色建筑检测应用的实际，可操作性较强。

依据该标准编制绿色建筑检测方案，检测项目内容、数量以及检测时间节点清晰合理，能完全贴合绿色建筑评价标准，既能避免重复工作，又能够与其他非绿色建筑相关的检测标准有效衔接，有效提高工作效率。

同时，依据该标准的检测原则与要求指导绿色建筑检测，可以建立绿色建筑检测技术标准体系，推动绿色建筑检测更加规范化、合理化、经济化，促进绿色建筑检测水平和质量的提升，标准的预期经济效益和社会效益显著，工程应用前景广泛。

此外，《标准》已经在天津市住房和城乡建设委员会网站全文公开，供各有关单位和人员随时使用，若有必要，编制组也将及时开展宣贯培训。标准实施阶段，编制组将在天津市住房和城乡建设委员会的统一领导下，对天津市绿色建筑检测工作进行回访和调研交流，不断收集各方对本标准的反馈意见，做好标准技术内容的解释工作，并适时进行补充完善，不断提升标准的实用性和可操作性，保持标准自身的优势，通过标准的实施，更好地为天津市绿色建筑检测质量的提升提供指导与服务。

3.4 结 束 语

《标准》的编写为《国务院办公厅关于转发发展改革委住房城乡建设部绿色建筑行动方案的通知》（国办发〔2013〕1 号）文件中关于"加强绿色建筑技术标准规范研究"的规定提供了技术支撑，具有积极的技术指导作用；为《天津市建筑节约能源条例》（天津市人民代表大会常务委员会公告第 40 号）中"绿色建筑项目竣工验收和评价中的绿色建筑的检测"提供量化支撑；响应住房和城乡建设部《住房城乡建设部关于印发建筑节能与绿色建筑发展"十三五"规划的通知》（建科〔2017〕53 号）文件中提到的"根据建筑节能与绿色建筑发展需求，适时制修订相关设计、施工、验收、检测、评价、改造等工程建设标准"的号召，填补了天津地区绿色建筑检测标准的空白。

《标准》符合当前绿色建筑高质量发展的需求，可用于绿色建筑竣工和运营期间的各类检测。《标准》作为过程手段能够支撑绿色建筑竣工验收工作的开展；利用检测数据反馈给前端设计和后端运营管理，从而提高绿色建筑整体水平；对设计阶段的模拟性能化设计进行验证，规范整个绿色建筑行业的检测活动，将绿色建筑检测与评价过程有机衔接，创新发展综合的绿色建筑检测方法。

《标准》充分利用了天津市已有的检测技术标准，能够体现天津市绿色建筑技术要求和特点，规范绿色建筑标识申报材料，引导绿色建筑的重点从设计逐步转向竣工验收和运营数据检验。《天津市绿色建筑检测技术标准》DB/T 29—304—2022 能够推动绿色建筑的实施质量提升，落实绿色建筑发展目标，将绿色节能、低碳减排落到项目实处。

作者：汪磊磊　陈丹　伍海燕（天津建科建筑节能环境检测有限公司）

4 《雄安新区绿色建筑施工图审查要点》 DB1331/T 011—2022

4 Review points of green building construction drawings in xiongan New Area

DB1331/T 011—2022

4.1 背景与意义

4.1.1 背景

2018 年 4 月 21 日，《河北雄安新区规划纲要》（简称《纲要》）颁布，《纲要》提出了坚持世界眼光、国际标准、中国特色、高点定位，创造"雄安质量"、成为新时代推动高质量发展的全国样板，建设高水平社会主义现代化城市的雄安新区建设总体定位和目标要求，并将全面推动绿色建筑发展作为雄安新区建设成绿色智慧新城的重要支撑之一。《河北雄安新区总体规划（2018—2035 年）》和《雄安新区绿色建筑高质量发展的指导意见》指出，全面推动绿色建筑设计、施工和运行，新建建筑 100%执行国家、省及新区绿色建筑标准，新区规划范围内新建民用建筑和工业建筑全面执行二星级及以上绿色建筑标准，新建政府投资及大型公共建筑全面执行三星级绿色建筑标准，启动区、起步区等重点片区新建建筑力争达到国际领先水平。

施工图审查是建设过程管控的重要环节之一，也是建筑绿色设计理念和技术落地的重要监管措施之一。我国绿色建筑经过十余年的发展，在过程管控的实践中，国家和各地方主要通过施工图审查对绿色建筑要求的落实情况进行核实和把控。住房和城乡建设部于 2015 年 6 月发布《住房城乡建设部关于印发绿色建筑减隔震施工图设计文件技术审查要点的通知》（建质函〔2015〕153 号）以来，北京、上海、重庆、河北、江苏、安徽、福建、海南、山东、山西、陕西、黑龙江、辽宁、新疆等大部分省市都在施工图审查环节增加了绿色建筑专项审查，取得了较好的效果。因此，实现雄安高质量发展目标，全面贯彻绿色发展理念，研究编制《雄安新区绿色建筑施工图审查要点》DB1331/T 011—2022（简称《审查要点》），对完善雄安新区建设全过程管理流程，打造绿色的"雄安设计"品牌，将雄安新区建设成为全国绿色建筑高质量发展的标杆有着重要的支撑作用。

4.1.2 意义

1. 支撑构建雄安新区全过程标准体系

《雄安新区绿色建筑高质量发展的指导意见》提出立足国内，放眼全球，构建雄安新区绿色建筑规划设计、建造、产品、运维、更新全过程标准体系，以"雄安标准"引领产品、工程、服务和质量品质持续提升，打造全国绿色建筑高质量发展标杆。雄安新区作为河北省管辖的国家级新区，对绿色建筑高质量的建设具有更高的要求，因地制宜地构建雄安新区绿色建筑全过程技术标准体系需求迫切。目前，雄安新区以规划建设标准的形式发布了《雄安新区绿色建筑设计导则（试行）》《雄安新区绿色建材导则（试行）》《雄安新区绿色建造导则（试行）》，发布地方标准《雄安新区绿色建筑工程验收指南》DB1331/T 012—2022，《雄安新区绿色建筑设计标准》《雄安新区绿色街区规划设计标准》《雄安新区绿色城区规划设计标准》等地方标准也在编制中。《审查要点》是设计审查、施工监管阶段的主要技术标准依据，将完善雄安新区绿色建筑标准体系，支撑落实绿色建筑建设全过程管控。

2. 提升高质量绿色建筑性能水平

《雄安新区绿色建筑高质量发展的指导意见》明确雄安新区规划范围内城镇新建建筑 100％执行绿色建筑标准，将绿色建筑基本要求纳入工程建设强制性规范中，提高绿色建筑底线控制水平。绿色建筑施工图审查是绿色建筑建设过程管控的重要环节，《雄安新区绿色建筑高质量发展的指导意见》明确提出制定绿色建筑施工设计图审查要点，建设、设计、施工、监理等各方严格落实质量主体责任，按照相关法律法规及标准规范等要求落实绿色建筑质量。《审查要点》构建了适合雄安新区新建民用建筑在初步设计阶段和施工图设计阶段第三方审查和项目自查的施工图审查要点，提出了对绿色建筑施工图的审查要求，推动绿色理念和技术措施在设计和施工阶段有效落实，全面提升绿色建筑品质，支撑绿色建筑全方位、全过程地高质量发展。

4.2 技 术 内 容

4.2.1 体系架构

《审查要点》共分 6 章和 4 个附录，主要技术内容包括：总则、术语、基本规定、审查材料与审查流程、初步设计阶段审查要点、施工图设计阶段审查要点、附录 A～附录 D，《审查要点》技术框架如图 1 所示。

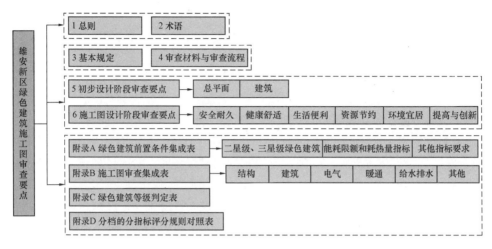

图 1 《审查要点》技术框架

4.2.2 主要内容

1. 总则

明确了《审查要点》编制的目的是规范雄安新区的绿色建筑施工图设计文件审查工作，规定了审查要点适用于雄安新区新建民用建筑在初步设计阶段和施工图设计阶段的第三方审查和项目自查，强调与其他标准相协调。

2. 术语

明确绿色建筑的定义和内涵，对绿色建筑施工图审查涉及的全装修、全龄友好、热岛强度、绿色建材、绿色金融等术语作出解释。

3. 基本规定

本章规定了绿色建筑施工图审查对象、设计要求、标准依据、绿色建筑等级判定方法及等级划分要求。绿色建筑施工图审查对象应为单栋建筑或建筑群，不单独对一栋建筑中的部分区域的施工图进行审查。雄安新区规划范围内的新建民用建筑应全部达到二星级及以上标准要求，其中新建政府投资及大型公共建筑全部达到三星级绿色建筑标准要求。二星级绿色建筑应按京津冀区域协同工程建设标准《绿色建筑评价标准》DB13(J)/T 8427—2021 和《雄安新区绿色建筑设计导则（试行）》中约束性要求对照本审查要点进行审查；三星级绿色建筑应按国家标准《绿色建筑评价标准》GB/T 50378—2019 和《雄安新区绿色建筑设计导则（试行）》中约束性要求对照本审查要点进行审查。相关专业对技术措施、技术参数等的设计内容应一致。

4. 审查材料与审查流程

本章规定了绿色建筑施工图审查材料、审查范围和审查流程。初步设计阶段应进行绿色建筑设计策划并编制绿色建筑设计方案策划专篇，初步设计阶段审查主要针对设计方案策划做符合性审查，不定等级和评分。绿色建筑施工图审查范围包括《绿色建筑评价标准》中控制项和《雄安新区绿色建筑设计导则（试行）》中的约束性要求、附录 A 和附录 B 中评分情况与施工图的相符性、模拟与计算报告等文本资料的完整性、计算指标与施工图的一致性等。审查流程阐述了绿色建筑施工图审查相关单位需提交的资料要求及审查流程要求。

5. 初步设计阶段审查要点

本章从总平面和建筑两方面规定初步设计阶段的审查内容。总平面中，应对项目场地选取、场地交通、场地基础设施、建筑规划布局、室外热环境与声环境、场地内污染源、绿化方式、生活垃圾分类收集等内容进行审查；建筑方面，应对历史文脉传承与保护、建筑通行空间、建筑形体与内部功能空间布局、建筑造型、禁限材料及制品使用、建筑信息模型使用、预制构件选用等内容进行审查。

6. 施工图设计阶段审查要点

本章从安全耐久、健康舒适、生活便利、资源节约、环境宜居及提高与创新 6 个方面规定了施工图设计阶段的审查内容。针对国家标准《绿色建筑评价标准》GB/T 50378—2019、京津冀区域协同工程建设标准《绿色建筑评价标准》DB13(J)/T 8427—2021 及《雄安新区绿色建筑设计导则（试行）》约束性要求以表格形式进行标准条文比对，明确规定了二星级及以上绿色建筑涉及的各项绿色技术与措施对应的审查内容和标准要求。

7. 附录

共包括 4 个附录。其中，《附录 A 绿色建筑前置条件集成表》包含二星级和三星级绿色建筑前置条件、能耗限额和耗热量指标前置条件及场地年径流总量控制率、室内空气质量、供暖空调系统的建筑人员长期逗留区域供热与供冷工况等其他指标要求。《附录 B 施工图审查集成表》分专业统计项目各项技术指标落实情况。《附录 C 绿色建筑等级判定表》呈现绿色建筑满足标准及等级要求的总体情况。《附录 D 分档得分指标评分规则对照表》给出了绿色建筑评价标准中分档得分指标的评分规则。

4.2.3 标准特色

《审查要点》立足于雄安新区绿色建筑高质量发展目标，结合雄安新区绿色建筑发展特点，提出了绿色建筑安全耐久、健康舒适、生活便利、资源节约、环境宜居 5 类指标及提高与创新涉及的绿色技术的施工图审查内容和要求，审查内容及要点的主要特色如下：

（1）充分衔接绿色建筑相关标准。《审查要点》以《绿色建筑评价标准》

GB/T 50378—2019、京津冀区域协同工程建设标准《绿色建筑评价标准》DB13 (J) /T 8427—2021、《雄安新区绿色建筑设计导则（试行）》约束性要求为技术依据，综合考虑 3 部绿色建筑标准条文对应性、专业关联性和 5 大绿色性能体系，给出了雄安新区绿色建筑施工图审查的技术指标、审查内容和标准要求，与绿色建筑相关标准相协调，适应雄安新区的绿色建筑高标准建设要求。

（2）明确了建筑师负责制单位和第三方机构为使用对象。《审查要点》提出建筑师责任制单位或审图机构依据本要点，结合数字化审图平台需求，对初步设计文件和施工图设计文件的绿色建筑设计内容进行审查，项目单位、设计单位等设计相关单位需按本要点提交满足审查要求的图纸和相应设计文件。

（3）明确规定了绿色建筑施工图审查对象。即《审查要点》的审查对象为单栋建筑或建筑群，单体建筑应为完整的建筑，不得从中剔除部分区域，包括单体公共建筑和住宅建筑；建筑群是指位置毗邻、功能相同、权属相同、技术体系相同（相近）的 2 个及以上单体建筑组成的群体。

（4）设置操作性强的审查标准对照清单。《审查要点》分别设置了初步设计阶段与施工图设计阶段的审查要点，便于项目自查与相关人员审查。同时，按照绿色建筑性能指标和专业划分编制了相应的施工图审查集成表，便于审查人员和设计人员的组织管理和实际操作。

4.3 应 用 前 景

《审查要点》立足于雄安新区绿色建筑发展现状和目标，基于雄安新区绿色建筑高标准建设要求提出了不同星级绿色建筑的施工审查的技术体系，是有效指导雄安新区绿色建筑设计和施工的直接依据。面对雄安新区规划范围内城镇新建建筑 100％为绿色建筑的市场需求，《审查要点》将全面指导雄安新区绿色建筑的施工审查，应用前景广阔，有力地支撑实现雄安新区的绿色建筑全过程管理。

4.4 结 束 语

《河北省促进绿色建筑发展条例（2020 修订）》明确规定，设计单位应当按照绿色建筑等级要求进行建设工程方案设计和施工图设计，施工图设计文件审查机构应当按照绿色建筑等级要求审查施工图设计文件，施工单位应当按照施工图设计文件组织施工，监理单位应当将绿色建筑等级要求实施情况纳入监理范围，工程竣工验收时相关单位应当对绿色建筑等级要求进行查验，从立法层面进行约束，实现绿色建筑全过程无缝隙监管。施工图审查环节的把控将有效促进绿色设计在项目施工中落地，完善了从规划、设计、施工、竣工的全过程监管流程，

《审查要点》为建筑师责任制单位或审图机构提供了绿色建筑方案设计和施工图设计审查的技术依据，强化了绿色建筑的质量保障，将有力地支撑雄安新区绿色建筑在更广范围、更深程度、更高水平上实现高质量发展。

作者：王清勤　孟冲　赵乃妮　谢琳娜　于蓓（中国建筑科学研究院有限公司）

5 《城市新区绿色规划设计标准》
T/CECS 1145—2022

5 *Standard for green planning and design of new urban area* T/CECS 1145—2022

5.1 背 景 与 意 义

5.1.1 背景

在生态文明的发展背景下，大量城市新区的规划及建设发展亟待绿色品质效能提升。城市新区是我国近 20 年来快速城镇化的产物，当前新区建设逐渐进入了以 19 个国家级新区为引领、各省市级新区为补充、各类特色园区多方向发展的阶段。目前我国大量城市新区正处于规划及建设过程中，其规划设计亟待绿色技术标准指引。一方面，部分新区规划缺乏对绿色规划技术的关注和运用，在实施过程中导致新区碳排放及资源消耗增加等问题；另一方面，部分新区规划由于过于关注单项绿色技术的应用而缺乏对各类技术的集成和整合，在土地使用集约、资源利用高效、空间布局紧凑、环境品质宜人等方面有待进一步提升。

5.1.2 意义

以规划为引领，推动城市新区绿色发展，对我国实现集约、智能、绿色、低碳新型城镇化具有重大意义。因此，以绿色低碳发展为导向，基于我国国情和不同区域特征，制定《城市新区绿色规划设计标准》T/CECS 1145—2022（简称《标准》），以形成一套覆盖新区发展全过程，可复制、可推广的城市新区规划设计标准，填补了"双碳"目标下集成规划技术标准的空白。

5.2 技 术 内 容

5.2.1 体系架构

《标准》以消费端减碳维度的碳排放核算为基础，综合考虑各系统规划设计技术的应用规模和减碳效应，识别城市碳排放的主要来源和关键因子，将其转译为规划设计维度的关键规划策略，构建由"集成方向—关键技术—核心指标/形态引导"组成的城市新区绿色规划集成技术体系。城市新区绿色规划集成技术体系如图1所示。

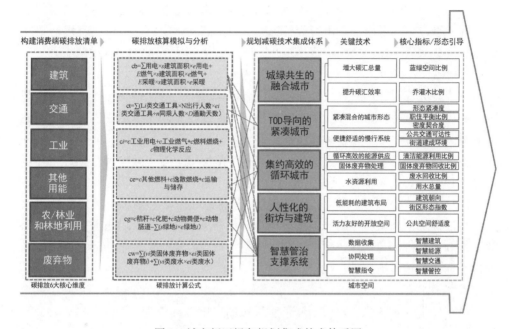

图1　城市新区绿色规划集成技术体系图

5.2.2　主要内容

本标准从城市碳排放核算入手，提出影响城市新区碳排放的5大集成技术维度，包括城绿共生、TOD导向、资源集约高效、宜居街坊和智慧管理。

1. 城绿共生

蓝绿空间设计是城市新区绿色规划设计的核心部分。基于新区绿色空间碳汇公式，本标准识别出新区蓝绿空间面积和植被类型占比为影响碳汇的两大关键因子。规划以提升蓝绿空间面积为目标，主要对蓝绿空间比例、适宜水面面积率、水系连通度、河道岸线自然化设计等技术指标进行规定。生态网络以优化网络连通性为目标，主要对生态网络连通、多级生态廊道、雨洪廊道、通风廊道、均衡绿地斑块等技术措施进行规定。街坊绿化以提升植被碳汇效率为目标，主要对复层绿化、立体绿化、本地植物配置等技术措施进行规定。

2. TOD 导向

城市新区低碳导向的规划设计应采用 TOD 理念，将城市功能布局结构与交通组织方式紧密衔接形成技术集成。基于交通运输碳排放公式，本标准识别出新区平均出行距离和交通出行方式占比为碳排放两大关键影响因子。空间形态以构建紧凑的城市空间形态为目标，主要对城市新区整体空间集约布局、疏密有致等技术指标进行规定。土地利用以形成集约混合的用地布局为目标，主要对职住平衡、中心均衡、中密度混合开发、地下一体等技术措施进行规定。道路网络与公共交通网络以引导低碳绿色出行为目标，主要对路网密度、绿道密度、慢行空间设计、公共交通等技术措施进行规定。

3. 资源集约高效

基于新区资源利用碳排放公式，识别新区可再生能源比例、固体废弃物处理方式和用水总量为碳排放 3 大关键影响因子。能源供需匹配以形成供需协同的能源系统为目标，主要对本地可再生能源利用、区域能源系统协同、终端能源电气化等技术措施进行规定。能源调峰设施以提升能源综合管理效率为目标，主要对能源管理中心、末端储能设施、既有火电燃气机组参与调峰等技术措施进行规定。固体废弃物处理以减少垃圾卫生填埋比例为目标，主要对生活垃圾分类收集、垃圾资源化利用等技术措施进行规定。水资源系统以减少用水需求、强化分质供水和分质排水为目标，主要对节水规划、雨水收集利用、生活污水回用、工业用水回用等技术措施进行规定。

4. 宜居街坊

基于建筑碳排放公式，识别绿色建筑比例和建筑布局模式为碳排放 2 大关键影响因子。建筑布局以优化空间布局和建设强度，获得更多的自然采光、自然通风和太阳热能为目标，主要对降低建筑能耗、优化微气候环境等技术措施进行规定。开放空间以引导绿色低碳生活为目标，主要对开放空间率、开放空间设计、街道底层界面等技术措施进行规定。绿色建筑以建筑节能减排为目标，主要对新建绿色建筑、既有建筑绿色化改造等技术措施进行规定。绿色雨水基础设施以有效管控雨水排放为目标，主要对低影响开发模式、年径流总量控制率、透水性铺装等技术措施进行规定。

5. 智慧管理

城市新区应建立智慧管理系统，支撑以上各系统低碳规划技术的应用和反馈，形成全过程设计、监控、反馈与调整的平台。智慧能源对综合能源监测管理平台、实时反馈调节管理中心等技术措施进行规定。智慧交通对智慧交通管理、智慧驾驶系统等技术措施进行规定。智慧建筑对智慧照明、智慧空调、智慧电梯等技术措施进行规定。

5.2.3 标准特色

《标准》具有 4 大创新特色。

一是强调不同系统的叠加协作效应，提出集成性的绿色规划技术体系。打破绿色规划技术按系统构建的传统方式，基于不同系统之间的协同效能，综合考虑各系统规划设计技术的应用规模和减碳效应，形成标准的 5 大技术集成方向。

二是基于碳溯源明确定量化指标，提出针对性的减碳对策。基于碳排放核算，明确规划减碳的关键维度，提出规划减碳对策和关键指标，填补了绿色规划设计标准的空白。

三是研究明确不同地域类型、不同发展阶段新区的减碳重点。针对不同地域类型包括供暖地区、非供暖地区、平原地区、沿海地区，以及起步期、成长期、成熟期等不同发展阶段的城市地区，因地制宜地运用绿色规划技术，实现技术标准尽快转化应用，具有技术领先性。

四是以国家重点研发计划《城市新区规划优化技术》项目研究成果作为技术支撑，关注能、水、碳、智能等关键要素在城市新区绿色规划设计过程中的技术集成，结合国家级城市新区绿色规划实践和工程示范，形成持续性应用反馈，动态优化绿色规划技术体系。

5.3 应 用 情 况

截至 2022 年 9 月，共 20 余个项目依据《标准》进行规划设计优化，覆盖不同地域类型、不同生命周期、不同空间尺度的城市新区，包括天府新区鹿溪智谷核心区、西海岸新区中德生态园、浦东新区张江西北片区、雄安新区和杭州西站地区等。

5.3.1 经济效益

本标准围绕"双碳"目标，立足理论研究、技术优化和应用示范，在实现绿色城市新区降低碳排放目标的同时，将创造可观的经济效益。标准可推广应用于城市新区建设的工程项目，促进城市新区迎来新的发展方向和明确的转型升级路径，实现显著的碳排放减排效应，进一步促进成果的完善升级，从而在节能减排、减少基础设施投入、节省能源消耗、修复生态环境等方面创造较好的经济效益。

同时，低碳导向下的新区规划技术标准能够在城市地区全生命周期的源头端，以更小成本实现基础设施、交通运输、生态空间等多个维度的协调配合，有利于正向发挥多维度的叠加效应，实现最大化的整体减排效果。

5.3.2 社会效益

城市新区在我国社会经济发展中承担重要的历史使命。当前的新区规划建设虽然能在疏解人口与产业、促进功能互补、遏制蔓延式发展等诸多方面发挥作用，但由于缺乏对绿色发展关键要素的整合和对新区发展全过程的统筹和管控，在土地使用集约、资源利用高效、空间布局紧凑、环境品质宜人等方面仍有待进一步提升。

同时，新的"双碳"目标将倒逼整个经济与社会系统进行结构性调整，低碳转型成为当前适应城镇化新阶段发展的目标，成为占领全球竞争主动权的重要途径。在此形势下，城市新区作为承担地区重大战略发展任务的综合功能区，更需提质增效、推进深度低碳转型，成为城市化地区实现经济、技术可行的低碳发展的路线样本。

以规划为引领，推动城市新区绿色发展，是我国集约、智能、绿色、低碳新型城镇化的应有之义。以往的规划设计缺乏对绿色发展关键要素的系统整合及全过程的精细化管控，导致新区绿色效能不足。所以以低碳发展为导向，基于我国国情和不同区域特征，形成一套覆盖新区发展全过程，可复制、可推广的城市新区绿色规划技术标准，对指导城市新区的健康可持续发展具有重要意义。

5.4 结 束 语

《标准》填补了"双碳"目标下集成规划技术标准的空白，研究成果达到国际先进水平。《标准》围绕"双碳"目标，针对性地提出城市新区低碳导向的规划设计技术方法，充分体现了团体标准的创新性。标准成果形式易于快速推广，通过图文并茂的空间模式表达形式和清晰明确的表格指标规定形式，在符合标准编制规范的基础上进一步强调了标准可读性。同时，结合课题研究示范项目形成标准应用的双向反馈，将创新内容成果进行标准化转化应用，实现"从实践中来，到实践中去"的标准技术路线。整体技术内容强调多系统叠加后的规划导向，体现绿色规划技术的集成体系。

作者： 郑德高[1] 林辰辉[2]（1. 中国城市规划设计研究院；2. 中国城市规划设计研究院上海分院）

6 《国际多边绿色建筑评价标准》
T/CECS 1149—2022

6 International multilateral assessment standard for green building T/CECS 1149—2022

6.1 背 景 与 意 义

6.1.1 背景

《中共中央关于制定国民经济和社会发展第十四个五年规划和二〇三五年远景目标的建议》提出："推动共建'一带一路'高质量发展。坚持共商共建共享原则，秉持绿色、开放、廉洁理念，深化务实合作，加强安全保障，促进共同发展。"《关于推进绿色"一带一路"建设的指导意见》中也强调："推进绿色'一带一路'建设是分享生态文明理念、实现可持续发展的内在要求；是参与全球环境治理、推动绿色发展理念的重要实践；是服务打造利益共同体、责任共同体和命运共同体的重要举措。"绿色"一带一路"建设符合沿线国家经济社会发展实际需要，能够有效保护各国生态环境，促进健康持续发展，具有良好的经济效益与社会效益。绿色建筑是建设领域落实绿色"一带一路"建设的重要手段，开展针对"一带一路"共建国家的绿色建筑标准化研究，对推动绿色"一带一路"建设在沿线国家落地实施具有重要意义。在此背景下，中国建筑科学研究院有限公司联合国内外绿色建筑优势单位共同制定了《国际多边绿色建筑评价标准》T/CECS 1149—2022（简称《标准》），以期通过"标准联通"推动我国建筑业在"一带一路"国家的绿色发展。

6.1.2 意义

《标准》以我国绿色建筑"走出去"、推动中国标准国际化、助力绿色"一带一路"建设为目标，以绿色建筑为着力点，围绕绿色、低碳、健康，构建了"一带一路"共建国家绿色建筑评价技术体系，在绿色产品、环境影响评估、应对气候变化、可再生能源系统利用、生态价值提升、碳中和等方面提出了创新性建议，与国际相关标准协调，符合可持续发展目标要求。填补了"一带一路"共建国家协同绿色建筑评价标准的空白，可有效支撑"一带一路"共建国家绿色建筑的推广工作。

6.2　技　术　内　容

6.2.1　体系架构

《标准》适用于"一带一路"共建国家民用建筑绿色性能的评价；综合考虑"一带一路"核心内涵，即借助"丝绸之路"文化内涵建立的开放、包容的国际区域经济合作平台，《标准》对评价项目的国家及地区范围不设限。为满足"一带一路"共建国家绿色建筑发展需求，推动我国标准"走出去"，《标准》以《绿色建筑评价标准》GB/T 50378—2019 的指标体系为架构，遵循因地制宜的原则，结合建筑所在国家气候、环境、资源、经济和文化等特点，对建筑全寿命期内的安全耐久、健康舒适、生活便利、资源节约、环境宜居等绿色性能进行综合评价，具体框架如图 1 所示。《标准》评分方式采用简便且易于操作的绝对分值累加法，划分为 4 个评价等级，并提出绿色建筑的评价除了应符合《标准》的规定外，尚应符合"一带一路"共建国家相关标准的规定，相关标准指评价建筑所采用的标准，包括共建国家现行有关标准、现行国际标准及符合要求的其他现行标准等，以实现与国际相关标准协调和兼容的目标。

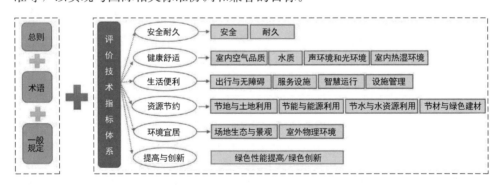

图 1　《标准》框架

6.2.2　指标体系

《标准》以"安全耐久、健康舒适、生活便利、资源节约、环境宜居"5 类一级指标为架构，构建了"一带一路"共建国家绿色建筑评价技术体系。在二级指标的选取过程中，通过分析"一带一路"沿线不同国家及地区气候特点、经济水平、宗教文化、工程特点等因素对绿色建筑理念推广、技术应用的影响，提出区域适应性绿色建筑技术。在控制项的设定中，考虑到满足全部控制项为绿色建筑基本评定要求，既要符合"一带一路"不同国家及地区的技术水平、工程特点，又要考虑资源节约和环境保护综合效益，《标准》控制项基于大量的文献标准调研，确保科学合理。与国外 LEED v4.1 BD＋C、BREEAM international 2016 NC、DGNB international 2020 NC、HQE 2016 NRB 等国际主流绿色建筑评价标准相比，《标准》在技术体系构成方面，丰富了绿色建筑性能的内涵，并适应了"一带一路"沿线国家的不同特征，在指标设置方面达到了国际相关标准的要求。

"安全耐久"方面，从全域、全龄、全寿命期的角度对建筑的安全性、耐久性提出要求。针对"一带一路"共建国家的自然条件、社会现状，对评价指标进行了优化，并提出了有害生物防治、门窗抗风性能、场地交通组织步行优先、视频监控系统等要求。

"健康舒适"方面，通过"空气品质、水质、声环境与光环境、室内热湿环境"4 个要素，对人体健康及舒适程度进行衡量，旨在创建一个健康宜居的室内环境。针对"一带一路"沿线国家的实际情况，对颗粒物控制、自然通风等评价指标进行了优化，以适应当地需求。

"生活便利"方面，从出行与无障碍、服务设施、智慧运行、设施管理 4 方面对绿色建筑提出了生活便利性应达到的要求。针对"一带一路"共建国家地域特征和交通设施的多样性，丰富完善了出行与无障碍中公共交通工具类型种类，对公共服务设施的便利性评分规则进行优化，更具有针对性。

"资源节约"方面，在保证建筑舒适性的条件下，从节地、节能、节水、节材 4 方面进行规定，以实现合理利用资源和不断提高资源利用效率的目的。针对部分"一带一路"共建国家资源短缺和可再生能源丰富的特点，强化了可再生能源利用。

"环境宜居"方面，从场地生态与景观、室外物理环境 2 方面为人群创造宜居的室外物理环境，针对全球变暖及人群生活环境差等问题，提出采取措施降低空调排放对全球变暖、臭氧层的影响及室外热安全和热舒适指标的要求。

"提高与创新"方面，进一步提出了提升建筑绿色性能的方式，涉及绿色产品、环境影响评估、气候变化应对、生态价值提升、"一带一路"国际合作、碳中和建筑等方面，并开放评价内容，以鼓励其他技术和管理创新。

6.2.3　标准特色

1. 面向双碳目标提出碳减排实施技术措施

减少 CO_2 等温室气体的排放，限制全球气温上升已经成为全人类共同的目标。目前已有数十个国家提出了"零碳"或"碳中和"的气候目标。为实现建筑减碳目标,《标准》在控制项提出了"绿色建筑应进行碳排放计算分析"的要求,在评分项提出包括用能设备和系统能效、可再生能源利用、节水措施、绿色出行、绿化固碳等在内的一系列减碳措施。在加分项,提出了"建筑碳中和策略",鼓励建筑实现碳中和。减碳理念贯穿整部《标准》,以实现绿色建筑助力建筑碳减排的目标。

2. 提出建筑应对气候变化方案

"一带一路"共建国家陆域范围广阔,据 IPCC 气候变化评估,这一区域是未来气候变化的敏感区域,极端事件发生频繁,很可能导致自然灾害风险加重,损害生态系统,影响粮食生产。根据相关研究结果,高温热浪、干旱、洪涝等多种气候灾害是"一带一路"区域可持续发展和重大基础设施建设面临的重大威胁之一。为应对气候变化,《标准》第 4 章提出了有害生物防治、外门窗抗风压性能和水密性与当地环境相适应等条款。在第 8 章,提出了"规划场地地表和屋面雨水径流""采取措施降低空调排放对全球变暖及臭氧层的影响",并经过研究给出了部分"一带一路"沿线国家年径流总量控制率对应的设计控制雨量。

3. 响应共建"一带一路"倡议

"一带一路"倡议的目的是携手应对人类面临的各种风险挑战,实现互利共赢、共同发展。"一带一路"国际合作可以有力地推动务实合作。《标准》设置加分项,鼓励在"一带一路"倡议框架内的项目达到绿色建筑的要求。

6.3 应 用 情 况

《标准》以我国国家标准《绿色建筑评价标准》GB/T 50378—2019 的指标体系为架构,结合"一带一路"共建国家的特点和发展实际编制形成,在白俄罗斯国际标准游泳馆、密克罗尼西亚联邦会议中心、巴新星山广场二期等"一带一路"共建国家建筑工程的绿色设计和建造中进行应用,指导各项目根据所在地区气候和经济条件、项目特点形成了适宜的绿色建筑技术实施方案,推广中国绿色建筑,为"一带一路"国家因地制宜发展绿色建筑提供了借鉴。除少数国家外,"一带一路"沿线大部分国家面临着能源短缺、气候恶劣、环境污染等问题,且未来这些国家将有大量的新建建筑投入建设,《标准》在海外工程的推广应用,为改善沿线国家人居环境提供了可行的标准依据和中国绿色建筑范式,支撑建筑领域服务绿色"一带一路"建设。

6.4 结 束 语

标准国际化是新时代工程建设标准化改革发展的重要内容之一。2021 年,中共中央、国务院印发的《国家标准化发展纲要》明确指出，要提升标准国际化水平，增强标准化开放程度，到 2025 年标准化工作由国内驱动向国内国际相互促进转变。我国作为共建"一带一路"倡议的发起者，在绿色发展已成为各国共识的国际大背景下，《标准》以绿色建筑"走出去"为重要途径、以助力绿色建筑国际化发展为主要内容，对推进绿色"一带一路"建设，促进沿线国家共同实现可持续发展目标具有重要意义。

作者：孟冲[1] 邓月超[1] 李嘉耘[1] 戴瑞烨[2]（1. 中国建筑科学研究院有限公司；2. 中国城市科学研究会）

7 《装配式建筑绿色建造评价标准》 T/CECS 1075—2022

7 *Evaluation standard for green construction of prefabricated building* T/CECS 1075—2022

7.1 背 景 与 意 义

7.1.1 背景

2021年10月，中共中央办公厅、国务院办公厅印发了《关于推动城乡建设绿色发展的意见》，明确提出大力发展装配式建筑的同时，将开展绿色建造示范工程创建行动。推广绿色化、工业化、信息化、集约化、产业化建造方式，加强技术创新和集成，利用新技术实现精细化设计和施工，并推动智能建造和建筑工业化协同发展，从而实现工程建设全过程绿色建造。因此，推动装配式建筑绿色建造势在必行。目前，各国对建筑评价体系的研究均基于可持续发展理念，主要集中在装配式建筑的可持续评价及易建性评价上。我国装配式建筑起步较晚，现已逐步出台了绿色建筑和装配式建筑相关评价标准和技术规程。但装配式建筑与绿色建造相结合的评价体系目前仍处于空白之中。因此，建立一个全面、完善的绿色建造评价体系，是规范设计、生产、施工、验收等绿色建造环节的必由之路，也是推进装配式建筑进一步发展的强有力支撑。

同时，《国务院办公厅关于大力发展装配式建筑的指导意见》（国办发〔2016〕71号）发布后，地方政府陆续出台相关管理办法推动装配式建筑快速发展。然而，由于各地自然条件及装配式建筑产业链存在差异，地方在装配式建筑实施策略和技术指引上各不相同。

综上，为结合各地不同的装配式建筑发展技术策略推动情况，以节约资源、保护环境、降低碳排放为目标，统一规范装配式建筑绿色建造评价，推动装配式建筑高质量发展，制定《装配式建筑绿色建造评价标准》 T/CECS 1075—2022（以下简称《标准》）。

7.1.2 意义

《标准》立足于装配式的自身特点，包含了建筑规划、设计、生产、施工、装修等建造全阶段，形成了统筹结构系统、外围护系统、设备与管线系统、内装系统装配式 4 大系统的建造全过程技术策略，为装配式建筑建造过程中涉及的设计、生产、施工、验收等过程提供切实有力的技术指导，规范了装配式建筑设计建造过程，填补了装配式建筑绿色建造领域无指导文件的空白，推动装配式建筑更加绿色化、智能化、环保化、健康化发展，从而推动建立市场导向的装配式建筑绿色节能减碳发展机制，发挥市场在资源配置中的决定性作用。同时引导和鼓励建筑开发商、承包商在规划、设计、建造等过程中，采用绿色低碳材料、绿色低碳工艺和绿色低碳设备，推动产业链转型。此外，集合一众绿色低碳产品和延伸产品的使用，推动建筑业向绿色环保、低碳节能可持续发展方向转型，提升装配式建筑的经济效益和社会效益，引导装配式建筑进一步向绿色、环保、舒适、健康的高质量低碳方向发展。

7.2 技 术 内 容

7.2.1 体系架构

《标准》评价体系充分融合了装配式建筑的特点与绿色理念，评价层包含了衡量装配式"五化"水平与体现"四节一环保"的绿色化程度指标。评价范围涵盖设计、生产、施工、验收等绿色建造全过程，并保证评价体系的适变性，还统一设置加分项。评价体系如图 1 所示。

7.2.2 指标体系

1. 指标体系建立原则

选取能全面、科学、系统地反映装配式建筑绿色建造水平的评价指标，是确保评价体系合理性的基础。因此，评价指标选取遵循以下原则：

（1）全面性与综合性原则

评价指标体系的选取应基本涵盖环境、经济、社会、创新等多方面因素，力求多维度、多角度、多方向对目标进行评价，并在一定程度和适当范围内对评价指标予以细化，寻求高代表性指标。

（2）科学性原则

应以科学严谨的态度和方法进行理论分析与总结，构建科学合理的综合评价指标体系，清晰准确地对装配式建筑绿色建造水平作出客观评价。

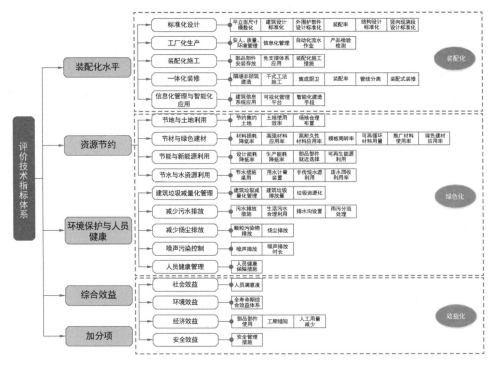

图 1 《标准》框架

（3）系统性原则

选取的评价指标应为一个完整的系统，评价指标体系由若干子系统组成，评价指标间具有密切的逻辑关系和层次结构。体系从上到下逐层展开，自下而上逐层聚合。

（4）可行性与易操作性原则

选取的指标简单明了，且能以可靠、可信、精确的现有数据和工具对指标进行科学量化测算，并保持一定的客观性，从而保证评价结果的合理性。

（5）定性与定量分析法相结合原则

定量指标能具体、明确和直观地对装配式建筑绿色建造水平进行评定。但装配式建筑绿色建造评价体系作为一个复杂且庞大的评价系统，影响其评价结果的因素众多，无法完全量化处理所有指标。因此，须结合定性分析法，以做到各指标间相互补充，从而构建更为全面的评价指标体系。

（6）动态性与稳定性兼容原则

选取的评价指标应具备一定的时间敏感性，以应对环境动态发展所带来的变动，且在评价期间指标体系较为稳定。充分考虑装配式建筑自身特点以及行业新技术、新工艺、新方法、新形式对绿色建造水平产生的影响，对评价指标留有一定的调整空间，从而确保评价工作的动态与稳定协同发展。

（7）特殊性原则

各地区对装配式建筑的推动政策不完全相同，指标体系的建立应遵循国家及地方政策的规定。同时装配式建筑所呈现的设计标准化、生产工业化、施工装配化、装修一体化、管理信息化等特点，在其他形式建筑中并未体现。指标选取应立足于装配式建筑的政策特殊性及其本质特征。

2. 体系内容

《标准》的评价体系的总体框架为总则、术语、基本规定、装配化水平、资源节约、环境保护与人员健康、综合效益、提高与创新（加分项）。

《标准》的总则、术语及基本规定，对本标准的适用范围、评价方法和等级划分做出了规定。

装配化水平，是建筑应用装配式技术手段的程度。标准分别对标准化设计、工厂化生产、装配化施工、一体化装修、信息化管理与智能化应用等多方面进行综合评价。

资源节约，该部分内容对建筑的节地与土地利用、节材与绿色建材、节能与新能源利用、节水与水资源利用的"四节"性能进行评价。

环境保护与人员健康，包括对建筑垃圾减量化、减少污水排放、减少扬尘排放、噪声污染控制、人员健康管理等建筑建造过程环境保护及人员健康保护措施进行评价。

资源节约、环境保护与人员健康则是对建筑建造过程绿色化的评判。

综合效益，包含了建筑所创造的社会效益、环境效益、经济效益和安全效益等效益化的整体衡量。

创新与加分项的设立是为了保障评价体系具备一定的时间敏感性，以应对环境动态发展所带来的变动，且在评价期间指标体系较为稳定。同时，充分考虑装配式建筑自身特点以及行业新技术、新工艺、新方法、新形式对其绿色建造水平产生的影响，对评价指标留有一定的调整空间，从而确保评价工作的动态与稳定协同发展。

7.2.3 标准特色

《标准》是一本基于装配式自身特点编制的评价标准。针对现阶段装配化建筑建造手段良莠不齐、对建造方式及手段没有统一的评定标准，无法判断装配式建筑的建造水平等问题，标准根据装配式建筑的显著特点，评价内容涵盖装配式建筑的设计、生产、施工、装修等建造全阶段，提出了装配式建筑绿色建造评价的技术要求，有效地规范并指导装配式建筑的建造环节。作为国内绿色建造领域的第一本标准，标准立足于装配式建筑标准化、集成化特点的同时，重点诠释了建造阶段的节约资源、保护环境、创造效益的内涵和外延。装配式建筑绿色建造以装配为手段，以绿色为导向，最终实现社会效益、环境效益、经济效益和安全效益的高度统一。

7.3 应用前景

《标准》于2022年5月31日正式发布，并于2022年10月1日起施行。

截至2022年，共有2个项目参考执行《标准》，总建筑面积达151万 m²，涵盖北京、重庆等地区，产生了较大反响。

装配式建筑作为建筑行业发展的产物，具有绿色建筑的天然属性，在"双碳"战略下，有着较为广阔的发展前景。近年来，国家连续发布多项政策支持装配式发展。2022年1月住房和城乡建设部印发了《"十四五"建筑业发展规划》，明确指出"十四五"期间装配式建筑占新建建筑比例达到30%以上，打造一批建筑产业互联网平台，形成一批建筑机器人标志性产品，培育一批智能建造和装配式建筑产业基地。根据住房和城乡建设部数据，2020年全国新开工装配式建筑共计6.3亿 m²，较2019年增长50%，占新建建筑面积的比例约为20.5%。而根据各省市陆续发布的数据来看，2021年各省市的新开工装配式建筑占新建建筑面积的比例，也都早已超过了20%。针对装配式建筑下一步的发展目标，各地也陆续发布了相应的文件以进行后续的推进落实。在国家产业政策的扶持下，装配式建筑将迎来黄金发展期。国家及地方政策的大力支持为装配式建筑绿色建造的发展创造了良好的宏观环境。

加之，我国老龄化问题不断加剧，劳动力数量严重短缺，导致劳动人口用工成本提高。持续增长的劳动力成本增加了施工企业的成本压力。此外，自2014年以来，建筑农民工人数量在总体农民工人数量中的占比不断减少。受行业劳动力成本的不断提升以及建筑业劳动供给逐年下降等因素的影响，建筑业劳动力成本对于业内企业的影响愈发明显。因此，劳务市场变化趋势促使未来建筑业走向工业化发展，成为装配式建筑发展的重大驱动因素，装配式建筑将进一步扩大发展空间，加速行业发展进程。

宏观政策与微观市场共同为装配式建筑的发展营造了巨大的市场空间，同时，《标准》指导装配式建筑绿色、低碳发展，进一步提升了装配式建筑的社会、安全、环境、经济效益，也将拥有更为广阔的应用前景。

7.4 结 束 语

作为国内绿色建造领域的第一本标准，《标准》立足于装配式建筑标准化、集成化特点的同时，重点诠释了建造阶段的节约资源、保护环境、创造效益的内涵和外延。装配式建筑绿色建造以装配为手段，以绿色为导向，最终实现社会效益、环境效益、经济效益和安全效益的高度统一。

标准的出台将为装配式建筑建造技术的发展提供有力的技术支撑，以推动装配式建筑更加绿色化、智能化、环保化、健康化发展，构建全面、完善、绿色的装配式建筑绿色建造体系，推进装配式建筑的进一步高质量低碳发展。

作者：孙建超　赵彦革　李小阳　张淼　孙倩（中国建筑科学研究院有限公司）

8 重庆市因地制宜的高质量绿色建筑地方标准体系构建探索

8 Exploring the construction of local standard system of high quality green building in Chongqing

8.1 高质量绿色建筑发展需求

8.1.1 重庆市绿色建筑发展总体情况

重庆市目前已先后发布了《重庆市人民政府办公厅关于推动城乡建设绿色发展的实施意见》《重庆市城乡建设领域碳达峰实施方案》《重庆市绿色低碳建筑示范项目和资金管理办法》等文件制度，要求到 2030 年城市完整居住社区覆盖率提高到 60%以上，绿色社区创建率达到 70%；发展绿色低碳建筑，到 2025 年城镇新建建筑全面执行绿色建筑标准，星级绿色建筑占比达到 30%以上；提高新建建筑节能标准，推动超低能耗建筑、低碳建筑示范建设；推进既有建筑绿色化改造，到 2025 年新增城镇既有建筑绿色化改造面积 500 万 m²。发展装配式建筑，推进实施智能建造，促进建筑工业化、信息化、绿色化融合发展，到 2030 年装配式建筑占当年城镇新建建筑的比例达到 40%；推广应用绿色低碳建材，到 2025 年绿色低碳建材在城镇新建建筑中的应用比例不低于 70%，到 2030 年提高到 80%；推进绿色施工，促进建筑垃圾减量化、资源化，到 2030 年建筑垃圾资源化利用率达到 55%。

目前，重庆市中心城区竣工的绿色建筑占新建建筑比例要达到 100%，其他区级行政单位占比不低于 70%，县级行政单位占比不低于 60%。主城都市区外其他区县范围内取得《项目可行性研究报告批复》的政府投资或以政府投资为主的新建公共建筑，以及取得《企业投资备案证》的社会投资建筑面积达两万 m²及以上的大型公共建筑，应满足二星级及以上绿色建筑标准要求。至此，全市城镇范围内新建政府投资公共建筑和社会投资大型公共建筑均需执行二星级及以上绿色建筑标准。

2022 年，重庆市执行绿色建筑标准项目共计 3967 个，面积为 3790.54 万 m²，其中居住建筑 2389 个，面积为 2487.94 万 m^2；公共建筑 1578 个，面积为 1302.60 万 m^2。

8.1.2 国家绿色建筑发展的需求

建筑业作为我国国民经济的支柱产业，带动上下游 50 多个产业的发展。2020 年 11 月 3 日，《中共中央关于制定国民经济和社会发展第十四个五年规划和二〇三五年远大目标的建议》中提出要全面提升城市品质，对于建筑行业，要求发展智能建造，推广绿色建材、装配式建筑和钢结构住宅，提高城市治理水平：提升城市治理科学化、精细化、智能化水平，运用数字技术推动城市管理手段、管理模式、管理理念创新；2021 年 10 月 24 日，中共中央在《中共中央、国务院关于完整准确全面贯彻新发展理念做好碳达峰碳中和工作的意见》中提到要大力发展绿色低碳建筑，持续提高新建建筑节能标准，加快推进超低能耗、近零能耗、低碳建筑规模化发展，逐步开展建筑能耗限额管理，推行建筑能效测评标识，开展建筑领域低碳发展绩效评估；2022 年 1 月 19 日，住房和城乡建设部发布的《"十四五"建筑业发展规划》中，进一步地明确了提升建筑发展之路要加强高品质绿色建筑建设；《关于推动城乡建设绿色发展的意见》《推动住房和城乡建设事业高质量发展》等文件都对发展绿色建筑提出了高质量发展的要求。

一系列国家政策的出台，对建筑业有了更多的发展要求，特别是对发展绿色建筑提出了较高的要求。在当下双碳战略背景下，对于建筑设计也应该有更多的思考，绿色建筑也应有更多更精细化、更全面的体系。

2019 年修订的国家标准《绿色建筑评价标准》GB/T 50378 中完善了绿色建筑的定义，"在全寿命期内，节约资源、保护环境、减少污染，为人们提供健康、适用、高效的使用空间，最大限度地实现人与自然和谐共生的高质量建筑"，明确了绿色建筑应当是高质量建筑。在国家标准《绿色建筑评价标准》GB/T 50378 中对绿色建筑提出了因地制宜地结合建筑所在地域的气候、环境、资源、经济和文化等特点，结合地形地貌进行场地设计与建筑布局的绿色建筑的核心本质和发展理念。为了充分体现其本质要求，在充分响应国家标准的前提下，绿色建筑的发展应遵循地理条件的合理利用、自然资源的充分协调、环境性能的综合打造、设备材料的适宜匹配、运维管理的深度切合 5 个方面的实现途径，因地制宜地结合国家标准的基本要求，从地方的实际情况出发，构建和梳理"国家＋地方，整体＋局部，基本＋细化"的深入推进绿色建筑高质量发展的标准体系建设。

8.2 因地制宜的标准化体系构建

8.2.1 国家标准体系的目的与作用

表1列举了一些与绿色低碳密切相关的国家标准，分析这些标准的主要内容可以看出，国家标准是以导向为目的，提出一些技术要求，总体内容反映在3个层面：一是提出了相应的整体技术要求，如在《建筑节能与可再生能源利用通用规范》GB 55015—2021中提出了太阳能的技术利用、碳排放计算等的基本要求，提出了围护结构特性、机组能效等要求；二是确定了相应的性能指标，如《近零能耗建筑技术标准》GB/T 51350—2019中对近零能耗、超低能耗、零能耗等的划分和《民用建筑能耗标准》GB/T 51161—2016中能耗约束值、引导值分类的方法；三是提出了技术层面的总体导向要求，如《绿色建筑评价标准》GB/T 50378—2019中提出的评价方法等，《民用建筑能耗标准》GB/T 51161—2016中提出的能耗的修正方法等。

与绿色低碳密切相关的一些国家标准　　　　　　　　　表1

标准名称	标准编号
建筑节能与可再生能源利用通用规范	GB 55015—2021
建筑环境通用规范	GB 55016—2021
绿色建筑评价标准	GB/T 50378—2019
建筑碳排放计算标准	GB/T 51366—2019
近零能耗建筑技术标准	GB/T 51350—2019
民用建筑能耗标准	GB/T 51161—2016
……	……

因此，国家标准的作用可以从4个方面来理解：一是底线作用，具体可在国家标准的基本要求中反映出来；二是规制作用，针对需要强制进行的规定和约束的技术；三是引领作用，如建筑能耗限额的思想，近零能耗建筑、零能耗建筑的发展要求；四是支撑作用，如对于绿色建筑的要求和方法，以及建筑碳排放的计算要求等。

8.2.2 地域特性与地方建设需求

在国家相应标准的导向作用下，为了更好地体现出地域特性，就有必要在国家标准的基础上，对其技术和要求予以延伸和发展。对应全国的不同气候分区，以及不同的地理条件，各个地方也会对应各自的条件，对推进和落实相关要求做出进一步的明确。例如各个地区对于相应技术、政策的落地出台了各自的激励措施，包括财政补贴、优先评奖、信贷金融支持、减免城市配套费用等。由此可见，不同地方、不同区域都有各自的地域特性和建设需求。

对于技术与地域、气候的协调性，通过建筑和气候特点之间的密切关联得到进一步验证。在建筑的起源过程中，北方的建筑是由穴居到半穴居再到地面建筑，而南方是由巢居到干栏式再到地面建筑的。由此可见南北方由于不同的气候特点和地域特点，本身的需求和建筑的发展过程均具有明显的差异，这一差异在《建筑环境通用规范》GB 55016—2021 中的建筑区划指标中也能得以体现。而通过图 1 所示可知，即使是在同一个分区里，不同地区所反映出来的气候差异性也非常明显，例如图中的上海和重庆，同处于夏热冬冷分区，但其冬季供暖度日数却相差甚远。因此，在实施具体标准要求时，有必要结合各地特性，因地制宜地推动绿色低碳标准的延展。

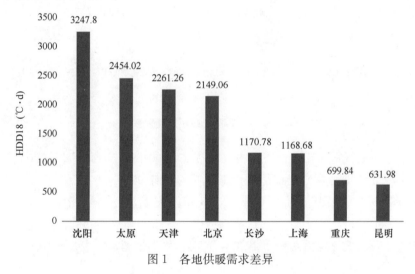

图 1　各地供暖需求差异

8.2.3　因地制宜的地方标准延展

在《住房城乡建设部关于印发深化工程建设标准化工作改革意见的通知》中指出我国标准化工作发展的两个不同的路径：一是出台全文强制性规范，对保证工程质量、安全、规范建筑市场具有重要作用，因此在 2019 年陆续发布了整个工程建设领域的 38 项全文强制的工程规范的基本要求；二是对于推荐性地方标准，重点制定具有地域特点的标准，突出资源禀赋和民俗习惯，促进特色经济发展、生态资源保护、文化和自然遗产传承。围绕着这样的思想，下面以重庆市为例重点介绍在地方标准推进方面的具体工作。

1. 能耗标准细化

在国家标准《民用建筑能耗标准》GB/T 51161 中，针对不同的建筑类型——办公建筑、酒店、商场、购物中心等，确定了非供暖能耗指标的约束值和引导值。在推动实施能耗标准时，需结合重庆的具体能耗现状。对比重庆市公共建筑能源监管平台的数据（图 2）与国家标准的能耗限额值，重庆市的实际建筑能耗水平普遍低于国家标准，因此简单按照国家标准来要求，对于重庆市将起不到有效的约束作用。

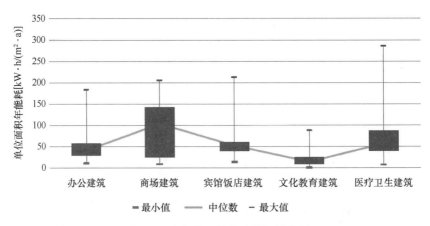

图 2　重庆市典型公共建筑能耗数据

鉴于此，依托重庆市的能耗数据采集工作，同时对照国家标准制订了重庆市工程建设标准《机关办公建筑能耗限额标准》DBJ 50/T—326—2019、《公共建筑用能限额标准》DBJ 50/T—345—2020 和重庆市《公共机构能源消耗定额》DB50/T 1080—2021 地方标准。这些标准以重庆市的建筑能耗数据为基准，对重庆市公共建筑的能耗定额给出了更加结合实际的数值，同时也明确了进一步的节能要求。

2. 被动技术要求具体

以自然通风为例，在《民用建筑供暖通风与空气调节设计规范》GB 50736—2012 第 6.2 节中提出了自然通风的应用原则和基本形式、设计的基本要求如不同地区风压和热压的确定、开口、风量等以及通风量计算的原则。在《绿色建筑评价标准》GB/T 50378—2019 中对于自然通风也有要求，例如 5.2.10 中提出优化建筑空间和平面布局，改善自然通风效果，对于通风量的计算规定了住宅建筑考虑通风开口面积与房间地板面积的比例、公共建筑考虑过渡季典型工况下主要功能房间平均自然通风换气次数不小于 2 次/h 的面积比例。可以看出在国家标准中给出了相应技术的基本做法和要求，明确了要达到的目的。

为了进一步保障自然通风的实施效果，考虑自然通风技术在实施过程中的主体对象，重庆市地方标准在推进技术实施时，以建筑师为主要执行对象，编制了《大型公共建筑自然通风应用技术标准》DBJ 50/T—372—2020 和《居住建筑自然通风应用技术标准》（报批），明确了通风计算、通风设计等关键内容，并依据山地城市的特点，考虑城市尺度和局部的气象数据差别，提出了室外环境的场地规划、分析方法等要求，对于通风方式与建筑类型的匹配，高静风率下自然通风强化措施等进行了明确。

3. 设备性能气候适宜方面

在《建筑节能与可再生能源利用通用规范》GB 55015—2021 第 3.2 节中对于供暖、通风与空调系统分气候区给出了机组的制冷性能系数（COP）、综合部分负荷性能系数（IPLV），给出了单元式空气调节机的制冷季节能效比（SEER）、全年性能系数（APF），给出了多联式空调机组全年性能系数（APF）等性能指标要求。同时，在该规范第 5.4 节中，也重点对空气源热泵冬季制热、除霜等方面进行了要求，给出了严寒和寒冷地区冬季制热性能系数。由此可见，国家标准确定了相关的基本性能参数和对关键应用问题的要求。

具体到地方应用问题，每个地方都有各自的特点，以空气源热泵为例，图 3 为重庆地区空气源热泵按照冬季工况选型和夏季工况选型的运行状态图，按夏季工况在冬季可满足室外温度 5.7℃时的制热要求，而按冬季工况可满足室外温度低于 3℃的制热要求，此时可以满足对应标准里 4.1℃的室外设计温度。由此可见，基于不同的需求，对于热泵机组的选型应充分考虑其应用场景。基于此编制完成的重庆市《空气源热泵应用技术标准》DBJ 50/T—301—2018 明确了空气源热泵机组的性能要求，以及在设计中的负荷计算、系统设计、控制系统设计、电气系统设计等要求。例如在标准第 5 章的设备与材料中，针对空气源热泵在重庆地区的应用明确规定：冬季名义工况下的制热性能系数不应低于 3.0、冬季设计工况下的制热性能系数不应低于 2.4、应具有先进的融霜控制。

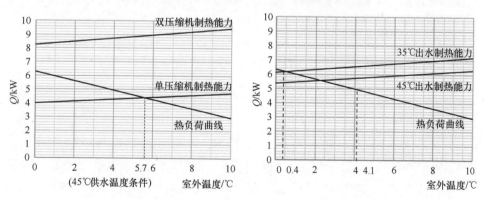

图 3　按冬季工况选型（左）和按夏季工况选型（右）的热泵运行状态图

4. 绿色建筑性能提升

在绿色建筑方面，国家标准里非常明确地提出了评价对象，规定了相应的评价规则、确定了性能要求的分数。

但是在地方进行实际项目操作时，往往会遇到一些问题。比如第一个问题是在实际工程中的工程边界划分，针对这个问题在重庆市地方标准的编制中提出了同一规划许可，并且贯穿建设全过程，同时按道路边界划分的要求；第二个问题是在实际操作中对象的界定，对此在重庆市绿色建筑中要求全面实施按最不利条件评价，相关量的计算分析按单栋楼计算；同时对于技术性能的要求，除了提出具体的技术指标外还提出了一些基本的原则。结合重庆的实际，基于性能优化提出的要求有：自然通风满足余热去除、环境模拟需考虑周边情况发展（尤其是声环境的发展）、建筑工业化与绿色化融合发展。围绕这样的基本思路，在国标的前提下进行了重庆市《绿色建筑评价标准》DBJ 50/T—066—2020 的完善，具体内容如图 4 所示。

■ 《绿色建筑评价标准》
- 3.1.1 绿色建筑评价应以单栋建筑或建筑群为评价对象。评价对象应落实并深化上位法定规划及相关专项规划提出的绿色发展要求；涉及系统性、整体性的指标，应基于建筑所属工程项目的总体进行评价。
  - ➢ 对于总体性评价指标的认定，应核对申报项目所对应的土地出让、规划批复、初设审批和施工图审查等各个阶段的资料文件，考察各个阶段是否均处于同一项目，若其中有某一阶段存在申报项目中的部分单独进行的情况，则该申报项目不能认定为对应同一总体性指标。
  - ➢ 项目中的相关系统性、整体性指标实际中可以由全部居住者使用。
  - ➢ 对于建筑群中的不同类型建筑，应按照单种类型予以单独申报，不作为混合类型申报。
  - ➢ 居住建筑项目中的独立配套商业，也需同时满足与主体建筑绿色建筑等级对应的商业类型绿色建筑等级要求。
  - ➢ 得到各单体建筑的总得分，并按照建筑群中最低的建筑得分确定建筑群的绿色建筑等级。
- 3.1.2 绿色建筑评价应在建筑工程竣工后进行。在建筑工程施工图设计完成后，进行预评价。
  - ➢ 对于本标准中涉及到性能要求的材料、部品、设备、系统等，要求应进行统一设计、采购、安装，否则不予以得分；所涉及的构造等，均以项目交付时状态作为评价对象。
  - ■ 关于空调机位：重庆市《建筑外立面空调室外机位技术规程》DBJ50/T—167—2013；预留操作空间以及安装维护人员能直接到达的通道，保障安装、检修、维护人员安全。（4.1.5）
  - ■ 标准中所描述的技术要求，原则上均应本着"应用尽用"的原则予以实施和判断。尤其不允许出现部分楼层、楼栋使用的现象。
  - ■ 关注条文主体要求，效果与措施并进，双控。
  - ➢ 建筑布局合理，主要功能房间与噪声源合理分隔，且建筑声环境质量应符合下列规定：（5.1.4）
  - ➢ 应采取措施保障室内热环境；（5.1.6）
  - ➢ 主要功能房间应具有现场独立控制的热环境调节装置。集中式…分散式…；（5.1.8）
  - ➢ 针对各主要房间的使用功能，采取有效措施优化其室内声环境，评价总分值为8分。噪声级达到现行…；（5.2.5）
  - ➢ 采用有效措施降低供暖空调系统的末端系统及输配系统的能耗，且供暖空调系统应采用变流量输配系统，过渡季节通风量需满足余热去除需求，并按以下规则分别…。（7.2.6）

图 4 重庆市《绿色建筑评价标准》内容细化

5. 建设面覆盖

除了上述技术内容的延展，结合整体部署，在地方标准的发展中也尽量拓展了建设面的覆盖。比如，在国家标准的基础上，针对建筑节能工作的整体性，重庆市制订了重庆市《既有公共建筑绿色改造技术标准》DBJ 50/T—163—2021，该标准在正在推进的既有建筑绿色改造的示范项目中起到了主要的支撑作用。同时针对健康方面还编制了重庆市《百年健康建筑技术标准》DBJ 50/T—424—

2022。另一方面的延展考虑到建设不仅仅是建筑，还包括城区和轨道等，这也是重庆绿色发展的特色，因此重庆市编制发布了《绿色轨道交通技术标准》DBJ 50/T—364—2020，在轨道交通的建设中推进绿色低碳的技术要求，同时在这个基础上正在编制重庆市《绿色轨道场站建筑的评价标准》来进一步推进轨道交通的绿色化和低碳化。在规模化发展层面，由于国家新近提出了城市更新、老旧小区改造、海绵城市、近零碳建筑、零碳建筑等一系列有关性能提升的新发展要求，原有的重庆市《绿色低碳生态城区评价标准》和《低碳建筑评价标准》也正在修订更新，通过地方标准的完善来陆续实现整个建设面绿色低碳的覆盖。

6. 补充行业发展需求

在整个标准体系的扩展建设过程中，除了地方标准，还有团体标准，这是近几年各个行业如火如荼开展的内容。结合相关的科研工作，在涉及对整个行业发展的需求时，可用团体标准来进行相应的补充。鉴于此，针对公共建筑整体环境的质量评价编制的《公共建筑室内环境分级评价标准》T/CA 2020，首次运用了客观和主观相结合的方法，对室内声环境、光环境、热环境和空气品质等进行了不同的等级划分，为相应建筑环境的改善提出了路径和思考。此外，由于在整个环境建设中，一直以来比较缺少对环境监测仪器的性能要求，因此，团体标准《民用建筑多参数室内环境监测仪器》T/CECS 10101—2020 的编制弥补了这一空缺，该标准明确了仪器需要具备的各类参数和性能要求。同样团体标准《公共建筑能源管理技术规程》T/CABEE 003—2020 对于能源管理过程中的各个步骤和要求做出了规定，如图5所示，将对建筑能源的全过程管理提供支撑。上述都是针对城镇建筑，那么，农村建筑该怎么做，农村适宜环境该怎么建设？这也是现在需要思考的问题。因此以重庆市西南村寨特性为突破编制完成的《西南村寨室内物理环境综合性能评价标准》（未发布），首次对村寨建筑的室内环境质量要求进行了确定。通过一系列团体标准的编制，有效弥补了当前行业发展中在国标和地标之外的问题的解决途径和要求。

8.2.4 管理与应用体制的思考

在整个标准体系当中，可以看到强制标准主要提出一些基本要求，通过施工图审查来完成；地方标准更多的是推荐标准，目的在于性能的提升，但由于是推荐性标准，不太被相关单位所采纳，导致品质提升的实施效果把控成为问题；而团体标准全面发展的执行要求仍然处于空白，该如何应用也是需要思考的问题。因此，在地方标准的整个体系建设中，可以依托地方发展的要求，使性能提升和更全面的要求进行叠加，通过性能评价来完成整个叠加后的作用体现。例如重庆市《绿色建筑评价标准》DBJ 50/T—066—2020 就是按照这种思想编制的，其充分发挥推荐性地方标准的作用，包含了建筑能耗定额指标对标、建筑自然通风对

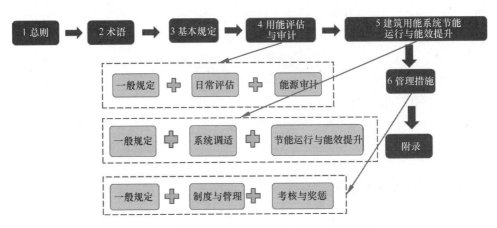

图5 《公共建筑能源管理技术规程》内容概要

标、空气源热泵性能对标、绿色施工对标、综合环境性能要求、能源管理体系要求、装配式建筑要求对标等内容,如图6所示。通过技术体系的完善,融入相应的性能评价来实现各种推荐性标准的要求。

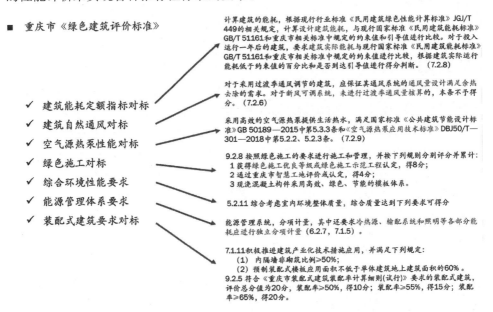

图6 细化技术要求在《绿色建筑评价标准》中的体现

8.3 总 结

国家标准提出了基本要求、主要性能及关键引领等方向上的要求,而对于各个不同地方，由于气候、地理、资源、人文、经济等条件、水平差异，应该在如何延伸、提升和细化高质量要求方面重点思考各地具体实施要求。以此为基准，在地方标准的建设上，重点应该放在实施要点方面，包括技术指标和做法要求等，还有根据当地的特征提出来的气候适宜性和地理适宜性的做法，同时还有配合到地方的激励政策。在整体部署下，团队标准充分地发挥了行业优势，补充行业发展细节，明确具体要求。要确保各项绿色低碳的技术标准能够落地实施，需要综合全方位的标准体系，充分实现与地方特点、行业特点的融合。这样的体系构建做法，可以给各个地方在进行地方标准体系的建设以及具体标准的应用层面上提供一些借鉴和思考。

作者：丁勇[1,2]　于宗鹭[1]（1. 重庆大学；2. 重庆市绿色建筑与建筑产业化协会绿色建筑专业委员会）

第三篇 科研篇

　　为落实"十四五"期间国家科技创新有关部署安排，国家重点研发计划启动实施"城镇可持续发展关键技术与装备"重点专项。本重点专项总体目标是：围绕实现城镇经济、社会、生态可持续发展，在空间优化、品质提升、智慧运维、绿色赋能、智能建造、低碳转型6个方面加强技术供给，突破应用基础理论，研发核心技术装备，为提升我国城市和建筑的功能品质、实现绿色低碳可持续发展提供创新科技体系支撑。

　　本篇对专项的技术进行全面总结，形成"十四五"期间我国绿色建筑技术进步与展望，并遴选出7个项目（课题），从研究目标、主要成果、推广应用、预期研究成果等方面进行简要介绍，以期为读者提供技术支撑和借鉴，形成可实施、可推广、可复制的绿色建筑技术。

1 高品质绿色建筑设计方法与智慧协同平台

1 Design methods of high-quality green building and its intelligent collaborative platform

项目编号：2022YFC3803800

项目牵头单位：中国建筑设计研究院有限公司

项目负责人：崔愷

项目起止时间：2022 年 11 月至 2025 年 10 月

1.1 研 究 背 景

为贯彻落实党中央提出的碳达峰、碳中和目标要求，实现中华民族永续发展与构建人类命运共同体这一庄严承诺，中共中央办公厅国务院办公厅印发的《关于推动城乡建设绿色发展的意见》中提出"转变城乡建设方式，建设高品质绿色建筑"的精神，这一举措将极大地推进城乡建设和管理模式绿色化、智慧化的高品质转型，以全面落实城乡建设领域碳达峰、碳中和目标，是新时代、新精神下一项迫在眉睫的重大任务。

本项目基于资源环境约束和高品质可持续发展要求双背景，针对高资源消耗与低品质供给制约建筑行业高品质发展的核心问题，按照"共性理论探源—设计方法探究—关键技术研发—工具支撑与平台统筹—实践创造性转化"的科学路径，聚焦形成行业迫切需要的理论、方法、技术、工具、平台，并开展本土化创新实践，切实落实"揭榜挂帅"国家科技计划管理改革的重大举措的重要价值，引领推进城乡绿色建筑建设和管理模式低碳化、集约化、数智化的高品质转型，全面推动城乡建设领域"双碳"目标的实现和落实高品质发展要求。

1.2 研 究 目 标

面向绿色建筑本土特色、人文宜居、长寿耐久、集约低碳、智慧健康高品质发展需求，从绿色建筑高品质发展的源头开展攻关，发挥绿色设计引领作用研究相应的理论、方法与指标体系，研发关键技术与智慧协同平台，并开展技术示范。具体需求目标如下：

（1）高品质绿色建筑设计理论、方法与指标体系；

（2）融汇本土文化、技术与材料的高品质绿色建筑关键技术；

（3）本土化、长寿化、低碳化的建构技术；

（4）以数据与模型为底层驱动、基于规则化算法的高品质绿色建筑多专业智慧协同平台；

（5）开展典型本土特征的"设计—建造—运维"协同的工程示范。

1.3 研　究　内　容

本项目面向绿色建筑本土特色、人文宜居、长寿耐久、集约低碳、智慧健康的高品质发展需求，构建高品质绿色建筑设计模式语言的理论基础，研发绿色建筑设计与建构关键技术，形成成套技术体系，建立高品质绿色建筑设计与技术协同机制。同时，研发高品质绿色建筑多专业智慧协同平台，实现绿色建筑多主体参与、覆盖全生命周期的协同与高效管理，并依托示范工程，开展关键技术集成应用与评估。研究内容主要分为5个部分：

（1）价值观与方法论（理论与方法建构）：研究高品质绿色建筑设计理论和指标体系；研究高品质绿色设计方法及行业设计指南；建立高品质绿色建筑数据库，开展数据的实验性与验证性研究。通过高品质绿色建筑设计理论与方法基础理论的研究支撑应用输出。

（2）关键技术体系（设计技术研究）：研究地域性被动式设计集成技术、形体生成优化技术、因时而变的建筑空间形态设计及其相关技术、因需而变的动态空间设计及其相关技术、结合空间界面的自然通风优化技术、多功能窗与室内环境联动控制技术、遮阳界面构造形式及室内光热环境的联动控制技术、建筑界面集成光伏设计技术、室内光—热湿—空气耦合控制技术、基于掩蔽效应的智能声景控制技术。

（3）关键技术体系（建构及与材料研究）：研究绿色建筑建构策略图谱；研究基于建构体系与性能的建筑设计策略、结构轻量化、钢木节点可更换等现代木结构设计建构关键技术；研究标准件独立组合设计技术、构件通用互换及可循环、可拆装等的轻型钢结构设计建构关键技术；研究运输吊装减重、材料减量、模板支撑一体化等现浇整体装配式钢筋混凝土结构设计建造技术；研究绿色建筑施工过程中的轻量化、减量化建造技术集成，开发绿色低碳循环利用产品，并开展应用示范；研究建立高品质绿色建筑设计选材数据库，以及低碳建构体系的隐含碳排放减碳评价技术。

（4）协同平台工具（平台开发统筹）：在设计理论、指标体系和设计方法的指导下，分析绿色建筑全生命周期的数据生成、采集、应用与管理协同需求，应用多源异构数据采集与融合、建筑信息模型与轻量化、三维图形引擎、搜索与智能推送引擎等关键技术，研发以模型和数据为底层驱动的多专业智慧协同平台系统，内嵌高品质绿色设计专题管理模块、绿色建筑专题智能化审查模块、绿色运维效能监测等功能模块，提供面向绿色建筑设计领域和协同过程的知识、数据、模型、服务、算法和案例等多种类资源的发布、共享及应用，实现多主体参与、覆盖全生命周期的绿色建筑协同设计与高效管理。

（5）工程示范应用（应用推广）：基于高品质绿色建筑设计理论及指标体系，研究建立以运行效果导向，聚焦本土语境下的"环境舒适性、建构绿色化、调控智慧化、运行低碳化"4个维度，全面、系统、可量化的评价指标，以及科学、合理、可操作性强的全过程评估方法。同时，针对不同气候区、地域特征、建筑功能类型，开展"设计方法及性能提升技术应用—建构创新应用—运维性能提升"多维度示范，达到高品质绿色建筑指标要求，并明晰技术选择及应用路径，完成各示范工程综合性能评估，形成具体的评估操作指南。

1.4　预　期　成　果

（1）提出高品质绿色建筑本土化设计理论体系和指标体系，形成行业设计指南，开发辅助设计软件1套，构建高品质绿色建筑实验性与验证性数据库1个，覆盖全国5个建筑气候区、7种以上建筑类型，核心数据容量≥10TB；

（2）研发高品质绿色建筑关键技术体系1套，包含地域性被动式技术、空间功能转换、建筑界面与环境联动调节、风光声热环境智能管控等技术不少于10项；

（3）研发适应典型地域、环境的木结构、钢结构、清水混凝土等建构技术不少于3套；

（4）开发高品质绿色建筑多专业智慧协同平台1套，支持1000人以上同时在线协同设计；

（5）完成高品质绿色建筑示范工程不少于5项，面积不少于15万m²，舒适度不满意率不超过10%，绿色建材使用率不低于80%，设备系统智慧化面积覆盖率不低于70%，碳排放强度在2016年执行的节能设计标准基础上平均降低50%。

作者：崔愷　徐斌（中国建筑设计研究院有限公司）

2 基于低品位热能的低碳集中供热关键技术

2 Key technologies for low-carbon district heating based on low-temperature heat

项目编号：2022YFC3802400

项目牵头单位：清华大学

项目负责人：付林

项目起止时间：2022 年 11 月至 2026 年 10 月

2.1 研 究 背 景

随着我国城市化进程的快速发展和人民生活水平的不断提高，建筑供暖需求也在迅速增加，截至 2020 年底，我国北方城镇供暖面积已经达到 156 亿 m²。经过近年来的节能改造和热源效率提升，供暖能耗基本已经维持不变，2020 年北方城镇供暖能耗为 2.14 亿 tce，占全国建筑总能耗的 20%。目前北方城镇供暖热源仍然以燃煤、天然气等化石能源为主，碳排放量大，2020 年北方城镇供暖碳排放 5.5 亿 t，占建筑运行碳排放总量的 1/4。

为实现碳达峰、碳中和目标，如何获取零碳替代热源成为新时期北方供热的关键问题。而我国有丰富的低品位余热热源，包括核电余热，未来还将保留部分火电的余热，冶金、有色、化工、建材以及一批轻工产业生产过程排放的低品位余热，这些余热完全可以成为我国北方城镇供暖的主导热源。

但是电厂等低品位余热在采集、转换、储存和输送 4 个环节存在 3 个关键难题，导致余热利用成本高、回收困难：

（1）余热产生、热网输送以及用户需求之间温度不匹配问题，低品位余热采集难度大，余热利用与输送矛盾突出；

（2）余热产生的波动与供热需求的变化之间时间上不匹配问题，电厂日内发电调节波动影响供热能力，季节性热量供需不匹配导致余热浪费；

（3）余热热源与供热需求距离远，存在空间上不匹配问题。

针对上述 3 个难题，项目将开展低品位热量的关键技术的研究，形成一系列新方法、新工艺以及系统化的标准、导则或规程等，并建设示范工程，推动项目成果在火电厂、核电厂及供热领域的全面应用，对我国城镇实现技术可靠、经济可行的低碳可持续供热发展提供核心科技体系支撑。

2.2 研 究 目 标

我国北方地区有巨大的冬季供暖热量需求，目前大量低效高碳的燃煤、燃气锅炉仍是主力供暖热源，在"双碳"目标背景下，亟需开发清洁低碳甚至零碳热源。同时，我国各类低品位的工业余热资源丰富，目前大多直接排放到环境中，既浪费能源，又影响环境，如果能够有效回收利用，完全可以满足我国北方地区的冬季供热需求。针对上述问题，本项目将从源、网、荷等各方面入手，厘清主要矛盾，对低品位余热供热进行系统性的理论研究与关键技术研发，并通过适当规模的示范工程实践和引领，使低品位余热供热成为一种技术、经济均可行的适合我国国情的城镇主要供热方式。具体目标包括：

（1）提出以火积耗散和㶲分析为基础的理论分析方法和工具，建立评价标准，构建低品位余热利用的低碳供暖理论和关键技术体系，提出以低品位余热利用为核心的北方城镇主流清洁低碳供热模式。

（2）提出以储热装置和热泵与电厂汽轮机运行调节相结合的热电协同系统工艺和运行调节方法。

（3）提出燃煤电厂汽轮机乏汽余热高效回收工艺与运行调节方法，形成冷端余热高效采集与灵活性调节关键技术。

（4）提出用于热量采集、输送和利用环节在不同温差间的传递与变换的热量变换器的工艺和运行调控方法，提出各类热变换器的性能评价方法和评价指标，设计出在不同位置利用不同方式实现热量变换的最佳系统方式。

（5）提出核电厂余热采集的合理工艺流程与运行方法，形成冷端余热高效采集关键技术。

（6）提出适合于多种应用场景的多效蒸馏、多级闪蒸以及热膜耦合等多种水热同产装置内部工艺流程，研究实用化、大型化专用装备结构和工艺，提出利用核电厂低品位热能直接生产高品质热淡水的热电水联产系统的合理工艺流程以及相应的运行调节方法。

（7）提出与低品位余热利用相结合的大规模跨季节储热工艺，提出利用储热实现全年余热利用的系统流程和运行调节方法，建立储热系统性能评价与经济性分析方法。

（8）研发出安全、高效的长距离闭式双管供热和开式单管水热同送技术。

（9）研发出腐蚀速率与不锈钢相当、全运行周期成本不超过卷焊钢管的新型水热同送管道，制定能够权衡寿命—经济性—水质关联需求的水热同送长输管线优化设计方法；研发出降低长输供热管道全运行周期管壁相对粗糙度的方法。

2.3 研 究 内 容

我国余热资源丰富，可作为主力热源解决北方城镇低碳乃至零碳供暖问题。余热利用的难点在于余热产生和供热需求之间存在参数、时间和位置 3 个不匹配问题：（1）不同工业生产过程排放的余热介质和温度各不相同，热网供水温度取决于输送距离及管道和保温材料性能，而终端装置温度取决于用户需求，因此热源、热网和热用户的温度参数不匹配；（2）工业余热的产生取决于产品的生产要求，比如电厂余热量因发电的日内调峰而存在昼夜性大幅波动，而建筑供暖需求是季节性的，与气温关系密切，余热产生和供热需求之间存在时间上的不匹配；（3）工业企业多远离城市供暖负荷中心，甚至是跨地区、跨省，余热产生和供热需求之间存在空间上的不匹配。

本项目从解决上述 3 个不匹配问题入手，首先从系统整体层面开展研究并提出相应的合理解决方案，围绕低品位热量采集、转换、储存和输送过程，构建低品位热能利用的低碳供热理论和技术体系：

（1）研究以火积耗散和㶲分析为基础的温度变换方法、理论分析方法和工具，解决低品位热能采集、利用过程中温度不匹配问题。在调研分析热用户末端形式及温度需求基础上，提出热网与热用户之间、上下级热网之间合理的热变换方法；在调研分析高耗能行业余热参数基础上，提出各类余热与热网之间合理的热变换方法；提出汽轮机抽汽和乏汽热量高效变换至热网的流程、参数和调控方式，解决电厂供热过程中温度不匹配导致的不可逆损失问题。

（2）针对燃煤电厂和核电厂，分析冬季供暖期终端电力消费、新能源发电等因素综合影响下的日内电负荷峰谷变化规律，提出以储热装置和热泵与电厂汽轮机运行调节相结合的热电协同系统工艺，并研究系统动态响应和调节特性，提出热电协同系统的运行调节方法，通过热电之间的高效转换和储热替代储电，克服电力和供热需求之间时间不匹配的问题；研究低压缸零出力供热机组深度节能挖潜，以及与储能系统耦合运行的新型集中供热系统优化集成与运行调控方法；以储热密度、经济性、火积耗散等指标研究比选适合于大规模储热的材料和方式；从系统层面研究跨季节储热条件下供热系统构架与运行特性，以控制储热体容量和成本为目标优化系统配置，寻求解决余热产生和供热需求之间时间上不匹配问题的技术途径。

（3）针对余热与热负荷之间空间分布不匹配问题，研究长距离大口径双管闭式循环和单管开式高温热水管路，分别建立动态水力和热力计算模型，进行全工况模拟计算分析,通过长输和水热同送热网的水动力学和热力学研究,建立无隔压的长距离大高差输热系统基本架构;以提升安全性和经济性为目标,研究集成多个热源/热汇、多级中继泵站、中继能源站以及大规模储热的长途输热和水热同送系统的安全防护与能效提升关键技术。

针对上述提出的低品位余热采集、储存和输送 3 个环节的关键技术,进一步分项进行重点研究。

(1) 火电厂冷端余热高效采集与热变换的工艺配置与运行

在源网一体化条件下,研究大容量电厂余热高效回收工艺配置及运行调节方法;研究热量采集、输送和利用之间各类热变换器内部流程、参数和调控方式,解决余热利用各环节的温度不匹配导致的不可逆损失问题;实施 300MW 等级及以上燃煤火电机组余热高效回收示范工程。

1) 大型燃煤火电机组的灵活性改造工艺与运行调节关键技术:分析低压缸切缸对汽轮机电负荷、热负荷响应速率的影响规律;研究低压缸工况频繁切换对汽轮机核心通流部件应力及寿命的影响,并对调节方法进行针对性优化。

2) 低品位余热采集、输送和利用之间各类热变换器流程、参数和调控关键技术:提出集中供热系统热量传递与变换的各类可能方式,并研究其适用条件;探究各类热变换器的全工况变负荷调节特性,制定系统优化运行调控方法,在满足全工况供热的条件下能更大程度地提升系统的综合能源利用效率与技术经济性;研究各类热量变换装置最佳应用位置及系统设计原则。

(2) 核电厂冷端余热高效采集与水热同产关键技术

在源网一体化条件下,研究核电厂余热高效回收和水热同产工艺配置及运行调节方法;实施核电余热供热示范工程。

1) 核电厂汽轮机组冷端余热高效采集关键技术:研究汽轮机组各级压力、流量等参数的全工况变化规律,分析调整背压等参数对机组安全和发电功率的影响;研究核电机组多级凝汽器串联梯级加热热网水的最佳温升分配方法;研究汽轮机高背压运行的热电协调控制方法,解决热、电负荷耦合问题;研究利用乏汽余热的较佳方案,开发小型模块化乏汽余热利用技术;研究抽汽热能梯级利用方法,解决抽汽与热网水加热温度不匹配导致的不可逆损失问题。

2) 水热同产关键技术:揭示水热同产装置各部件热质传递规律;优化多效蒸馏、多级闪蒸及热膜耦合水热同产装置内部流程和结构;优化水热同产系统流程、参数以及全供暖季甚至全年的运行调节方式;根据输送管网、换热以及水用户对水质的要求,研究适合于高温海淡水的特定后处理工艺;研究水热分离技术,优化不同设置位置和系统参数需求的水热分离流程与运行调节方式;研究水热分离技术与供热调峰、电力调峰以及大型跨季节蓄热相结合的新工艺流程。

（3）基于低品位余热供暖的大规模储热关键技术

研究大规模储热体及其系统配置，以及热电协同模式下的日内和跨季节储热工艺及运行调节方法，克服电厂热电耦合问题并使电厂供热能力大幅度提升。

1）大型跨季节土壤及水体储热关键技术：分析大规模跨季节地埋管储热体的长周期温度分布和热量流动，研究跨季节地埋管储热系统与不同低碳热源及热用户的系统优化集成方法；构建"热源—储热—热网—终端负荷"系统动态性能仿真模型，研究水体储放热的热损变化与斜温层演化机理，构建大容量跨季节储热水体低热损结构设计方法，优化系统关键设计参数。

2）低品位余热供暖跨季节储热技术运行：建立完整的基于电厂余热利用的大规模跨季节储热设计工艺流程及应用体系；研究储热体取热点选取与热量输送之间的协调匹配问题。建立大规模跨季节储热体技术示范，进行长周期监测，结合运行数据，提出实际运行调控方案；研究各类型大规模跨季节储热系统技术方案，形成流程设计、优化运行、效果评价等全过程技术规程。

（4）长输供热与水热同送关键技术

围绕长距离输送热量存在的成本高和安全保障难题，研究大高差热网隔压站取消关键技术、大幅度降低输送成本的水热同送技术以及水热同产管道抗腐蚀和长输供热管道减阻方法，实施长输供热关键技术示范工程。

1）长途输热系统热网水力安全、高效输送技术：针对取消大高差供热系统隔压换热站、解决水力安全与热力高效之间矛盾的技术需求，研究利用管道阻力沿程消解和利用水轮机压能回收局部消解大高差静压、利用隔断阀组配合大容量蓄水装置实现静态隔压的系统设计方法和运行控制策略，确保在全工况水力安全的前提下，实现无隔压系统允许高差的大幅提升；针对解决 100℃以上高温海淡水在开式管路中的安全输送的技术需求，探究水击波对源端、末端及沿程水力特性的影响规律，制定水热同送系统水力安全设计与运行策略，消除全工况运行中高温水失压汽化风险和水击对管道全线水力工况的不利影响。

2）水热同送管道抗腐蚀与长输供热管道减阻关键技术

针对在研发的腐蚀速率与不锈钢相当、全运行周期成本不超过卷焊钢管的新型水热同送管道的技术需求，研究水热同送工况下管道腐蚀行为、腐蚀产物释放行为、腐蚀延缓及水质稳定性控制手段，为制定能够权衡寿命—经济性—水质关联需求的水热同送长输管线优化设计方法提供理论依据；针对将长输供热管道全运行周期管壁相对粗糙度降低 50%，实现每 100km 输热电耗小于 2kW·h/GJ 的技术需求，研究管道耐高温减阻涂层性能指标、适用材料及涂敷方式、性能检验及节能降耗效果评估方法，为进一步降低长距离热量输送成本提供重要技术支撑。

2.4 预 期 成 果

项目成果分为新技术、新方法等理论研究成果，提出新工艺流程及运行方法，以及建成示范工程。

项目理论研究成果主要以发表的论文和技术研究报告的形式呈现，成果主要包括：构建低品位余热利用的低碳供暖理论和关键技术体系，提出以低品位余热利用为核心的北方城镇主流清洁低碳供热模式；电厂余热利用过程中汽轮机切缸对电、热负荷响应速率的影响规律，揭示其响应滞后特性及热电耦合特性，确定工况频繁切换对于汽轮机核心通流部件应力及寿命的影响，提出工况频繁切换的控制逻辑及调节方法；提出基于热力学分析与经济性分析相结合的各类热变换器的性能评价方法和评价指标；建立大规模地埋管、水体跨季节储热技术体系，提出基于低品位余热利用的大规模跨季节储热技术，并建立大规模地埋管/水体跨季节储热系统性能评价与经济性分析方法；提出安全、高效的长距离闭式双管供热和开式单管水热同送技术；研究高温热淡水环境下的管道腐蚀特征及速率、管道腐蚀延缓和水质稳定性控制手段；制定长输供热管道减阻性能评估方法。

项目工艺流程和运行方法的研究成果主要以发表论文、申请专利以及制修订行业技术标准/导则的形式呈现，成果主要包括：提出火电厂和核电厂的冷端余热高效回收工艺流程与运行方法；提出以储热装置和热泵与电厂汽轮机运行调节相结合的热电协同系统工艺和运行调节方法；提出用于热量采集、输送和利用环节在不同温差间的传递与变换的热量变换器的工艺，给出各类热变换方式的适用条件，并提出全工况高效运行的各类热变换器的运行调控方式；基于几类电厂余热回收的典型案例，设计出在不同位置利用不同方式实现热量变换的最佳系统方式；提出适合于多种应用场景的多效蒸馏、多级闪蒸以及热膜耦合等多种水热同产装置内部工艺流程，并提出利用核电厂低品位热能直接生产高品质热淡水的热电水联产系统的合理工艺流程以及相应的运行调节方法；提出大规模跨季节储热工艺，以及利用跨季节储热实现全年余热利用的系统工艺流程和运行方式；提出无隔压实现180m以上高差长输热网安全运行的系统工艺及安全保护技术，以及实现100℃以上热淡水安全输送的系统工艺及安全保护技术。

基于上述研究成果，项目拟建成300MW燃煤火力发电机组冷端余热高效回收示范工程、核电厂余热高效回收供热示范工程、大规模跨季节储热技术示范工程、大高差长输供热管道示范工程，共4项示范工程，对项目研究成果进行全面示范。

作者：吴彦廷　付林（清华大学建筑节能研究中心）

3 零碳建筑及社区可再生能源应用关键技术研究

3 Key technologies of renewable energy application in zero carbon buildings and communitites

项目编号：2022YFE0134000

项目牵头单位：中国建筑科学研究院有限公司

项目负责人：张昕宇

项目起止时间：2023年1月至2025年12月

3.1 研究背景

2021年中美政府联合签署《中美应对气候危机联合声明》，分别承诺到2060年和2050年实现碳中和目标，高度关注建筑迈向零碳目标过程中可再生能源应用问题，美国提出"百万太阳能屋顶计划""光伏建筑良机计划"等引导项目，可再生能源材料、产品及系统应用形成了完整的技术体系；中国经过长期发展，已经成为全球最大的可再生能源生产国和使用国，可再生能源建筑应用前景广阔。当前面向两国碳中和战略需求，以可再生能源为主的建筑能源体系将迈向新阶段，中美双方将针对零碳建筑及社区场景，联合可再生能源高能效、高比例应用关键技术研究。同时，项目将基于2009年中美清洁能源联合研究中心成立以来，中美一期合作的"中美超低能耗建筑关键技术合作研究与示范"、二期合作"净零能耗建筑适宜技术研究与集成示范"的重要成果，开展延续性合作，推进可再生能源建筑的推广应用，助力建筑节能降碳，最终促进以两国为核心的全球技术辐射，提升两国国际地位与国际形象，服务两国的重大外交战略部署。

3.2 研究目标

为响应《中美应对气候危机联合声明》，助力中美双方碳中和目标实现，聚焦可再生能源在零碳建筑和社区中应用的关键技术，以"建筑及社区零碳排放"

为目标开展联合研究工作。具体包括：在基础设备开发方面，本项目将开发符合建筑需求的高能效、建筑一体化光伏和光热组件；优化空气源热泵抑霜控制策略，提升系统运行能效，同步开发太阳能—空气能双源热泵复合供能设备。在系统集成优化方面，本项目将开展基于零碳社区的冷、热、电负荷波动时序关联特性研究；开展基于相变储能的可再生能源耦合供热系统设计与运行优化研究；开展建筑光伏一体化技术及提升社区能源消纳率技术研究，并提出建筑及社区可再生能源系统的快速响应机制和调控策略。在应用效果评价方面，本项目将形成可再生能源建筑应用工程碳减排量检测与评价方法，并同步编制可再生能源建筑应用发展路线图，助力建筑领域碳中和目标的实现。

3.3 研 究 内 容

3.3.1 高性能可再生能源设备开发

本项目将结合零碳建筑的负荷特性和物理特征，综合考虑建筑承载力、设备抗冲击及抗风性能，研发高性能太阳能集热设备，进一步优化集热器吸热、保温等部件构造，提升设备集热效率。对建筑光伏组件开展有限元数值模拟，分析建筑光伏组件结构体系中关键部件的受力情况，基于太阳能热电转换与围护结构传热机理，优化光伏散热模式，进一步提升发电性能，保证光伏组件在大跨度结构上应用的安全性与稳定性。

研发高效太阳能—空气能直膨式双源热泵供热装置，采用新型集热蒸发器，实现不同外界环境下的系统供能稳定性。优化蒸发器铜管涂层材料、铜管布置形式、肋片和风机的选择与布置，提升在太阳辐照波动较大时的系统稳定性，完善太阳能与空气能优势互补优化运行策略，以此提升热泵性能参数。同时，提取综合反映空气源热泵结霜特性的特征参数，从而建立结霜特性辨识模型，以便准确识别空气源热泵动态运行过程中的结霜状态及结霜程度。研发空气源热泵智能抑霜技术，以"制热优先、兼顾抑霜、能效最低"为运行目标，提出空气源热泵智能抑霜调控新方法，并且基于空气源热泵智能抑霜调控新方法研制智能抑霜控制器，达到在高湿易结霜环境下准确评估性能改善程度的目的。

3.3.2 零碳建筑/社区可再生能源系统优化设计与自适应控制

从建筑和社区层级研究冷、热、电负荷波动时序关联特征，探索在考虑用户行为等因素影响下不同类型建筑用能特性及负荷叠加规律，探究多层级、多节点用户能源负荷的协同和消纳关系，充分挖掘影响能源负荷特性中的多元因素，明确不同建筑类型、时间尺度下差异化建筑负荷特征和社区负荷叠加特性。

开展基于相变储能的可再生能源耦合供能系统的多目标优化设计研究，依据可再生能源利用率、系统经济性和运行碳排放等目标优化系统配置，分析系统技术、经济、环保适用性并建立该系统的综合评价指标，为不同利益决策者提供最优化设计方案。进一步探索基于相变储能的可再生能源系统匹配方法，提出高效、稳定的耦合系统运行控制策略。

开展光伏发电模块与建筑动态传热过程的数据交换和耦合模拟，为光伏建筑一体化设计及运行分析提供基础工具。在充分考虑社区内不同建筑间用能负荷时空耦合的基础上，构建以优化可再生能源消纳能力为目标的社区能源系统用能协同优化方法，建立基于社区的能源系统优化控制模型，提出社区能源系统优化运行策略。

在零碳社区层面，分析建筑热惰性、冷热输配系统的延迟性及扰动下需求侧响应等系统调控因素，并开展零碳社区光伏产能、储能规划与运行优化研究。以可再生电力消纳需求、系统能效等为优化目标，建立零碳社区可再生能源系统优化控制模型，提出系统快速响应机制和不同场景下运行自适应调控策略。

3.3.3 可再生能源建筑应用效果评价与碳减排量评估

对比研究中美两国建筑领域碳排放计算标准，收集零碳建筑及社区典型案例，剖析可再生能源建筑应用的主要技术路径及运行效果。开展可再生能源建筑应用技术示范、测试和验证，通过中美合作研究建立统一的可再生能源建筑应用工程碳减排量检测与评价方法，并开展相关技术标准化研究。对光伏、光热、热泵等不同可再生能源应用形式的碳减排量进行评估，结合经济性能指标，从建筑和社区层级分析太阳能、空气能等可再生能源应用潜力。

根据零碳建筑和社区的发展趋势以及用户对冷、热、电的需求变化，研究光伏、光热和热泵等可再生能源适宜技术的推广策略，对比设计阶段与运行阶段的效果差异，形成可再生能源建筑应用工程的能效提升策略；针对当前存在的主要问题和未来发展趋势，评估零碳建筑及社区中可再生能源应用潜力，提出适应中国国情的可再生能源建筑应用发展路线图。

3.4 预期研究成果

（1）新型高效太阳能集热器。 优化太阳能集热器吸热、保温等结构构造，开发新型高效太阳能集热器样机，提升太阳能峰值集热效率不低于 80%。

（2）新型建筑一体化光伏组件。 开发符合建筑使用条件的建筑光伏一体化产品，抗风压值不低于 5600Pa、保护等级（Rp）不低于 9 级。

（3）新型双源热泵及智能抑霜控制。 建立基于制热与抑霜多目标导向的智能抑霜调控技术并开发控制器，提高高湿环境下稳定性及能效。提出太阳能——空气能双源热泵设计优化理论并开发新型供热装置，系统性能系数达 3.5 以上。

（4）基于相变储能的多能源耦合供热系统。以碳排放量、能源系统效率及系统成本为目标建立综合评价指标，提出可再生能源耦合供能系统的最佳运行模式、匹配方法及控制策略，较传统供热系统能效提升 20%。

（5）光伏建筑一体化设计及仿真软件。实现光伏系统与建筑的耦合计算，对负荷预测中的时空耦合特性进行定量描述，制定零碳社区能源系统优化运行策略，并以此实现零碳社区综合能源系统的优化运行。

（6）零碳社区综合能源系统管理软件。包含核心能源设备的能源网络拓扑结构、能量流动形式、设备运行监控模块及综合能源优化运行策略模块等，实现零碳建筑及社区综合能源系统协同互动和自适应调控。

（7）可再生能源建筑应用技术示范。开展技术示范及效果评测，对比研究中美双方碳排放测算方法，建立可再生能源建筑应用工程碳减排量检测与评价方法，制修订可再生能源建筑应用相关国家标准。

（8）零碳建筑及社区可再生能源应用技术指南。评估光伏、光热、热泵等不同可再生能源应用形式的碳减排量；研究光伏、光热和热泵等可再生能源适宜技术的推广策略，提出可再生能源建筑应用发展路线图。

（9）主要知识产权。完成制修订标准 1 部，申请发明专利 3 项，发表论文 4 篇，其中代表性高水平论文 2 篇，完成技术指南 1 部。

作者：王博渊[1]　蔡文博[2]　何涛[1]　张昕宇[1,2]（1. 中国建筑科学研究院建筑环境与能源研究院；2. 建科环能科技有限公司）

4 社区适老化工效学关键技术标准研究与应用

4 Research and application of key technical standards for elderly-oriented community based on ergonomics

项目编号：2022YFF0607000

项目牵头单位：中国建筑科学研究院有限公司

项目负责人：周海珠

项目起止时间：2022年10月至2026年3月

4.1 研 究 背 景

2021年末我国65岁及以上人口已达2亿人，每年新增老年人口数量近1000万人，人口老龄化速度明显加快，高龄化趋势显著，健康老龄化社会建设迫在眉睫。而我国社区建设长期存在老年人工效学数据不足、设施不适老、服务供需错配等突出问题，严重影响了社区老年人的生活质量。

4.2 研 究 目 标

在健康中国战略、应对老龄化战略、创新驱动发展战略需求导向下，本项目以老年人为中心，基于主动健康理念，聚焦社区适老化建设中的人因问题，通过近人体空间测量技术实现对我国老年人生理、心理、行为特性的量化表征，基于"人—机—环"系统理论科学确定社区通用设施交互要素和服务适老的设计技术要求，为我国健康老龄化场景的社区适老化提供标准化技术路径和解决方案。

4.3 研 究 内 容

本项目按照"需求牵引→特征量化→技术研究→推广应用"的总体思路实施，研究建立社区生活情境下的老年人生理、心理及行为异构数据表征方法及工效学数据库，研究社区通用设施与服务适老化的工效学技术要求与标准，建立适老化工效学要求符合性检测评价方法和认证规范，进行试点示范并形成社区适老化标准化技术路径，并从以下 5 个方面开展研究。项目总体技术路线如图 1 所示。

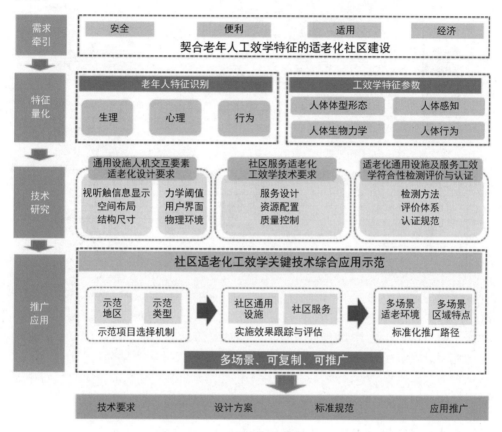

图 1　项目技术路线图

4.3.1　老年人生理、心理及行为数据的量化表征及工效学数据库建设

开展社区适老化设计和改造中人因问题识别及需求分析，建立老年人生理、心理、行为特征关键变量指标体系；构建基于老年人社区生活情境下生理、心理、行为感知监测体系，获取老年人特征指标数据并开展多源异构数据融合及量化表征研究；建立涵盖老年人形态、生理、心理、感知和行为特征的社区适老化多模态工效学数据库。课题一技术路线如图 2 所示。

4.3.2　社区通用设施人机交互要素适老化技术要求与标准研究

构建社区通用设施"人—机—环"系统模型，研究基于老年人工效学特征和健康生活需求的社区通用设施设计关键要素，形成完整覆盖社区通用设施的适老

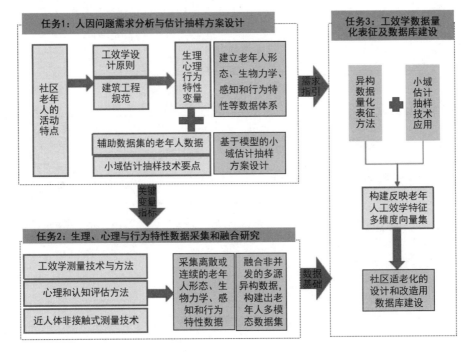

图 2 课题一技术路线

化要素清单；建立基于极值估计方法和稳健设计方法的通用设施设计方案，研究社区通用设施中视听触信息显示、空间布局、结构尺寸、力学阈值、用户界面、物理环境等人机交互要素的适老设计技术要求，并研制相关标准。课题二的技术路线如图 3 所示。

4.3.3 社区服务适老化工效学技术要求与标准研究

围绕社区生活情境，应用社区服务用户体验地图和卡诺模型，充分考虑老年人社区服务需求的多样性及其涉及健康问题而导致的复杂性，建立社区老年人的全场景、全过程、闭环的社区服务需求模型，解析老年人所需社区服务的服务设计、资源配置、质量控制的适老化工效学技术要求，并研制相关标准。课题三技术路线如图 4 所示。

4.3.4 社区通用设施和服务适老化检测评价方法和认证规范研究

研究基于适老化工效学的社区通用设施人机环交互要素关键量化指标检测方式，建立工效学符合性综合检测方法，并进行适老化工效学评价；研发通用设施中适老产品安全性能、物理环境性能等的工效学测试装置；研究社区通用设施和服务适老化的工效学符合性认证规范。课题四技术路线如图 5 所示。

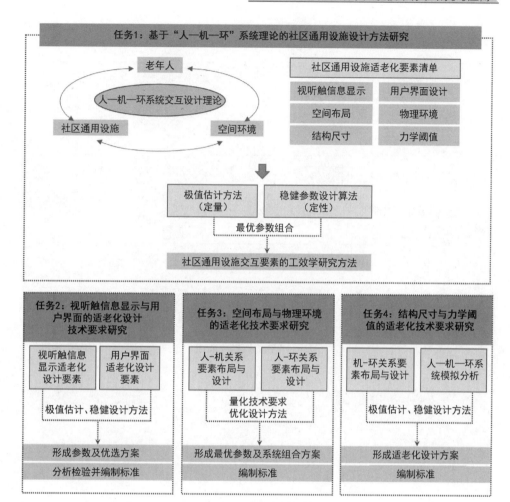

图 3　课题二技术路线图

4.3.5　社区适老化试点示范与标准化技术路径研究

综合考虑地域、经济、项目类型等要素，遴选具有代表性的适老化示范项目，研究制定与典型示范项目适老化建设目标相适应的通用设施和社区服务设计方案；开展示范项目建设过程的技术服务与指导，保障技术要求的全面落实，并对示范项目建成效果进行检测与评价，总结优化形成适应于健康老龄化场景的可复制、可推广的标准化技术路径。课题五技术路线如图 6 所示。

169

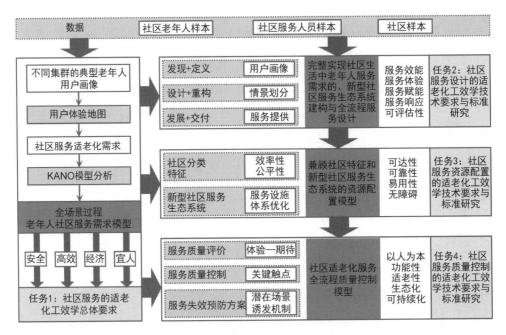

图 4　课题三技术路线图

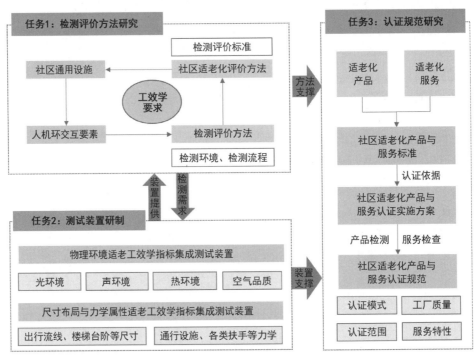

图 5　课题四技术路线图

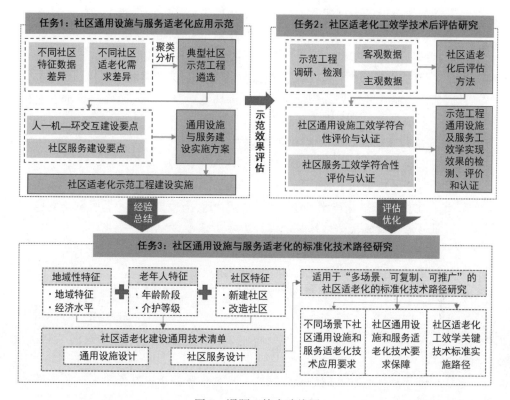

图 6   课题五技术路线图

4.4   预期研究成果

项目预期成果产出有数据库、国家标准、团体标准、认证规范、测试装置、研究报告、论文、发明专利、人才培养等，具体考核指标和成果形式如下：

1. 数据库和测试装置 3 套，成果形式为数据库和装置

（1）老年人生理、心理、行为数据库 1 个

（2）适老物理环境工效学测试装置 1 套

（3）适老产品力学属性工效学测试装置 1 套

2. 国家标准 9 项，成果形式为标准报批稿

（1）人体生物特征识别相关国家标准 2 项

（2）工效学数据统计相关国家标准 1 项

（3）社区通用设施适老化视听触信息显示及用户界面相关国家标准 1 项

（4）社区通用设施适老化照明相关国家标准 1 项

（5）社区通用设施适老化空间布局或物理环境相关国家标准 1 项

（6）社区服务设计的适老化工效学技术相关国家标准 1 项

（7）社区服务资源配置的适老化工效学技术相关国家标准 1 项

（8）社区服务质量控制的适老化工效学技术相关国家标准 1 项

3. 检测评价方法团体标准 2 项，成果形式为团体标准报批稿

社区通用设施尺寸布局、力学属性、物理环境适老化工效学检测评价方法相关团体标准 2 项，通过专家审查并发布。

4. 认证规范 3 项，成果形式为研究报告

（1）社区通用设施适老化工效学认证规范 2 项

（2）社区服务适老化工效学认证规范 1 项

5. 设计方案和标准化技术路径 3 套，成果形式为设计方案报告、研究报告

（1）社区通用设施极值估计算法设计方案 1 套

（2）社区通用设施稳健参数设计方案 1 套

（3）社区通用设施和服务适老化的标准化技术路径 1 套

6. 试点示范项目 5 个，成果形式为示范工程、试点示范应用报告

根据不同的地域、气候、文化和经济等条件，遴选 5 个试点示范，将项目研究成果集成技术进行应用示范。

7. 其他

社区适老化建设及技术应用研究报告 1 项；社区通用设施人机交互要素的适老化技术要求研究报告 1 项；社区服务适老化需求的工效学总体要求研究报告和社区服务设计、社区服务资源配置、社区服务质量控制的适老化工效学技术研究报告 4 项；社区通用设施尺寸布局、力学属性、物理环境适老化工效学检测评价方法研究报告 4 项；社区通用设施和服务适老化试点方案 1 项；社区适老化建设后评估方法 1 套；申请发明专利 6 项，授权发明专利 4 项，发表论文 10 篇，人才培养 10 人。

作者：周海珠[1] 李哲林[2] 刘晓钟[3] 周颖[4] 齐海梅[5]（1. 中国建筑科学研究院有限公司；2. 华南理工大学；3. 北京市建筑设计研究院有限公司；4. 东南大学；5. 北京医院）

5 城区与街区减碳关键技术联合研究与示范

5 Joint research and demonstration for carbon reduction key technologies in urban areas and neighborhoods

项目编号：2022YFE0208700
项目牵头单位：中国建筑科学研究院有限公司
项目负责人：李晓萍
项目起止时间：2022年11月至2025年10月

5.1 研究背景

2021年末我国碳排放总量超过100亿t，约占世界总量的31%，其中城市碳排放所占比例达到70%以上，城市是应对气候变化、实现碳中和的主战场。城市规划对城市低碳发展具有战略引领性和刚性控制作用，目前还存在碳排放基础数据国际互认不足、规划减碳顶层设计少、多系统耦合集成减碳技术缺乏的问题，亟需借鉴国外先进国家和地区在碳排放核算方法和低碳规划方面的先进经验，联合开展我国城市建设领域减碳关键技术攻关研究。

5.2 研究目标

项目以贯彻落实我国双碳战略为导向，以推动城市建设领域碳中和为目标，建立与国际接轨、边界清晰的城市建设领域碳排放统计核算方法体系，构建碳约束目标下城区和街区多系统耦合规划减碳关键技术，开发完全自主知识产权的气候适应性规划支持平台和综合能源智能调控平台，为城区和街区低碳/零碳规划建设提供技术和方法支持。

5.3 研究内容

项目聚焦城区和街区低碳发展需求，解析城市建设领域多空间尺度、多系统耦合特性下碳排放一致性核算问题，厘清城区和街区多系统协同规划减碳作用机理，打通城区和街区规划建设多系统协同减碳障碍，建立城市建设领域碳排放统计核算方法，形成城区和街区多系统集成规划减碳关键技术和支持工具，并进行示范应用。具体工作分为5个任务，项目总体技术路线如图1所示。

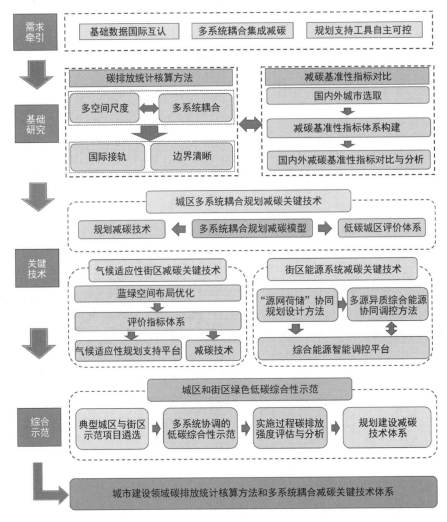

图1　项目技术路线图

5.3.1　城市建设领域碳排放统计核算体系构建与减碳基准对比研究

系统开展国内外城市建设领域相关碳排放核算方法体系对比研究，厘清核算范围、核算内容、核算方法之间的异同点以及适用于城市建设领域各系统核算的可行性，基于"自下而上""自上而下"的碳排放核算原则，提出与国际接轨、边界清晰的城市建设领域碳排放核算方法学，编制城市建设领域透明、可比的碳排放清单数据库，同时构建城市减碳基准性指标体系，开展国内外相关城市减碳基准性指标对比研究。任务一技术路线如图2所示。

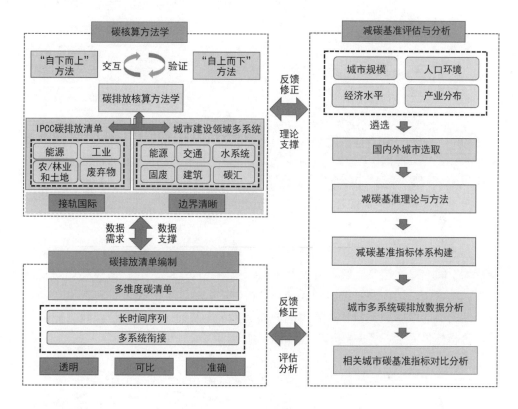

图2 任务一技术路线图

5.3.2 碳目标约束下的城区多系统耦合规划减碳关键技术研究

遴选具有地域、规模代表性的城区，总结分析空间布局、能源、交通、水系统、固废、建筑、自然生态与人工碳汇等对城区碳排放的影响，探究多系统耦合作用下的碳排放规律和相互作用机理，研发规划方案实施碳排放强度评价模型，实现多情景、动态化、可视化评价，研究以碳排放为关键指标的低碳城区评价指标体系，形成城区科学规划减碳方法和技术。任务二技术路线如图3所示。

5.3.3 街区气候适应性蓝绿空间布局优化与减碳关键技术研究

建立多维度街区模型数据库，进行气候环境与街区蓝绿空间关联关系分析，

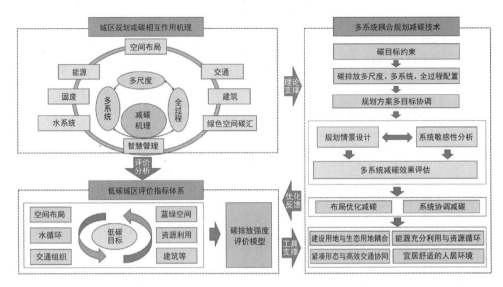

图 3 任务二技术路线图

集成和研发基于洪涝、干旱、热环境、减碳增汇、经济 5 个维度气候适应性指标的蓝绿空间布局措施工具箱，开发基于蓝绿空间布局优化的气候适应性规划支持平台；结合街区层面多系统协同和动态调控方法，构建生态友好、资源循环、安全韧性的街区减碳关键技术；通过国内外指标对比及动态模拟验证，建立低碳街区评价指标体系。任务三技术路线如图 4 所示。

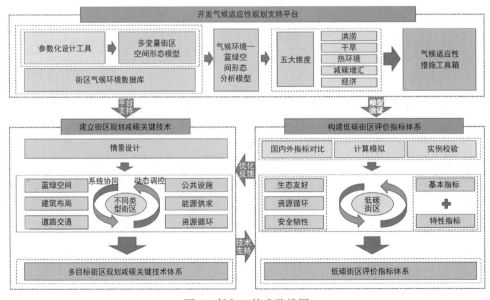

图 4 任务三技术路线图

5.3.4　街区低碳综合能源系统优化布局关键技术与智能调控平台研究

开展可再生能源及储能技术经济性评估和技术成熟度分析，构建适用于街区级综合能源系统物理架构，研究适用"源荷"不确定性的街区级"源网荷储"协同低碳能源系统优化布局的碳中和技术，研究可再生能源出力与街区负荷预测技术，研发街区级建筑群柔性潜力预测技术，研究街区级多源异质综合能源的协同调控方法，通过"源网荷储"动态预测、协同调控及运营模式自适应研究，开发基于机器学习技术的综合能源智调平台。任务四技术路线如图5所示。

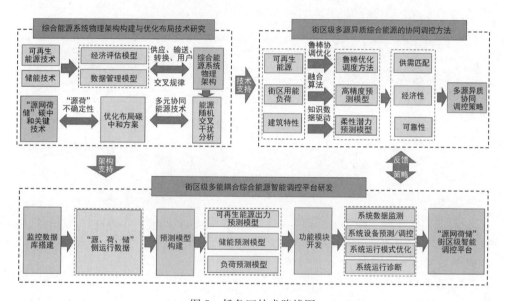

图5　任务四技术路线图

5.3.5　城区和街区绿色低碳关键技术应用与综合性示范

遴选典型城区与街区进行应用示范，研究并建立城区与街区减碳效果评估方法，评估碳目标约束下的多系统耦合规划减碳关键技术和数字化工具平台的实用性和适用性，总结示范工程实施经验，建立同步考虑场景差异性和通用性的低碳城区与街区规划建设技术体系。任务五技术路线如图6所示。

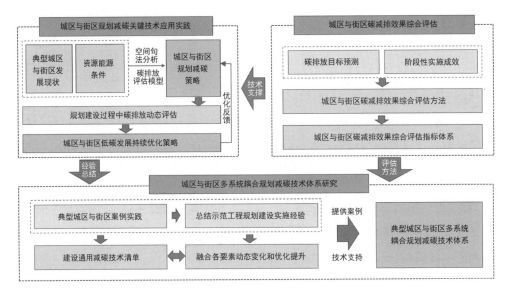

图 6 任务五技术路线图

5.4 预期研究成果

项目预期成果产出有政策建议、专著、团体/行业标准、工具/平台、示范项目、国际交流与合作、研究报告、论文、发明专利、人才培养等，具体考核指标和测评方式如下：

1. 政策建议

完成国内外相关城市减碳基准性指标的对比相关政策建议 1 份。通过专家鉴定并报送相关部门。

2. 专著

编制城市碳排放统计核算相关专著 1 部，低碳城区规划相关专著 1 部。签订出版合同或出版。

3. 团体/行业标准

编制低碳城区评价标准 1 项，低碳街区评价标准 1 项，形成报批稿，以报批函为准。

4. 工具/平台

建立城市建设领域碳排放数据库 1 项；研发规划方案实施碳排放强度评价模型 1 项；开发气候适应性规划支持平台 1 项；开发街区级能源智能调控平台 1 套。获得软件著作权 4 项并通过专家鉴定。

5. 示范项目

完成多系统耦合的绿色低碳/零碳城区和街区综合性示范项目 3 个，通过专家评估。

6. 国际交流与合作

与 5 个国家（地区、国际组织）开展城区与街区规划减碳关键技术研究与标准合作，提供技术合作或研究成果等相关证明材料；召开城区与街区规划减碳技术国际交流与研讨会议 3 次，提供会议通知、会议现场照片、参会人员签字等证明材料。

7. 研究报告

完成研究报告 15 份，包括城市碳排放统计核算相关技术指南研究报告 1 份、国内外相关城市减碳基准性指标的对比研究报告 1 份、规划减碳相关技术研究报告 1 份、低碳城区评价指标相关研究报告 1 份、低碳城区评价模型相关研究报告 1 份、城市低碳街区规划减碳技术导则 1 份、气候环境—蓝绿空间形态分析模型相关研究报告 1 份、蓝绿空间优化布局措施工具箱设计相关研究报告 1 份、低碳街区评价相关研究报告 1 份、综合能源系统物理架构设计研究报告 1 份、能源优化布局碳中和技术研究报告 1 份、能源系统协同调控方法相关研究报告 1 份、城区和街区绿色低碳和零碳试点方案 1 项、减碳效果评估指标及方法研究报告 1 份、城区和街区规划建设管理减碳技术体系 1 套，通过专家鉴定。

8. 论文

发表论文 19 篇，提交期刊封面、目录、标题页，国外论文以 DOI 为准。

9. 发明专利

申请或授权发明专利 2 项，包括街区级综合能源系统物理架构相关专利 1 项、协同调控策略相关专利 1 项，申请或授权。

10. 人才培养

人才培养 13 人，获得学位或者职称晋升。

作者：李晓萍[1]　霍达[2]　闫水玉[3]　袁敬诚[4]　孔祥飞[5]（1. 中国建筑科学研究院有限公司；2. 清华大学；3. 重庆大学；4. 沈阳建筑大学；5. 河北工业大学）

6 建筑光伏系统仿真与设计软件
6 Simulation and design software for building PV system

项目编号：2022YFB4201000
项目牵头单位：中国建筑科学研究院有限公司
项目负责人：何涛
项目起止时间：2022年12月至2025年11月

6.1 研 究 背 景

在建筑领域大力发展光伏发电等可再生能源应用是落实国家节能减碳战略的关键技术路径，我国先后发布《国务院关于印发2030年前碳达峰行动方案的通知》（国发〔2021〕23号）《住房和城乡建设部 国家发展改革委关于印发城乡建设领域碳达峰实施方案的通知》（建标〔2022〕53号），要求优化建筑用能结构，推广光伏发电与建筑一体化应用。然而，与常规地面电站相比，建筑光伏一体化形式多样，系统涉及发、储、并、用多环节，太阳能资源与负荷不同步、建筑与光伏间双向耦合影响，传统设计方法未能全面考虑对建筑功能、性能、安全的影响，亟待开发精细、准确的动态仿真与设计方法及软件。项目研究的主要问题如图1所示。

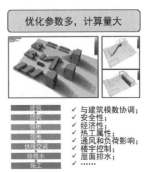

图1 项目研究的主要问题

6.2 研 究 目 标

针对我国资源气候多样、建筑类型众多，建筑光伏系统除发电外还应满足安全、功能、舒适、节能、美观要求，影响因素多，缺乏仿真设计软件的问题，提出我国光伏建筑典型设计方案与多指标量化综合评价方法；探究光伏组件应用到建筑过程中，建筑、结构、电气、节能等方面仿真计算的关键方法，构建涵盖光/电/热/力等多物理场光伏系统仿真模块；研究多专业协同、数字化设计、沉浸式模拟等新型设计模式，开发建筑光伏系统发电、载荷、效益等精细化算法；最终完成可设计最大系统规模 100MW 以上的建筑光伏系统仿真与设计软件及平台，并在实际工程进行示范应用与验证，支撑我国建筑光伏高水平、高质量发展。

6.3 研 究 内 容

项目基于我国资源、气候与建筑特点，结合光伏与建筑电气、载荷、保温等一体化集成设计要求，开展"设计目标量化、多物理场建模、联合仿真优化、系统精细设计、协同软件搭建"5 方面内容研究，如图 2 所示，按照"设计评价方法、算法模块开发、软件平台搭建、示范应用验证"的技术路径，以光/热/电/力等多物理场耦合规律为研究重点，研发建筑光伏精细化设计与高性能仿真技术，并开发软件与平台，通过示范进行验证和优化。

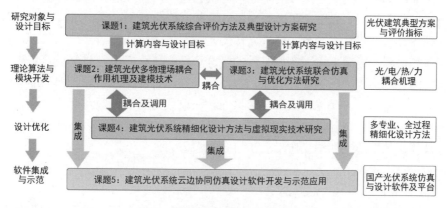

图 2　项目研究内容及课题设置

6.3.1　建筑光伏系统综合评价方法及典型设计方案研究

针对光伏建筑的各种基本性能，研究建筑形体特点、负荷特征、光伏资源利用率等多要素影响下的建筑光伏集成方式、建筑电气与光伏系统耦合策略及光伏建筑典型设计方案。研究集成方式、安装构造、安装环境等因素对建筑性能、安全性能、发电效率的影响。研究建筑光伏系统综合评价关键指标的变化机理，提出涵盖经济性、安全性、建筑节能性、建筑性能、屋面利用率、日照遮挡、减碳量等的评价指标体系，形成建筑光伏系统综合量化评价方法。建筑光伏系统综合评价方法及典型设计方案研究如图3所示。

图3　建筑光伏系统综合评价方法及典型设计方案研究

6.3.2　建筑光伏多物理场耦合作用机理及建模技术研究

研究建筑间遮挡等作用影响下建筑光伏表面辐照、温度、风速等参数时空分布规律，分析辐照、温度、风速耦合机理及相互影响机制，提出求解环境参数的快速计算方法。研究不同形式建筑光伏的光/电/热多物理场耦合作用机理，建立建筑与光伏相互影响下不同类型组件的光电热性能计算模块，并分析建筑光伏对建筑室内光热环境的影响。开展风、雪动态条件下光伏组件及安装构件的载荷分布研究，分析结构的受力特点和变形情况，获取载荷取值范围及变化规律，建立并提出动态载荷分布计算模块和支撑结构设计方法。建筑光伏多物理场耦合作用机理及建模技术研究如图4所示。

6.3.3　建筑光伏系统联合仿真与优化技术研究

研究光伏、蓄电池、负荷以及逆变器等多设备的精细理论模型，并搭建涵盖"发—储—供—用"等环节于一体的建筑光伏系统综合数学模型，动态分析离网、并网、储能等多运行模式条件下动态能量平衡与损失。研究30年建筑光伏性能衰减规律与多设备复杂系统联合仿真技术，并开发针对多运行模式和长时间序列的并行计算方法，实现系统全生命周期的高性能与高精度运行仿真。针对不同的

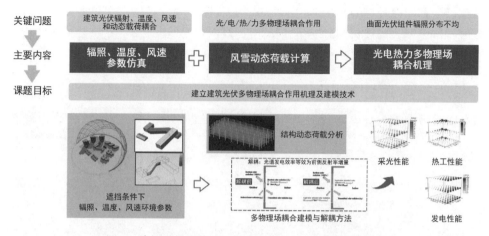

图 4 建筑光伏多物理场耦合作用机理及建模技术研究

建筑光伏应用场景,提出合理的运行模式并开发相应的控制策略,研究设备容量配置与运行控制策略的联合寻优算法,实现多种应用场景下的建筑光伏系统仿真与优化设计。建筑光伏系统联合仿真与优化技术研究如图 5 所示。

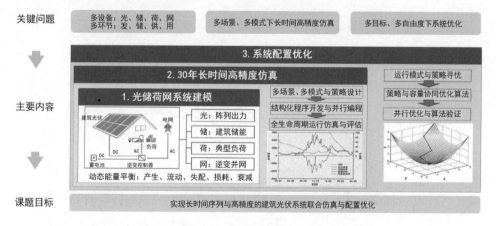

图 5 建筑光伏系统联合仿真与优化技术研究

6.3.4 建筑光伏系统精细化设计方法与虚拟现实技术研究

研究符合我国建筑设计标准和规律的建筑、结构、电气、节能多专业协同设计流程,量化分析建筑光伏系统发电、储能、调配、消纳等环节特性,提出并网、离网、混合系统类型,建筑附加式、一体化光伏系统形式的技术适用性。建立涵盖组件布局优化、构造节点设计、系统拓扑结构与设备选型计算的精细化设计方法,提出动态仿真的系统方案、边界条件及运算策略。研发可分析任意朝向直射、散射辐射的气象数据库,融合性能、碳足迹和经济性指标的光伏组件与设备部品数据库以及典型光伏形式构造节点数据库。开发虚拟现实辅助设计与仿真系统，沉浸式、可视化地展示仿真结果以验证设计效果。建筑光伏系统精细化设计方法与虚拟现实技术研究如图 6 所示。

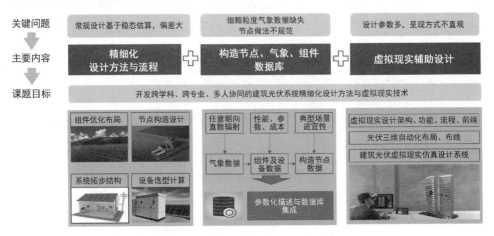

图 6　建筑光伏系统精细化设计方法与虚拟现实技术研究

6.3.5　建筑光伏系统云边协同仿真设计软件开发与示范应用

针对大规模建筑光伏系统协同设计的仿真计算需求，从适用于大规模复杂建筑光伏系统的云边协同仿真架构设计、跨专业多人协同的仿真设计软件平台开发、典型建筑光伏系统示范实证等几个方面开展研究，研制建筑光伏云边协同仿真与设计软件平台。建设覆盖不同技术路线的建筑光伏示范系统。研发示范系统气象、电气、载荷等实证数据采集技术，提供长期实证数据校验软件平台功能与性能。建筑光伏系统云边协同仿真设计软件开发与示范应用如图 7 所示。

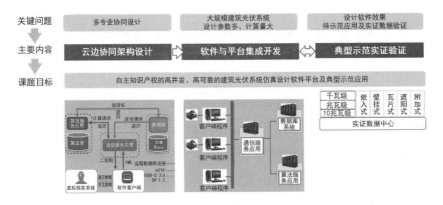

图 7　建筑光伏系统云边协同仿真设计软件开发与示范应用

6.4　预期研究成果

项目预期形成建筑光伏系统仿真与设计软件及平台，并进行示范应用与验证，主要研究成果如下：

6.4.1　建筑光伏系统精细化设计与综合评价方法

建立建筑与光伏双向影响下，光伏发电性能和建筑基本性能、结构与电气安全、经济性与节能减碳等多因素的建筑光伏系统综合评价方法和典型设计方案，研究多专业协同设计流程，基于动态仿真建立涵盖组件布局优化、构造节点设计、系统拓扑方式与设备选型计算的精细化设计方法，为建筑光伏系统工程提供从设计目标、流程到基础数据在内的全过程方法依据。

6.4.2　明确建筑光/电/热/力耦合机理与解耦方法

建立建筑相互遮挡、围护结构保温隔热、室内外环境参数动态影响下的光/电/热/力等多物理场数学模型和解耦求解方法，形成建筑表面复合物理场辐射、温度及风速快速计算方法，支撑建立环境参数仿真、光伏与建筑耦合仿真、动态载荷仿真、建筑光伏系统仿真模块，有效提升建筑光伏系统动态仿真准确性。

6.4.3　多专业协同仿真与设计软件及平台

针对跨学科、跨专业设计要求，研发基于云边协同设计软件架构，满足多用户协同、数字化设计、沉浸式模拟等新型设计模式，集成建筑光伏系统发电、载荷、效益等多物理场耦合模块，开发性能和功能领先的仿真与设计软件以及多专业协同平台。

作者：李博佳[1]　边萌萌[1]　何涛[1]　张昕宇[1,2]（1. 中国建筑科学研究院建筑环境与能源研究院；2. 建科环能科技有限公司）

7 零碳建筑控制指标及关键技术
研究与应用

7 Research and application of zero-carbon building
control indicators and key technologies

项目编号：2022YFC3803300
项目牵头单位：中国建筑科学研究院有限公司
项目负责人：徐伟
项目起止时间：2022 年 10 月 至 2025 年 10 月

7.1 研 究 背 景

2015 年 12 月，联合国气候变化大会首次提出到 2050 年使建筑物达到净零碳排放的发展目标。2022 年，政府间气候变化专门委员会 IPCC 第六次评估报告建筑篇指出，未来十年对于把握建筑领域的碳减排潜力至关重要。建筑物及建筑群迈向低碳、零碳是达到碳中和的重要发展节点，各国纷纷响应，全球趋势向好。

2021 年，中共中央、国务院发布的《中共中央 国务院关于完整准确全面贯彻新发展理念做好碳达峰碳中和工作的意见》（中发〔2021〕36 号）以及国务院发布的《国务院关于印发 2030 年前碳达峰行动方案的通知》（国发〔2021〕23 号）均指出：加快推进低碳建筑规模化发展。中共中央办公厅、国务院印发的《关于推动城乡建设绿色发展的意见》中指出"发展零碳建筑"。2022 年 7 月，住房和城乡建设部、国家发展改革委发布《住房和城乡建设部 国家发展改革委关于印发城乡建设领域碳达峰实施方案的通知》（建标〔2022〕53 号）中指出"推动低碳建筑规模化发展，鼓励建设零碳建筑和近零能耗建筑"。以上政策都为我国未来低碳、零碳建筑提供了广阔的发展前景。

图 1 为中国建筑科学研究院有限公司光电零碳示范建筑。

图1　中国建筑科学研究院光电零碳示范建筑

7.2　研　究　目　标

基于建筑形式、气象特征、面向未来的能源结构，项目以零碳建筑控制指标体系建立和全过程评价为先导，以建筑能耗和碳排放计算工具研发为支撑，研究能源系统优化配置及精准协同控制技术，研发低碳外墙保温体系和关键产品，建立零碳建筑技术体系并完成集成示范。

7.3　研　究　内　容

7.3.1　零碳建筑控制指标与全过程评价研究

界定我国零碳建筑边界和内涵，建立适合国情的零碳建筑分级控制指标体系；建立覆盖全国不同气候区的全品类建材碳排放因子基础数据库，构建低碳建材测评技术体系；研究零碳建筑设计方法；提出施工过程碳排放监测与核算相结合的低碳施工评价方法；构建零碳建筑运行评价性能指标及碳排放监测评价方法。

7.3.2　建筑碳排放计算方法研究与工具开发

研究基于现代数值求解理论的建筑热过程高精度快速求解方法；建立架构清晰、数据完整、更新机制明确的碳排放因子数据库；开发基于零碳建筑可再生能源利用的动态仿真模型；研发面向工程应用的准确、易用的建筑能耗与碳排放计算评价工具。

7.3.3　用能负荷与能源供给匹配及协同控制技术研究

提出零碳建筑用能负荷特性分析及预测方法；以成本控制和环境影响为目标，建立零碳建筑冷、热、电多能源供给系统的优化配置方法，提出多能源系统分布式协同控制技术。

7.3.4　碳外墙保温体系研发与数据库建设

开展零碳建筑对墙体保温的节能、绿色、安全、耐久等综合需求研究，提出新型保温材料和部品的性能指标要求；研发适用于零碳建筑的新型保温材料、部品及体系，开展关键性能的标准化测试方法研究；建立涵盖墙体、保温材料、门窗等高性能围护结构热工性能数据库。

7.3.5　零碳建筑标准研究编制与技术集成示范研究

研究编制国家标准《零碳建筑技术标准》。2021年4月，国家标准《零碳建筑技术标准》启动会召开，与国外发达国家相比，我国在气候特征、建筑室内环境、居民生活习惯等方面都有独特之处，发达国家技术体系无法完全复制，需要针对我国具体情况建立零碳建筑控制指标体系，开展全过程评价及关键技术研究，研发设计工具与关键产品，相关科研课题也在陆续开展。《零碳建筑技术标准》由30家单位40位编委联合编制，以"支撑指导任务分解、综合考虑分级覆盖、逐步迈向能碳双控、保持全口径碳覆盖"为原则开展编制，为建筑领域碳达峰的路线图和时间表的确认起到重要支撑作用。

开展减碳总量和增量成本约束下的零碳建筑技术集成研究；开展不同气候区不同类型零碳建筑工程示范，验证设计、建造与运行评价方法，并完成运行阶段追踪测试研究；研究不同零碳建筑推广模式对建筑部门节能减碳和能源结构调整的量化影响。项目研究内容与课题设置如图2所示。

7.4　预期研究成果

项目将明确我国零碳建筑发展目标，提出不同气候区实现目标的技术途径，带来设计、控制方法的变革，带动相关产业和技术的升级换代，新增千亿以上的经济效益，从而推进建筑节能和绿色建筑向更高水平发展，对建筑领域实现双碳目标具有重要作用。项目重要预期成果如下：

1. 低碳/近零碳/零碳建筑控制指标体系；
2. 国家标准《零碳建筑技术标准》；
3. 零碳建筑能源供需协同控制技术3项，用能效率提高10%以上；

关键问题	定义内涵	性能指标	设计方法	软件工具	技术体系	关键技术	国家标准	工程示范

课题设置	课题1 零碳建筑控制指标与全过程评价研究	课题2 建筑碳排放计算方法研究与工具开发	课题3 用能负荷与能源供给匹配及协同控制技术研究	课题4 低碳外墙保温体系研发与数据库建设	课题5 零碳建筑标准研编与技术集成示范研究
研究内容	1. 控制指标研究 2. 建材评价方法 3. 减碳设计方法 4. 施工评价方法 5. 运行评价方法	1. 热过程解析方法 2. 碳排放计算工具 3. 建材碳排放计算 4. 合规评价工具	1. 负荷特性预测 2. 系统优化配置 3. 精准协同控制 4. 外网交互优化	1. 性能需求研究 2. 气凝胶复合绝热 3. UHPC复合气凝胶 4. 复合硅墨烯 5. 材料测试方法 6. 数据库开发	1. 国家标准研编 2. 技术集成研究 3. 典型工程示范 4. 达峰情景贡献

图 2　项目研究内容与课题设置

4. 开发保温材料与部品 6 项，编制产品标准、工法及图集；

5. 高性能围护结构热工性能数据库，纳入材料与部品不低于 2000 项；

6. 适宜成本下的示范工程 10 万 m^2 以上。

图 3 为项目潜在示范工程。

延庆护林员之家——零碳小屋改造

国家电网能源互联网产业雄安创新中心

北京中海金融中心1号写字楼

上海市临港新片区105社区金融东九项目

天合光能上海国际总部项目1号楼

北咨大厦近零碳建筑示范项目

中国能建大厦二期项目

嘉定未来城市市集项目

中建壹品澜荟（商务）一期项目

广州设计之都

无锡美术馆建设项目

微盟总部项目

国网湖北黄冈供电公司生产综合用房

都市发展零碳建筑示范基地2号楼

贵州电网有限责任公司电力科创园生产用房

图 3　项目潜在示范工程

作者：徐伟[1,2]　张时聪[1,2]　杨芯岩[1,2]（1. 中国建筑科学研究院有限公司；2. 建科环能科技有限公司）

第四篇 | 交流篇

　　本篇针对绿色建筑发展过程中的热点问题、理论研究及技术实践等，从学组提交的文章报告中选取了8篇文章，分别从零碳建筑、超低能耗建筑发展、农房室内环境、城市和社区统筹改造以及近期大火的数字智能方面为读者展示绿色建筑发展现状及发展趋势。本篇旨在通过绿色建筑各方面的交流，共同提高相关关键技术的新理念、新技术，助力推动我国绿色建筑的高质量发展。

　　建筑行业体量大，在贯彻落实国家双碳战略、降低建筑行业碳排放方面面临巨大挑战，零碳建筑是建筑领域实现"双碳"目标的必由之路，零能耗学组的《零碳建筑设计与实践探索》一文，系统阐释了零碳建筑的发展历程、指标体系，并通过项目示例进行介绍。夏热冬冷地区是要同时解决建筑舒适度与降低能耗问题的关键区域，绿色建筑规划设计组分享了《上海市超低能耗建筑实践特征与发展展望》，也有助于该气候区建筑碳排放的降低。建筑室内环境组分享了农房建筑室内环境品质提升，基于围护结构集成提升和能源资源综合利用，耦合式能源资源优化应用于环境适宜性改善技术体系，并在重庆市黔江区新建村、重庆市武隆区文凤村开展示范。绿色建材与设计组分享了城市和社区公共空间片区统筹改造研究，对于目前巨量的既有建筑社区的品质提升中存在的问题进行了分析并提出方法建议，并对北京市朝阳区水碓子西里社区改造进行了系统介绍。绿色智能组发表了《数字驱动、AI赋能城市建筑智慧低碳发展》一文，契合了当前 ChatGPT 以及 AI 技术等新技术展现出的对建筑领域新变革新机遇的展望，助力城市建筑智慧发展。立体绿化组以北京种植屋面作为研究对象进行了测量和监测，便于更准确地定量计算种植屋面对城市碳中和的作用。绿色建筑软件与应用组展示了国产 BIMBase 平台的应用，包括进行碳排放计算以及围护结构的优化分析。

1 零碳建筑设计与实践探索

1 Appropriate design and practice for zero carbon buildings

1.1 引　　言

2020年9月22日，习近平主席于第七十五届联合国大会上提出："中国将提高国家自主贡献力度，采取更加有力的政策和措施，二氧化碳排放力争于2030年前达到峰值，努力争取2060年前实现碳中和。"建筑领域由于高排放、高能耗等特点备受关注，双碳目标的提出对建筑领域节能减碳提出了新的要求，零碳建筑成为建筑领域降低化石能源消耗的重要方式。

国家标准《零碳建筑技术标准》已于2022年3月正式启动编制，编制专家团队经过对各国零碳建筑政策与标准的充分调研分析，综合对比零碳建筑度量方式、计算周期、计算边界和技术指标，对建筑碳排放计算基准、能碳关系、计算边界、技术指标进行讨论，形成适合我国国情的零碳建筑体系架构。

1.2 零碳建筑定义发展历程

1.2.1 欧洲

2002年，欧盟颁布了《建筑能源绩效指令》（Energy Performance in Buildings Directive，EPBD），并在2010年对该指令进行了修订，提出通过提高能源效率、发展可再生能源、生物经济、天然碳汇、碳捕捉等技术实现2050年"碳中和"目标[1]。2017年，欧盟在"欧洲清洁能源"计划中提出2030年温室气体排放相比1990年下降40%，能源消费中可再生能源比例至少要达到32%[2]，2050年排放下降80%[3]。2021年10月，英国政府宣布，到2037年英国公共建筑直接碳排放下降75%，到2050年建筑领域供热系统达到零碳排放。

欧盟在实施建筑领域低碳发展的过程中，与马德里、都柏林等8个城市展开合作，试点推行低碳建筑，并设立2050年建筑领域达到零碳排放的长期目标。此外，巴黎、伦敦等城市签署了世界绿色建筑委员会的《净零碳建筑宣言》，承诺在 2030 年前新建建筑达到净零碳标准，2050 年前实现所有建筑净零碳标准[4]。奥斯陆则承诺，到 2030 年新建建筑和改造建筑的碳排放量至少降低 50％。

1.2.2　美国

美国长期以来致力于建筑领域低碳发展，在政府的推动下，美国能源部向有意设立净零碳目标的州、城市和组织提供所需资源，这一计划促成了一系列积极的地方政策，旨在通过以规范的形式推动零碳建筑发展，这其中既包含实施强制性的净零碳建筑标准，同时也以配套政策辅助逐步实现净零碳目标，作为市场化先导，其当前主要的实施主体集中于新建市政建筑和市政资助的经济适用住房[5]。

1.2.3　中国

中国在建筑领域低碳发展方面也做出了重要贡献，2014 年 3 月，国家发展和改革委员会宣布了发展 1000 个低碳社区的计划[6]，这是我国在低碳领域的早期探索。2017 年，香港特区政府制定了 2030 年气候行动计划，明确了 2030 年建筑领域碳排放强度比 2005 年降低 65％～70％的发展目标，该计划相当于在 2025 年的目标基础上再降低 50％左右。2019 年我国发布国家标准《建筑碳排放计算标准》GB/T 51366—2019 [7]。2021 年 9 月 22 日，《中共中央　国务院关于完整准确全面贯彻新发展理念做好碳达峰碳中和工作的意见》中提出，加快推进超低能耗建筑、近零能耗建筑和低碳建筑规模化推广。同年 10 月，中共中央办公厅、国务院办公厅印发了《关于推动城乡建设绿色发展的意见》，提出大力推广超低能耗、近零能耗建筑，发展零碳建筑。

1.2.4　其他地区

除欧洲和北美外，澳大利亚、新加坡等国家也相继提出零碳建筑的定义和技术发展路径，建立中长期发展愿景，并逐渐制定以碳中和城市为目标。表 1 给出了不同国家对零碳建筑的定义。

各国零碳建筑名词与定义　　　　　　　　　表 1

年代	国家	名词	定义
2006	英国	零碳建筑 Zero carbon building	1 年的周期内建筑净碳排放量为零
2006	美国	净零能源排放建筑 Net-Zero Energy Emissions building	1 年周期内，建筑物产生的可再生能源的减排量应等于或大于其能源消耗的温室气体排放量
2011	澳大利亚	零排放建筑 Zero emission building	1 年周期内，建筑服务系统直接排放与间接排放总量达到净零

年代	国家	名词	定义
2020	美国	零碳建筑 Zero carbon building	在1年内仅通过建筑可再生能源或场外采购可再生能源满足自身能源需求的高效建筑

1.3 零碳建筑指标体系发展

1.3.1 建筑能耗与碳排放的关系

零能耗建筑和零碳建筑的区别一直是建筑节能领域关心的重要议题。二者皆以节能降碳为目标，零能耗建筑采用"被动优先、主动优化、可再生能源平衡"的技术原则，通过不断降低能源消耗和增加可再生能源利用来实现节能降碳，其衡量准则更加直接。零碳建筑的本质是消除建筑能源消耗中化石能源部分，且其通过本地及周边可再生能源利用、碳交易、绿色电力等综合技术手段和金融机制实现零碳建筑，从一定意义上来说是放宽了建筑对能源消耗绝对值的约束，转而从能源的供给模式上开启新的探索。

1.3.2 零碳建筑计算边界的探讨

零碳建筑作为我国建筑节能标准体系内代表前瞻性和国际性的重要一环，由于《零碳建筑技术标准》尚未正式发布，因此并无从国家标准层面的权威定义，此处从科学论述的角度，分时间周期和物理边界2个维度对零碳建筑计算边界进行综合论述，详见图1。

从时间维度上来说，现有零碳建筑计算周期有月、年和全寿命期3种方式。从建筑运行角度考虑，采用逐年方式进行碳排放平衡计算可靠度较高，此种方式得到了较为广泛的应用。也有学者认为采用全寿命期碳排放计算更为合理，此种方式可将建筑运行、建材、施工等碳排放进行分阶段计算，但存在计算范围与工业、交通领域重叠等问题。从运行的角度，采用短匹配周期（逐月）可以更好地体现出能源需求与能源供给之间的响应关系，但同时也存在着不能妥善解决供需匹配差异较大等问题。

从计算物理边界上来说，建筑红线外可再生能源的利用和电动汽车连接建筑进行充电是否纳入碳排放计算，一直是值得探讨的问题。多数学者认为，光伏系统应限制在建筑红线之内，通过采用屋顶光伏系统以及建筑光伏一体化来平衡建筑用能，但在现有技术水平下，尤其对多层、高层建筑而言，利用建筑本体可再生能源实现零碳目标较为困难。还有学者认为，将办公建筑附近停车场的光伏系统发电供建筑所用，可能是未来建筑的热门解决方案。

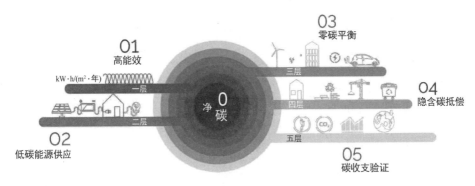

图 1　零碳建筑定义示意图

计算边界的划定对建筑碳排放计算有着重要影响。零碳国标编制团队在系统调研并分析各国不同评价体系间对计算边界确定过程存在的差别后发现，在联合国政府间气候变化专门委员会的理论体系中，根据全统计口径，将建筑侧碳排放分为直接排放与间接排放，并认为建筑领域需重点解决直接排放问题，包括供暖、生活热水、炊事[8]。英国 BREEAM 建筑评估体系在能源部分对建筑碳排放提出要求，计算边界包括供暖、通风、空调与照明[9]。美国绿色建筑委员会（USGBC）于 2018 年推出了 LEED Zero Carbon 认证体系，LEED 零碳认证中，碳排放包括建筑所用的电力和燃料消耗产生的碳排放，同时将人员交通产生的碳排放计算在内[10]。美国 "Architecture 2030" 出台的 Zero Code 2.0 中要求对供暖、通风、空调、照明、生活热水和插座的碳排放进行计算。各评价体系的碳排放计算范围均在建筑运行阶段内，不同评价体系给出的具体计算边界见表 2。

不同国家零碳建筑相关标准中的计算边界指标　　表 2

评价体系	生产阶段	运输阶段	建造阶段	运行阶段							拆除阶段
	建材生产	建材运输	建筑建造	供暖	通风	空调	照明	生活热水	插座	炊事	建筑拆除
IPCC				✓				✓		✓	
BREEAM				✓	✓	✓	✓				
LEED zero carbon				✓	✓	✓	✓	✓	✓	✓	
Zero Code 2.0				✓	✓	✓	✓	✓	✓		

1.4 建筑一体化可再生能源应用技术

1.4.1 建筑能源侧设计面临变革

从全球范围来看，目前零碳建筑的理念还集中于通过被动式手段对小体量或低容积率实现建筑零碳。例如，在气候适宜地区增加通风，在低纬度地区强化遮阳，在低层建筑屋顶铺设光伏板等，这其实在一定程度上强调了建筑所在地区的自然气候因素，限制了零碳建筑的设计思路和应用推广。

相较于零能耗建筑而言，零碳建筑在"被动优先、主动优化"的基础上，对可再生能源的应用更加全面和深刻地进行了诠释，一个成功的零碳建筑应该是在可再生能源应用中融进被动式手段，并通过多样化的技术手段在建筑用能机电系统上有所体现。

1.4.2 零碳建筑设计方法

在零碳建筑的理念探索中，从区域推广和考虑能源供给代价较高的地区的角度，应优先考虑本体消耗。本文以我国海南岛文昌市淇水湾旅游度假综合体零碳建筑改造项目为例，阐述零碳建筑的设计思路和未来发展方向。如图2所示，建筑总面积为2.24万 m^2，西侧为旅游度假综合体1号楼，东侧为旅游度假综合体2号楼。

改造方案和路径的制定原则见图3。

图2 淇水湾旅游度假综合体实景图

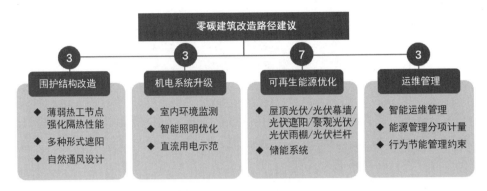

图 3 零碳建筑改造技术路径

（1）确立"零能耗""零碳"的双零原则，以《公共建筑节能设计标准》GB 50189—2015为节能设计基准；

（2）被动式技术优先，强化围护结构保温隔热性能，强化建筑整体遮阳，核检自然通风效果应用情况；

（3）主动式技术优化：通过智能控制系统强化建筑自然通风，采用高效空调新风系统，对地下空调区设置高效全热交换，降低冷负荷，高效照明结合自然采光，采用变频水泵＋雨水回收利用；

（4）最大限度地挖掘可再生能源应用潜力：除了利用屋顶区域布设屋顶分布式光伏外，最大限度地发挥建筑光伏一体化设计理念，对栏杆、遮阳、幕墙等地进行建筑光伏一体化构件设计。

1.4.3 零碳建筑光伏设计思路

零碳建筑的光伏系统设计，较传统建筑加设光伏板有更多的发挥空间。薄膜光伏的发展给了建筑光伏一体化新的解决方案。在建筑遮阳系统设计及方案核查过程中，对于局部遮阳欠缺区域（图 4），考虑采用架设固定光伏遮阳，可以在

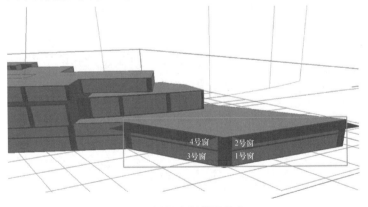

图 4 局部遮阳薄弱节点

减少日照得热的同时，增加光伏发电量，同时不影响建筑外立面的美观，改造后实景如图 5 所示。

在固定遮阳未顾及区域，采用光伏透光玻璃幕墙，选择光伏幕墙透光率时，应考虑透光率和发电率之间的关联影响，公共区域和对采光有一定需求的区域避免为了追求发电量而降低玻璃幕墙透光率，影响室内自然采光，增加照明能耗的同时也会降低室内环境的舒适性（图 5）。

图 5　碲化镉光伏固定遮阳系统和光伏玻璃幕墙系统

对于仅有部分时段需要遮阳的区域，采用可追日可调节光伏遮阳解决方案，如图 6 所示。非日光直射阶段，百叶全部打开，不影响室内自然采光，设置日光

图 6　碲化镉光伏追日遮阳实景图

追踪传感器，在午后日光直射时段，调节叶片发电侧迎向日光的同时，计算散射入室内的自然采光光线，追日光伏叶片实时调整角度，同时满足遮阳、室内采光和发电需求。

1.4.4　零碳建筑蓄能系统设计

为最大化利用可再生能源并减少光伏系统对市政电网的冲击，本项目设置有光伏储能系统，以配合后期建筑不同的柔性控制策略。

本项目基于以下4条基本原则，确定项目储能系统匹配的合适容量：

（1）光伏发电量本地消纳最大化原则，日运行一充一放，满足夜间需求；

（2）满足建筑用能柔性调峰原则；

（3）满足市政停电时建筑及屋顶光伏系统驱动备用电源原则；

（4）充分利用蓄电池的充放衰减特性，降低维护费用的同时，通过多种柔性供电方式实现后期经济性运维。

为满足以上4条原则，经过负载余量核算，建筑典型日用电量为2208kW·h，典型日发电量为3192kW·h，建筑日落后用电约为373.52kW·h。考虑系统设置的经济性，实现电池充分一充一放原则，设定建筑储能容量为400kW·h，其中200kW·h为1个集装箱，在建筑外部下沉广场拾级处设置2个储能集装箱，典型日可发电量为584kW·h。（图7）

经过整体方案设计和优化，形成一整套以可再生能源应用为主体的海岛气候适应性零碳建筑解决方案，全年预计发电量为91万度，目前运行阶段发电量满足阶段性预期，可以实现"零能耗""零碳"的双零目标。

图7　储能系统实景图

1.5 结　语

纵观全球各国为建筑领域降碳所做的努力，零碳建筑从定义指标体系到技术路径，都将逐渐更加细化和多样化，呈现出更明显的地域差异化。零碳建筑给了建筑节能从用能测迈向供给侧的一次自我革命，也赋予了建筑可持续、可生长的生命力。随着我国"碳达峰""碳中和"工作的逐步深入，建筑能源产业的更新迭代会进一步推进建筑从单体迈向区域耦合，形成以社区、园区乃至城市级别的能源供给技术新方案。

作者：吕燕捷　张时聪　陈曦　王珂（中国建筑科学研究院有限公司）
（零能耗建筑与社区组）

参考文献

[1] Parliament E. Directive 2010/31/EU of the European Parliament and of the Council of 19 May 2010 on the energy performance of buildings[J]. foreign legislation, 2010.

[2] Werner, Lutsch. Clean Energy for all Europeans[J]. Euroheat & power, 2017, 14(2)：3-3.

[3] Climate strategies & targets. 2030 climate & energy framework[EB/OL]. (2020-01-05)[2022-07-20]. http：//ec. europa. eu/clima/policies/strategies _ en.

[4] World Green Building Council. The Net Zero Carbon Buildings Commitment. World Green Building Council [EB/OL]. (2020-4-20)[2022-07-20]. https：//www. worldgbc. org/.

[5] World Green Building Council. Net Zero Carbon Buildings Declaration：Planned Actions to Deliver Commitments World Green Building Council [EB/OL]. (2020-4-20)[2022-07-22]. https：//www. c40. org/other/net-zero-carbon-buildings-declaration.

[6] 国家发展和改革委员会，到"十二五"末建设约 1000 个低碳社区[EB/OL]. (2014-3-27)[2022-07-22]. http：//www. gov. cn/xinwen/2014-03/27/content _ 2648214. htm.

[7] 住房和城乡建设部. 建筑碳排放计算标准：GB/T 51366—2019[S]，北京：中国建筑工业出版社，2019.

[8] IPCC. 2019 Refinement to the 2006 IPCC Guidelines for National Greenhouse Gas Inventory[R]. 2019.

[9] BREEAM UK. BREEAM UK New Construction buildings technical manual [EB/OL]. [2022-07-25]. https：//www. breeam. com/NC2018/content/resources/output/10 _ pdf/a4 _ pdf/print/nc _ uk _ a4 _ print _ mono/nc _ uk _ a4 _ print _ mono. pdf.

[10] USGBC. Leed zero carbon [EB/OL]. (2018-9-10)[2022-07-25]. http：//leed. usgbc. org/leed. html.

2 上海市超低能耗建筑实践特征与发展展望

2 Practice characteristics and development prospect of ultra-low energy consumption buildings in Shanghai

2.1 摘　要

　　发展超低能耗建筑被视为建筑领域实现碳达峰的重要路径之一。为了推动超低能耗建筑的发展，上海市近年来在超低能耗建筑的规范、政策、管理等方面开展了一系列工作。2019 年 3 月，发布了夏热冬冷地区首部超低能耗建筑技术规范文件《关于印发〈上海市超低能耗建筑技术导则（试行）〉的通知》（沪建建材〔2019〕157 号）[1]（简称《导则》）；2020 年 3 月发布的《关于印发〈上海市建筑节能和绿色建筑示范项目专项扶持办法〉的通知》（沪住建规范联〔2020〕2 号）[2]将超低能耗建筑纳入补贴范围，给予 300 元/m² 的补贴；2020 年 12 月发布的《关于印发〈关于推进本市超低能耗建筑发展的实施意见〉的通知（沪建建材联〔2020〕541 号）》[3]提出对超低能耗建筑给予 3% 的容积率奖励，并在 2021 年 2 月发布的《上海市住房和城乡建设管理委员会关于印发〈上海市超低能耗建筑项目管理规定（暂行）〉的通知》（沪建建材〔2021〕114 号）[4]中明确了容积率奖励的申报操作流程和超低能耗建筑项目的管理要求。在激励政策的驱动下，上海市超低能耗建筑工程项目呈现快速发展的势头。自 2021 年 2 月启动超低能耗建筑示范项目评审以来，至 2022 年 12 月通过超低能耗建筑方案评审的项目建筑面积已达到 1030 万 m²。

　　上海市通过一批超低能耗建筑的工程设计实践，已逐步形成清晰、完整的工程做法和技术措施体系。在规范指引、地域政策、行业环境等因素的作用下，上海市超低能耗建筑工程实践呈现出了地域特点。本文以 10 个上海市超低能耗居住建筑案例信息为主体，并结合部分公共建筑案例信息，对上海市超低能耗建筑工程实践特征进行了总结分析。

2.2 重视建筑本体节能

朝向、体形、平面、窗墙面积比、采光、通风、遮阳等设计措施构成建筑本体节能的基础条件。在上海地区，推荐的建筑主朝向为南偏东 30°至南偏西 30°。居住建筑受限于出让地块范围特点，建筑朝向通常没有较大的调整空间。但对于公共建筑，方案设计时会对建筑主朝向、功能房间平面布局进行推敲，避免在东西向设置较大的外立面是超低能耗公共建筑采取的设计原则。居住建筑的体形系数推荐控制在 0.4 以下，避免过多的凹凸应成为平面设计的原则。平面功能布局也是值得节能关注的点，上海目前有部分高端住宅的平面设计呈现公建化趋势，其特征在于交通核集中设置，平面规整，住宅房间在各朝向均有分布。这种平面设计方案下建筑体形系数虽然小，但由于在东西向不利朝向有多个功能房间，其供暖空调负荷均比常规居住建筑高，这种类型的建筑要实现超低能耗需要更高强度的节能技术投入，不应该成为推荐方向，因此应该在设计源头上对平面功能设计予以引导。

在窗墙面积比的控制上，采光需求与能耗需求存在矛盾。在保证采光的前提下，对窗墙面积比进行适当的控制是上海市超低能耗建筑项目普遍采取的设计原则。在超低能耗居住建筑案例中，对南向的窗墙面积比普遍控制在 0.5 以内，以 0.40～0.45 范围内居多；对东、西向以避免设置主要功能房间外窗为主。

由于《导则》将自然采光、自然通风纳入了约束性要求，因此居住建筑和公共建筑超低能耗项目均对采光与通风开展了专项设计。其中居住建筑以优化外窗面积、开启扇面积为主，公共建筑则通过对窗墙面积比、开窗位置、开窗方式等进行优化来实现自然采光与通风。

上海市已通过评审的超低能耗建筑项目均采用了建筑外遮阳措施，这符合上海的地域气候特点和《导则》的引导方向。其中居住建筑以玻璃中置百叶遮阳方式为主，作为一种活动外遮阳方式可进行冬夏季遮阳行为的调节。公共建筑则是以各种形式的固定外遮阳为主。

2.3 提倡围护结构适度保温

围护结构保温的度在夏热冬冷地区是个充满争议的问题。由于冬夏季室内外温差与北方有差异，对于北方超低能耗建筑盛行的厚保温做法是否适合南方地区，是夏热冬冷地区超低能耗技术路径争议的焦点。

基于典型居住建筑模型的计算研究显示，在上海地区提升外墙保温性能，冬季供暖的负荷需求和能耗下降，这是加强保温的有利一面，但是对夏季供冷的节能效果不明显。从全年总能耗的角度来看，在夏热冬冷地区提升外墙保温性能，总的供暖空调负荷和能耗是降低的，所以提升外墙保温性能有必要。但如果加入经济性的考虑，会发现随着保温越来越厚，其成本投入和获得的节能收益越来越不匹配，或者说性价比越来越低。

基于以上分析和考虑，《导则》提出了围护结构"要保温，但要适度"的观点，并且提出了上海超低能耗项目外墙热工性能的引导指标：外墙传热系数 K≤0.4 W/(㎡·K)。与上海常规居住建筑的要求 K=1.0W/(㎡·K) 相比，性能上有大幅度的提升；与北方超低能耗标准要求或者德国被动房的通行要求 K=0.15W/(㎡·K) 相比，上海的要求并没有北方那么高，这是上海的超低能耗做法与北方区别的地方，是基于上海地域气候特点选择的路径。

图 1 显示了上海 10 个超低能耗建筑案例的外墙、屋面、外窗传热系数的统计情况。可以看出，外墙传热系数基本在 0.4W/(㎡·K) 左右，屋面传热系数在 0.2～0.3 W/(㎡·K) 范围内，外窗传热系数处于 1.2～1.6 W/(㎡·K) 范围内，其性能要求均较上海现行节能设计标准要求有大幅度的提升。

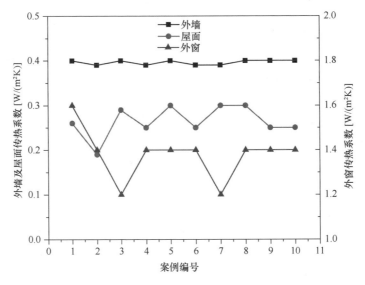

图 1　上海市超低能耗建筑案例围护结构热工性能指标

2.4　推行外墙保温一体化

2020 年 10 月，上海市住房和城乡建设管理委员会发布了《关于公布〈上海市禁止或者限制生产和使用的用于建设工程的材料目录（第五批）的通知》（沪建建材〔2020〕539 号），其中明确将采用粘接锚固工艺的传统外墙外保温措施禁用。该文件出台之后，从建设管理角度，需要给出替代传统外保温的技术路线，推行外墙保温一体化成为上海市建设主管部门选择的方式。

为了推行外墙保温一体化，上海市在设定超低能耗建筑的容积率奖励条件时，在超低能耗建筑的基础上加入了应用外墙保温一体化的要求。2021 年 2 月发布的《上海市住房和城乡建设管理委员会关于印发〈外墙保温系统及材料应用统一技术规定（暂行）的通知〉》（沪建建材〔2021〕113 号）[5] 明确了外墙保温一体化的形式和技术要求。目前上海地区被认可的外墙保温一体化形式共有 3 种，分别为预制混凝土夹心保温外墙板系统、预制混凝土反打保温外墙板系统、现浇混凝土复合保温模板外墙保温系统。

该政策引导的结果是，上海市目前的超低能耗居住建筑项目均应用外墙保温一体化体系。其中现浇部分均采用了复合保温模板外墙保温系统，保温材料以硅墨烯免拆模保温板为主，保温厚度为 85～100mm。预制部分采用预制夹心保温和预制反打保温的工程案例各占 50% 左右，其中预制夹心保温材料以聚氨酯板为主，少量项目采用挤塑板，夹心保温厚度为 50～65mm；预制反打保温以硅墨烯保温板为主，保温厚度为 85～100mm。同时为了达到相应的 K 值，外墙普遍采用内外组合保温形式，内保温材料以无机保温膏料、挤塑板为主，厚度为 15～35mm。部分超低能耗案例外墙不同部位的保温厚度如图 2 所示。

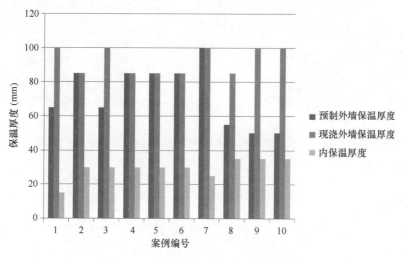

图 2　上海市超低能耗建筑案例外墙保温厚度

2.5　实施装配式与超低能耗的结合

上海市已在新建建筑中全面要求实施装配式建筑，装配式建筑指标包括单体预制率或单体装配率，因此上海市超低能耗建筑项目均采用了装配式建筑体系。这为超低能耗建筑的实施带来了挑战，其中在预制墙板拼接的位置，如何处理热桥和气密性成为核心问题。对预制墙板的拼缝采取区别于常规设计的加强措施，以改善热桥效应并提升建筑气密性，是目前上海市超低能耗建筑项目的重要特征。

以预制夹心保温墙体的水平缝处理为例，如图3所示。上海市常规的设计做法是预制夹心保温墙板采用混凝土封边，这会在端部产生明显的热桥，在超低能耗建筑对热桥严格控制的要求下，这种做法不被接受。为保证超低能耗建筑围护结构的热工性能，将预制夹心保温墙体的混凝土封边替换为 A 级保温材料封边，以降低热桥；同时在水平缝处也需要采用保温材料封堵灌浆料，以实现保温层的连续。室内侧采用高强度灌浆料填充，并在室内侧设抹灰层或无机保温膏料保护。

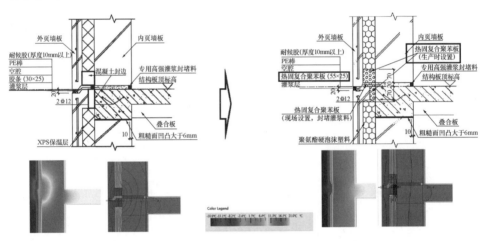

图3 预制墙体水平缝处理的变化与热桥控制效果

2.6 引导供暖设备的电气化

近年来，由于舒适性需求越来越高，在上海的商品住宅市场上地板供暖已成为主流的产品配置。即使在超低能耗住宅项目中，虽然热负荷已通过高性能的保温有了大幅度的降低，但开发商也会从商品房产品配置角度要求安装地板供暖，此时地板供暖的热源成为关键。在"碳达峰"和"碳中和"的国家发展战略下，提升建筑电气化率已成为行业共识，传统的燃气壁挂炉因燃烧产生废气排放、CO_2 排放及运行能耗高等问题，在上海市超低能耗建筑评审层面已不建议采用，采用电驱动的空气源热泵供暖替代燃气壁挂炉已成为上海市超低能耗建筑项目的主流选择。

　　目前上海市通过评审的超低能耗建筑项目中，配置地板供暖的项目均采用了空调和地板供暖两联供的形式，利用一套室外机同时满足室内的空调及地板供暖需求，原理如图 4 所示。在具体的产品形态上，又分为"天水地水""天氟地水"两种方式，均有案例应用。研究计算表明，在上海地区采用空气源热泵供暖替代燃气壁挂炉，从一次能耗角度可节能 20％以上，节省运行费用 40％以上。

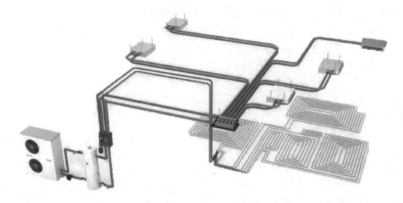

图 4　空气源热泵两联供系统（空调＋地板供暖）示意图

2.7　上海市超低能耗建筑发展展望

2.7.1　超低能耗建筑应用规模有较大的增长空间

　　在超低能耗建筑激励政策的刺激下，未来上海市超低能耗建筑规模仍然有较大的增长空间。一些重点区域的规划中，已经将大规模推广超低能耗建筑纳入了区域规划，如临港新片区、五大新城等。可以预见的是，到"十四五"末，上海市超低能耗建筑规模将会大幅度地增长，能够为上海市建筑领域的碳达峰作出重要贡献。

2.7.2　超低能耗标准体系将会进一步完善

　　《导则》部分内容已不能完全满足新形式下的发展需求，如传统外保温措施禁用，推行外墙保温一体化；装配式建筑在上海的全面推广，装配式＋超低能耗带来了新的技术应用挑战；"双碳"背景下建筑用能电气化的发展，对热泵类供暖空调设备应用提出了更高的要求；新型建筑材料（如防水隔汽膜、节能附框、相变蓄热等）应用趋多，需要在标准层面对其应用做出规范。完善地方性的超低能耗建筑标准体系已纳入相关流程，后续相关标准编制工作将会陆续开展。

2.7.3 太阳能光伏需要更大的推广应用力度

在"碳达峰"和"碳中和"的背景下，太阳能光伏发电系统应用的重要性越发突出。过去 10 多年来，太阳能光伏发电系统的成本不断下降，效率则显著提升。2010 年国内太阳能光伏组件的市场报价约为 12 元/W，到 2021 年已接近 2 元/W，而单晶硅类的光伏组件转换效率已达到 20％以上，建筑上应用太阳能光伏发电系统已具备良好的技术经济性。上海市已出台相关的规划，要求新建公共建筑、居住建筑和工业厂房使用一种或多种可再生能源[6]。居住建筑采用光伏发电系统向公共区域照明等配电系统供电，公共建筑应用光伏发电系统向建筑低压侧供电，应成为未来超低能耗建筑引导的方向。

2.7.4 超低能耗产品体系需要更多元化

上海市超低能耗建筑仍然处于发展初期，相关的产品、设备、材料等选择范围还比较单一。尤其是在外墙保温一体化、高效空调和新风设备等方面选择面不大。随着上海市超低能耗建筑市场规模的扩大，将会有更多的超低能耗产品进入上海市场，助力上海市超低能耗建筑产品体系的多元化，支撑上海市超低能耗建筑的更高质量发展。

作者：沈立东　瞿燕　李海峰（华东建筑集团股份有限公司）（绿色建筑规划设计组）

参考文献

[1] 上海市住房和城乡建设管理委员会．关于印发〈上海市超低能耗建筑技术导则（试行）〉的通知，[2019-03-12]．https：//zjw. sh. gov. cn/gztz/20190320/0011-64710. html.

[2] 上海市住房和城乡建设管理委员会．关于印发〈上海市建筑节能和绿色建筑示范项目专项扶持办法〉的通知，[2019-02-17]．https：//zjw. sh. gov. cn/czxx/20190218/0011-56406. html.

[3] 上海市住房和城乡建设管理委员会．关于印发〈关于推进本市超低能耗建筑发展的实施意见〉的通知，[2020-12-30]．https：//zjw. sh. gov. cn/gztz/20201230/ccb9381671594a0baa5fdac19d4f6160. html.

[4] 上海市住房和城乡建设管理委员会．上海市住房和城乡建设管理委员会关于印发〈上海市超低能耗建筑项目管理规定（暂行）〉的通知，[2021-02-26]．https：//zjw. sh. gov. cn/jsgl/20210226/4becebab98e847b786e9879d20b7fc00. html.

[5] 上海市住房和城乡建设管理委员会．上海市住房和城乡建设管理委员会关于印发〈外墙保温系统及材料应用统一技术规定（暂行）〉的通知，[2021-02-26]．https：//zjw. sh. gov. cn/jsgl/20210226/fafadbf33561417da27658d830186d23. html.

[6] 上海市住房和城乡建设管理委员会．上海市绿色建筑"十四五"规划[Z]，[2021-11-09]．https：//zjw. sh. gov. cn/ghjh/20211109/a3b03c1ee247418ebce706bd0b08da10. html.

3 农房建筑室内环境品质提升

3 Indoor environmental quality improvement of farm buildings

3.1 引　言

随着国家对城乡建设绿色发展的持续推进，针对乡村的品质提升要求也日益加强，党的十九大报告首次明确提出乡村振兴战略，在报告中指出："坚持农业农村优先发展，按照产业兴旺、生态宜居、乡风文明、治理有效、生活富裕的总要求，推进农业农村现代化。"2018 年，中央农村工作会议中也指出："抓好农村人居环境整治工作…提高广大农民获得感、幸福感。"所以了解传统村寨建筑室内环境水平是很有必要的。当前研究结果显示，西南地区传统民居室内环境普遍较为恶劣，亟需提升民居环境性能，以满足居民的舒适性需求。为了进一步了解传统村寨建筑特性并改善村寨建筑人居环境，编制了团体标准《西南村寨建筑室内物理环境评价标准》T/CECS 1251—2023，研发基于围护结构集成提升和能源资源综合利用的耦合式能源资源优化应用与环境适宜性改善技术体系，并在重庆市黔江区新建村、重庆市武隆区文凤村开展试点示范。

3.2 农房建筑现状

课题组针对武隆地区的竹木建筑村寨民居开展了现场调研，当地民居普遍情况如图 1 所示。

如图 1 所示，武隆地区民居基本都是由单层木板的墙面、单层木板的楼板、单层青瓦的屋顶、混凝土结构的地面组成，上述结构隔声、保温性能均较差，与国家标准《农村居住建筑节能设计标准》GB/T 50824—2013 中对于夏热冬冷地区农村建筑的围护结构隔声、保温性能的规定进行对比，发现相差甚远。

为了充分了解当前村寨建筑的室内环境现状，课题组首先对村寨建筑室内环境状态进行了测试，主要结果如下所示。

图 1　村寨建筑实拍图

3.2.1　热湿环境

根据实测，武隆、黔江两地当前民居室内温湿度状态如表 1 所示，与国家现行标准《农村居住建筑节能设计标准》GB/T 50824—2013、《民用建筑供暖通风与空气调节设计规范》GB 50736—2012 进行对比，其温度与空气相对湿度状态均不能满足标准要求，存在温度较低、湿度较大的问题。

武隆、黔江两地区建筑室内热湿环境参数表　　　　　　表 1

地区	季节	空气温度（℃）			空气相对湿度（％）		
		最大值	最小值	平均值	最大值	最小值	平均值
武隆	冬季	11.57	0.48	4.76	94.63	56.82	83.29
	夏季	27.24	14.22	21.73	97.16	54.19	88.96
黔江	冬季	15.49	2.72	8.73	89.37	44.27	71.48
	夏季	32.26	16.63	25.02	95.73	40.12	82.26

3.2.2　声环境

根据实测，两地区当前民居室内声环境状态如图 2 所示，与国家现行标准《民用建筑隔声设计规范》GB 50118—2010 进行对比发现，其客厅与卧室的噪声指标超出标准要求。

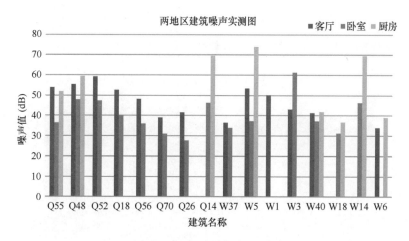

图 2　两地区建筑噪声实测图

3.2.3　光环境

根据实测，武隆当前民居室内照度状态如图 3 所示，与国家现行标准《建筑采光设计标准》GB 50033—2012 的规定对比发现，其照度指标远远无法满足标准要求。

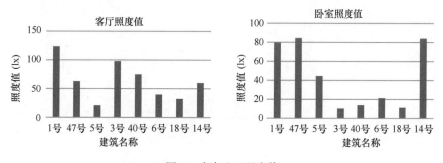

图 3　武隆地区照度值

3.2.4　空气品质

根据实测，武隆、黔江两地当前民居室内 PM_{10}、$PM_{2.5}$、TVOC 与 CO_2 状态如图 4 所示，与国家现行标准《室内空气质量标准》GB/T 18883—2022 和《民用建筑工程室内环境污染控制标准》GB 50325—2020 的规定进行对比发现，其 TVOC 浓度偶尔会超出标准要求。

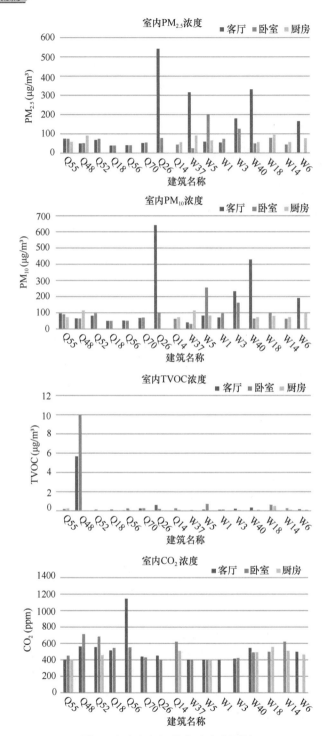

图 4 室内空气污染物浓度实测图

注：Q 开头的建筑表示黔江地区民居，W 开头的建筑表示武隆地区民居。

3.3 环境性能分析与标准构建

3.3.1 环境性能分析

竹木体系在传统民居建筑中,主要发挥聚居性功能,从气候适应性的角度考虑较少,相对现代建筑结构体系,在声光热及空气品质等方面均有亟待解决的性能问题。

1. 较为封闭的围护结构体系,导致天然采光严重不足

由于传统民居窗洞较小,不能满足一般居住建筑窗墙比要求,尤其在阁楼等部位,因此在改造策划中全屋采光布局将进行全盘规划。

2. 竹木体系单层墙体隔声隔热性能差

由于竹木体系民居的围护结构和楼板均由单层木板构成,单层木板蓄热系数小、隔声量小、热工性能差,导致室内热环境出现冬季阴冷潮湿、夏季闷热高湿问题,以及室外活动对室内影响严重、楼上活动对楼下影响严重的问题,不能满足一般居住建筑隔热隔声性能要求,因此改造时在原有墙体上增加夹层,一方面利用隔热隔声材料填充;另一方面,利用木龙骨形成空气层,同时实现隔热保温、高中低频隔声的作用,达到改善室内热环境和声环境的目的。

3. 传统室内开放持续燃烧供暖,对室内空气污染严重,威胁人体健康

当地传统供暖通常是在堂屋或火塘间,家人围坐的空间,集中进行供暖以及烧水等长期加热的炊事活动;燃料以薪柴为主,室内燃烧会生成大量可吸入颗粒物。传统民居的自然通风效果不够理想,无法排出室内烟雾与浑浊空气,需要对民居的门窗位置及大小进行改造。

4. 室内木楼板结构体系,质量与刚度不足,不能有效实现撞击声隔声

传统生活中较少地将楼上楼下同时作为卧室使用,因此对楼板隔声的需求不显著。鉴于当地民居在经济发展趋势下,改做经营性民宿较多,楼上楼下需要同时作为卧室,这时对原有质量、刚度均不足的木楼板就要进行改造。

3.3.2 标准构建

1. 编写背景

为响应国家对于村镇建设的要求,亟需建立一套适合村镇居民生活需求,满足乡村建筑发展需求的室内物理环境标准体系。一方面可以引导乡村民居建筑的发展,另一方面也可以切实评价民居居住的适宜性。

当前,涉及村寨室内环境的标准较少,目前只有《农村居住建筑节能设计标准》GB/T 50824—2013、《民用建筑供暖通风与空气调节设计规范》GB 50736—

2012、《民用建筑室内热湿环境评价标准》GB/T 50785—2012、《民用建筑热工设计规范》GB 50176—2016、《民用建筑隔声设计规范》GB 50118—2010、《民用建筑工程室内环境污染控制标准》GB 50325—2020、《农村住宅卫生规范》GB/T 9981—2012 中有相关内容提及，而其他的都是针对城镇民用建筑适用的标准规范，例如《建筑环境通用规范》GB 50016—2021，虽然这些标准针对民用建筑，但在实际中，由于村寨建筑的建设特性，往往并不会执行相关标准要求。

因此，为了促进村镇建筑环境的质量提升，保证满足村镇居民的生活需求，形成合理的村寨建筑室内环境规定，有必要针对西南地区村寨的气候、地理特点以及建筑特点，综合编制形成《西南村寨室内物理环境综合性能评价标准》。

2. 任务来源及修订过程

（1）编制基本情况

由中国工程建设标准化协会下达编制任务，通知主编单位重庆大学、参编单位清华大学、四川大学、昆明理工大学、中国建筑西南设计研究院有限公司共同编制，于 2022 年 10 月 28 日通过专家审查，于 2023 年 1 月 16 日正式发布，自 2023 年 6 月 1 日起执行。

（2）编写过程

《西南村寨室内物理环境综合性能评价标准》编订任务下达后，编制组就着手开展相关研究工作，并整理了在"十二五""十三五"期间开展的大量热湿环境、光环境、声环境、空气品质领域的研究工作，为村寨建筑室内环境评估工作提供了数据支撑。本标准从热环境、光环境、声环境以及空气品质等多方面提出了明确的评价指标与评价等级，并建立了环境分级和综合环境的评价体系。

根据现有农村住宅环境标准以及相关研究与测试成果，本标准选择温湿度和风速作为热环境评价参数，并根据以上参数将热环境划分为基础级、中等级与舒适级；选择采光系数和照度作为光环境评价参数，并根据以上参数将光环境划分为基础级、中等级与舒适级；选择室内允许噪声级的等效声级和房间构件的空气声和撞击声隔声量作为声环境评价参数，并根据以上参数将声环境划分为基础级、中等级与舒适级；选择二氧化碳（CO_2）、一氧化碳（CO）、二氧化硫（SO_2）、二氧化氮（NO_2）、甲醛（$HCHO$）、总挥发性有机化合物（$TVOC$）、细菌总数、细颗粒物（$PM_{2.5}$）、可吸入颗粒物（PM_{10}）、氨（NH_3）、氡（Rn）作为空气质量的评价参数，并根据以上参数划分为基础级、中等级与舒适级。可根据以上参数对单一环境进行评价，也可对综合环境进行评价。本标准包括 7 章，如图 5 所示，主要规定了建筑整体、声环境、光环境、热环境及空气品质的评价指标及其不同等级对应取值范围等作了详细的规定。

本标准的确定将为西南地区村寨民居室内环境提供改善基准，进一步提升村寨建筑室内环境质量，这也有助于推动传统民居的保护与传承。

目录

图 5　标准目录

3. 技术难点及解决办法

村寨民居的室内环境问题无论是在旧建筑改造还是新建民居中都没有得到很好的解决，其问题之一就是缺乏民居环境的衡量指标，本次标准的制定，将在充分考虑民居特性的前提下，合理确定室内物理环境评价指标体系。

解决办法：

（1）根据西南村寨民居的特点，确定相关的关键参数、室内环境评价指标，确定民居建筑的评价基准；

（2）建立西南村寨室内物理环境性能评价的方法和原则，通过现场测试和主观调研，确定室内物理环境的整体情况，建立物理环境评价等级，从而指导乡村建设的实施和效果判断。

本标准选择温湿度和风速作为热环境评价参数，并根据以上参数将热环境划分为基础级、中等级与舒适级；选择采光系数和照度作为光环境评价参数，并根据以上参数将光环境划分为基础级、中等级与舒适级；选择室内允许噪声级的等效声级和房间构件的空气声和撞击声隔声量作为声环境评价参数，并根据以上参数将声环境划分为基础级、中等级与舒适级；选择二氧化碳（CO_2）、一氧化碳（CO）、二氧化硫（SO_2）、二氧化氮（NO_2）、甲醛（HCHO）、总挥发性有机化合物（TVOC）、细菌总数、细颗粒物（$PM_{2.5}$）、可吸入颗粒物（PM_{10}）、氨（NH_3）、氡作为空气质量的评价参数，并根据以上参数划分为基础级、中等级与舒适级。

为了进一步准确并有针对性地划分以上等级，编制组对重庆地区武隆和黔江的两处村寨室内环境展开了两年的监测与短期测试工作以及主观调研工作，并在实验室对村寨建筑室内环境进行了模拟研究。经过对测试和调研数据的统计与分析，得知村寨环境较一般农村环境普遍更差，但居民的接受程度却较高，因此标准指标的确定应充分考虑测试数据反映出的问题以及调研数据。

4. 标准实施后的经济效益和社会效益以及对标准的初步总评价

本标准综合考虑了西南地区的地理气候资源条件与建筑室内物理环境现状，以实际的测试与调研为基础，研究制定了符合当前西南地区地形气候特点与建筑特点的室内环境规范条文。标准的形成将会引导西南地区村寨居民生活幸福感的提升，改善室内环境，对西南地区村寨建筑在室内环境方面提出可依据的提升方向。

3.4 工程改造示范

通过标准编制过程中对村寨建筑现状的调查分析和建筑室内环境现状的测试与分析，在重庆市黔江区新建村、重庆市武隆区文凤村开展了示范工程，以下阐述以重庆市武隆区文凤村为主。

基于对村寨民居室内环境现状的实测了解到，当前村寨建筑普遍存在室内热湿环境状态较差、通风采光条件不理想、围护结构性能较低等问题。结合基础研究，选择当地的一栋典型建筑进行改造，改造主要分为两部分，分别是环境改善和自然能源的应用。环境改善方面包括：（1）竹木建筑自然通风分析方法，通过模拟研究将单一洞口的通风模式作为最主要的研究对象，研究不同洞口形式对室内通风的影响，根据模拟研究结果，了解了竹木体系民居室内通风现状，并据此形成了民居室内环境标准的部分内容，获得了门窗不同开启形式对室内影响的数据表。（2）竹木建筑围护结构隔热隔声性能一体化改造技术，通过对建筑围护结构隔声和隔热原理的分析，并根据厂家提供的材料，同时考虑经济性，并参照《木结构墙体隔声和楼板降噪设计方法研究》对内外墙进行设计，选用挤塑板和OSB板的复合空气层结构，以此满足隔热和隔声的要求，达到建筑热湿环境和声环境的性能提升。参照国家现行标准及《木结构墙体隔声和楼板降噪设计方法研究》对楼板进行设计，采用弹性面层法，选用OSB板和岩棉的复合结构，以达到标准中对于楼板隔声的要求，最终完成建筑声环境的性能提升。自然能源应用方面包括：（1）集成雨水收集利用的屋面散热保温一体化技术，利用雨水换热改善室内热环境。本次建设方案构想利用雨水回收与太阳辐射的热量交换，白天吸收太阳辐射，夜间散热，减少热量进入室内，从而实现被动式的围护结构隔热，并且充分利用自然资源。（2）太阳能光热光电适宜性应用技术，利用太阳能光热技术提供热水需求，利用太阳能光伏技术为建筑提供电力，以推进村寨建筑对可再生能源应用的探索。根据计算结果，并根据改造建筑的实际功能情况，最终采用"三口之家"热水用量的情况：平板式（集热效率为 45%）需面积 1.58m²，全玻璃真空管式（集热效率为 50%）需面积 1.43m²，热管式（集热效率为 55%）需面积 1.30m²。根据以上内容研发了适宜于竹木民居的太阳能光热光电技术，改善了民居室内光环境，满足了建筑使用者对于热水的需求。

示范工程完成后，围护结构隔声隔热性能得到显著提升，同时地面进行了防潮处理，配合屋面的雨水换热系统，室内热湿环境、声环境得到了极大改善。光热系统预计日得热量超过 14068.32kJ，可提供大于 120L 的热水，满足了日常用热水需求，光伏系统预计日发电量大于 5kW·h，完全满足改造建筑的日常使用，满足了室内人工照明系统及雨水换热系统水泵的用电，实现自给自足，改造效果如图 6 所示。

图 6 改造前（左）后（右）对比

作者：丁勇[1,2] 姚艳[1]（1. 重庆大学；2. 中国城市科学研究会绿色建筑与节能委员会建筑室内环境学组）

（建筑室内环境学组）

4 城市和社区公共空间片区统筹改造研究与实践

4 Research and practice on the overall transformation of public space areas in urban and community

4.1 我国社区改造与发达国家的对比分析

我国无论是社区空间布局，还是土地权属关系、社区社会结构和住房产权类型等都与发达国家存在很大差别。

土地权属关系不同。很多发达国家与我国的土地制度也不同，发达国家的土地所有者拥有土地和地面建筑物的所有权。也就是说，土地所有人既要公平地承担社区环境质量品质提升的义务，也可以享受土地整理后的环境提升所带来的效益。而我国居民所拥有的房屋所有权是包括房屋的占有权、管理权、享用权、排他权、处分权（包括出售、出租、抵押、赠与、继承）的总和，但不包括土地的所有权，土地归国家所有。所以，这也决定了我国的城市和社区公共空间改造与其他国家的模式方法既有相似之处，也有不同之处。我国出现的最大问题是社区公共空间、公共设施的改造到底由谁来出资，来补短板、补欠账。居民普遍认为公共空间的土地所有权是国家的，改造出资与自己无关，即使住宅公共空间的设施（如电梯等）改造也面临很难形成一致意见的现象。

社区空间布局不同。我国特有的城市住区规划布局不同于发达国家小街块低多层建筑街坊住宅，其公共空间权属关系较为明确。而我国普遍是多、高层高密度集聚的社区空间布局，多数建筑群围院贴红线建设，场地相互封闭，街道狭窄，公共空间不足。20 世纪所建住房多数为各单位自建住宅，主要是解决住的问题，很多小区的住房（甚至出现不同楼栋分属不同单位的现象）分属于不同产权单位以及不同产权人，社区公共空间不明确，历史遗留问题较多。而早期建设的房地产项目由于当时的建设标准较低，公共空间环境建设质量与品质不高，很多开发商早已注销，所留维护基金并不包括该项改造内容。

社区社会结构不同。一直伴随我国居民生活的社区（居民委员会）是新中国成立以来一直延续至今的社会组织形式，这也是"中国特色"的社区文化体现，居民习惯于有事找"组织"找"社区"，由"组织"出面、出钱解决"公共"的问题，特别是老居民对"组织"的心理依赖更强，尤其是疫情常态化后，社区的组织管理结构和社区生活对居民来说更加重要。

社区维护机制不同。很多发达国家采用了"自上而下"的住宅维护立法，通过法律手段督导住房所有者定期对自己的住房和所涵盖的公共空间进行维护改造。即使是"集合住宅"，其公共空间和公共设施也有详细的条文规定其维护出资的要求，并以法律手段来保障"土地规划整理项目"的实施。例如，日本出台了《土地重划法》《都市再生特别措施法》等，通过对道路、公园、住宅用地的规划整合，以及对下水道和煤气管道等的综合整治，使道路等基础设施更加完善，土地使用更加合理。

4.2 当前我国城市和社区公共空间改造存在的问题

缺少一体化改造的系统性整合机制。我国的高层高密度集聚社区改造内容庞杂，居民在住宅生活，所涉及的相关要素众多。当前，缺少能够将社区居民需求、功能性能、配套服务、文化艺术、环境友好等要素全面统筹，以及相关部门职能系统整合的一体化改造整合机制和实施方法。城市街道公共空间和老旧社区改造类项目的建设方一般为街道政府，但"街道"不同于房地产公司或各类建设集团，没有专门的"设计管理部"，亟需具备专业知识背景的团队进行"新服务"，才能避免"设计与建成结果不符""贴片刷皮""千区一面""过程扰民"等传统模式中容易出现的问题与弊端。

缺少以人的需求为导向的改造方法。很多老旧社区中的居民（老年人的比例一般高于50%）长期在此生活，对社区感情很深，有着固有的生活规律和生活圈。他们对生活方便、邻里交往、适老等方面很多细节问题十分关心。当前，改造过程中与居民接触最多的是施工单位或家改装修公司，由于专业所限，致使高颗粒度的人性化改造落实不足。改造现场实际情况"千差万别"，很多细节改造无法简单地按现行标准设计实施，需要社区责任规划师和建筑师们在现场像"家庭医生"一样与居民面对面地深入沟通，而建筑师们还没有真正"走出图纸，走进社区"，难免会出现"硬"环境与"软"人文割裂的现象。

4.3 建　议

4.3.1 机制建议

1. 整体统筹，规划在先

建立以街道为统筹谋划单元的城市和社区公共空间片区统筹规划和实施方

案，对应社区 15min 生活圈开展相应的社区体检，编制整体改造提升专项规划，通过统筹片区整体资源，进行"再规划"布局。有效利用各种资源，明确配套服务补短板的改建、加建、扩建内容和数量，形成总体平衡方案。

2. 一体整合，引导带动

充分发挥政府财政资金的引导性作用，以步行时间 15min 为半径划定项目实施基本单元，调动社会资金以市场化方式统筹实施改造建设。采用全过程咨询＋工程总承包（EPC）等建设运营模式，对改造项目进行统一管理。

建立多部门、多主体的统筹协同机制，一体化整合，避免割裂。将社区功能、景观、市政、社区文化、配套服务、无障碍设施、信息化设施等，以及相关部门职能进行整合，推行一体化整体改造。

3. "我维护，我得利"机制

欧美国家制定了"自上而下"的立法，定期维护是每一位土地和房屋所有者的法律责任。依法从城市发展的角度出发，通过区域性的再规划，规划出活力因子，建立"自下而上"通过市场机制的改造模式，引导市民参与来完成改造。

探讨社区住宅和公共空间的定期维护条例和更新维护保险机制，保证更新改造的可持续性。经过评估的住宅已无法满足底线标准规范要求时，应明确为：性能和质量不完善、不完整住房（或社区），必须进行提升改造；否则，居民住房将作为不完善产品，其租售和房产抵押应受到限制。要求具有独立产权住房的居民（产权单位）依法对需要出资的部分社区公共环境、住宅主体结构和围护结构部分进行出资。

向社区居民公示"改造片区专项改造规划""改造片区社区服务运行提升专项方案"和"房屋租售增值分析评估报告"。探讨改造工程与房屋的价值提升紧密结合，建立基于"保险机制"的社区改造住户出资和议事机制，在社区改造中明确"自下而上"的事务管理方法。使居民放心拿出"钱"来共同提升自己家园的价值，使居民树立起"我维护，我得利"的观念。

4. "补短板"协同金融机制

探讨在"减量"发展的前提下，建立相应土地权属不变，"土地、设施分离"的配套服务设施加建机制，以及制定相应的资产认定等规定。如通过加建停车设施、立体操场和服务设施等临时设施补齐短板。

探讨性能不满足基本居住标准的住宅"拆除原址重建"的认定标准，为拆除重建项目提供立项依据。探讨利用"拆除原址重建"加建（加建不超过 10％）社区居家养老租赁住房、新市民公租公寓等相关机制。

4.3.2　方法建议

1.“三师一体”的实施方法

更新改造设计要尊重社区居民已有的生活，融进他们的生活，通过微改造的专业化达到公共需求与个性化需求的统一，实现“有温度、有味道、有颜值”的高品质改造。这就要求专业的设计师们到社区去，体会居民的生活，不再止于图纸设计。形成“花小钱、办大事，处处有设计”的社区改造场景。

倡导片区统筹改造总师负责制：结合上位规划要求，编制由片区总规划师（总建筑师）牵头统筹的社区更新规划，实现社区改造“一张蓝图干到底”，才能实现片区统筹和存量资源的利用。在社区15min生活圈范围内盘点街道范围内可利用的资源和低效空间，调研社区居民的需求，明确配套服务补短板的改建、加建、扩建内容和数量，以及相应范围的社区体检机制，形成总体改造方案。倡导专家下社区，提供“小设施、大师干”的全程“陪伴式”服务。

形成“双师协同改造负责机制”：在落实社区责任规划师规划引领与实施监督责任的基础上，推进建筑师负责制，加强旧区改造中体现“绣花功夫”的一体化、精细化、人文化专业设计水平。

建筑师负责制要求建筑师团队首先实现建筑师身份、工作内容以及负责对象的三重转变。建筑师从以往单一且具有局限性的“设计者”身份，转变为3个方面相辅相成的重要身份：首先作为项目全过程技术和成本控制的主导者；其次作为街道和社区的技术代表；最后作为居民需求与建设成果之间的专业桥梁。

在建筑师负责制的“负责”对象部分，由原来的对物理空间的“物”负责，转变为对“人”负责。建筑师按预定的成本预算统筹确定改造内容、性能标准、建筑选材、设施选择和与居民的沟通等大量细致的过程实施工作。基于建筑师负责制的社区更新改造更有利于形成具有系统性的工作逻辑，避免出现设计与施工脱节的碎片化现象，从而更好地提升项目工程建设质量和建筑品质。

创新“1＋3＋N”一体化服务模式和技术体系：建立“1＋3＋N”一体化改造模式（1个片区、1位总师、设计建造、社区产业、服务统筹＋N项服务），构建多目标分类、分型实施方法机制，提升片区统筹的能力，实现片区改造设计统领，社区产业、新型基础设施植入、社区服务的一体化实施。建立相应的技术体系：开发研制“两项工具、三大模块”一体化改造技术体系（图1）。建立标准体系，形成系统的改造评价、设计和建造技术标准体系，研发健康改造关键技术与产品，研制低扰动改造关键技术与装备。

2.“过程管控”的实施方法

社区更新改造是个系统工程，“五个一”的系统实施方法是指：一书为“项目整体实施方案建议书”；一图为“片区综合改造更新规划图”；一表为“改造内

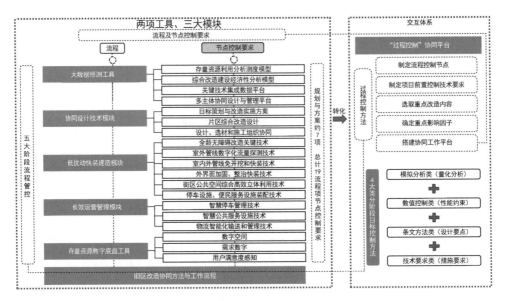

图1　"两项工具、三大模块"的一体化改造技术体系

容分类对照表";一体为"将社区功能、景观、市政、文化、配套设施、信息化
设施、居住环境等进行一体化的整合,全要素的整合设计";一人为"小设施、
大师干,建筑师牵头'干细活'"。这样才能"花小钱、办大事",处处有设计,
体现绣花功夫。"五个一"系统实施方法具体见图2。

建立了"五个一"实施方法(一书、一图、一表、一体、一人的实施方法)

一书	一图	一表	一体	一人
项目整体实施方案建议书	片区综合改造规划设计图	改造范围内容对标表	一体化项目管理模式	旧区改造建筑师负责制
改造片区摸底调研和评估鉴定报告	道路停车的规划梳理	控制项要求	规划设计	改造全要素技术规范书
改造对象内容清单和出资筹集金融方案	组团管理单元的划分	基本级要求	社区管理	全程改造细节优化设计
片区综合改造设计与存量资源整合利用方案	微公共空间布局规划	完善级要求	建造施工	技术集成和建材数据库
物业管理和配套服务设施运行方案	重建危房非成套住房	宜居级要求	金融支持	
沟通协商与组织方法、政策帮扶建议	地下空间资源的利用		服务维护	
施工组织方案	便民性服务设施规划			
	社区风貌的提升整治			
	公建复合性功能改造			
	明确技术性能目标值			

图2　"五个一"的系统实施方法

城市公共空间和社区改造的全过程管控,分为"抓源头、抓过程、抓验收"
3大步骤,5阶段12步法(图3)。

抓源头:通过明确清单、建立协同、源头组织3步,全面摸排并精准定位社
区痛点问题、人群比例,建立导师牵头的团队管理模式,形成高水平设计师全程

把关。

抓过程：通过技术把关、细化优化、跟踪评估、共治共建 4 步，听取社区居民、社区工作者、志愿者等的建议，建立过程人性化、精细化、一体化实施方法。严格按照施工质量标准体系进行施工作业，对过程中出现的影响施工质量的因素进行综合研判和调整，保证整体项目的高质量完成。

抓验收：通过工程验收、居民体验、交流研讨、传播推广 4 步，形成"大家一起来"的共建、共治、共享的验收方法。激发居民共同参与的热情，传播推广全龄、友好、无障碍建设经验。

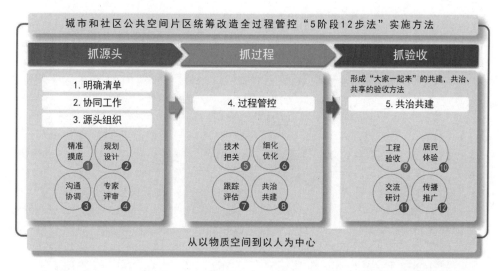

图 3　改造全过程管控的"3 大步骤，5 阶段 12 步法"

3. 拟解决的科学问题

人的个性与通用需求提取及资源配置推演机理：精准施策，构建虚拟场景，通过采集使用者的生理或行为数据，建立描述性模型，提出人性化需求任务书，运用多因子交互算法确定不同场景的最优要素选择。

全龄友好环境建设全过程、全要素协同整合原理：将城市、社区和居家全龄友好环境的物理空间、社会空间、信息空间、环境美学和人性化服务等进行多维度整合，一体化实施。

4.4　北京市朝阳区南郎家园社区改造案例分析

项目位于北京市朝阳区南郎家园小区（图 4），占地面积为 1.64 万 m^2。小区内有多层住宅 14 栋，低层建筑 9 栋。本次改造建设范围为小区室外公共空间。小区内人车混行、路面破损，有安全隐患，车辆几乎占满场地内所有非绿化、非道路区域，拥挤杂乱，散落全社区各处，影响居民出行；社区主街缺乏特色，缺少环境营造，门店出入不便；社区活动空间分布不均、功能匮乏、绿植不足，缺乏人性化空间；楼栋入口缺少临时停车场所，缺乏适老无障碍环境；社区配套布局不够合理、环境品质不佳；社区风貌缺乏整体性和文化特色；大门和围墙缺乏标识性，缺少特色。

项目适老化改造以安全性、便捷性、舒适性为 3 大建设原则，打造娴静、优雅、适老和文韵的社区空间。改造设计包括：流线梳理、停车规划、社区主街（启航之路）、游憩系统、共享客厅、配套系统、社区 IP、城市展示面。技术措施包括 8 大分项、46 项技术措施和 129 个配套要素。

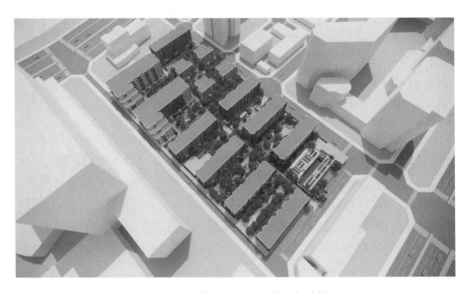

图 4　南郎家园小区改造项目鸟瞰图

本项目改造的亮点特色如下：

一是流线梳理。在人行系统方面，打造全区域步行优先健康步道系统：设置全程无障碍的健康游览步道；设计无障碍步道，考虑轮椅使用者的通行需求；设计可达性步道，可以连接各个活动区域；设计安全性步道，铺设防滑地面铺装。在车行系统方面，打造人车分流的有序闭环流线，改变现有道路混乱的现状，实现小区内车行有序，停车入位。图 5 为小区流线梳理改造。

二是停车规划（图 6）。增加机动车车位，将停车数量由原来的规划车位 93辆，增加为 150 辆。同时，将停车位置由原来的全社区散点布置改为集中于南侧两车行出入口之间布置；停车方式因地选型，采用垂直停车位和平行式停车位；新增 10 个机动车充电停车位，配置智能扫码设施；增加车位显示屏，采用智能管理实时更新剩余车位数量。

图5 北京市南郎家园小区流线梳理改造

此外，还设置了快递外卖临时停车位，在楼栋侧边配备快递外卖临时停车位80个，保留现场已设置的非机动车停车棚。

图6 北京市南郎家园小区停车规划改造

三是营造社区主街（启航之路）（图7）。启航之路的改造措施包括墙绘照明结合措施、七小门店便民措施、互动打卡拍照措施和景观休憩装置措施。

图7 北京市南郎家园小区启航之路改造

四是游憩系统规划（图8）。游憩系统的规划要点为：解决3大类人群的9大需求，营造6大生活特色、8个重点空间。人群以儿童少年、青壮年、老年人为主，打造老幼同欢、阳光康体、科普园地、社区集市、记忆长廊、书法传承、居民苗圃、人宠共存8大重点空间。

以南郎家园航空文化为主基调，将居民的航空记忆与航空文化融入空间设计中，使航空文化成为连接居民情感的文脉主线，打造一个底蕴深厚的航空文化居住区。设计策略为：整合绿地空间，保留现状乔木，增加观花及色叶植物、灌木和地被等，进行合理的季节性配置，植物种类选用耐修剪树种。

图8 北京市南郎家园小区游憩系统改造

五是建设共享客厅（图9）。共享客厅的打造采取智慧终端门禁技术，结合林下交往休憩措施、助民信息措施、门厅过渡措施和宠物配套措施，为社区居民

图9 北京市南郎家园小区共享客厅改造

带来便利。

六是配套设施建设（图10）。配套设施的打造采取管线归槽技术，结合适老铺装措施、适童扶手措施、标识系统措施、低位按钮措施和语音提示措施等，充分考虑各个年龄段与各类人群的使用需求。

同时配套有：（1）垃圾分类设施：在垃圾桶12个总数不变的情况下重新合理排布，保证任何门口处20m内可达。（2）夜景照明系统：打造无死角景观照明的夜景照明系统，满足园路、回家之路、活动场地和疏林草坪的照度要求，加强重点位置的装饰照明，如主要乔木、艺术装置和景墙标识的照明。（3）降噪防扰系统：注重活动场地与楼栋之间的隔离距离，在距离较近时设置绿化等降噪措施，场地内避免设置声响较大的器材。（4）晾晒配套设施：根据居民日常生活习惯，结合部分活动设施，在居住楼栋南侧设置晾晒场所，方便居民晾晒。

图10　北京市南郎家园小区配套设施改造

七是社区风貌IP（图11）。社区风貌IP的打造采取视觉交互设计措施，结合文脉具象化表现措施、标识导引适老化措施、社区风貌系统性布局措施和社区特色视觉设计措施，打造鲜明的社区特色。

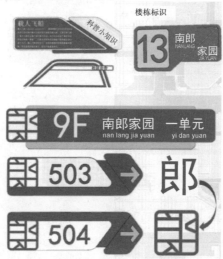

图11　北京市南郎家园小区社区风貌IP改造

八是城市展示面打造（图 12）。城市展示面的设计措施为社区标识措施、景观绿化措施、地面高差铺装措施、警卫登记防疫措施和城市公共空间接驳措施。

图 12　北京市南郎家园小区城市展示面改造

作者：薛峰　凌苏扬（中国中建设计研究院有限公司）
（绿色建材与设计组）

5 数字驱动、AI 赋能城市建筑智慧低碳发展

5 Digitally driven，AI empowered smart and low carbon development of urban architecture

5.1 引　言

随着"双碳"目标的全面推进和数字化转型的不断加速，绿色化和智慧化是未来智慧城市发展的两大趋势，建筑作为城市的基本要素和重要载体，探索和推进城市建筑智慧低碳发展是新时代命题。

近日，《数字中国建设整体布局规划》由中共中央、国务院正式印发，文件首次系统提出了数字中国建设的整体布局，建设数字中国是数字时代推进中国式现代化的重要引擎，是构筑国家竞争新优势的有力支撑。此外，新一代 NLP 模型 Chat GPT 在极短时间内引爆全球，已展现出在多场景、多行业、多领域的落地潜能与应用前景，AI 技术也将为建筑领域带来新的变革与机遇。在此背景下，基于物联网、大数据、AI、云/边缘计算、数字孪生、BIM、CIM、5G、区块链等新一代信息化技术，对建筑行业进行赋能增效、转型升级已成为必然发展趋势。本文对数字技术发展现状、典型应用场景、现存问题等进行梳理总结，为助力建筑领域"双碳"目标早日达成和数字技术创新融合提供参考。

5.2 新一代数字技术发展现状

5.2.1 物联网与边缘计算

进入 21 世纪以来，物联网技术在各领域迅速发展，特别是 2020 年初新冠疫情的出现，物联设备大大增加。据估算，2021 年物联网设备将增长到 460 亿台，万物互联的时代已经来临。这些设备大多数只有一个处理器和少量内存，传输并处理物联设备采集到的数据目前还主要依靠云计算方式，但基于云计算的方式无法满足很多场景的实际需求。一是海量数据对网络带宽造成巨大压力；二是联网设备对于低时延、协同工作需求增加；三是联网设备涉及个人隐私与安全，因此，全部采用云计算的方式难以满足许多具体场景的应用。图 1 为物联网平台基

本架构图。

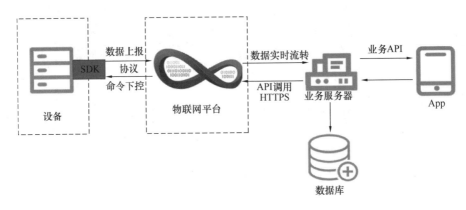

图1　物联网平台基本架构图

　　边缘计算是一种在物理上靠近数据源头的网络边缘侧，融合网络、计算、存储、应用核心能力的开放平台，就近提供边缘智能服务的计算模式。采用边缘计算的方式，物联设备产生的海量数据能够就近处理，大量的设备也能实现高效协同的工作，诸多问题迎刃而解。因此，边缘计算理论上可满足许多行业在敏捷性、实时性、数据优化、应用智能以及安全与隐私保护等方面的关键需求。物联网的发展和云计算的应用瓶颈推动了边缘计算的兴起，在边缘节点处理数据能够提高响应速度、减少带宽，保证用户数据的私密性。

5.2.2　大数据与云计算

　　在信息科技革命的时代背景下，建筑行业各类信息数据的价值和重要性将逐步显现，充分运用大数据和云计算技术能够为各方提供更有价值的数据服务，可有效提升整个建筑行业、产业链上下游企业以及单个建设项目的整体水平。在绿色智慧建筑的全生命周期内包括各种类型的大数据，例如建筑设计信息、建材造价信息、施工质量及安全管控信息、建筑设备设施运行信息、建筑室内外环境参数信息、建筑修缮改造信息等，这些信息均可通过物联网的感知层进行数据采集、清洗、存储、分析以及处理，从而产生应用价值。

　　不同于传统计算机的计算模式，云计算技术引入了一种全新的方便人们使用计算资源的模式。计算资源所在地称为云端，输入/输出设备称为终端。终端就在人们触手可及的地方，而云端位于"远方"，两者则通过计算机网络连接在一起。在物联网技术的基础框架下，云计算可充分调动计算资源，针对感知层获取的大数据进行有效处理，可以为不同的应用场景提供实时计算服务，大数据与云计算技术的融合应用是各类绿色智慧建筑技术应用的基础。

5.2.3 人工智能技术

人工智能技术正在颠覆传统建筑业形态，根据调查结果，2020 年全球建筑市场中的人工智能价值为 4.669 亿美元，预计到 2026 年将达到 21.328 亿美元，在 2021 年至 2026 年期间的年复合增长率为 33.87%，呈现高速发展态势。

目前 AI 技术已有诸多落地场景，例如在精准识别领域，基于深度学习算法的人脸识别、生物识别、行为识别、物体识别、车牌识别、语音识别、表具读数识别等；在规划设计阶段，AI 为建筑信息建模和生成设计提供了重要支撑，利用以前已规划、建造的建筑图数据库自学习，来获得知识并开发设计方案；在智能建造阶段，通过建立机器学习模糊风险评估集，降低施工现场风险评估的偏差，缩小评估过程中产生的差异，扩大实际的评估范围；在运营管理阶段，基于大数据挖掘技术打造楼宇"智慧大脑"，链接物联终端"神经末梢"，赋予建筑物感知能力和生命力，在能源优化、能效诊断、故障诊断、负荷预测、策略优化、前馈控制、辅助决策等方面发挥重要作用。图 2 是基于"智慧大脑"的综合态势动态监管。

图 2　基于"智慧大脑"的综合态势动态监管

近期在极短时间内引爆全球的 Chat GPT，在技术上的发展令人惊叹，基于超大模型的通用人工智能技术在各行各业中都面临着机遇与挑战。同时也应该注意到，AIGC 可为建筑行业提供更智慧的解决方案。例如，Chat GPT 可以为建筑师、设计师和工程师提供智能化的设计建议，协助设计出更加符合人类需求的建筑；为工程建造管理者提供智能化的建议，例如通过预测材料需求和人力资源需求等，提高施工效率和质量；将 Chat GPT 植入运营管理平台，让 AI 作为智能助手实现智能对话和问题解答，帮助运维人员快速解决问题，让 AI 与异常事件处置进行关联，当设备出现故障或者运行数监测异常时，自动推送应急处置预案，并进行工单派发、跨部门联动响应，同时对相关设备进行智能控制，为整体运营水平提质增效。由此可见，未来 AI 技术有望提高整个建筑产业链的价值和效率，从建筑材料的生产到规划设计、智能建造以及运营管理，都将发生重要的变革。

国内互联网企业也加快了 AI 大模型的开发应用，如百度的"文心一言"和阿里的"通义千问"。绿色建筑领域的各位专家学者要加快相应的应用场景实践。

5.2.4 数字孪生技术

数字孪生指充分利用物理模型、传感器感知、运行历史等数据，综合运用感知、计算、建模等信息技术，集成多学科、多物理量、多尺度、多概率的仿真过程，建立与现实世界实时映射、虚实交互的"元宇宙"世界。数字孪生五维结构包含：物理实体（Physical Entity）、虚拟实体（Virtual Entity）、服务（Services）、孪生数据（DT Data）、连接（Connection）。在建筑领域，结合物联网和 BIM 技术将现实世界中采集的真实信息实时映射到数字模型，使之随现实世界动态更新，从而在数字空间中对现实世界建筑的设计、建造和运维过程进行分析和优化，帮助提升管理效率和决策准确性（图 3）。

图 3 基于 WebGL 的 BIM 轻量化引擎

5.2.5 区块链技术

区块链技术作为一种分布式账本技术，是一个共享数据库。区块链是比特币中的技术分支，具有数据存储、去中心化等特点，是在计算机技术、点对点技术等先进技术基础上发展而来的，能够在建筑工程智能合约等领域发挥重要作用，根据开放程度将区块链分为公有链、联盟链、私有链。通过引入区块链技术，将建筑全生命周期的所有历史信息记录在区块链上，可以实现数据全程可追溯、无法篡改，把自然合同做成智能合约，一旦出现问题，可以追溯数据，精准追责，还可以对建筑的价值进行精准评估。区块链中接入金融机构，智能合约执行到支付阶段，便可以直接生成支付凭证，甚至可以直接付款（图 4）。

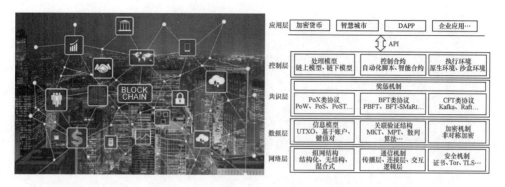

图4 区块链通用层次化技术结构

5.3 全生命周期典型应用场景分析

5.3.1 数字赋能规划设计

1. 基于BIM的跨专业设计协同

在策划阶段，利用BIM技术，进行环境、外观及功能、造价BIM信息共享平台构想估算及资金需求、建设期及建成期的模拟，为决策者提供更好的咨询服务：通过环境模拟，可模拟待建建筑所在的地理位置与周边自然环境、交通环境、商业环境或者居住环境的关系；通过外观及功能模拟，可模拟待建建筑的外观轮廓、功能定位等，反映功能空间的关系；通过建设期及建成期模拟，反映各重点事项之间的约束关系，如拆迁与三通一平、交通改造与临时管制等。

在设计阶段，通过创建BIM模型，更好地体现设计意图，发现图纸未体现出的缺漏。辅助业主进行设计管理，协同设计主创团队进行设计优化，从而提升设计质量和减少错、漏、碰、缺，减少工程浪费：利用BIM技术实现设计三维化，进行日照与太阳能利用、建筑功能、灾害及限额设计的定量、定性分析，为方案设计及优化咨询服务提供良好的信息平台。将建筑方案三维化，真实地表达建筑外观形状、颜色、尺寸，内部柱、梁、墙、板及主要设备和管道的关系。图5为BIM技术全生命周期跨专业协同示意图。

2. 倾斜摄影技术与三维GIS

倾斜摄影技术是一种新型的高科技技术，主要依托无人机为载体实现应用价值，通过在同一飞行平台上搭载5台传感器，同时从1个垂直、4个倾斜共5个不同的角度采集影像，拍摄相片时，同时记录航高、航速、航向和旁向重叠、坐标等参数，然后对倾斜影像进行分析和整理，获取地面物体更为完整准确的信息。

图 5 BIM 技术全生命周期跨专业协同

　　三维 GIS 在实现地下、地表、地上、高空等"全空间"展现和分析的基础上，进一步打通了遥感、无人机、点云、倾斜摄影、BIM、VR/AR 等技术环节；实现了从地下空间到地上空间、从室外空间到室内空间、从现实空间到虚拟空间、从静态空间到动态实时空间的多维度空间融合。三维 GIS 正得到各行业用户的认同，在城市规划、城市管理、应急处置、城市运营、虚拟旅游、智慧交通、通信基站选址、环保监测、地下空间等领域发挥效用（图 6）。

图 6 基于五目摄像头的数字孪生模型获取方式

5.3.2 数字赋能智能建造

1. 智慧工地管理平台

　　智慧工地是一种管理理念，它应用于施工工程全生命周期，通过运用信息化手段，对工程项目进行精确设计和施工模拟，围绕施工过程管理中的"人、机、料、法、环"5 大要素，建立互联互通的施工项目信息化生态圈，并对数据进行挖掘分析，提供过程趋势预测及专家预案，实现对于人员、机械、物料、流程、安全等板块的综合管理能力提升，实现工程施工过程的可视化和智能化管理（图7）。

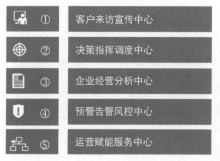

①　客户来访宣传中心
②　决策指挥调度中心
③　企业经营分析中心
④　预警告警风控中心
⑤　运营赋能服务中心

图7　智慧工地工程指挥中心

2. BIM 5D 管理技术

BIM 5D 技术作为传统 BIM 技术的延伸，在 BIM 3D 模型的基础上增加了施工进度信息（即时间维度）和工程成本信息（即成本维度），进一步拓宽了 BIM 技术的应用视角。BIM 5D 技术的出现对于施工项目而言意义深远，其不仅可以实现施工组织优化、施工进度管控、施工物料管理、施工成本监控，还可以有效地降低施工安全风险，提升施工项目质量。图 8 为智能建造阶段的 BIM 5D 应用。

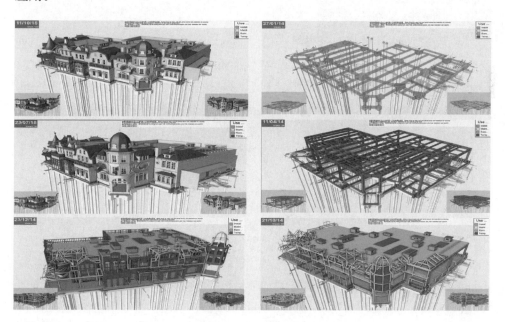

图8　智能建造阶段的 BIM 5D 应用

5.3.3　数字赋能低碳运营

1. 基于 AIOT 的建筑能源管理系统

建筑能耗监测平台是指对建筑物、建筑群或者市政设施内的变配电、照明、电梯、空调、供热、给排水等能源使用状况，实行集中监测、管理和分散控制的管理与控制系统，是实现能耗在线监测和动态分析功能的硬件系统和软件系统的统称。建筑能耗监测平台通过在线监测单体或区域的建筑能耗，直观地反映能源需求侧的用能特征，其建设者或使用者主要是政府部门及楼宇业主，通过该平台可以定量判断目标区域的节能减排效果，采用人工智能算法有效洞察目标区域的建筑能耗漏洞和节能潜力水平。图 9 为 AI 能效管家助力能源精细化管理的界面图。

图 9　AI 能效管家助力能源精细化管理

2. 建筑环境监测管理系统

室内舒适度与空气质量愈发受到用户重视，通过监测仪收集到的环境信息能反映室内环境质量，可监测室内环境参数，如温湿度、黑球温度、空气微风速、噪声、照度、辐射热、热舒适度指标 PMV、PPD、热压指数 WBGT 等，同时可联合控制输出功能，利用反馈的热环境参数，对相关设备输出控制信号，如空调、门窗、通风装置等。通过在室内布置各类空气质量指标监测装置，对室内空气中的 CO_2、CO、$PM_{2.5}$、PM_{10}、甲醛等污染物浓度进行实时监测，当这些污染物浓度超标时，会启动报警功能，并且具有与新风及排风的联动功能。

3. 建筑智慧照明管理系统

智慧照明由监控中心、集中控制器、单灯控制器及电缆监测报警器组成。集中控制器接受、执行、转发监控中心的命令，并通过监控终端对每盏灯进行开关控制和亮度调节，实现灵活的远程控制。集中控制器可通过内置输出端口实现对各回路的监控，并通过监控每盏灯的实时状态，将室内的光照、用电量等信息反馈至监控中心，以实现对建筑照明设施的科学管理。此外，城市道路和景观照明系统的节能潜力巨大，采用照明节能控制系统可对城市道路和景观照明进行有效控制和管理，在保证城市运行安全的前提下，可有效降低户外公共照明能耗。

4. FM 设备设施管理系统

设备设施管理系统借助物联网、RFID 等多项技术手段，将传统物业管理的业务内容、管理制度、实施流程、运维标准等转变为平台信息化管理，显著提高物业管理效率，提升物业运维品质，降低物业运维成本。如建立人员、空间、设备的全生命周期台账；对用能设备的运行工况进行实时监测及分析；诊断、预测故障及低能效状态，并推送应对解决方案等。利用 BIM 模型强大的信息集成、接口开放、三维可视化等特性，有效助力设施设备的全生命周期管理。

5. 碳排放与碳资产管理系统

运行碳排放监测系统通过综合观测、数值模拟、统计分析等手段，获取温室气体排放强度、环境中浓度、生态系统碳汇以及对生态系统影响等碳源汇状况及变化趋势信息，以服务于应对气候变化的研究和管理工作。建筑运行碳排放监测系统是开展碳核查等碳资产管理的重要基础，计算范围包括暖通空调、生活热水、照明及电梯、可再生能源、建筑碳汇系统在建筑运行期间的碳排放量及减碳量。可形成区域碳中和基本数据库，作为多维度碳资产管理的重要支撑。

我国的碳交易市场主要有 2 种类型：一类是政府分配给企业的碳排放配额；另一类就是 CCER，全称为"国家核证自愿减排量"，可被认定为"碳资产"，以市场化机制解决温室气体排放问题。碳资产管理是指以碳资产的取得为基础，战略性、系统性地围绕碳资产的开发、规划、控制、交易和创新的一系列管理行为，以及碳减排、碳监测、碳盘查、碳内审、碳会计信息披露、碳交易等基本活动。图 10 为建筑碳排放监管系统界面。

图 10　建筑碳排放监管系统

5.3.4　数字赋能城区管理

1. 城市信息模型 CIM 平台

CIM 平台是以城市信息数据为基础，建立起的三维城市空间模型和城市信息的有机综合体，从数据类型上看，主要是由大场景的GIS数据和BIM数据构成，属于智慧城市建设的基础数据，结合无人机实景建模技术，构建城区信息模型（CIM）作为平台底座，优化提升城区建设信息管理的系统平台。

围绕城乡建设、城市综合管理、城市安全运行、生态环境改善、城乡住房服务等重点领域，以数字孪生城市CIM底座建设为基础，以网格化综合管理系统升级为抓手，加快城市精细化综合管理服务平台建设，将城市空间、城市部件、城市运行动态等要素，通过数字化算法实现全要素治理。建立健全规、建、管、服一体化长效运行机制，信息系统建设与业务流程再造相结合，依托统一的数字底座和综合管理服务平台，构建基于城市CIM底座的事前、事中、事后全生命周期管理模式，推动管理手段、管理模式、管理理念变革（图11）。

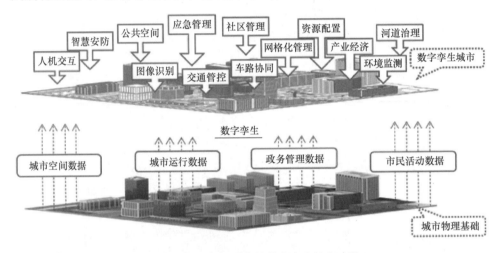

图11　基于CIM平台的数字孪生城市建设

2. 城区运营"一网统管"治理平台

构建以新型城域物联专网为基础、数据创造为纽带、人工智能为驱动的新型智慧城市架构，主要包括连接、数据、算法、服务、平台5个维度的融合。具体而言，新型城域物联专网具有以下特点：连接更广，颗粒度更细，将百倍于人的物纳入城市管理和社会治理体系，数据创造更多，精准反映城市运行态势和群体行业特征；算法更新，城市和社会运行可建模、可计算；服务更专业，人工智能驱动公共服务供给水平有效提升；平台更智能，推动城市管理和社会治理"大脑"级运行，能记录过去、感知现在，更能预测未来。

推进"一网统管"建设，以"一屏观天下、一网管全城"为目标，构建系统完善的城市运行管理服务体系，实现数字化呈现、智能化管理、智慧化预防，在城市治理中，做到早发现、早预警、早研判、早处置；做强城市神经元系统，物联、数联、智联三位一体，为"一网统管"平台的高效运行提供有力支持。

3. 城区能源监测及碳排放管理系统

能源监测管理系统是对建筑物、建筑群或者市政设施内的变配电、照明、电梯、空调、供热、给水排水等能源使用状况，实行集中监测、管理和分散控制的管理与控制系统，是实现能耗在线监测和动态分析功能的硬件系统和软件系统的统称。它由各计量装置、数据采集器和能耗数据管理软件组成。能源管理系统可对城区内建筑及市政设施的用能情况进行监测，提高整体管理水平。纳入能源监测管理系统的能源有电力、燃气、燃油、燃煤、自来水、蒸汽、集中能源站提供的冷热量、可再生能源（太阳能、风能等）。设有分布式能源中心时，各分布式能源中心的运行信息应接入能源监测管理系统。碳排放数字化管理系统，用于城区实时估算和清点温室气体（GHG）排放量。系统构建碳排放因子库，利用内置的排放核算方法，面向城区建筑、交通、市政等各方面，计算不同来源、不同层面的直接和间接的碳排放量。城区碳排放动态监测平台如图12所示。

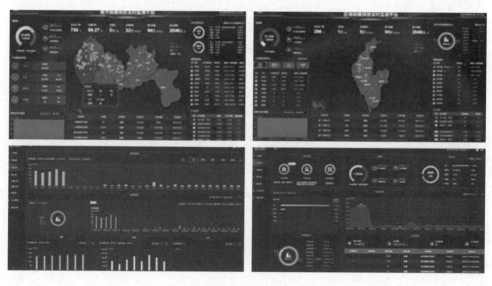

图12 城区碳排放动态监测平台

5.3.5 存在的问题

1. 数据安全与隐私问题

随着物联网等新兴技术在绿色智慧建筑领域的深入应用，大量的监测传感器遍布在城市及建筑的各个角落，各类建筑用户的安全与隐私问题是该领域的首要敏感话题。从用户的角度来看，各类智慧应用系统会涉及私人信息，不安全的系统容易引起用户的担心，并且会降低用户使用该系统的主观意愿，有时甚至会导致严重的后果。因此，如何在保障用户安全及隐私的前提下应用各类绿色智慧建筑技术，是亟待研究的关键问题之一，加密算法、用户权限管理等方面的研究需要重视。

2. 数据采集与融合问题

基于物联网的各类绿色智慧建筑技术可以有效应用的基础在于各类通过感知层获取的数据，因此数据是信息时代背景下的重要资源。绿色智慧建筑领域的各类物联监测数据与其他领域的数据相比要更加复杂多样，例如涉及室内外环境、用户行为特征、建筑围护结构、机电设备系统等多种信息数据时，如何有效获取这些数据，并进行有效清洗、整理、存储、融合，为后期的数据分析奠定基础尚面临一定挑战。

3. 多元系统数据标准化问题

各类绿色智慧建筑的应用技术大多需要依赖楼宇自控等多元子系统进行数据传输以及前馈、反馈控制，但当前主流的各类楼宇自控系统品牌各自独立，而楼宇机电系统种类繁多，要真正实现智慧化运行操作，还需要打通各种系统的通信壁垒，建立统一的智慧建筑设备元器件通信协议，并且通过数据治理手段统一数据标准。这样才能有效地实现各类物联监测数据的有效传输以及控制，为各类智慧管理平台的有效应用提供前序条件。

4. 数字化应用政策导向问题

作为建筑行业信息化转型发展的关键技术，BIM 技术虽然热度很高，但其应用率及集成化程度并不高，尚不能完全替代传统的 CAD 制图和满足建筑全生命周期复杂的管理要求。同时，政府在推进 BIM 技术应用的过程中缺乏有效的政策导向，例如，当前国内的建筑施工图审查依然是基于传统的二维图纸，BIM 技术在建筑领域应用的深度及广度均有待提高。

5.4 总 结

在新基建、新城建、数字中国建设的时代背景下，绿色建筑、智慧建筑、健康建筑融合发展已成为当前建筑行业的主流趋势，新一代数字技术也将成为未来建筑行业发展的核心驱动力，并不断赋能城市及建筑"规、建、管、服"全生命周期应用场景。然而，也存在数据安全与隐私、数据采集与融合、多元数据标准建设、数字转型政策导向等问题，未来需进一步加强与解决，推动和引领建筑业从传统产业向智慧密集型现代产业转型升级，更好地服务中国式现代化建设。

作者：胡翀赫[1] 江相君[1] 于兵[2]（1. 中建三局数字工程有限公司；2. 上海碳之衡能源科技有限公司）

（绿色智能组）

6 北京地区种植屋面碳中和效能研究

6 Research on carbon neutrality efficiency of urban planted roofs

6.1 前　　言

随着中国城市建设进程的逐步加快，建筑密度的不断增加，建筑、设施和人工热源不断增加，越来越多人工制造的材料取代了城市中原有的自然下垫面，绿色植被也在城市中的占比逐渐减少，绿化用地与建设用地之间的矛盾日益突出。如何有效地提高城市内空间的利用率，增加绿化空间，更大程度地保障城市生态系统服务水平，是当今发展中所面临的严峻挑战。

城市植物可以通过碳封存，吸收储存空气中的 CO_2，来达到减少城市 CO_2 排放的效果，屋顶绿化和立体绿化可以作为城市地面绿化的补充，充分利用城市中的建筑屋顶及外立面进行绿化，缓解城市用地紧张的问题，同时能节约能源、缓解城市热岛效应、延长屋顶材料的使用寿命、增加城市生物多样性并提供更美观的环境。联合国环境署（UNEP）曾研究得出：假设城市中有 70% 的建筑进行屋面种植，城市上空 CO_2 的含量将下降 80%，夏天温度下降 5～10℃，城市热岛效应基本消除。由此可见，绿色屋顶对于改善城市生态有极大的影响。通过种植屋面所构建的绿化（常称为屋顶绿化）作为一种特殊的城市绿化形式，可将建筑物水泥下垫面还原为植被下垫面，不仅提高了建筑物的舒适度和绿地率，还能发挥植物固碳、减弱城市热岛效应、缓解城市雨洪压力等方面的生态作用。

以北京、上海、深圳等大城市为首，种植屋面的应用规模在迅速扩大。截至2021 年底，仅北京市政府补贴推广的种植屋面总量已经超过 200 万 m^2，加上全市社会自发建设的种植屋面，据不完全统计已达到了 300 万 m^2；2017 年底，上海种植屋面总量也达到了 210 万 m^2，并于 2016 年完成了《上海市立体绿化专项规划》，提到将种植屋面作为城市拓展绿化的重要措施。对于种植屋面生态系统碳储量及固碳能力的量化研究有助于明晰其对于碳中和目标的贡献，准确定量评价园林植物碳固定对绿地生态系统的碳汇贡献，有利于继续推广普及种植屋面的实施。除此之外，可以完善对已建成种植屋面生态绩效的评价；通过计算种植屋面植物的年固碳量，为实现碳汇交易货币化提供依据；指导城市建设管理向精细化、定量化转变。很显然，随着种植屋面构建的绿化面积的增长，通过其建设过程中形成的植物的固碳功能，在城市碳中和过程中，所发挥的贡献不宜忽视，有必要通过文献资料和实验测定相结合的方式，开展城市种植屋面碳中和效能研究。

6.2 北京种植屋面调研

6.2.1 北京市种植屋面普查

截至 2021 年 12 月 31 日，北京市享受政府补贴的种植屋面共 844 处，总面积达到 2020406.64m²，各区地块数及面积见表 1。

北京各区"十二五""十三五"期间享受政府补贴的种植屋面信息　　　　表 1

	地块数	总面积（m²）	面积占比（%）	平均单地块面积（m²）
东城区	174	322740.02	15.97	1854.827701
丰台区	127	159648	7.90	1257.070866
西城区	127	229822.91	11.38	1809.629213
朝阳区	102	309428.85	15.32	3033.616176
海淀区	89	376016.08	18.61	4224.899775
石景山区	53	66131.6	3.27	1247.766038
通州区	41	68392.74	3.39	1668.11561
大兴区	25	41488.13	2.05	1659.5252
门头沟区	25	32930	1.63	1317.2
昌平区	22	161200	7.98	7327.272727
密云区	17	28507.52	1.41	1676.912941
平谷区	17	71079.07	3.52	4181.121765
房山区	10	42737	2.12	4273.7
怀柔区	9	28584	1.41	3176
顺义区	3	80500	3.98	26833.33333
延庆区	3	1200	0.06	400
总计	844	2020406.64	100	2393.84673

按照种植屋面种植土层厚度可以将种植屋面划分为简单式、简花园式、花园式，简单式种植屋面种植土层厚度为 100～200mm，简花园式为 200～300mm、花园式为 300～500mm。在 844 处北京种植屋面统计台账中，拥有种植土层厚度数据的点位共 831 处。在这 831 处点位中，各类屋面信息如表 2 所示。

各类种植屋面信息 表2

类型	数量（个）	面积（m²）	面积占比（%）
简单式（100～200mm）	540	1147880.3	56.81
简花园式（200～300mm）	87	241692.65	11.96
花园式（300～500mm）	204	602233.7	29.80

从以上信息可以看出，北京市城区由于建筑密度大，经济水平较为发达，同时更加积极地响应相关政策，在种植屋面的建成面积和质量上都较郊区县更为出色。由于资金筹集及设计施工上的难度，大部分选择了简单式的种植屋面。由于技术的逐渐成熟，越来越多的地方直接选择了花园式的屋面种植设计，丰富的屋顶植物群落更加利于固碳释氧和降低建筑能耗。

6.2.2 北京市种植屋面植物种类分析

为了研究种植屋面在城市碳中和中发挥的作用，需要对现有建成种植屋面项目进行规模摸底调查，以便了解其诸如绿化模式、种植基质、防水材料等相关数据，该研究共调查了62个点位，69块样地，其中花园式样地44块，简单式样地15块，简花园式样地10块。北京地区屋顶花园调研范围及样地点位图见图1。

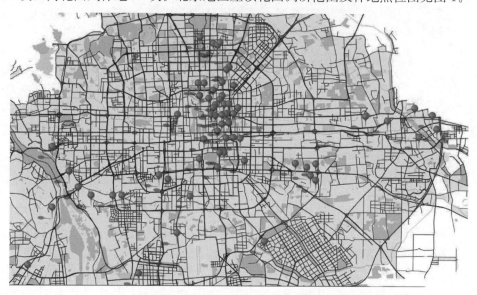

图1 北京地区屋顶花园调研范围及样地点位图
（来源：自绘，地图由mapbox提供）

在44块花园式样地中，植物种类（含品种）为11～48种，植物搭配与种植设计较为丰富，乔、灌、草种类丰富，基本包括地被植物、落叶灌木、常绿灌木、落叶乔木、常绿乔木、藤本，营造出的景观效果更佳，能够更好地满足进入此处的游客的不同使用需求并提供不同的使用场景。15 块简单式种植屋面样地中，植物种类（含品种）为 1~5 种。绝大多数为景天科地被植物或者菊科植物，植物种类较为单一，空间与形式较为简单。简单式种植屋面多为不上人屋面，所以需要选择抗逆性强且不需要人工打理的植物。在调查的 10 块简花园式样地中，植物种类（含品种）为 6~25 种，植物种类也较为丰富，植物种类包括地被植物、常绿灌木、落叶灌木等低矮植物。这些地被及低矮灌木构成了简单的空间变化，能满足简单的游憩需要，游人在使用体验上较简单式种植屋面更加舒适。

在植物种类方面，共计 130 种植物。其中，草本地被植物 21 科 55 种（含品种），占比为 42.31%；木本植物 21 科 68 种（含品种），其中常绿灌木 13 种，占比为 10%，常绿乔木 6 种，占比为 4.61%，落叶乔木 21 种，占比为 16.15%，落叶灌木 28 种，占比为 21.54%；藤本植物 5 种（含品种）以及禾本科植物 2 种。由此可见，由于屋顶的特殊设计施工要求，种植屋面植物上多选择的是地被植物及低矮的灌木。种植屋面绿化植物种类分布图如图 2 所示。

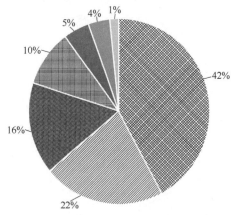

※草本地被 ▨落叶灌木 ▤落叶乔木 ▥常绿灌木 ■常绿乔木 ▧藤本 ▨禾本科

图 2　种植屋面绿化植物种类分布图

在调查中发现，绝大多数的种植屋面采用简单式种植，多以一种植物诸如景天、佛甲草覆盖式种植，其虽然载荷小、施工方便、后期养护方便，但没有充分利用建筑屋顶的载荷能力，景观结构单一，生态效益差，并且不能供人游赏，这也可能是由于政府投资单方造价限制的缘故。因此，满足条件的建筑还是应当采用花园式种植屋面种植形式，不仅能够拥有更好的景观效果供人休闲娱乐，更能发挥种植屋面的生态效益，同时能够帮助建筑节能减排来达到降低碳排放的目的。

6.3　种植屋面植物固碳效能研究

本研究拟通过光合速率法来进行植物固碳计算，即首先通过测定进入叶片的

CO_2 浓度，获取植物单位叶面积的日 CO_2 总吸收量，耦合单株树的叶片面积得到单株 CO_2 总吸收量，然后通过时间累加推导出单株植物年 CO_2 总吸收量（等同于总初级生产力），在此基础上，减去植物呼吸消耗得到单株的年 CO_2 固定量（等同于净初级生产力）。

6.3.1　建立北京市常见园林植物个体的叶面积回归模型

2021 年秋季，选择调研的北京种植屋面常见乔、灌、草植物等研究对象，开展了植株个体的总体面积、胸径等规格的实地测定。在测定的基础上，通过线性回归拟合建立园林树种个体的叶面积回归模型，输入植物的胸径等规格，就可以计算得到单株树的总叶片面积，对于常见园林草本（含地被）植物，则通过其叶面积指数与占地面积的乘积得到总叶面积。表 3 为北京市常见园林灌木叶面积的回归方程计算列表。

北京市常见园林灌木叶面积的回归方程　　表 3

植物类型	序号	树种	样本	一元回归方程	二元回归方程
落叶乔木	1	碧桃	30	$L=36.38H-55.96$ $R_2=0.71$	$L=19.19H+18.18W-75.65$ $R_2=0.88$
	2	紫叶李	30	$L=20.29D-153.22$ $R_2=0.88$	$L=18.28D+9.15H-176.07$ $R_2=0.88$
常绿灌木	1	棣棠，小叶女贞	30	$L=1.82H-1.11$ $R_2=0.87$	—
	2	沙地柏	30	$L=1.5H-0.1$ $R_2=0.75$	—
	3	小叶黄杨	30	$L=0.76H-0.10$ $R_2=0.75$	$L=0.55H+1.01W-0.75$ $R_2=0.94$
落叶灌木	1	棣棠，小叶女贞♯	30	$L=18.53H-13.43$ $R_2=0.75$	$L=-5.78H+15.41W+1.02$ $R_2=0.93$
	2	丁香	30	$L=6.74H-5.32$ $R_2=0.75$	$L=3.8H+5.02W-10.34$ $R_2=0.98$
	3	红瑞木	30	$L=14.80H-13.80$ $R_2=0.84$	$L=-0.79H+19.43W-10.37$ $R_2=0.92$
	4	金银木	30	$L=7.52H-2.80$ $R_2=0.82$	$L=7.09H+6.08W-16.31$ $R_2=0.98$
	5	锦带花	30	$L=7.31H-3.25$ $R_2=0.91$	$L=4.37H+5.91W-11.11$ $R_2=0.98$

植物类型	序号	树种	样本	一元回归方程	二元回归方程
落叶灌木	6	连翘，迎春♯	30	$L=1.98H-0.73$ $R_2=0.29$	$L=1.26H+1.29W-2.47$ $R_2=0.84$
	7	小檗	30	$L=0.76H-0.10$ $R_2=0.61$	$L=0.55H+1.01W-0.75$ $R_2=0.94$
	8	榆叶梅	30	$L=13.76H-7.63$ $R_2=0.53$	$L=8.12H+9.42W-20.17$ $R_2=0.94$
	9	珍珠梅	30	$L=8.51H-5.48$ $R_2=0.72$	$L=5.14H+7.5W-17.93$ $R_2=0.97$
	10	紫薇	30	$L=5.77H-0.57$ $R_2=0.94$	$L=5.62H+4.24W-9.70$ $R_2=0.99$

注：L 为叶面积（m^2）；H 为株高（m）；W 为冠幅（m）；R_2 为方程的确定性系数；♯表示应用了所处单元格的首个物种公式。

另外，常见园林草本植物叶面积指数分别为：草地早熟禾是 8.74（m^2 叶面积/m^2）；高羊茅是 12.58（m^2 叶面积/m^2）；结缕草是 4.31（m^2 叶面积/m^2）；野牛草是 6.45（m^2 叶面积/m^2）。通过实地调查发现草地早熟禾与高羊茅的种植密度大约是 40 株/m^2、结缕草与野牛草的种植密度大约是 45 株/m^2，可以推导出草地早熟禾、高羊茅、结缕草、野牛草的单株叶面积分别约是 0.22m^2、0.31 叶面积/m^2、0.10m^2 叶面积/m^2、0.14m^2 叶面积/m^2。

6.3.2　园林植物叶片光合速率测定与固碳计算

2021 年秋季，对国家科学技术部节能示范楼 9F 屋顶花园 31 种植物的净光合速率和呼吸速率进行了监测，在完整监测周期内，除建筑物遮挡，相邻植物遮蔽等现象，所有植物均于 11：00～13：00 时间内净光合速率达到最大。另外 31 种植物均呈现不同程度"午休"现象，净光合速率于 13：00～15：00 监测时段内出现不同程度的下降。

全天监测结果显示，草本地被植物类别中，蛇鞭菊日净光合速率变化幅度最大，数值为 5.14～23.70μmol/(m^2·s)，同时其净光合速率的平均值也最高，为 15.18μmol/(m^2·s)，同样其 CO_2 吸收量与总吸收量在草本植物中达到了最高，单位面积的日均 CO_2 吸收量为 6.557gm^2/d，CO_2 总吸收量为 7.407gm^2/d。蛇鞭菊为本次实验草本植物中固碳释氧能力最强的植物。此外，实验数据显示，除蛇鞭菊外其他菊科植物均拥有较高的净光合速率，固碳能力也更为出色。金鸡菊净光合速率范围为 7.09～20.54μmol/(m^2·s)，单位面积的日均 CO_2 吸收量为 5.723gm^2/d；天人菊净光合速率范围为 6.08～18.68μmol/(m^2·s)，单位面积

的日均 CO_2 吸收量为 $5.133gm^2/d$。菊科为草本地被植物中最为推荐使用的一个科。草本植物单位叶面积的日均 CO_2 吸收量如图 3 所示。

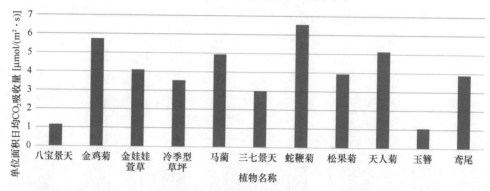

图 3　草本植物单位叶面积的日均 CO_2 吸收量

本次试验中，灌木中的金叶女贞球全天净光合速率变化范围最大，为 $3.63\sim17.18\mu mol/(m^2 \cdot s)$，同样地，其净光合速率的平均值达到了 $10.26\mu mol/(m^2 \cdot s)$，排名为本次试验中灌木的第二位。金叶女贞球单位面积的日均 CO_2 吸收量与呼吸量分别为 $4.433gm^2/d$、$5.413gm^2/d$。不同种的月季在灌木植物种类中净光合速率变化相对明显，也是灌木中固碳能力最强的一类植物，木本月季和藤本月季单位面积的日均 CO_2 吸收量分别为 $5.177\mu mol/(m^2 \cdot s)$ 和 $4.997\mu mol/(m^2 \cdot s)$。木本月季与藤本月季植物由于生长环境及自身特征，全天"午休"现象较不明显。各种灌木单位叶面积的日均 CO_2 吸收量如图 4 所示。

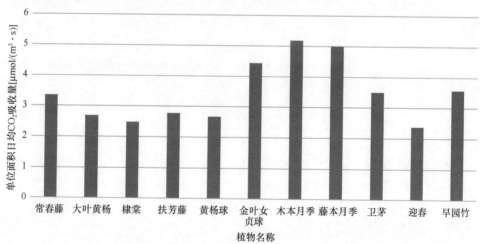

图 4　各种灌木单位叶面积的日均 CO_2 吸收量

在试验的 7 种乔木中，碧桃、海棠、龙爪槐、紫叶矮樱这 4 种植物单位叶面积下的日均 CO_2 吸收数值接近，其中以紫叶矮樱测得数值最高，为 $4.083gm^2/d$，与其他试验样本相比,紫叶矮樱固碳能力最强。净光合速率在 $3.73 \sim 15.32 \mu mol/(m^2 \cdot s)$ 内波动。碧桃的光合作用受到环境及自身生理特征影响,其表现的净光合速率数值波动范围较大,为 $2.38 \sim 16.69 \mu mol/(m^2 \cdot s)$。玉兰由于种植位置原因,试验中大多数时间光线被其他植物所遮蔽,且生长状况较差,所测净光合速率较低。各种乔木单位叶面积的日均 CO_2 吸收量如图 5 所示。

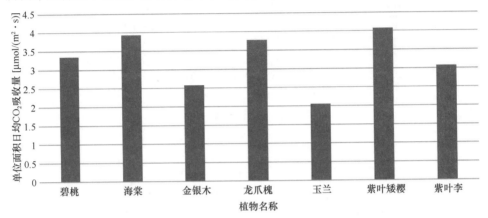

图 5 各种乔木单位叶面积的日均 CO_2 吸收量

在试验测量的 31 种植物中,地被植物光合速率普遍高于灌木及乔木,所得单位叶面积的日均 CO_2 吸收水平也较高(表 4),其中菊科植物最优,适合种植屋面的使用,在设计中可以多选择不同的菊科植物,不仅能提供更丰富的色彩搭配,更能获得更优的生态效益。使用乔、灌、草的搭配,充分利用屋顶花园竖向空间,在景观和生态方面都可以带来更好的效果。同时试验中发现,种植密度过大的植物组团由于相互之间的遮挡,往往会产生影响使得固碳效益下降。在屋顶花园的环境下,如何合理地进行植物搭配,更加高效地利用空间成为亟待解决探索的问题。

单位叶面积的日均 CO_2 吸收量和总吸收量(gm^2/d) 表 4

植物类型	植物名称(拼音排序)	CO_2 吸收	CO_2 总吸收	平均胸径(m)	平均地径(m)	平均株高(m)	平均冠幅(m)
草本	八宝景天	1.153	1.650	无	无	0.37	无
	金鸡菊	5.723	6.620	无	无	0.55	无
	金娃娃萱草	4.097	5.0833	无	无	0.28	无
	冷季型草坪	3.533	4.410	无	无	0.10	无
	马蔺	4.937	5.51	无	无	0.87	无
	三七景天	3.003	3.883	无	无	0.20	无
	蛇鞭菊	6.557	7.407	无	无	0.78	无

植物类型	植物名称 (拼音排序)	CO_2 吸收	CO_2 总吸收	平均胸径 (m)	平均地径 (m)	平均株高 (m)	平均冠幅 (m)
草本	松果菊	3.947	4.743	无	无	0.80	无
	天人菊	5.133	5.973	无	无	0.67	无
	玉簪	1.060	1.333	无	无	0.20	无
	鸢尾	3.906	4.490	无	无	0.50	无
灌木	常春藤	3.353	3.970	无	无	无	无
	大叶黄杨	2.690	3.180	无	14.7	3.2	2.10×2.20
	棣棠	2.483	3.200	无	3	1.4	1.70×1.70
	扶芳藤	2.780	3.380	无	无	0.20	无
	黄杨球	2.670	2.752	无	4.3	1.25	1.25×1.25
	金叶女贞球	4.433	5.413	无	15.5	1.60	1.70×1.70
	木本月季	5.177	5.883	无	3	0.7	0.4×0.4
	藤本月季	4.997	5.577	无	无	无	无
	卫矛	3.501	4.086	无	2.0—4.0	1.00	1.00×1.00
	迎春	2.380	2.807	无	无	1.25	无
	早园竹	3.577	4.043	1.3	1.2	2.2	无
乔木	碧桃	3.353	5.433	5	5.2	1.9	1.30×1.40
	海棠	3.925	4.477	11.5	10.575	2.4375	2.1×2.05
	金银木	2.580	3.101	4	9	2.55	2.00×1.70
	龙爪槐	3.773	4.316	10.1	11.89	2.25	2.50×2.50
	玉兰	2.0467	2.610	8	8	3.5	1.35×1.20
	紫叶矮樱	4.083	4.957	8.8	8.9	1.96	2.20×1.90
	紫叶李	3.071	3.658	12.1	12.4	2.88	2.60×2.50
	五叶地锦	1.910	2.547	无	无	无	无
	紫藤	2.120	2.802	4.5	10.5	2.65	2.60×2.00

注：CO_2 吸收量是基于净光合速率计算得到，CO_2 总吸收量是基于总光合速率（净光合速率＋暗呼吸速率）计算得到。

6.3.3 实例分析

东铁匠营屋顶花园项目位于北京市丰台区蒲安东里9号楼屋顶，南二环与南三环之间。屋顶为3层（2层顶），周边为高层居民楼，部分居民楼的窗户紧邻本项目设计范围。屋面为可上人屋面，有建筑楼内楼梯直接通到楼顶，内外排水结合，女儿墙高度为 1.2m，屋顶总面积为 1340m² 。屋顶花园建成于 2018 年。

其总平面设计图见图 6。

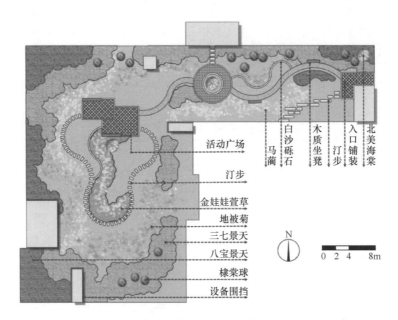

图 6　东铁匠营屋顶花园总平面设计图

项目位于北方城市，植物选择为北方常见的园林植物。植物种植设计主要为简单式的灌木加草本组合，依照整体曲线形式进行排列布置，高低错落形成婉约的花镜设计，营造丰富的屋顶花园空间。草本地被植物主要为三七景天、八宝景天、地被菊、金娃娃萱草、马蔺；灌木为棣棠球与红王子锦带球。图 7 为项目效果图。

图 7　项目效果图

东铁匠营总绿化面积为 1108.2m²，共 14 种植物，最终通过光合速率法计算得出东铁匠营屋顶花园年固碳量为 570.76kg，年释放氧气量为 7617.19kg，平均每平方米年固碳量约为 0.52kg（表 5）。

东铁匠营屋顶绿化项目植物的年固碳量　　　　　表 5

编号	苗木名称	年固碳量（kg/年）	年释放氧气（kg/年）
1	棣棠球	1.24759	16.60607
2	红王子锦带球	0.83855	11.28679
3	金焰绣线菊	1.51434	20.20981
4	细叶芒	21.97502	293.26955
5	八宝景天	43.95004	586.53910
6	三七景天	64.46005	860.25735
7	月见草	49.81004	664.74431
8	马蔺	16.11501	215.06434
9	萱草	18.31252	244.39129
10	滨菊	21.24252	283.49390
11	地被菊	28.77253	383.98630
12	鼠尾草	8.05751	107.53217
13	波斯菊	41.75254	557.21214
14	佛甲草	252.71271	3372.59982
总计		570.76	7617.19

6.4　结论与展望

以种植屋面为代表的立体绿化形式，是我国城市园林绿化多元化中的重要组成部分，在城市节能减排和美化城市空中景观的同时，发挥固碳释氧等生态功能，借助绿色植物抑制 CO_2 的排放并释放出更多的 O_2，使城市生态环境和空气质量得到有效的改善，同时有助于实现城市建筑空间和社区环境的碳中和。本研究选择北京种植屋面作为研究对象，在大量实地调研的基础上，根据相关数据建立常见园林植物个体的叶面积回归模型，并结合园林植物叶片生态功能测定，计算园林植物个体固碳等方面的生态效益，其定量计算有助于了解种植屋面对城市碳中和的作用。

作者：韩丽莉[1]　王月宾[1]　王珂[2]　殷思江[3]（1. 北京市园林绿化科学研究院；2. 中国中建设计研究院有限公司；3. 北京农学院园林学院）

（立体绿化组）

7 基于国产化 BIMBase 平台的装配式住宅建筑碳排放及减碳分析——以某上海市装配式项目为例

7 Carbon emission and reduction analysis of assembled residential buildings based on the localized BIMBase platform-an example of an assembled project in Shanghai

7.1 引　　言

在我国 CO_2 总排放量中，建筑业排放量约占 50%[1]，"十三五"期间，全国建筑全过程碳排放（包括建材生产阶段、施工阶段和运行阶段）增速虽较以往放缓，但年均增速仍达到了 3.1%[2]。对于建筑碳排放来说，间接排放是主要形式，尤其对新建建筑，提升建筑能效是减少间接排放的重要举措之一。另外，装配式建筑的发展实现了建造方式逐渐向高效、节能模式改变[3]，在"30·60"双碳目标下，以其集成化高、能耗低、减排潜力大等优点受到广泛关注。本文基于 BIMBase 平台，以满足全文强制性标准《建筑节能与可再生能源利用通用规范》 GB 55015—2021（简称《通用规范》）的上海市装配式住宅为例，分析建筑全生命周期碳排放量，以及与 2016 年执行的标准相比的减碳量，并研究建造阶段装配式建筑的降碳比例。

7.2 基于 BIMBase 的碳排放研究边界及数据处理方法

7.2.1 研究边界及数据处理

本研究基于国产自主化 BIMBase 平台的研究路径如图 1 所示。基于生命周期评估理论（Life Cycle Analysis，LCA）研究装配式建筑碳排放量，建立上海市浦东新区 22 层的住宅建筑模型，研究涉及的阶段有建材生产及运输阶段、建筑建造阶段、建筑运行阶段、建筑拆除阶段以及绿化碳汇减碳部分，其中建筑运

252

行阶段包括空调供暖、照明、插座设备、生活热水及电梯产生的能耗，考虑建筑拆除过程中的废旧建材回收利用。

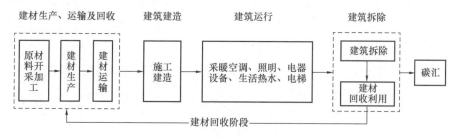

图 1 碳排放研究路径

房间计算参数按《通用规范》的数据选取，每户采用空气源热泵空调器，制冷能效比取 3.6，供暖能效比取 2.6，照明功率密度取 $5.0W/m^2$，设备功率密度取 $3.8W/m^2$。该住宅共 80 户，每户 3.2 人，入住率按 80% 计算，平均日用水定额为 40L/(人·d)，冷热水温度则按《建筑给排水设计标准》GB 55015—2019 取值，冷水温度取地表水 5℃，热水取 60℃，生活热水使用天数按《上海市超低能耗建筑技术导则（试行）》的 292d 计算，使用燃气热水器。该住宅楼共 2 部电梯，每部电梯采用 VVVF 驱动系统，额定功率为 10.18kW，所使用电梯的最大运行距离为 65m，额定速度为 2.5m/s。

7.2.2 研究案例

本项目装配式住宅建筑模型如图 2 所示，标准层高为 2.9m，总建筑面积为 $7446.6m^2$。外墙使用膨胀聚苯板，屋顶使用泡沫玻璃保温板，外窗为塑料型材，每户采用空气源热泵空调器，围护结构热工指标及空调系统设备性能取自《通用规范》和 2016 年执行的标准《夏热冬冷地区居住建筑节能设计标准》JGJ 134—

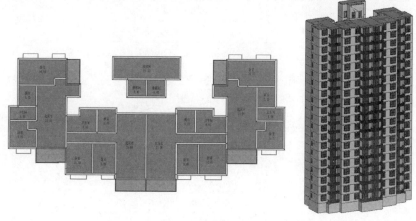

图 2 BIM 建筑模型

2010，详细情况如表1所示。建筑设计使用年限为50年。

装配式建筑主要围护结构热工性能指标和空调系统性能参数　　　表1

依据标准	主要围护结构传热系数 K（W/m²·K）					空调系统设备性能（COP）	
	外墙	屋面	楼板	分户墙	外窗	空调	供暖
《通用规范》	1	0.4	1.8	1.5	东：2.8 南：2.0 西：2.8 北：2.5	3.6	2.6
2016年执行标准	1	0.6	2	2	东：3.2 南：2.3 西：3.2 北：2.8	2.3	1.9

7.2.3　碳排放因子来源

建材生产因子、运输因子和运行及建造阶段涉及的能源因子分别如表2、表3和表4所示。

建材生产碳排放因子　　　表2

序号	材料名称	生产因子	来源
1	实心砖	759kgCO₂e/千块	杨倩苗[4]
2	砌块	365kgCO₂e/m³	袁荣丽[5]
3	C80混凝土	454kgCO₂e/m³	曹杰[6]
4	C40混凝土	299kgCO₂e/m³	
5	C30混凝土	275kgCO₂e/m³	
6	C35混凝土	414.81kgCO₂e/m³	董坤涛[7]
7	C20混凝土	361.17kgCO₂e/m³	
8	混合砂浆	261.57kgCO₂e/m³	
9	竹木模板	33.1kgCO₂e/m²	
10	钢筋	2310kgCO₂e/t	
11	铁件	2190kgCO₂e/t	李岳岩等[8]
12	甲级防火门	48.3kgCO₂e/m²	
13	乙级防火门	48.3kgCO₂e/m²	
14	丙级防火门	48.3kgCO₂e/m²	
15	碎石	1.6kgCO₂e/t	
16	防水材料	6550kgCO₂e/t	

续表

序号	材料名称	生产因子	来源
17	防水卷材	$2.38kgCO_2e/m^2$	
18	细石混凝土	$112kgCO_2e/t$	李岳岩等[8]
19	水泥砂浆	$0.13262kgCO_2e/t$	
20	屋面泡沫玻璃板	$12kgCO_2e/m^3$	王卓然[9]
21	聚苯板（EPS）	$221.2kgCO_2e/m^3$	
22	外墙 PC/PCF 板	$815.86kgCO_2e/m^3$	
23	PC 阳台/空调板	$673.80kgCO_2e/m^3$	曹西等[10]
24	PC 楼梯板	$609.65kgCO_2e/m^3$	

建材运输碳排放因子　　　　　　　　　　　　　表3

序号	运输方式或材料	运输因子	来源
1	重型柴油货车运输（载重 46t）	$0.057kgCO_2/(t \cdot km)$	
2	重型柴油货车运输（载重 30t）	$0.078kgCO_2/(t \cdot km)$	《建筑碳排放
3	重型柴油货车运输（载重 18t）	$0.129kgCO_2/(t \cdot km)$	计算标准》
4	中型柴油货车运输（载重 8t）	$0.179kgCO_2/(t \cdot km)$	GB/T 51366—2019
6	轻型柴油货车运输（载重 2t）	$0.286kgCO_2/(t \cdot km)$	
7	外墙 PC/PCF 板	$0.0981kgCO_2/(m^3 \cdot km)$	
8	PC 阳台/空调板	$0.1234kgCO_2/(m^3 \cdot km)$	曹西等[10]
9	PC 楼梯板	$0.0897kgCO_2/(m^3 \cdot km)$	

各能源碳排放因子　　　　　　　　　　　　　表4

序号	能源	运输因子	来源
1	电力	$0.7035kgCO_2/(kW \cdot h)$	《建筑碳排放计算标准》GB/T 51366—2019
2	燃气	$2.16kgCO_2/m^3$	李岳岩等[8]
3	柴油	$3.11kgCO_2/kg$	

7.3　全生命周期碳排放量

7.3.1　建材生产、运输及建材回收阶段碳排放

不同预制构件中混凝土和钢筋的用量来自曹西等[10]的研究。运输距离按照《建筑碳排放计算标准》GB/T 51366—2019 中参数选择，混凝土取 40km，其他材料取 500km。

在建材生产阶段，钢筋和模板生产过程产生的碳排放量最高，为

1166.55tCO$_2$ 和 1059.20tCO$_2$，占比分别为 26.61％和 24.16％，其次是混凝土和 PC 构件。钢筋生产碳排放量高可能是钢铁企业能源结构中煤炭的使用率较高导致的。现阶段装配式项目中针对节点区域的预制做法较少，需要采用现浇进行支模，模板量相对较多，这导致了模板的生产碳排放量偏高。建材运输阶段的碳排量与建材用量、运输方式和运输距离直接相关，水泥砂浆运输产生的碳排放量达到 129.81 t，占比接近 50％。建材生产和运输的碳排放如图 3 所示。

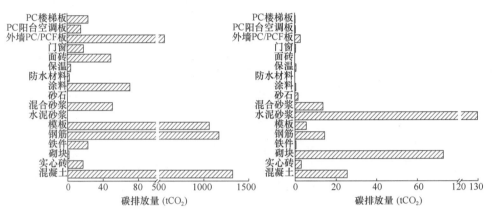

图 3　建材生产和运输的碳排放

建筑拆除过程，对建筑进行逐层向下拆解，部分材料可以回收，有减碳的作用。回收的材料主要为混凝土、砖、钢筋和门窗等，例如钢筋回收以后作为粗钢，其上游的碳排放量不再产生。可回收的建材的回收率、回收因子来源于《建筑全生命周期的碳足迹》。该项目中通过建材回收的减碳量达到 1188.13tCO$_2$，可抵消建材生产阶段 27％的碳排放量。建材回收阶段碳排放量如表 5 所示。

建材回收阶段碳排放量统计　　　　　　　　表 5

序号	项目	建材数量	可回收率	回收因子	运输方式	减碳量（t）
1	混凝土	4363.56t	0.7	6.4kgCO$_2$/t	重型柴油货车运输（载重 46t）	40.99
2	实心砖	23256.00块	0.7	290kgCO$_2$/千块	重型柴油货车运输（载重 18t）	4.64
3	钢筋	505.00t	0.9	1942.5kgCO$_2$/t	重型柴油货车运输（载重 46t）	882.35
4	门窗	487.00m²	0.8	10.9kgCO$_2$/m²	重型柴油货车运输（载重 30t）	4.23

续表

序号	项目	建材数量	可回收率	回收因子	运输方式	减碳量 (t)
5	外墙 PC/PCF 板	混凝土：1719.04t 钢筋：130.65t			重型柴油货车运输（载重 46t）	234.60
6	PC 阳台/空调板	混凝土：58.78t 钢筋：4.47t	混凝土：0.7 钢筋：0.9	混凝土：6.4 钢筋：1942.5 $kgCO_2/t$	重型柴油货车运输（载重 46t）	8.02
7	PC 楼梯板	混凝土：97.51t 钢筋：7.41t			重型柴油货车运输（载重 46t）	13.31
合计						1188.13

7.3.2 建造阶段碳排放

建造阶段台班消耗量根据以往研究案例[10,11]进行估算，其中建造阶段产生碳排放的过程主要包括装配式现浇工程和预制构件的供应。根据每种机械使用台班数、能源消耗量及能源因子，统计建造阶段碳排放量。该建筑建造阶段的碳排放量达到 159.12 tCO_2。建造阶段台班使用情况及碳排放量如表 6 所示。

建造阶段台班使用情况及碳排放量   表 6

名称	实际消耗量（台班）	单位台班能源消耗	碳排放量（tCO_2）
履带式挖掘机	24.65	63.00kg 柴油	4.8141
压路机 15t	48.29	42.95kg 柴油	6.4298
柴油打桩机 3.5t	39.16	47.94kg 柴油	5.8197
柴油打桩机 7t	35.83	57.40kg 柴油	6.3756
履带起重机 15t	39.16	29.52kg 柴油	3.5836
履带起重机 25t	21.44	36.98kg 柴油	2.4578
汽车起重机 8t	7.10	28.43kg 柴油	0.6257
汽车起重机 20t	5.70	38.41kg 柴油	0.6787
塔式起重机 600kN·m	60.30	166.29kg 柴油	31.0846
塔式起重机 800kN·m	57.39	169.16kg 柴油	30.0951
载重汽车 6t	18.65	33.24kg 柴油	1.9218
载重汽车 8t	10.49	35.49kg 柴油	1.1541
载重汽车 15t	7.77	56.74kg 柴油	1.3667

名称	实际消耗量（台班）	单位台班能源消耗	碳排放量（tCO$_2$）
自卸汽车 5t	136.83	31.43kg 柴油	13.3318
双笼施工电梯	138.6	159.94kW・h	15.5949
混凝土输送泵	18.04	243.46kW・h	3.0900
干混浆罐式搅拌机	45.11	28.51kW・h	0.9047
钢筋切断机 40mm	36.37	32.10kW・h	0.8213
钢筋弯曲机 40mm	82.64	12.80kW・h	0.7442
交流弧焊机 40kV・A	77.81	132.23kW・h	7.2382
对焊机 500A	37.70	122.00kW・h	3.2356
直流弧焊机 32kV・A	353.68	70.70kW・h	17.5911
汇总			159.12

7.3.3　建筑运行阶段碳排放

建筑运行阶段碳排放量在整个全生命周期中占比较高，本研究中建筑运行能耗及碳排放量计算包括空调系统、照明系统、插座设备、生活热水和电梯系统。

根据 PKPM 的 BIMBase 平台碳排放软件，计算得出供暖能耗为 37584.24kW・h/a，制冷能耗达 59857.62kW・h/a，空调系统年碳排放量指标达到 9.21kgCO$_2$/(m^2・a)，其中制冷系统的碳排放量占 61.35%。空调系统的碳排放量与围护结构的热工性能和暖通空调设备的性能有关，参数越优，建筑负荷越小，建筑能耗越低，则产生的碳排放量越少。对于生活热水系统，天然气消耗量为 16763.51m^3，年碳排放量指标为 4.86kgCO$_2$/(m^2・a)。插座设备的年碳排放量指标略低于热水系统，年碳排放量指标达到 4.53kgCO$_2$/(m^2・a)。照明能耗和电梯系统年碳排放量指标分别为 2.72kgCO$_2$/(m^2・a) 和 1.42kgCO$_2$/(m^2・a)，占比在 15% 以下。

对于整个运行阶段来说，年碳排放量达到 144905.26kgCO$_2$/a，年碳排放量指标为 22.74kgCO$_2$/(m^2・a)。空调供暖的碳排放量占比最高，达 40.50%，其次是生活热水和插座设备系统，分别为 21.37% 和 19.92%。运行阶段碳排放量如图 4 所示。

7.3.4　拆除阶段碳排放

根据黄志甲等[12]研究给出的经验公式（公式 1），该建筑拆除阶段的碳排放量达到 24.8 tCO$_2$。

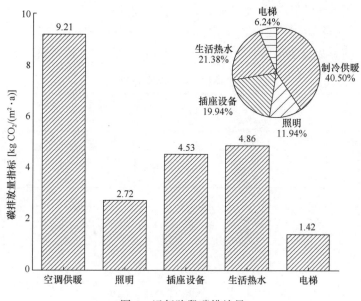

图 4 运行阶段碳排放量

$$Y = 0.06X + 2.01 \tag{1}$$

其中 X 为地上层数，Y 为单位面积的碳排放量，单位为 $kgCO_2$。

7.3.5 绿化碳汇部分

本项目碳汇包括屋顶绿化、公共场地绿化等，其中场地绿化面积为 560.64m^2，植物配置、碳汇因子、核算方法均来源于广东省住房和城乡建设厅发布的《建筑碳排放计算导则（试行）》。根据绿化面积和绿植种类，选择相应的碳排放因子，按 50 年的建筑使用寿命计算得到，固碳量为 240.04tCO_2。项目碳汇固碳量如表 7 所示。

项目碳汇固碳量 表 7

绿化位置	面积 (m^2)	植物配置	碳汇因子 ($kgCO_2/m^2$)	年固碳量 (tCO_2/a)	全生命周期固碳量 (tCO_2)
公共场地绿化	560.64	多年生藤蔓	2.58	1.44	72.24
屋顶绿化	411.79	灌木	8.15	3.36	167.8
总计				4.8	240.04

7.3.6 全生命周期碳排放量

全生命周期单位面积碳排放量达到 1.787tCO_2e/m^2，年均碳排放指标达 35.73$kgCO_2e/m^2$。运行阶段碳排放量占比最高，达到 63.64%，主要是由于空调系统、照明系统等产生的能耗较高，其次建材生产阶段，其他阶段占比均在5%以下。本项目中建材回收和绿化碳汇的减碳力度可达10.73%，建材回收减碳潜力明显高于绿化碳汇部分。全生命周期碳排放量占比如表8所示。

全生命周期碳排放量占比 表8

阶段	50a 碳排放总量 （tCO₂e）	单位面积碳排放量 （tCO₂e/m²）	占比 （%）
建材生产阶段	4383.80	0.589	32.95
建材运输阶段	270.14	0.036	2.03
建筑建造阶段	159.12	0.021	1.19
建筑运行阶段	8466.07	1.137	63.64
建筑拆除阶段	24.80	0.003	0.19
建材回收	−1188.13	−0.160	—
绿化碳汇	−240.04	−0.032	—
合计	13303.97	1.787	100.00

注：占比计算不考虑碳汇和建材回收部分减碳量；负值是减碳量。

7.4 不同节能率水平对碳排放量的影响

与2016年执行的标准计算的碳排放量相比，运行阶段（空调系统和照明系统）碳排放量强度降低$10.17kgCO_2e/m^2$，碳排放强度降低比例为46.03%。围护结构热工性能和设备性能对空调系统能耗的影响较大，与2016年执行的标准相比，基于《通用规范》的建筑供暖能耗降低了48.76%，制冷能耗降低了54.43%。相比于空调系统，照明能耗减少比例偏少，降低比例约为16.67%。不同节能率水平碳排放如表9所示。

不同节能率水平碳排放 表9

标准	供暖耗电量 （kW·h/m²）	制冷耗电量 （kW·h/m²）	照明耗电量 （kW·h/m²）	单位面积 总耗电量 （kW·h/m²）	运行碳排放 强度降低 （kgCO₂e/m²）	运行碳排 放降低比例 （%）
《通用规范》	59857.62	37584.24	28741.35	16.95	10.17	46.03
2016年 执行的标准	116811.49	82483.25	34489.62	31.39		

7.5 不同工艺对碳排放量的影响

该装配式建筑采用PC结构，采用叠合楼板、预制楼梯等构件，预制率达30%，根据7.3.2节，建造阶段碳排放量为159.12tCO₂。根据熊宝玉[13]的案例估算现浇建筑建造阶段碳排放量为 170.16 tCO$_2$。与现浇建筑相比，装配式建筑建造阶段碳排放量降低 6.5%。

通过表 10 中各学者的研究可知，装配式建筑建造阶段碳排放量占比约为 1%，而现浇建筑占比为 1%～4%，装配式建筑建造阶段的碳排放量略低于现浇建筑，与本研究结果一致。

装配式和现浇建筑建造阶段碳排放量占比 表 10

文献来源	项目地点气候分区	建造阶段碳排放量占比（%）
装配式建筑		
宝塔娜[14]	西安，寒冷	0.99
曹西[10]	宁波，夏热冬冷	1.10
刘胜男[15]	沈阳，严寒	1.04
官永健[11]	珠海，夏热冬暖	1.06
现浇建筑		
罗智星[16]	渭南，寒冷	1.30
李海峰[17]	上海，夏热冬冷	2.87
黄志甲[12]	马鞍山，夏热冬冷	2.47
宝塔娜[14]	西安，寒冷	1.65
曹西[10]	宁波，夏热冬冷	3.80

7.6 结 论

（1）全生命周期年均碳排放量为 35.73kgCO$_2$e/m^2，建材生产阶段占 32.95%，建筑运行阶段占 63.64%，其他阶段占比均在 5% 以下；运行阶段碳排放量占比最高，供暖能耗为 37584.24kW·h/a，制冷能耗达 59857.62kW·h/a，空调系统年碳排放量指标达到 9.21kgCO$_2$/(m^2·a)，其中制冷的碳排放量占 61.35%；建材回收和绿建碳汇的减碳力度可达 10.73%。

（2）与 2016 年执行的居住建筑节能标准相比，运行阶段（空调系统和照明系统）碳排放强度降低 10.17kgCO$_2$e/m^2，碳排放强度降低比例达 46.03%；围护结构热工性能和设备性能对空调能耗影响较大，与 2016 年执行的标准相比，基于《通用规范》的建筑供暖耗能耗降低了 48.76%，制冷能耗降低了 54.43%。

（3）本项目采用 PC 结构，预制率达 30%，与现浇混凝土结构相比，建造阶段碳排放降低比例达到 6.5%。

作者：刘平平 王佳员 朱峰磊 朱珍英 李杏 梁丽华 李曼（北京构力科技有限公司）

（绿色建筑软件与应用组）

参考文献

[1] 范正根，黄骏. 建筑建造阶段碳排放量计算方法研究[J]. 建筑经济，2013(11)：89-92.

[2] 蔡伟光. 中国建筑能耗研究报告[R]. 厦门：中国建筑节能协会，2020.

[3] 刘莹. 装配式建筑物化阶段碳排放计量研究[J]. 北方建筑，2020(5)：40-43.

[4] 杨倩苗. 建筑产品的全生命周期环境影响定量评价[D]. 天津：天津大学，2009.

[5] 袁荣丽. 基于BIM的建筑物化碳足迹计算模型研究[D]. 西安：西安理工大学，2019.

[6] 曹杰. 住宅建筑全生命周期的碳足迹研究[D]. 重庆：重庆大学，2017.

[7] 董坤涛. 基于钢筋混凝土结构的建筑物二氧化碳排放研究[D]. 青岛：青岛理工大学，2011.

[8] 李岳岩，陈静. 建筑全生命周期的碳足迹[M]. 北京：中国建筑工业出版社，2020.

[9] 王卓然. 寒冷住宅外墙保温体系生命周期 CO_2 排放性能研究与优化[D]. 哈尔滨：哈尔滨工业大学，2020.

[10] 曹西，缪昌铅，潘海涛. 基于碳排放模型的装配式混凝土与现浇建筑碳排放比较分析与研究[J]. 建筑结构，2021, 51(2)：1233-1237.

[11] 官永健. 基于工程量清单的装配式建筑物化阶段碳排放测算研究[D]. 广州：广州大学，2020.

[12] 黄志甲，赵玲玲，张婷，等. 住宅建筑生命周期 CO_2 排放的核算方法[J]. 土木建筑与环境工程，2011.

[13] 熊宝玉. 住宅建筑全生命周期碳排放量测算研究[D]. 深圳：深圳大学，2015.

[14] 宝塔娜. 装配式技术对建筑物化阶段碳排放的影响研究[D]. 西安：长安大学，2020.

[15] 刘胜男. 装配式混凝土建筑物化阶段碳足迹评价研究[D]. 大连：大连理工大学，2021.

[16] 罗智星. 建筑生命周期二氧化碳排放计算方法与减排策略研究[D]. 西安：西安建筑科技大学，2016.

[17] 李海峰. 上海地区住宅建筑全生命周期碳排放量计算研究[C]//国际绿色建筑与建筑节能大会，2011.

8 基于 **BIMBase** 平台探讨河南居住建筑围护结构优化方案

8 Optimization scheme of residential building envelope structure in Henan-based on BIMBase

8.1 引　言

近年来，住房和城乡建设部通过修订建筑节能相关标准，规范节能专项审查等措施，实现了北方城镇住宅平均单位面积供暖能耗由 23kgcel/m^2（2001 年）降低到 14.4kgcel/m^2（2018 年）[1]。河南省 2019 年建筑施工面积达到 64256.1 万 m^2，在北方地区 15 个省份中，仅次于北京和山东[2]。基于日益增长的建筑能耗的压力，河南省对节能提出了更高的要求，于 2020 年 7 月 1 日正式实施《河南省居住建筑节能设计标准（寒冷地区 75％）》DBJ41/T 184—2020。保温材料种类、保温层厚度以及外窗材料类型成为建筑设计要点[3,4]。条文要求的变更，势必会对建筑设计方案产生较大的影响。

8.2　河南地方标准对比分析

在河南寒冷地区，建筑负荷构成中占比较大的主要围护结构由高到低依次为外墙、外窗、地面、屋面[5-7]，虽然新旧两版标准节能率均为 75％，但新标准降低了外墙和外窗的传热系数限值，同时提高了屋面传热系数、周边地面保温层热阻的要求，并对屋面和周边地面作出强制性要求进行严格约束。在权衡计算方面，修改了权衡计算判定方法以及权衡的能耗计算方法。引入了参照建筑，进行设计建筑与参照建筑能耗的对比评定。区别于旧的稳态算法，引入动态计算方法，考虑供暖季室外温度以及太阳辐射的周期性变化规律进行能耗计算，结果更能反映出建筑负荷随时间的变化，满足工程设计中建筑能效判断的要求[8]。

8.3　计　算　工　具

区别于常规的基于 CAD 图纸进行节能建模计算的方式，利用 BIM 进行节能计算，可实现建筑 BIM 设计与节能计算的直接关联。目前的常规做法为基于国外三维设计软件进行建筑建模，利用模型输出中间文件，再与计算软件进行交互，从而实现基于 BIM 模型的节能计算[9-12]。但在数据传输过程中，不同软件对于数据的读取识别存在一定的偏差，对计算精度影响较大。本文采用由中国建筑科学研究院基于国产 BIMbase 平台研发的节能计算软件，建立的 BIM 模型可直接用于节能计算，无需利用中间文件进行信息转换，保证模型信息识别及计算结果的精度。

8.4　研究内容及主要参数

本文以外墙和外窗作为主要研究对象，对外墙保温材料、保温层厚度以及外窗传热系数进行研究，在确保其他围护结构满足标准限值要求的基础上，选择不同的外墙保温材料、保温厚度和外窗材料，对河南地区典型住宅建筑进行分析计算，对比新旧地方标准，综合考虑建筑节能率及经济性因素的影响，探讨河南居住建筑外墙、外窗设计的最优方案。

图 1 为建筑标准层平面图和 BIM 模型。标准层面积为 367.63m²，层高 3000mm，共 26 层。建筑朝向窗墙面积比分别为：东向 0.04，西向 0.04，南向 0.25，北向 0.17。体型系数为 0.37。

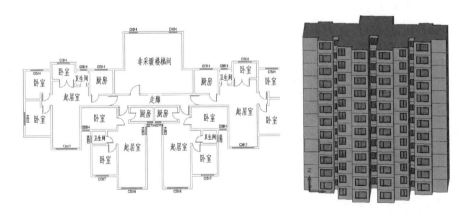

图 1　建筑平面图及 BIM 模型

外墙选取的材料参数如表 1[9]所示。选择郑州（寒冷 B 区）的室外气象参数进行节能计算。室内计算参数按照标准要求进行设置，室内计算温度为 18 ℃，换气次数为 0.5h，供暖系统全天运行，照明功率密度为 5W/m²，设备功率密度为 3.8W/m²[8]。

主要材料参数		表 1
材料名称	导热系数［W/(m・K)］	修正系数 a
挤塑聚苯乙烯泡沫塑料（带表皮）	0.030	1.10
岩棉板	0.041	1.10
钢筋混凝土	1.74	1.00

8.5 不同保温材料及厚度对外墙传热系数以及建筑负荷的影响

外墙主体层采用 200mm 钢筋混凝土，保温材料采用河南省最常用的岩棉板和挤塑聚苯乙烯泡沫塑料（简称挤塑板）。在进行外墙平均传热系数计算时，考虑二维节点的影响，探讨不同厚度的保温材料对外墙平均传热系数以及建筑负荷的影响。

如图 2 所示，随着保温层厚度的增加，外墙的平均传热系数逐渐下降，这是因为外墙平均传热系数由各材料厚度及传热系数计算，而在外墙材料构造中，保温材料传热系数远小于钢筋混凝土等其他材料，随着保温层厚度的增加，保温层在整个构造中的占比也逐渐增大，故平均传热系数逐渐下降。当保温材料厚度达到一定程度后，外墙平均传热系数下降的趋势逐渐平稳，这是因

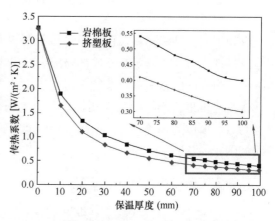

图 2　外墙传热系数随保温厚度变化的曲线

为，加权计算的平均传热系数与保温材料的导热系数相差变小，增加相同的保温材料厚度，对整体的影响也逐渐减小。

根据新的节能地方标准要求，外墙传热系数必须大于 $0.6W/(m^2 \cdot K)$，即挤塑板最小厚度为 60mm，岩棉板最小厚度为 70mm，且为了避免外墙保温材料脱落，保温材料厚度一般不超过 100mm。在此区间内，保温层厚度每增加 10mm，外墙平均传热系数下降 $0.03 \sim 0.02W/(m^2 \cdot K)$。由于挤塑板导热系数最小，因此设置相同保温层厚度，采用挤塑板作为保温材料的墙体平均传热系数更小。

建筑负荷随外墙保温层厚度变化的规律如图 3 所示，随着保温层厚度的增加，建筑负荷逐渐降低。由于挤塑板导热系数小，故相同的保温厚度，采用挤塑板作为保温材料建筑负荷更低。当建筑负荷相同时，挤塑板的厚度更小，两种材

料的厚度相差 15～25mm。

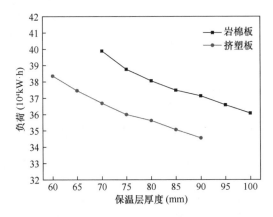

图 3　建筑负荷随外墙保温层厚度变化曲线

8.6　不同设计方案节能对比判定

选择不同的外墙材料、保温厚度以及外窗材料,分别按照河南居住建筑新、旧地方标准进行节能判定。相同的材料方案设置,建筑负荷保持一致,但由于两本标准采用不同的方法进行节能判定,所以最终达标情况不同。新标准采用供暖能耗作为建筑是否节能的判定指标,单位为 kW·h,旧标准则采用耗热量指标进行判定,单位为 W/m²。不同挤塑板厚度建筑能耗变化曲线与耗热量指标变化曲线如图 4、图 5 所示。

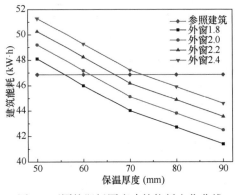

图 4　不同挤塑板厚度建筑能耗变化曲线

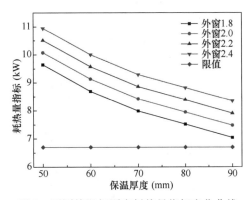

图 5　不同挤塑板厚度耗热量指标变化曲线

如图 4、图 5 所示,采用新标准进行判定时,以挤塑板为保温材料,外墙保温厚度设置为 60mm,且外窗传热系数为 1.8W/(m²·K),设计建筑能耗小于参照建筑能耗,可以满足节能标准的要求,当保温层厚度为 80mm 时,选择传热系数在 2.4W/（m²·K）以下的窗户均满足节能标准的要求。而采用旧标准进行判定时，即使保温层设置为 90mm，外窗传热系数为 1.8W/（m²·K），其耗热量指标为 7.04W/m²，仍高于标准限值 6.7W/m²，无法满足节能标准的要求。

当保温层厚度为 50mm 时，即使外窗传热系数为 1.8W/（m²·K）也无法满足节能要求，考虑到外窗造价问题，常规居住建筑不会考虑选择传热系数更小的外窗类型，且此时的建筑热损失主要集中在外墙部分，方案优化时应优先考虑增加保温层厚度。故采用挤塑板作为外墙保温材料时，常规居住建筑外墙的保温厚度最小选择为 60mm。

如图 6、图 7 所示，当保温材料选择岩棉板时，其变化规律与挤塑板基本一致。当岩棉板厚度设置为 80mm 时，选择传热系数为 2.0W/（m²·K）的窗户即可满足节能要求，而采用旧标准进行判定时，即使岩棉板厚度设置为 110mm，外窗传热系数为 1.8W/（m²·K），仍无法满足节能标准的要求。

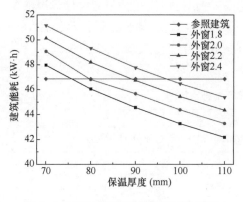

图 6　不同岩棉厚度建筑能耗变化曲线　　图 7　不同岩棉厚度耗热量指标变化曲线

对于岩棉板而言，当厚度为 70mm 时，即使选择外窗传热系数为 1.8W/（m²·K）也无法满足标准要求，故当采用岩棉板作为保温材料时，其最小厚度应为 80mm。且当岩棉板厚度为 100mm 时，即使选择传热系数为 2.4W/（m²·K）的窗户，也可以满足节能要求。

对于计算过程中的参照建筑能耗而言，由于参照建筑的围护结构热工性能按照标准限值进行选择，因此当设计建筑保温厚度及外窗 K 值发生变化时，参照建筑能耗保持不变。旧标准判定的标准限值则是按照郑州市建筑层数大于 14 层时进行选取，其取值只与地方所在城市及楼层数相关。当只有保温材料种类及保温层厚度发生变化时，标准限值始终保持不变。

另外，当挤塑板厚度为 60mm，外窗传热系数为 2.0W/（m²·K）或岩棉板厚度为 90mm，外窗传热系数为 2.2W/（m²·K）时，虽然无法满足节能标准要求，但是其能耗与参照建筑相差较小，可通过优化地面、屋顶或外饰面来满足节能要求。

虽然两本标准要求的建筑节能率都为 75%，但由于新标准采用动态计算的方法，计算全年逐时的建筑耗热量，此方法计算精度更高，更能体现出建筑节能的效果。也反映出新版标准对体型系数这一指标的约束有所放宽。当体型系数较大时，分别采用新旧两种评价体系进行节能判定，新标准更容易满足 75% 节能率的要求。

8.7 经济性分析

通过节能计算可知，多种设计方案均可满足节能标准要求，且保温越厚，外窗传热系数越小，建筑节能率越低。但更厚的保温层的设计以及更低传热系数外窗的选用会导致项目初始投资也越高。在考虑节能率的前提下，还需要综合考虑各设计方案的经济性，才能得出最佳方案。按照现行居住建筑节能设计标准的要求，所有新建民用建筑节能率必须大于等于 75%，故以参照建筑作为类比对象进行经济性分析。初始投资费用按照各方案相对于参照建筑额外的投资进行计算。各方案计算结果如表 2 所示。

不同设计方案及节能率 表 2

编号	保温材料	厚度 (mm)	外窗 [kW/(m²·K)]	参照建筑能耗（kW·h）	设计建筑能耗（kW·h）	节能率（%）
1号	挤塑板	60	1.8	468568.5	459938.82	75.46
2号	挤塑板	70	2.2	468568.5	461837.94	75.36
3号	挤塑板	70	2	468568.5	451187.37	75.93
4号	挤塑板	70	1.8	468568.5	440173.95	76.51
5号	挤塑板	80	2.4	468568.5	459127.02	75.50
6号	挤塑板	80	2.2	468568.5	448817.16	76.05
7号	挤塑板	80	2	468568.5	438162.90	76.62
8号	挤塑板	80	1.8	468568.5	427165.47	77.21
9号	岩棉板	80	1.8	468568.5	460445.58	75.43
10号	岩棉板	90	2.0	468568.5	456651.03	75.64
11号	岩棉板	90	1.8	468568.5	445633.92	76.22
12号	岩棉板	100	2.4	468568.5	464680.47	75.21
13号	岩棉板	100	2.2	468568.5	454368.15	75.76
14号	岩棉板	100	2.0	468568.5	443704.05	76.33
15号	岩棉板	100	1.8	468568.5	432700.47	76.91

采用常用的净现值法（公式 1）进行各方案经济性的评定[13-16]。

$$NPV = \sum_{t}^{n} (CI - CO) \cdot (1 - i)^t \tag{1}$$

式中：NPV 为净现值，单位为元；CI−CO 为年节约费用，单位为元；i 为折现率，取 5%；t 为使用年限，取 25 年。

经过市场调研和文献查阅可知[17]，挤塑板及岩棉板单价分别为 500 元/m³ 和 340 元/m³，电价为 0.56 元/(kW·h)。

外窗成本参考公式（2）进行计算[18]：

$$Y = 2946.87 - 2208.56U + 608.1U^2 - 56.38U^3 + 14.53/g \tag{2}$$

式中，Y 为窗户的单位面积造价，单位为元/m²，U 为窗户的传热系数，单位为 W/(m²·K)；g 为窗户的太阳得热系数，$g = 0.87SC$，SC 为窗户的遮阳系数，取值为 0.53。

计算可得，外窗 K 值为 2.4，2.2，2.0，1.8 W/(m²·K)，其成本分别对应为 419 元/m²、480 元/m²、560 元/m² 和 662 元/m²。

如图 8 所示，除 1 号和 9 号外，所有方案 NPV 均为正值，其经济性比参照建筑更高。1 号和 9 号虽然节能率大于 75%，但其 NPV 仅为 −8.70 万元及 −8.13 万元。这两种方案的特点为，外墙保温厚度最小，而外窗传热系数最小。对于其他方案，当保温厚度相同时，外窗材料 K 值越小，其经济性越好。由此可知，选择更好的外窗来弥补外墙部分的能耗，虽然可以满足节能的要求，但经济性较低。当采用厚度为 80mm 的岩棉板，传热系数为 1.8 W/(m²·K) 的外窗时，其经济性最高，为 26.8 万元。

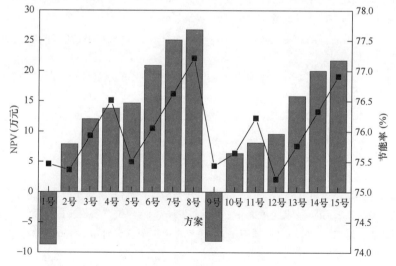

图 8　各方案 NPV 值及节能率

8.8　结　　论

虽然新、旧标准节能率要求均为 75％，但新标准中主要围护结构的规定性指标限值要求更高，且新标准在建筑能耗计算结果上更能反映建筑的实际能耗。

当只改变外墙保温层厚度，在保证满足节能要求的前提下，挤塑板的厚度设置比岩棉板小 15mm。

当体型系数为 0.37 时，相同的设计方案更容易满足新标准的要求。当外窗选择 $1.8W/(m^2 \cdot K)$ 的传热系数，外墙主体层选用 200mm 钢筋混凝土时，保温材料选择岩棉板和挤塑聚苯乙烯泡沫的最小厚度分别为 80mm 和 60mm。

建筑方案应优先考虑增加外墙的保温厚度，在保温厚度一定时，外窗 K 值越小，NPV 值越大。外墙保温层设置为 80mm 岩棉板，外窗选择 $1.8W/(m^2 \cdot K)$ 传热系数的设计方案经济性最好，其净现值为 26.8 万元。

作者：郝楠　朱峰磊　康皓（北京构力科技有限公司）
（绿色建筑软件与应用组）

参考文献

[1]　清华大学建筑节能研究中心. 中国建筑节能年度发展研究报告 2020[M]. 北京：中国建筑工业出版社，2020.

[2]　中华人民共和国国家统计局. 中国统计年鉴[M]. 北京：中国统计出版社，2020.

[3]　唐丽. 郑州地区民用建筑节能设计探讨[J]. 河南科学，2005，23(5)：716-719.

[4]　鲁性旭. 建筑节能设计的常见问题[J]. 建筑节能，2014，8(42)：74-78.

[5]　张辉，韩啸霖，弓南，等. 高层住宅被动式节能设计因素敏感性分析[J]. 建筑节能，2021，3(49)：13-18.

[6]　朱丽，王珍珍，孙勇，等. 建筑围护结构节能技术应用的经济评价——以河南省某居住建筑为例[J]. 建筑节能，2017，7(45)：123-126.

[7]　陈华，郭娟利，贾怡红，等. 建筑节能参数对全年耗热量的影响研究[J]. 建筑节能，2018，1(46)：90-94.

[8]　河南省住房和城乡建设厅. 河南省居住建筑节能设计标准（寒冷地区 75％）：DBJ41/T 184—2020[S]. 2020.

[9]　宋冰，杨蕾. 基于 BIM 技术的建筑能耗分析与节能设计[J]. 建筑节能，2020(7)：4.

[10]　王爱菊. 基于 BIM 技术的建筑节能分析与设计[J]. 建筑节能，2019，47(6)：5.

[11]　邱相武，赵志安，邱勇云. 基于 BIM 技术的建筑节能设计软件开发研究[J]. 建筑科学，2012，28(6)：5.

[12]　秦浩. 基于 BIM 的建筑能耗评价系统设计[J]. 建筑节能，2019，47(8)：4.

[13]　王艺霖，邓琴琴，李德英. 寒冷地区既有居住建筑外围护结构改造节能优化研究[J].

新型建筑材料，2019，46(12)：145-148＋152.

[14] 李慧星，赵一博，冯国会，等. 济南市某公共机构建筑节能改造优化分析[J]. 建筑技术，2019，50；589(1)：52-55.

[15] 陈玢晶，李德智，李启明. 夏热冬冷地区既有居住建筑节能改造综合效益分析[J]. 建筑科学，2017，33(8)：42-48.

[16] 韩京彤，王清勤，李德英，等. 住宅围护结构改造对供暖空调能耗的影响及效益分析[J]. 新型建筑材料，2018(8)：116-120.

[17] 住房和城乡建设部：民用建筑热工设计规范：GB 50176—2016.[S]. 北京：中国建筑工业出版社，2017.

[18] 刘宗江，徐伟，孙德宇，等. 基于年收益投资比的建筑节能目标确定方法研究[J]. 建筑科学，2013，29(8)：70-76.

第五篇 | 地方篇

二十大报告中多次提到推动绿色发展，强调加快发展方式的绿色化转型。中央经济工作会议进一步指出，要推动经济社会发展绿色转型，建设美丽中国。建筑业是我国国民经济的重要组成部分，带动上下游50多个产业的发展。因此，推动绿色建筑的持续发展是促进经济社会绿色化转型的一项重要工作，也是实现国家"碳达峰""碳中和"目标的重要手段之一。住房和城乡建设部发布的《"十四五"建筑业发展规划》中，进一步地明确了提升建筑发展之路要加强高品质绿色建筑建设，对发展绿色建筑提出了高质量发展的要求。

2022年，各地方政府和主管部门继续积极推动绿色建筑和建筑节能相关工作，贯彻执行中共中央、国务院提出的发展要求，完善并发布相关的法律法规，制定发展规划，编制地方标准，开展多领域科学技术研究，并组织相关的技术推广、专业培训和科普活动。

本篇简要介绍了上海、江苏、浙江、深圳、山东、湖北、天津和大连等省市绿色建筑与建筑节能的发展情况及相关工作。

1 上海市绿色建筑发展总体情况简介

1 General situation of green building development in Shanghai

1.1 绿色建筑总体情况

截至 2022 年底，全市累计获得绿色建筑标识的项目 1227 个，建筑面积 1.1 亿 m²。其中，绿色建筑运行评价标识的项目为 71 个，建筑面积为 787 万 m²。同时，继续开展绿色生态城区推进工作，截至 2022 年底，全市已累计创建绿色生态城区共 21 个，总用地规模约 58.7km²。

1.2 绿色建筑发展规划和政策法规情况

1.2.1 发布《关于印发〈上海市城乡领域碳达峰实施方案〉的通知》（沪建建材联〔2022〕545 号）

为深入贯彻落实党中央、国务院碳达峰、碳中和重大战略决策部署和本市碳达峰总体要求，有力、有序、有效做好城乡建设领域碳达峰工作，根据《中共上海市委 上海市人民政府关于完整准确全面贯彻新发展理念做好碳达峰碳中和工作的实施意见》（沪委发〔2022〕17 号）和《上海市人民政府关于印发〈上海市碳达峰实施方案〉的通知》（沪府发〔2022〕7 号），2022 年 11 月，上海市住房和城乡建设管理委员会联合上海市发展和改革委员会出台了《关于印发〈上海市城乡建设领域碳达峰实施方案〉的通知》（沪建建材联〔2022〕545 号）（简称《方案》）。《方案》提出到 2025 年，城乡建设领域碳排放控制在合理区间；到 2023 年，城乡建设领域碳排放达到峰值，并在此过程中推进落实 5 个方面 13 项任务。主要包括以下内容：一是全面推进城乡建设绿色低碳转型，持续优化城乡结构和布局，不断提高绿色低碳建造水平；二是大力发展节能低碳建筑，持续提高新建建筑节能标准，加快推进超低能耗建筑规模化发展，积极开展建筑绿色低碳技术创新示范，全力推进重点区域绿色低碳发展；三是加快提升建筑运行能效水平，有序开展公共建筑能耗限额管理，着力提升建筑智慧运行管理服务水平，大力推进既有建筑节能低碳改造;四是着力优化建筑用能结构,不断加强可再生能源综合利用,加快部署太阳能光伏建筑规模化应用;五是积极打造绿色低碳乡村,持续推进绿色低碳农房建设,加快推进农村用能结构低碳转型。《方案》将以城乡建设方式全面绿色低碳转型为引领,大力发展节能低碳建筑,加快提升建筑运行能效水平,着力优化建筑用能结构,不断满足群众对美好人居环境的需要,推进城乡建设领域碳达峰,为全市碳达峰提供有力支撑。

1.2.2　出台《上海市住房和城乡建设管理委员会关于在本市民用和工业建筑中进一步加快绿色低碳建材推广应用的通知(试行)》(沪建建材〔2022〕312号)

根据《中共中央　国务院关于完整准确全面贯彻新发展理念做好碳达峰碳中和工作的意见》文件精神以及《关于深入推动城乡建设绿色发展的实施意见》(沪委办发〔2022〕9号)的要求,为了进一步夯实对城乡领域碳达峰工作的支撑,推动城乡建设绿色发展,2022年7月上海市发布《上海市住房和城乡建设管理委员会关于在本市民用和工业建筑中进一步加快绿色低碳建材推广应用的通知(试行)》(沪建建材〔2022〕312号)(以下简称《通知》)。该通知提出5点要求:一是本市民用和工业建筑项目中鼓励广泛使用绿色低碳建材;2023年1月1日起,取得施工许可的政府(国企)投资的民用和工业建筑项目,应在预拌混凝土材料、混凝土预制构件等方面全面使用绿色低碳建材;2023年4月1日起,取得施工许可的政府(国企)投资的民用和工业建筑项目,应在防水卷材、防水涂料等方面全面使用绿色低碳建材。二是本市建立统一的绿色低碳建材信息库,开展绿色低碳建材信息登记。三是政府(国企)投资的民用和工业建筑项目,建设单位应落实主体责任,制定绿色低碳建材使用计划,对项目进行全过程监管。四是加强对绿色低碳建材使用情况的督促和检查。五是绿色低碳建材产品使用情况将纳入各区(管委会)推进建筑绿色发展工作评价考核范畴。《通知》的实施,大大提升了本地绿色建材推广力度,以政府投资项目为先导,积极发挥市场引领作用,同时将应用绿色低碳建材工作与日常工程管理流程结合,将有效促进绿色建材应用的落地实施,同时建立产品库,也将有效地促进绿色建材的发展。

1.2.3　印发《上海市住房和城乡建设管理委员会关于印发〈关于加强超低能耗建筑项目管理的相关规定〉的通知》(沪建建材〔2022〕613号)

为了进一步完善超低能耗建筑项目管理,上海市住房和城乡建设管理委员会于2022年11月印发了《上海市住房和城乡建设管理委员会关于印发〈关于加强超低能耗建筑项目管理的相关规定〉的通知》(沪建建材〔2022〕613号)(以下简称《规定》)。该文件主要是针对超低能耗建筑认定工作的开展,作了系统的规定，强调进一步完善超低能耗建筑申报范围、实施范围、创新技术等要求，并强化对建设单位和第三方服务机构等的管理。同时，将超低能耗建筑可选的创新技术清单作为附件提出，供市场需求主体选择。《规定》是对当前上海超低能耗建筑快速发展的及时完善，针对发展中暴露的问题，及时有效地提出管理要求，为本市的超低能耗建筑的高速发展提供良好的政策环境。

1.2.4 出台《上海市住房和城乡建设管理委员会关于印发〈关于规模化推进本市既有公共建筑节能改造的实施意见〉的通知》（沪建建材〔2022〕681号）

为促进本市建筑领域绿色低碳工作的高质量发展，加大公共建筑节能改造力度，根据《关于印发〈上海市城乡建设领域碳达峰实施方案〉的通知》（沪建建材联〔2022〕545号），2022年11月上海市住房和城乡建设管理委员会发布了《上海市住房和城乡建设管理委员会关于印发〈关于规模化推进本市既有公共建筑节能改造的实施意见〉的通知》（沪建建材〔2022〕681号）。实施意见根据《上海市住房和城乡建设管理委员会关于印发〈上海市建筑装饰装修工程管理实施办法〉的通知》（沪住建规范〔2020〕3号），将建筑装饰装修工程分为4类，包括开展一般类装饰装修工程的既有公共建筑、开展特殊类装饰装修工程的既有公共建筑、开展特殊类装饰装修工程的既有公共建筑及装饰装修的历史保护建筑、城市风貌保护区建筑，并对此适用范围内的公共建筑节能改造实行差别化管理；对节能改造技术措施目录实行动态化调整，所选技术措施须在整个装饰装修工程中应用，做到应改尽改。该实施意见的出台，对本市既有公共建筑改造工作明确了具体的可实施路径，为本市的城市更新进程中绿色节能改造工作提供了专项政策。

1.3 绿色建筑标准规范情况

2022年，上海持续开展了地方工程建设规范《绿色建筑工程验收标准》和《绿色建筑检测技术标准》的修订工作，依据新时期绿色建筑新要求，更新绿色建筑相关检测和工程验收技术依据。此外，聚焦既有建筑节能改造和单项系统技术应用，发布了《既有住宅小区宜居改造技术标准》DG/TJ 08-2374—2022、《既有居住建筑节能改造技术标准》DG/TJ 08-2136—2022、《既有公共建筑节能改造技术标准》DG/TJ 08-2137—2022 3部绿色建筑领域相关地方工程建设规范。

1.3.1 上海市《既有住宅小区宜居改造技术标准》DG/TJ 08-2374—2022

本标准的主要技术内容包括：（1）总则：阐述规范编制的目的、适用范围、原则性要求和相关标准。（2）术语：对本标准中所采用的术语，当现行标准中尚无统一规定时，需要给出定义或含义。（3）基本规定：明确既有住宅宜居改造的基本原则、应注意的安全因素及项目实施程序等内容。(4) 建筑改造：规定涉及建筑本体的宜居改造的项目内容及实施总体要求，包括屋面、外立面、室内公共部位、单元楼门等改造项目。(5) 小区环境改造：规定明确既有住宅宜居改造的基本原则、应注意的安全因素及项目实施程序等内容；规定小区整体环境相关改造的项目内容及实施总体要求，包括小区围墙、道路、停车位、景观绿化、健身活动场地、晾晒场地及设施、垃圾房等改造项目。(6) 小区内部设备设施改造：规定小区内部的室外设备设施相关改造的项目内容及实施总体要求，包括给排水设施、消防设施、公共部位照明设备、室外电气设备等改造项目。(7) 智慧社区设施改造：规定小区智慧社区设施的相关改造项目内容及实施总体要求，对小区内部增设电子围栏、监控系统、门禁对讲系统、出入口道闸等改造项目内容进行总体规范要求。(8) 施工与验收：规定了小区宜居改造工程中施工与验收工作的总体要求，包括施工组织、文明施工、绿色施工、施工安全、验收要求、资料归档等内容。主编单位为上海市房地产科学研究院。

1.3.2　上海市《既有居住建筑节能改造技术标准》DG/TJ 08-2136—2022

本标准是针对《既有居住建筑节能改造技术规程》DG/TJ 08-2136—2014 的修订版，主要修订内容有：明确既有居住建筑节能改造目标；完善节能改造预评估内容及方法；提高节能改造后外窗气密性、传热系数要求；调整屋面及外墙外保温适用材料类型；补充外墙反射隔热涂料、气凝胶等薄体材料的应用；增加宿舍、招待所、托幼建筑、疗养院和养老院的客房楼的外墙内保温改造、照明系统改造措施；和现行相关标准保持协调，提升改造后供暖、通风和空调及生活热水供应系统、电力与照明系统等设备性能指标要求。主编单位为上海市房地产科学研究院、上海众合检测应用技术研究所有限公司、上海建科集团股份有限公司。

1.3.3　上海市《既有公共建筑节能改造技术标准》DG/TJ 08-2137—2022

本标准是针对《既有公共建筑节能改造技术标准》DG/TJ 08-2137—2014 的修订版，主要修订内容有：提出整窗更换后外窗传热系数要求；调整屋面及外墙保温适用材料类型；补充外墙反射隔热涂料、气凝胶等薄体材料的应用，确定适宜的节能改造方案；和现行相关标准保持协调，提升改造后供暖、通风和空调及生活热水供应系统、电力与照明系统等设备性能指标要求；提升用能监测系统设计及设备性能指标要求，规定原先未安装用能监测系统的项目，新增用能监测系统的设计、施工和验收应符合现行上海市工程建设规范《公共建筑用能监测系统工程技术标准》DGJ 08-2068—2017 的相关规定。主编单位为上海市房地产科学研究院、上海建科集团股份有限公司、华东建筑设计研究院有限公司。

另外，在单项系统技术应用标准编制方面，2022 年 1 月 6 日，上海市《外墙内保温系统应用技术标准（纸面石膏板复合聚苯板）》DG/TJ 08-2390—2022 发布，自 2022 年 6 月 1 日起实施；2022 年 1 月 12 日，上海市《外墙内保温系统应用技术标准（无机改性不燃保温板）》DG/TJ 08-2390B—2022 发布，自 2022 年 6 月 1 日起实施。两本标准聚焦保温系统应用需求，分别提出了纸面石膏板复合聚苯板和无机改性不燃保温板在外墙内保温系统中的具体应用技术要求。2022 年 1 月 30 日，上海市《直膨式太阳能热泵热水系统应用技术标准》DG/TJ 08-2400—2022 发布，自 2022 年 7 月 1 日起实施。

1.3.4 团体标准编制情况

根据国家和上海市住房和城乡建设管理委员会关于发展工程建设团体标准的要求，2022 年，上海市绿色建筑协会发布了两本团体标准，分别为由华建集团和建工集团主编、华建集团上海设计院执编的《上海市建筑信息模型（BIM）技术服务收费标准》T/SHGBC 005—2022 及由华建工程咨询和同济设计院主编的《民用建筑电气绿色设计与应用规范》T/SHGBC 006—2022。

《上海市建筑信息模型（BIM）技术服务收费标准》T/SHGBC 005—2022 结合上海市 BIM 技术发展现状，充分考虑建设行业内的差异性，在 BIM 收费标准中系统性地编录了"计价指标"和"计费费率"2 类指标，分别服务项目立项前期及项目建设阶段；并详细罗列工业与民用建筑工程、市政工程、轨道交通工程、地下综合管廊工程 4 大工程类型计算方式，覆盖建设行业主要工程类型。为不同项目类型、不同阶段 BIM 技术服务费取费测算提供参考依据。适用范围：民用建筑工程、市政工程、轨道交通工程、地下综合管廊工程 4 大工程类型。

《民用建筑电气绿色设计与应用规范》T/SHGBC 006—2022 立足于民用建筑中电气专业范畴的绿色设计，除了涵盖目前最新的绿色建筑评价标准中技术要求之外，更系统性地从专业本身设计思路、设计理念等方面围绕新时代绿色理念，强调在民用建筑中电气绿色技术的设计应用。充分利用设计院的设计技术能力，设计先行，规范绿色设计思维，重视绿色技术应用。该规范不只是常规的节能设计标准，在节能、安全、舒适、环保、生态、智能（智慧）等方面都有所突破，有侧重地在内容上补缺、细化和提升。

1.4 绿色建筑科研情况

2022 年，上海市启动了"十四五"绿色建筑相关科研课题的立项申请工作，围绕高品质绿色建筑、零碳建筑等研发方向，依托众多科研主体，承担了多项国家层面和上海市层面的科技研发项目，覆盖多个绿色建筑相关技术领域。

1.4.1　国家级科研项目

2022 年，上海市各相关单位牵头立项了"零碳建筑控制指标与全过程评价研究""高品质绿色建筑建构关键技术研究""零碳建筑示范工程研究与实施""高品质绿色建筑综合示范与性能评估""气候适应性的建筑界面与环境联动调节技术研究""零碳建筑储能与用能匹配关键技术研究"等"十四五"国家重点研发计划课题及研发任务，以及"建筑领域碳达峰和碳中和实现技术路径研究"等住房和城乡建设部科技研发计划项目。

1.4.2　市级科研项目

2022 年，上海市科委重点关注双碳领域，设立碳专项科技研发计划，"零碳民用建筑全寿命周期能碳双控关键技术研究及示范""适应双碳的新型建筑材料和结构形式关键技术及示范""建筑整合型太阳能分光谱式光伏光热系统性能调控与优化""高密度高品质街区近零碳排放运行管控机制与数字平台研究""轨道交通车站多能互补能源综合利用关键技术研究""面向绿色零碳数据中心的新型多能源综合储供系统关键技术研究"等研发方向立项。

此外，上海市住房和城乡建设管理委员会组织开展了超低能耗建筑和双碳相关科技研发方向的立项工作，"超低能耗建筑外墙保温一体化的节能安全研究""上海市建筑领域碳达峰实现路径关键技术研究""上海大宗建筑材料行业碳排放核算与减碳技术路径研究""建筑碳达峰碳中和关键技术研究""上海市建筑领域碳排放智慧监管研究""零碳建筑实现技术发展方向研究"等研究课题立项。委托上海市绿色建筑协会开展了"零碳建筑关键技术与标准研究"，编制发布了《上海绿色建筑发展报告（2021）》《上海市建筑信息模型技术应用与发展报告（2022）》等。

为进一步推进本市绿色建筑领域创新技术成果转化，在会员单位的提议和支持下，上海市绿色建筑协会开展了"上海市高速公路绿色服务区技术目录研究""绿色生态城区建设调研与发展趋势研究""推进绿色乡村建设工作研究""上海市应用建筑信息模型技术项目后评估方案研究"及"大空间交通建筑绿色更新适用性技术体系研究"等课题研究。

1.5　绿色建筑技术推广、专业培训及科普教育活动

1.5.1　举办 2022 上海 BIM 技术应用与发展论坛

2022 年 9 月 22 日，上海市绿色建筑协会、上海建筑信息模型技术应用推广

中心主办了"2022 上海 BIM 技术应用与发展论坛暨《2022 上海市建筑信息模型技术应用与发展报告》发布会",并举行上海市第四届 BIM 技术应用创新大赛颁奖仪式。论坛吸引了会员单位中设计、施工、建设以及行业管理单位领导和专业人士参与,为推进 BIM 技术应用建言献策。

1.5.2 举办 2022 上海绿色建筑国际论坛

2022 年 10 月 18 日,上海绿色建筑国际论坛如期举办,上海市人大常委会肖贵玉副主任,上海市人民政府王为人副秘书长,上海市建设交通工作党委书记胡广杰,上海市人民政府黄融参事,魏敦山院士、江欢成院士、郑时龄院士,上海市政协人口资源环境建设委员会陆月星主任,上海市住房和城乡建设管理委员会裴晓副主任,上海市住房和城乡建设管理委员会副主任、上海市房屋管理局王桢局长,上海市人大城建环保委办公室主任姜志东等出席论坛。论坛以"城市更新-绿色智慧"为主题,围绕上海市委市人民政府、上海市住房和城乡建设管理委员会关于高水平建设生态宜居城市,深化城市有机更新等重点工作,邀请了中国科学院郑时龄院士,地产集团党委书记、董事长冯经明,上海市住房和城乡建设管理委员会副主任、上海市房屋管理局局长王桢,gmp 建筑师事务所合伙人玛德琳·唯斯,建工集团党委副书记、总裁叶卫东,临港新片区党工委委员、管委会专职副主任吴杰,杨浦区委常委、副区长徐建华,北京东方雨虹副总工程师、华东区总工程师陈春荣,伯明翰大学克里斯·罗杰斯教授,聚焦城市建设与城市更新、绿色建筑与双碳目标、智慧城市与精细化管理等视角,深入探讨了上海城市绿色低碳发展路径与模式。论坛上发布了《上海绿色建筑发展报告(2021)》,举行了上海市绿色生态城区试点项目颁证仪式。业内大咖云集,线上线下会员踊跃聆听,活动的举办得到了建工集团、建科集团、东方雨虹、经纬设计、华东院、建学建筑、城建物资等企业大力支持。

1.5.3 举办 2022 上海国际城市与建筑博览会

2022 年 11 月 27 日至 29 日,由联合国人居署、上海市住房和城乡建设管理委员会联合主办,上海市绿色建筑协会承办的"2022 上海国际城市与建筑博览会"(以下简称城博会)在上海展览中心圆满落幕。上海市人大常委会主任蒋卓庆,上海市人大常委会副主任肖贵玉,上海市人民政府副市长彭沉雷,上海市政协党组副书记、副主席李逸平,上海市人民政府副秘书长王为人及上海市住房和城乡建设管理委员会等领导莅临展会参观指导。城博会上陈列了上海建设"人民城市"的最新成果,展示了行业发展新成果、新技术,呈现了推进区域化城市建设、可持续发展的上海范例。作为"世界城市日"主题活动之一,2022 城博会以"行动,从地方走向全球——城市更新,绿色智慧"为主题,围绕城乡建设与城市更新、绿色建筑与双碳目标、智慧城市与精细化管理 3 方面进行了展示，全市 16 个区选择区域城市建设亮点集中展示，临港管委会以及水务局、绿化局、申通集团、燃气集团、隧道股份、建工集团、华建集团、建科集团、中建八局、临港集团、三棵树、宣伟、中南集团等业内知名企业纷纷参展，并行举行近 20 场论坛交流活动，其中"城博会"主论坛邀请了静安区委书记于勇、中国工程院院士庄松林等到会演讲，罗曼股份等企业踊跃参与，使最前沿的行业成果在此集聚并进行全方位地展示，最受关注的热点话题于此涌集，得到了充分的交流和碰撞。

1.5.4 举办第五届"孩子眼中的未来城市"绘画摄影活动

以"绿色·智慧—城市更新"为主题，总结往届绘画作品征集的经验，增加了摄影作品的征集。活动得到了上海市精神文明办、上海市建设交通工作党委、上海市住房和城乡建设管理委员会、上海市教育委员会、上海市科学技术委员会的指导支持，以及长三角城市群智能规划协同创新中心、中福会出版社、小荧星、上海市美术协会、少年宫联盟、《少年日报》《上海中学生报》、哈哈炫动卫视的支持。第五届"孩子眼中的未来城市"绘画摄影作品展在"城博会"上进行了为期 3 天的展出，与往年相比，参与对象进一步拓展，协会会员单位中的职工孩子也提交了不少画作和摄影作品。上海市人大常委会主任蒋卓庆、副主任肖贵玉，市政协副主席李逸平，市政府副秘书长王为人等领导也参观了作品展，对孩子们的作品给予较高评价。展后，部分优秀作品将在各支持单位自媒体平台、相关杂志上进行刊登。同时，该活动也成为由上海市人民政府办公厅作为向上申报"上海市推进儿童友好城市建设"案例的重要组成部分。

1.5.5 承办 2022"城市之星"——上海城市治理青年人才创新大赛"绿色建筑赛道"评选工作

根据上海市建设交通工作党委要求，上海市住房和城乡建设管理委员会、上海市绿色建筑协会承办了 2022"城市之星"——城市治理青年人才创新大赛绿色建筑赛道工作。聚焦绿色低碳发展理念和绿色"四新"技术应用推广，发现和培养一批绿色建筑青年英才，挖掘和储备绿色建筑创新项目，35 家单位的青年选手积极报名，经前期材料初审、面试答辩和专家复审，共有 31 位青年人才脱颖而出进入决赛。其中，上海交通大学韩婵娟、勘测设计研究院李晓峰获得了一等奖，并推荐 2 位青年人才参加由上海市委组织部举办的"海聚英才"全球创新创业大赛复赛。

执笔：上海市绿色建筑协会

2 江苏省绿色建筑发展总体情况简介

2 General situation of green building development in Jiangsu

2.1 绿色建筑总体情况

2.1.1 绿色建筑标准执行和纳入建筑工程竣工验收情况

2022年，江苏省新建建筑全面实行新版节能设计标准，公共建筑全面按照《建筑节能与可再生能源利用通用规范》GB 55015—2021执行，平均节能率达到72%；居住建筑全面按照《居住建筑热环境和节能设计标准》DB 32/4066—2021执行，节能率达到75%。新建建筑绿色设计全面按照《绿色建筑设计标准》DB 32/3962—2020执行。2022年度开展的绿色建筑评价标识工作全面按照《绿色建筑评价标准》GB/T 50378—2019进行。

《江苏省绿色建筑发展条例》（江苏省人大常委会公告第23号）将绿色建筑要求纳入立项审批、规划设计、施工图审查、竣工验收等环节，启动了法制保障下全面推广绿色建筑的进程。关于工程竣工验收相关要求的规定为：县级以上地方人民政府建设主管部门发现建设单位未按照绿色建筑标准验收的，应当责令重新组织验收；建设单位组织工程竣工验收，应对建筑是否符合绿色建筑标准进行验收；不符合绿色建筑标准的，不得通过竣工验收。

2.1.2 绿色建筑标识情况

2022年，开展绿色建筑预评价项目274个，建筑面积为3417.9万 m^2 ，其中一星级项目51个，建筑面积为662.3万 m^2 ，二星级项目216个，建筑面积为2665万 m^2 ，三星级项目7个，建筑面积为90.8万 m^2 。

截至2022年12月，江苏省绿色建筑评价标识项目及预评价项目累计6903项，共计建筑面积7.02亿 m^2 。其中一星级项目为1590项、建筑面积为1.41亿 m^2 ，二星级项目为4852项、建筑面积为5.21亿 m^2 ，三星级项目为461项、建筑面积为3922万 m^2 。

2.2　绿色建筑发展规划和政策法规情况

2.2.1　2022 年江苏省发布绿色建筑相关文件

2022 年江苏省发布的绿色建筑相关文件如表 1 所示。

2022 年江苏省发布的绿色建筑相关文件　　　　　表 1

序号	名称	发文号	内容简介
1	省政府关于印发江苏省碳达峰实施方案的通知	苏政发〔2022〕88 号	明确江苏省"碳达峰八大专项行动"重点任务
2	中共江苏省委江苏省人民政府印发关于推动高质量发展做好碳达峰碳中和工作实施意见的通知	苏发〔2022〕2 号	明确提出到 2025 年推动全省高质量发展，做好碳达峰碳中和工作的实施意见
3	关于推动城乡建设绿色发展的实施意见	苏政发〔2022〕4 号	提出建设领域绿色低碳发展总体要求
4	省住房和城乡建设厅关于发布江苏省建设领域"十四五"重点推广应用新技术的公告	〔2022〕第 3 号	编制《江苏省建设领域"十四五"重点推广应用新技术》
5	省住房城乡建设厅关于印发《2022 年全省建筑业工作要点》的通知	苏建建管〔2022〕83 号	印发《2022 年全省建筑业工作要点》
6	省住房城乡建设厅关于推荐 2022 年度江苏省建设科技创新成果的通知	苏建函科〔2022〕266 号	组织开展 2022 年度江苏省建设科技创新成果推荐工作
7	省住房和城乡建设厅关于组织申报 2022 年度江苏省绿色建筑发展专项资金项目的通知	苏建科〔2022〕34 号	组织开展 2022 年度省级绿色建筑发展专项资金项目申报工作
8	省住房和城乡建设厅关于公布第八届"紫金奖·建筑及环境设计大赛"（2021）获奖结果的通知	苏建设计〔2022〕58 号	公布大赛获奖作品，"优秀作品奖"共 181 项，"入围奖"104 项等
9	省住房城乡建设厅关于公布通过评估的建筑产业现代化示范名单（第四批）的通知	苏建函科〔2022〕308 号	确定第四批通过评估的建筑产业现代化示范基地、示范项目
10	省住房城乡建设厅关于组织申报 2022 年省级建筑产业现代化示范的通知	苏建函科〔2022〕353 号	组织开展 2022 年度省级建筑产业现代化示范申报工作
11	省住房和城乡建设厅关于组织申报 2022 年度江苏省城乡建设发展专项资金项目的通知	苏建函计〔2022〕409 号	组织开展 2022 年度省城乡建设发展专项资金项目申报工作

序号	名称	发文号	内容简介
12	省住房和城乡建设厅关于公布 2022 年度省建设科技创新成果的通知	苏建函科〔2022〕469 号	确定"绿色城区规划建设技术体系"等 28 项成果为 2022 年度省建设科技创新成果

2.2.2 2022 年江苏省发布绿色建筑相关发展规划

2022 年江苏省发布的绿色建筑相关发展规划如表 2 所示。

2022 年江苏省发布的绿色建筑相关发展规划　　　　　　表 2

序号	名称	发文号
1	省发展改革委关于印发《江苏省"十四五"可再生能源发展专项规划》的通知	苏发改能源发〔2022〕685 号
2	省政府办公厅关于印发江苏省"十四五"城乡社区服务体系建设规划的通知	苏政办发〔2022〕60 号

2.3　绿色建筑标准规范情况

2.3.1 江苏省住房和城乡建设厅发布的 2022 年度省工程建设标准修订计划和重点类标准

江苏省住房和城乡建设厅发布的 2022 年度省工程建设标准修订计划和重点类标准分别如表 3、表 4 所示。

2022 年江苏省工程建设标准修订　　　　　　表 3

序号	编号	名称	原主编单位
1	DGJ32/J 66—2008	江苏省建筑施工安全质量标准化管理标准	江苏省建筑行业协会
2	DGJ32/TJ 83—2009	轻型木结构检测技术规程	江苏省建筑科学研究院有限公司；江苏省建筑工程质量检测中心有限公司；江苏东方建筑设计有限公司
3	DGJ32/J 87—2009	太阳能光伏与建筑一体化应用技术规程	无锡尚德太阳能电力有限公司；华仁建设集团有限公司
4	DGJ32/TJ 89—2009	地源热泵系统工程技术规程	南京市建筑设计研究院有限责任公司；南京工业大学

序号	编号	名称	原主编单位
5	DGJ32/TJ 95—2010	聚氨酯硬泡体防水保温工程技术规程	江苏省建筑节能技术中心；江苏省建筑节能协会；江苏久久防水保温隔热工程有限公司
6	DGJ32/TJ 107—2010	蒸压加气混凝土砌块自保温系统应用技术规程	江苏省建筑节能技术中心；南通通佳新型建筑材料有限公司
7	DGJ32/TJ 127—2011	既有建筑节能改造技术规程	江苏丰彩节能科技有限公司；江苏省住房和城乡建设厅科技发展中心
8	DGJ32/TJ 130—2011	地源热泵系统检测技术规程	南京工业大学；南京工大建设工程技术有限公司
9	DGJ32/TJ 141—2012	地源热泵系统运行管理规程	南京工业大学
10	DGJ32/TJ 90—2017	建筑太阳能热水系统工程检测与评定规程	江苏方建质量鉴定检测有限公司；扬州市建伟建设工程检测中心有限公司
11	DGJ32/TJ 217—2017	装配式复合玻璃纤维增强混凝土板外墙应用技术规程	南京奥捷墙体材料有限公司；江苏省建筑科学研究院有限公司
12	DGJ32/TJ 219—2017	装配整体式混凝土框架结构技术规程	东南大学；江苏沛丰建筑工程有限公司

2022 年江苏省立项重点类标准　　　　　表 4

序号	标准名称	主编单位
1	公共建筑节能设计标准	江苏省建筑设计研究院股份有限公司；江苏省住房和城乡建设厅科技发展中心
2	建筑节能与碳排放量计算核定标准	江苏省绿色建筑协会；东南大学
3	绿色建筑信息模型应用技术标准	江苏省勘察设计行业协会；东南大学
4	超低能耗建筑技术规程	江苏丰彩节能科技有限公司；江苏省住房和城乡建设厅科技发展中心
5	装配化装修评定标准	南京长江都市建筑设计股份有限公司；江苏省装饰装修发展中心
6	城市基础设施安全运行智慧监管系统数据标准	江苏省建设信息中心；南京市测绘勘察研究院股份有限公司
7	陶粒混凝土空心隔墙技术标准	中国矿业大学；江苏东南特种技术工程有限公司

2.3.2 2022 年发布的相关标准

2022 年江苏省发布的相关标准如表 5 所示。

2022 年江苏省发布的相关标准 表 5

序号	编号	标准名称	实施日期
1	DB32/T 4242—2022	装配式异形束柱钢结构住宅技术标准	2022 年 9 月 1 日
2	DB32/T 4301—2022	装配式结构工程施工质量验收规程	2022 年 8 月 7 日
3	苏 TZJ01—2022	既有多层住宅加装电梯通用图则	2022 年 3 月 15 日
4	DB32/T 4285—2022	预应力混凝土空心方桩基础技术规程	2022 年 12 月 1 日
5	DB32/T 4283—2022	建筑工程渗漏检测技术规程	2022 年 12 月 1 日
6	DB32/T 4281—2022	江苏省建筑工程施工现场专业人员配备标准	2022 年 12 月 1 日
7	DB32/T 4284—2022	居民住宅二次供水工程技术规程	2022 年 12 月 1 日
8	苏 Z04—2022	城市地下综合管廊图集	2023 年 1 月 1 日
9	苏 J49—2022	公共建筑室内装修构造	2023 年 2 月 1 日
10	苏 G30—2022	建筑消能减震设计图集	2023 年 5 月 1 日

2.4 绿色建筑科研情况

2.4.1 2022 年度江苏省绿色建筑发展专项资金奖补项目（科技支撑项目）

2022 年 6 月，江苏省住房和城乡建设厅对 2022 年度江苏省绿色建筑发展专项资金奖补项目进行公示，其中科技支撑项目 9 项（表 6）。

2022 年度江苏省绿色建筑发展专项资金奖补项目（科技支撑项目） 表 6

序号	项目名称	承担单位
1	基于能耗限额的典型公共建筑用能管理与工程示范	江苏省建筑科学研究院有限公司
2	江苏省绿色低碳项目综合效益实测与示范	江苏省绿色建筑协会
3	双碳背景下的城市更新系列技术应用与工程示范	江苏省建筑文化研究会、江苏省城镇化和城乡规划研究中心
4	建筑碳排放计算软件平台建设与示范推广	东南大学、江苏东印智慧工程技术研究院
5	建筑围护结构节能一体化关键技术集成与工程应用	南京长江都市建筑设计股份有限公司
6	装配式部品部件标准化应用与示范	江苏省住房和城乡建设厅科技发展中心

序号	项目名称	承担单位
7	全省公共建筑低碳运行智慧监测体系建设与应用示范	江苏省住房和城乡建设厅科技发展中心
8	建设领域数字化智慧化科技创新、技术推广与成果应用	江苏省绿色建筑协会
9	建设领域绿色低碳发展标准体系建设与应用	江苏省工程建设标准站

2.4.2　2022 年度江苏省建设系统绿色建筑相关科技项目

江苏省住房和城乡建设厅发布 2022 年度省建设系统科技项目，绿色建筑相关科技项目 42 项（表 7）。

2022 年江苏省建设系统绿色建筑相关科技项目　　　　表 7

序号	项目名称	承担单位
1	绿色建造评价方法研究	常州市建设工程管理中心
2	基于数字技术的江苏省城市绿地碳汇动态监测及绿地空间格局优化研究	江苏省城市规划设计研究院有限公司
3	基于工程造价协同的建筑碳预算机制研究	捷宏润安工程顾问有限公司
4	城乡建设领域碳达峰绿色融资模式研究	江苏省建筑科学研究院有限公司
5	基于能耗限额的典型公共建筑用能管理与工程示范	江苏省建筑科学研究院有限公司
6	江苏省绿色低碳项目综合效益实测与示范	江苏省绿色建筑协会
7	双碳背景下的城市更新系列技术应用与工程示范	江苏省城镇化和城乡规划研究中心
8	建筑碳排放计算软件平台建设与示范推广	东南大学
9	建筑围护结构节能一体化关键技术集成与工程应用	南京长江都市建筑设计股份有限公司
10	装配式部品部件标准化应用与示范	江苏省住房和城乡建设厅科技发展中心
11	全省公共建筑低碳运行智慧监测体系建设与应用示范	江苏省住房和城乡建设厅科技发展中心
12	建设领域数字化智慧化科技创新、技术推广与成果应用	江苏省绿色建筑协会
13	建设领域绿色低碳发展标准体系建设与应用	江苏省工程建设标准站
14	绿色建造示范城市相关配套政策研究	常州工学院
15	江苏省既有农房加固改造技术研究	江苏省绿色建筑协会
16	江苏省农房改善绿色低碳适宜技术研究	江苏省绿色建筑协会

序号	项目名称	承担单位
17	基于CIM的城市治理数字化应用研究	江苏省建设信息中心
18	江苏省装配式建筑监测指标研究与数据分析	江苏省住房和城乡建设厅科技发展中心
19	市域视角下沿海特色风貌塑造方法探索——以盐城市为例	江苏省城镇与乡村规划设计院有限公司
20	城市更新改造社区碳排放计量及碳减排技术应用研究	江苏省城镇化和城乡规划研究中心
21	基于BIM的政府投资工程全生命周期数字可视化管理平台（框架）及应用研究	江苏省公共工程建设中心有限公司
22	面向双碳目标的江苏省政府投资改扩建工程减碳技术策略研究	江苏省公共工程建设中心有限公司
23	数字园区全景碳地图实践探索	中国江苏国际经济技术合作集团有限公司
24	双碳背景下光储直柔箱式房的设计及应用研究	中建八局第三建设有限公司
25	基于绿色建造的超大跨异形复杂钢结构施工成形、仿真、监测及状态评估技术研究	中建八局第三建设有限公司
26	双碳背景下既有建筑维护与改造关键技术研究与应用	东南大学建筑设计研究院有限公司
27	夏热冬冷地区近零能耗及碳排放校园建筑优化设计研究与应用	东南大学建筑设计研究院有限公司
28	双碳目标背景下高层办公建筑空调系统平疫结合设计及运行技术研究	江苏省建筑设计研究院股份有限公司
29	双碳战略背景下光储直柔建筑设计探索与研究	江苏省建筑设计研究院股份有限公司
30	基于CIM平台的数字孪生城市建设研究	南京市南部新城开发建设管理委员会
31	保障房住区碳中和路径研究	南京安居保障房建设发展有限公司
32	高效冷热源机房关键技术研究	南京港华能源投资发展有限公司
33	超高性能混凝土组合结构关键技术及应用研究	南京建工集团有限公司
34	地下建筑工程碳减排技术研究与应用	南京金宸建筑设计有限公司
35	绿色低碳技术在住宅建筑全生命周期中的应用研究	徐州工程学院
36	基于BIM的单元式幕墙系统全过程智能化制造与建造的技术研究与应用	中亿丰建设集团股份有限公司

续表

序号	项目名称	承担单位
37	建筑垃圾低碳再利用技术集成研究与应用	中亿丰建设集团股份有限公司
38	基于双碳目标的建筑工程项目估价与碳排放优化研究	江苏仁禾中衡工程咨询房地产估价有限公司
39	基于BIM/GIS技术的碳汇数字化分析与展示系统设计与开发	江苏扬建集团有限公司
40	以出水颗粒物和铝含量控制为目标的砂滤池长效稳定运行技术研究	江苏长江水务股份有限公司
41	智慧工地建设推进的对策研究	宝应建盛网络科技有限公司
42	固碳型建筑细骨料的设计与制造关键技术研究	江苏镇江建筑科学研究院集团股份有限公司

2.4.3 住房和城乡建设部 2022 年科学技术计划项目（江苏省）

江苏省住房和城乡建设厅转发住房和城乡建设部 2022 年科学技术计划项目（江苏省），其中科研类项目 8 项、科技示范工程类项目 3 项（表 8、表 9）。

1. 科研类项目（江苏省）

住房和城乡建设部 2022 年科学技术计划项目中的科研类项目（江苏省） 表 8

序号	项目编号	项目名称	研究单位	合作单位
1	2022-K-041	周边环境影响下既有建筑风险监测与预警评估技术研究	江苏省住房和城乡建设厅科技发展中心	南京工业大学，常州市建筑科学研究院集团股份有限公司，江苏省建筑工程质量检测中心有限公司
2	2022-K-045	地下综合体市政设施灾害风险防控关键技术	苏交科集团股份有限公司	中南大学，江苏省地下空间学会，应急管理部四川消防研究所，中国计量大学
3	2022-K-083	施工现场数据集成技术研究与应用示范	江苏省建筑安全监督总站，南京合智信息技术有限公司	
4	2022-K-165	排水管网运行效能智慧化诊断评估技术研究	中建七局第二建筑有限公司	河海大学
5	2022-K-174	城市路桥设施全生命周期塌陷诊治实施模式及效能评估研究	南京建工集团有限公司	深圳安德空间技术有限公司，河海大学，江苏开放大学
6	2022-K-180	绿色宜居农房建造技术体系研究	东南大学建筑设计研究院有限公司	东南大学，江苏生态屋住工股份有限公司

序号	项目编号	项目名称	研究单位	合作单位
7	2022-R-058	农村新型社区功能与形态研究	江苏省城镇与乡村规划设计院有限公司	四川省城乡建设研究院
8	2022-R-061	基于时空多元数据分析的小城镇分类技术手段研究	江苏省城市规划设计研究院有限公司	

2. 科技示范工程类项目（江苏省）

住房和城乡建设部 2022 年科学技术计划项目中的科技示范工程类项目（江苏省）

表 9

序号	项目编号	项目名称	研究单位
1	2022-S-011	基于光储直柔的电力生产运营用房零碳建筑示范工程	国网江苏省电力有限公司
2	2022-S-056	南京百水工业园地块保障房一期高品质住宅科技示范项目	南京安居保障房建设发展有限公司
3	2022-S-061	南京长江都市智慧总部大楼科技示范项目	南京长江都市建筑设计股份有限公司

2.5　绿色建筑技术推广、专业培训及科普教育活动

2.5.1　召开第十五届江苏省绿色建筑发展大会

为全面贯彻国家和江苏省有关决策部署，深入推动绿色城乡高质量发展，2022 年 11 月 17 日，第十五届江苏省绿色建筑发展大会在南京顺利召开（图 1），大会以"加快科技创新，助力城乡建设绿色低碳发展"为主题，江苏各级建设主管部门相关负责人、省内外专家学者等汇聚一堂，共同探讨科技创新与城乡建设绿色低碳发展。

大会期间发布了 2022 年度建设科技创新成果以及《装配式建筑技术手册（钢结构分册）》《城镇老旧小区改造适宜推广应用技术手册》《绿色建筑专家访谈（2021）》等建设科技优秀成果。围绕省委、省政府重点工作任务和行业发展，积极开展科技创新研究，为江苏省住房城乡建设事业高质量发展提供有力支撑。

会上，中国工程院院士缪昌文、崔愷，江苏省设计大师张彤分别作题为"绿色低碳建筑材料""以土为本——探索绿色建筑新美学""绿色低碳的建筑学路径——海昏侯遗址公园建筑的设计回顾与运行评测"的主旨报告，结合各自在绿

色建筑方面的研究与实践进行分享交流。

图1　第十五届江苏省绿色建筑发展大会现场

大会同期举办了江苏省绿色建筑与建设科技高质量发展成果展，对 2020 年以来全省推进绿色建筑与建设科技高质量发展相关工作及成果、城乡建设领域先进技术与优秀成果进行集中展示。大会期间，还举办绿色低碳建筑专题论坛、智能建造与新型建筑工业化论坛、江苏省建筑防水技术研讨会等同期活动，通过主题多样的专题研讨打造了高质量行业互动平台。江苏省绿色建筑协会也组织优秀企业展示先进成果，获得了高度赞誉。

2.5.2　组织其他相关研讨培训活动

2022 年 3 月，在南京召开《民用建筑节能工程热工性能现场检测标准》DB32/T 4107—2021《建筑墙体内保温工程技术规程》DB32/T 4112—2021 和《混凝土复合保温砌块（砖）墙体自保温系统应用技术规程》DB32/T 4108—2021 宣贯培训会。

2022 年 9 月，举办 2022 年全国科普日江苏省碳达峰碳中和系列主题科普活动以及江苏省第二届碳达峰碳中和科普知识竞赛，该项活动以"践行绿色发展理念，引领低碳生活风尚"为主题，为期 15 天，旨在进一步加深公众对"双碳"工作的理解和认识，营造全社会共同参与"双碳"工作的良好氛围。

2022 年 6 月，江苏省机关事务管理局、各市机关事务管理局积极响应"全国节能宣传周"号召，综合运用线上和线下多种宣传手段，积极开展宣传活动。活动主题围绕"落实'双碳'行动，共建美丽家园"，全面展示党的十八大以来公共机构能源资源节约和生态环境保护工作取得的突出成绩和经验成效，突出公共机构绿色低碳引领行动、节约型机关创建、反对食品浪费等重点内容，在全社会大力倡导绿色低碳生活，减少对能源的依赖，共同建设美丽家园。

执笔人：刘永刚　季柳金　张露　刘晓静　罗金凤（江苏省绿色建筑协会）

3 浙江省绿色建筑发展总体情况简介

3 General situation of green building development in Zhejiang

3.1 绿色建筑总体情况

3.1.1 绿色建筑标识项目方面

截至 2022 年底,浙江省绿色建筑标识项目累计达到 967 项。其中,三星级项目占比为 16%,二星级项目占比为 62%,一星级项目占比为 22%。公共建筑占比为 54%,居住建筑占比为 45%,工业建筑占比为 1%。

3.1.2 绿色生态城区示范方面

截至 2022 年底,浙江省共计获得国家"绿色生态城区"规划设计标识 4 项,分别为杭州亚运会亚运村及周边配套工程项目、衢州市龙游县城东新区、海宁鹃湖国际科技城、湖州市南太湖新区(长东片区)。

3.1.3 超低能耗示范建筑方面

截至 2022 年底,浙江省获得相关标识证书的项目共计 21 项,其中获得零能耗建筑标识 2 项、近零能耗建筑标识 9 项、超低能耗建筑标识 10 项。

3.2 绿色建筑发展规划和政策法规情况

3.2.1 《浙江省住房和城乡建设厅 浙江省发展和改革委员会浙江省自然资源厅关于开展绿色建筑专项规划修编工作的通知》(浙建设函〔2022〕268 号)

碳达峰、碳中和背景下,开展绿色建筑专项规划修编工作,充分发挥绿色建筑专项规划对建筑领域碳达峰工作的战略引领作用。各设区市的绿色建筑专项规划修编工作原则上应当在 2022 年 12 月底前完成,各县(市)绿色建筑专项规划的修编工作原则上应当在 2023 年 6 月底前完成。

3.2.2　《省建设厅　省发展改革委　省财政厅　省自然资源厅　省水利厅　省市场监管局　省机关事务局关于印发〈浙江省建筑领域碳达峰实施方案〉的通知》（浙建设〔2022〕47 号）

为实现碳达峰目标，建筑领域碳达峰行动主要涵盖减少建筑能耗和优化建筑用能结构 2 个方面，重点围绕标准提升、绿色建造、可再生能源应用、既有公共建筑能效提升、绿色生活 5 大领域，开展建筑领域碳达峰 5 大行动，制定 18 项具体任务。

3.2.3　《浙江省机关事务管理局等 6 部门关于印发〈深入开展公共机构"十四五"绿色低碳引领行动促进碳达峰实施方案〉的通知》（浙机事发〔2021〕8 号）

实施公共机构能源消费总量与强度双控制度，2025 年公共机构能源消费总量控制在 130 万 tce 以内；以 2020 年能源消费总量与碳排放总量为基数，2025 年公共机构单位建筑面积能耗下降 5%、人均综合能耗下降 6%，单位建筑面积碳排放下降 7%。

3.2.4　《浙江省人民政府关于加快建立健全绿色低碳循环发展经济体系的实施意见》（浙政发〔2021〕36 号）

到 2025 年，产业结构和能源结构调整优化取得明显进展，资源利用效率大幅提升，基础设施绿色化水平不断提高，绿色技术创新体系更加完善，绿色低碳循环发展的经济体系基本建立。到 2030 年，"绿水青山就是金山银山"转化通道进一步拓宽，美丽中国先行示范区建设取得显著成效。到 2035 年，生态环境质量、资源集约利用、美丽经济发展全面处于国内领先和国际先进水平，碳排放达峰后稳中有降，"诗画浙江"美丽大花园全面建成，率先走出一条人与自然和谐共生的省域现代化之路。

3.3　绿色建筑标准规范情况

2022 年浙江省绿色建筑相关标准清单如表 1 所示。

2022 年浙江省绿色建筑相关标准清单　　表 1

序号	标准名称及编号	发布时间	实施时间
1	浙江省绿色建筑专项规划编制导则（2022 版）	2022 年 5 月 7 日	2022 年 5 月 7 日
2	浙江省绿色生态城区评价标准	编制中	编制中

序号	标准名称及编号	发布时间	实施时间
3	绿色建筑设计标准 DB 33/1092—2021	2021年9月7日	2022年1月1日
4	居住建筑节能设计标准 DB 33/1015—2021	2021年12月27日	2022年2月1日
5	公共建筑节能设计标准 DB 33/1036—2021	2021年12月27日	2022年2月1日
6	民用建筑项目节能评估技术规程 DBJ33/T 1288—2022	2022年12月29日	2023年3月1日
7	民用建筑项目竣工能效测评技术规程 DBJ33/T 1291—2023	2023年2月7日	2023年6月1日
8	浙江省城镇老旧小区改造技术导则（2022年版）	2022年9月29日	2022年9月29日
9	民用建筑可再生能源应用核算标准 DBJ33/T 1105—2022	2022年6月23日	2022年10月1日
10	海绵城市建设区域评估标准 DBJ33/T 1287—2022	2022年9月30日	2023年1月1日
11	公共建筑用电分项分区计量系统设计标准 DBJ33/T 1090—2023	2023年2月7日	2023年6月1日

3.4 绿色建筑科研情况

2022年浙江省绿色建筑相关科研项目清单如表2所示。

2022年浙江省绿色建筑相关科研项目清单 表2

编号	项目名称	承担单位
1	浙江省实施超低能耗建筑的体系研究	浙江省建筑设计研究院
2	浙江省建设行业碳排放达峰及实现路径研究	浙江大学建筑设计研究院有限公司、浙江省建筑科学设计研究院有限公司、浙江省建筑设计研究院
3	浙江省绿色建材推广应用机制研究	浙江省建筑设计研究院
4	基于绿色建材的低碳健康现代农房风貌体系研究	浙江省村镇建设与发展研究会
5	浙江省绿色建筑星级成本增量研究	浙江省建筑设计研究院、浙江省绿色建筑与建筑工业化行业协会
6	碳达峰背景下中小学建筑全生命周期碳排放预测分析研究——以瑞安小学、新城中学为例	浙江大东吴集团建设有限公司
7	热固复合无机轻集料保温装饰板开发及应用研究	浙江省建筑科学设计研究院有限公司

3.5　绿色建筑技术推广、专业培训及科普教育活动

3.5.1　宣贯培训

2022 年 1 月 26 日，浙江省住房和城乡建设厅组织召开全省强制性工程建设标准《居住建筑节能设计标准》DB 33/1015—2021 和《公共建筑节能设计标准》DB 33/1036—2021 视频培训会，培训会以线上线下相结合的方式召开，各市、县（市区）建委（建设局）相关处室（科室）负责人及辖区内有关设计、建设、图审机构等有关人员共计 1000 余人在各分会场参加培训。

3.5.2　国际交流

2022 年 11 月 28 日至 12 月 2 日，浙江省科学技术厅组织了区域"双碳"创新生态一体化国际培训，由英国西苏格兰大学（UWS）的相关领域专家线上授课，主要内容包括气候变化的国际驱动因素、低碳零碳项目成功案例分析等。

3.5.3　行业交流

2022 年 7 月 7 日，由中国光伏行业协会光电建筑专委会等联合主办，浙江合特光电有限公司承办的 2022 光电建筑行业创新大会暨屋顶光伏技术交流会（浙江站）在杭州举行。大会以"技术引领 质胜未来"为主题，探讨光电建筑行业及屋顶光伏在"双碳时代"高质量发展的路径与方法。

执笔：浙江省绿色建筑与建筑工业化行业协会

4 深圳市绿色建筑发展总体情况简介

4 General situation of green building development in Shenzhen

4.1 绿色建筑总体情况

2022 年，深圳市年度新增绿色建筑评价标识项目 5 个，建筑面积 43.34 万 m^2，均为国家二星级或深圳银级以上高星级绿色建筑标识。2022 年获得标识的项目中，均为建成/运行标识。2022 年新增绿色建筑竣工项目 239 个，建筑面积 1816 万 m^2，其中，108 个项目获得国家二星级或深圳银级以上绿色建筑标识，建筑面积 888 万 m^2，占新增绿色建筑项目总数的 48.88%。

截至 2022 年，深圳市共有 1526 个项目获得绿色建筑评价标识，总建筑面积超过 1.47 亿 m^2。其中，123 个项目获得国家三星级、11 个项目获得深圳市铂金级绿色建筑评价标识（最高等级），81 个项目获得运行/建成标识。为高质量推进绿色建筑工作，深圳市绿色建筑协会积极开展绿色建筑预评价工作，2022 年完成新国标、深标预评价项目 24 个。2022 年 12 月 29 日，由搜狐城市、中国城市科学研究会、中国建筑科学研究院有限公司联合发布的《2022 中国城市绿色建筑发展竞争力指数报告》显示，中国城市绿色建筑发展竞争力指数深圳位列全国第二。

自 2022 年 7 月 1 日起，深圳建立以《深圳经济特区绿色建筑条例》为核心的顶层设计，在全国率先以最高标准实现绿色建筑高质量发展，在工业建筑和民用建筑全面实现绿色化。

4.2 绿色建筑发展规划和政策法规情况

2022 年，深圳作为全国绿色建筑先锋城市，迈入"十四五"新阶段以来高质量发展的关键年，加速推进建筑工业化、绿色化和智能化"三化赋能"，陆续发布了《深圳经济特区绿色建筑条例》等多项支持绿色建筑行业发展的政策和行动方案，从立法层面完善绿色建筑管理体制机制和政策体系，成为深圳大力推动绿色建筑高质量发展和在更高起点、更高层次促进绿色建筑转型升级的重要举措之一。深圳研究制定《深圳市城市建设领域降碳行动计划》，坚持以"问题、目标"为导向，科学制定碳达峰实施路径。

4.2.1 《深圳经济特区绿色建筑条例》（深圳市第七届人民代表大会常务委员会公告，第四十一号）

经深圳市第四届人民代表大会常务委员会第八次会议表决通过，《深圳经济特区绿色建筑条例》（简称《条例》）于 2022 年 3 月 28 日正式公布，自 2022 年 7 月 1 日起实施。

《条例》是全国首部将工业建筑和民用建筑一并纳入立法调整范围的绿色建筑法规，全面提升深圳市绿色建筑建设和运行标准，规定本市新建建筑的建设和运行应当符合不低于绿色建筑标准一星级的要求；大型公共建筑和国家机关办公建筑建设和运行应当符合不低于绿色建筑标准二星级的要求；鼓励既有建筑实施绿色化改造，达到既有建筑绿色改造评价标准一星级。为推动深圳率先实现建筑领域"双碳"目标，《条例》还首次以立法形式规定了建筑领域碳排放控制目标和重点碳排放建筑名录，确定不同类型建筑能耗及碳排放基准线，对重点碳排放建筑温室气体排放情况进行监测和核查。

4.2.2 《深圳市住房和建设局关于明确〈深圳经济特区绿色建筑条例〉执行有关事项的通知》

为更好地贯彻落实《条例》有关要求，促进深圳市绿色建筑高质量发展，2022 年 6 月 28 日，深圳市住房和建设局发布《深圳市住房和建设局关于明确〈深圳经济特区绿色建筑条例〉执行有关事项的通知》，要求自 2022 年 7 月 1 日起，新取得建设工程规划许可证的项目，包括民用建筑和工业建筑，需按照《条例》第六条落实绿色建筑等级要求；市、区住房建设主管部门不再受理民用建筑的建筑节能专项验收许可事项。同时要求各相关单位和从业人员加强专业技术能力建设，鼓励有能力的单位积极申请绿色建筑等级符合性评估能力的相关认可。

4.2.3 《深圳市住房和建设局　深圳市发展和改革委员会关于印发〈深圳市现代建筑业高质量发展"十四五"规划〉的通知》

2022 年 4 月 29 日，深圳市住房和建设局、市发展和改革委员会联合发布《深圳市住房和建设局　深圳市发展和改革委员会关于印发〈深圳市现代建筑业高质量发展"十四五"规划〉的通知》（简称《规划》）。《规划》对现代建筑业高质量发展作出全面部署和总体安排，有助于深圳建设宜居城市、枢纽城市、韧性城市、智慧城市，对于深圳建设现代化国际化创新型城市具有重要意义，是指导深圳建筑业改革与发展的重要指导文件。

4.2.4　《深圳市住房和建设局关于印发〈关于支持建筑领域绿色低碳发展若干措施〉的通知》（深建规〔2022〕4号）

2022年5月30日，深圳市住房和建设局发布《深圳市住房和建设局关于印发〈关于支持建筑领域绿色低碳发展若干措施〉的通知》，明确从高标准提升建筑建造质量、推进建筑运行绿色化低碳化、加强建筑废弃物绿色再生利用、加强绿色低碳建筑技术标准支撑4个方面促进建筑全生命周期绿色低碳发展。

该措施自2022年6月20日起施行，有效期5年。

4.2.5　《深圳市人民政府办公厅关于印发深圳市加快推进现代建筑业高质量发展若干措施的通知》（深府办函〔2022〕95号）

2022年10月2日，深圳市人民政府办公厅发布《深圳市人民政府办公厅关于印发〈深圳市加快推进现代建筑业高质量发展若干措施〉的通知》，提出要加快发展高科技含量的现代建筑业，推动向知识密集型、资金密集型产业转型升级，通过大力推广装配式建筑、拓展装配式建筑应用、优选装配式建筑技术等加速推进新型建筑工业化；通过开展绿色建筑创建行动、推动建筑全寿命期绿色低碳发展、提高绿色建筑星级要求、规模化发展超低能耗建筑、大力开展近零能耗建筑与零碳建筑试点示范、推行建筑能效测评标识等，全面发展绿色低碳建筑。

4.2.6　《深圳市住房和建设局关于印发〈深圳市推进新型建筑工业化发展行动方案（2023—2025）〉的通知》（深建设〔2022〕18号）

2022年10月28日，深圳市住房和建设局正式发布《深圳市住房和建设局关于印发〈深圳市推进新型建筑工业化发展行动方案（2023—2025）〉的通知》，通过6大体系24项重点任务，进一步统筹落实现代建筑业高质量发展总体要求，以新型建筑工业化为核心，进一步扩大装配式建筑实施范围，推动装配式建筑规模化发展，深度融合信息化、数字化和智能化技术，全力打造"深圳建造"品牌。

4.2.7　《深圳市绿色建筑高质量发展行动实施方案（2022—2025）》（深建设〔2022〕20号）

2022年11月14日，深圳市住房和建设局正式出台《深圳市绿色建筑高质量发展行动实施方案（2022—2025）》，通过5大方面18项重点工作，全面提升绿色建筑等级、加强科技创新力度、强化建筑能耗和碳排放"双控"、促进工业建筑和民用建筑全面绿色化、低碳化、提升建筑绿色健康性能等，推动绿色建筑纵深发展。

4.2.8 《深圳市关于大力推进分布式光伏发电的若干措施》（深发改规〔2022〕13号）

2022年12月5日，深圳市发展和改革委员会发布了《深圳市关于大力推进分布式光伏发电的若干措施》，要求充分利用工业园区、企业厂房、物流仓储基地、公共建筑、交通设施和居民住宅等建筑物屋顶、外立面或其他适宜场地，按照"宜建尽建"原则积极开展光伏项目建设，大力推广建筑光伏一体化，力争"十四五"期间全市新增光伏装机容量150万kW。重点推动工业园区规模化布局光伏项目，引导大型企业集团积极开展光伏项目建设，支持国有企业规模化建设光伏项目。对于全市范围内于2022年1月1日至2025年12月31日期间建成，并网计量的薄膜光伏示范项目，纳入补贴范围。市级财政对纳入补贴范围的项目在本政策有效期内的发电量予以补贴。

4.2.9 《深圳市"十四五"节能减排综合实施方案》（深发改〔2022〕1006号）

2022年12月5日，深圳市发展和改革委员会、深圳市生态环境局联合印发《深圳市"十四五"节能减排综合实施方案》（深发改〔2022〕1006号），提出在城市建设节能降碳示范工程方面，强化城市规划、建设和管理绿色低碳导向，打造低碳城市、韧性城市、海绵城市、"无废城市"典范。城市更新单元专项规划中增设区域能源综合利用专篇，推进旧城改造片区能源集成优化，大力推进分布式光伏发电和建筑光伏一体化建设。实施"绿色建造"行动，严格执行绿色建筑标准，提高政府投资项目和大型公共建筑的绿色建筑星级标准要求。加快超低能耗、近零能耗、零碳建筑试点示范，持续推进装配式建筑发展，加大BIM应用力度。到2025年，新建建筑全面按照绿色建筑标准进行建设，累计新增绿色建筑面积7000万m²，重点区域新建建筑高星级绿色建筑占比达到80%，率先形成高星级绿色建筑聚集区。新增超低能耗建筑、近零能耗建筑100万m²。力争完成既有建筑节能绿色改造1000万m²，装配式建筑占新建建筑比例达60%。固体废物实现100%安全处置。

4.3 绿色建筑标准规范情况

结合深圳地域特点、经济发展水平等实际情况，在国家和行业标准的基础上，对标国际先进标准，深圳形成了国标为基础、地标为支撑、团标为补充的多层次"深圳标准"体系。2022年，深圳编制发布地方标准《绿色物业管理项目评价标准》SJG 50—2022和《建筑废弃物综合利用设施建设运营标准》SJG

124—2022。并依据国家标准《建筑节能与可再生能源利用通用规范》GB 55015—2021 要求，组织相关单位修订深圳市《公共建筑节能设计标准》《居住建筑节能设计标准》，提高深圳市新建公共建筑、居住建筑节能要求，进一步明确建筑可再生能源应用规模。同时根据现行国家、广东省相关要求，同步编制完成了《绿色生态城区评价标准》《公共建筑集中空调系统能效评价标准》，推动绿色建筑技术本土化、高质量发展，并对各项行业标准进行宣贯。2023 年将统筹开展《近零能耗建筑技术标准》《零碳建筑评价标准》《深圳市绿色建筑设计标准》编制工作，推动新建建筑节能向纵深发展，持续建立健全标准体系。

4.4 绿色建筑科研情况

4.4.1 已完成的科研项目

1.《深圳经济特区绿色建筑条例》配套文件编制

受深圳市住房和建设局委托，深圳市建设科技促进中心、深圳市绿色建筑协会共同负责《深圳经济特区绿色建筑条例》配套文件编制工作。具体包括编制《绿色专篇模板及编制要求》《建筑领域应对气候变化成效评估体系和奖惩办法》《绿色建筑标识管理机制》《建筑绿色性能保障政策》《绿色性能定期评估及后评估工作机制》，并于 2022 年 11 月 18 日通过验收评审。

2.《建筑碳减排应用技术产品目录》的编制

受深圳市住房和建设局委托，深圳市建设科技促进中心、深圳市绿色建筑协会共同负责编制《建筑碳减排应用技术产品目录》。该目录充分考虑深圳市的气候特点和低碳绿色建筑相关产业状况，按围护结构、暖通空调、供配电和照明系统、太阳能光电（光储直柔、BIPV）、被动式技术、运行管理、其他技术 7 个部分征集优秀技术和产品，为项目提供系统的应用参考。目录于 2022 年 11 月 17 日通过验收评审。

3.《深圳市大型公共建筑能耗监测情况报告（2021 年度）》的编制

2022 年 10 月 25 日，深圳市住房和建设局发布《深圳市大型公共建筑能耗监测情况报告（2021 年度）》。该报告由深圳市建设科技促进中心、深圳市建筑科学研究院股份有限公司共同编制，对深圳接入能耗监测平台的 886 栋国家机关办公建筑和大型公共建筑 2021 年度能耗数据进行了总结和分析，并向社会予以公开。

4.《深圳市既有建筑节能改造项目管理工作指引》的编制

为持续推动深圳既有建筑节能改造工作，提升既有建筑能效水平，促进建筑行业碳达峰、碳中和目标的实现，保证节能改造项目管理工作顺利开展，深圳市住房和建设局编制了《深圳市既有建筑节能改造项目管理工作指引》，于 2022 年 11 月 11 日发布。工作指引要求，申报单位应按方案阶段、核验阶段以及运行评估阶段 3 个阶段提交改造项目材料，已完成改造的项目应同时提交方案、核验 2 个阶段的材料。

5. 深圳市重点对象建筑的碳排放限额标准研究

本课题旨在基于深圳市建筑领域碳达峰碳中和实施方案的顶层设计要求，吸收国内外建筑碳排放相关标准和制度的先进经验，结合深圳实际情况，研究深圳市重点对象建筑的碳排放限额标准，为后期立项编制工程建设标准《深圳市重点对象建筑碳排放限额标准》奠定研究基础。2022 年，课题组通过对国家和地方建筑能耗和碳排放相关政策和标准调研，重点研究确定深圳市重点对象建筑类型（6 大类 18 个细类公共建筑）、建筑碳排放限额指标边界及限额指标确定方法。同时，基于近 3 年深圳市公共建筑和公共机构能耗统计数据，完成了深圳市重点建筑碳排放限额试编工作，发现限额编制的关键问题并提出改进方向。

4.4.2 在研的项目

1.《深圳市城市建设绿色低碳行动计划》的制定

深圳市住房和建设局负责统筹深圳市城市建设领域碳达峰碳中和工作，研究制定建筑领域碳达峰技术路径和行动计划。2022 年，深圳市住房和建设局基于"深圳市建设领域碳达峰实施方案研究与制定"课题研究成果，制定《深圳市城市建设绿色低碳行动计划》（以下简称《行动计划》）。目前《行动计划》已完成两轮征求意见，修改完善后拟走报审程序。深圳市建筑领域碳达峰总体策略是以既有公共建筑节能改造、强力降耗和太阳能光伏规模化利用为"两个核心"；以抑制既有居住建筑能耗强度增长幅度、提高新建建筑能效标准为"两大支撑"。我们以"问题、目标"为导向，科学制定《行动计划》，全面推进绿色低碳建筑，从"摸底数、控源头、提效能、降存量、强运维"方面建立建筑全寿命期碳管控。

2. 深圳市建筑领域碳达峰碳中和重点对象建筑基础信息与能耗数据调查与处理项目

本课题旨在研究建立深圳市建筑领域碳达峰碳中和重点对象建筑基础信息、能耗数据、碳排放量数据库，构建 2 万栋重点对象建筑基础信息与建筑能源供应端能耗数据之间的耦合关系，建立城市建设领域碳排放监测与管理系统，实现重点建筑基础数据、能耗数据和碳排放数据互联互通且可稳定持续更新，为市主管部门推行重点对象建筑碳排放限额管理、持续自动获取重点对象建筑的碳排放量奠定基础，为全面推进城市建设领域重点建筑的节能降碳工作提供重要支撑。2022 年已完成建筑物核查 18437 栋，能耗匹配 12166 栋。深圳市建筑领域能耗与碳排放监测管理系统已完成功能需求说明、UI 更新优化，数据逻辑层正在逐渐优化完善中。

3.《深圳市重点对象建筑碳排放管理办法》的编制

为合理控制重点对象建筑能源消费总量，推动建筑碳排放强度的持续下降，基于《深圳市重点对象建筑碳排放限额标准研究》等要求，研究建筑设计、施工、运行全过程碳排放管理标准，提出重点对象建筑碳排放的管理范围、管理流程、管理措施、管理工具与限额要求等，编制相应管理办法，为完善建筑领域碳排放管理及监督重点对象建筑碳排放管理提供技术支撑。2022 年 11 月，课题组基于研究成果，编制形成了《深圳市重点对象建筑碳排放管理办法》（征求意见稿）。管理办法提出重点对象建筑包括办公建筑、商场建筑、旅馆建筑、医疗建筑、教育建筑、公共活动类建筑，要求重点对象建筑在保证建筑使用功能和室内环境质量的前提下，按照有关法律法规和标准规范的要求，实施和保持建筑碳排放目标，采取有效措施合理控制重点对象建筑能源消费总量，推动建筑碳排放强度持续下降。

4.5　绿色建筑技术推广、专业培训及科普教育活动

4.5.1　技术推广

1. 以专业活动为载体，开展技术交流，推动绿色建筑产业发展。重点活动包括：

（1）组织"第二十四届中国国际高新技术成果交易会建筑科技创新展"及配套活动，推介深圳绿色建筑企业和技术产品，受到多家媒体关注报道。

（2）承办"第十八届国际绿色建筑与建筑节能大会暨新技术与新产品博览会"深圳分会场和"第二届中国建筑节能行业助力碳达峰碳中和推进大会"深圳分会场活动。

（3）积极协办"第十二届热带、亚热带（夏热冬暖）地区绿色建筑技术论坛"和"大湾区可持续建筑环境会议 2022"，推荐深圳专家到会分享深圳绿色建筑技术与实践经验。

（4）成功申办有着可持续建筑领域奥林匹克会议之称的国际学术会议——可持续建筑环境系列会议（SBE）亚太地区会议。

2. 深圳市建设科学技术委员会持续发挥高端智库作用。深圳市建设科学技术委员会作为深圳市工程建设领域全市性综合技术决策咨询和研究机构，秘书处设在深圳市建设科技促进中心。2022 年以来，深圳市建设科学技术委员会对《深圳市住房和建设领域新技术推广应用管理办法》等多项政府重大决策提供专

业咨询意见并得到采纳落实，为 3 个重大复杂工程提供技术咨询论证，为 20 项政策标准课题提供咨询决策意见和建议，组织两次高端论坛并建言献策。为深圳建设行业战略规划、重大政策决策制定以及"高、精、难、深"复杂工程、重大疑难问题提供技术支撑。

3. 积极开展近零能耗建筑测评及相关工作。在国家"3060 双碳"目标号召下，深圳市绿色建筑协会积极组织近零能耗建筑测评项目评审会，评审产生深圳首个产能建筑项目和 2 个近零能耗建筑项目，为推动深圳乃至华南地区近零能耗建筑发展起到示范引领及积极推动作用。截至 2022 年 12 月，深圳共有近零能耗建筑 9 个，分别为 1 个产能建筑、2 个零能耗建筑、4 个近零能耗建筑和 2 个超低能耗建筑，涵盖了所有的评价等级，以及新建和改造 2 大类型。

4. 编制并发布《深圳市建设工程新技术推广目录（2022 年）》《深圳市绿色建筑适用技术与产品推广目录（2021 版）》等行业工具书，举办各类主题和形式的沙龙、讲座，推广优秀的新技术、新产品。

4.5.2　专业培训

为积极响应市政府防疫相关要求，本年度行业培训工作以"线上＋线下"相结合的方式开展。

开展建设科技讲堂培训。2022 年，由深圳市住房和建设局主办，深圳市建设科技促进中心承办的建设科技讲堂顺利举办 22 期。2022 年，主要围绕"工程建设行业知识产权保护与运用""预应力倒双 T 板高效制作关键技术""建筑工程施工质量安全巡查机制研究"等新技术领域，累计超过 1.9 万人次观看线上直播，取得良好的社会反响。至今已深入开展近 80 场建设科技讲堂活动，普及科技知识，营造科技创新良好氛围。

开展绿色建筑工程师继续教育培训。该培训由深圳市住房和建设局主办，深圳市绿色建筑协会承办，本年度共举办 4 场（3 场线上、1 场线下），内容包含绿色建筑行业发展动态、政策法规、行业标准、双碳目标及其实现路径、国际绿色建筑标准与新国标对标、绿色建筑实践案例分享及航天科技广场项目观摩等，参加培训人员达 5000 余人次。

开展行业大培训。国家标准《建筑节能与可再生能源利用通用规范》GB 55015—2021 于 4 月 1 日起施行。为满足行业对该规范学习、使用的迫切需求，由深圳市绿色建筑协会协办的标准线上培训于 2022 年 3 月 24 日举行，邀请了标准编制团队对标准进行深度解读，线上近两万人参与。

开展国际化行业标准培训。为拓展行业人才国际化视野、搭建国际绿建标准学习平台，深圳市绿色建筑协会联合有关机构举办了 BREEAM AP、LEED AP、WELL AP 等多个标准的培训班，并配合组织相关线下考试。

4.5.3 科普教育和人才培养

1. 积极开展节能宣传周期活动

深圳市龙华区住房和建设局主办"方寸间看绿建之美——龙华区绿色建筑摄影大赛及项目观摩活动";光明区住房和建设局主办绿色建筑与节能低碳系列科普培训活动;深圳市绿色建筑协会积极策划节能宣传周专题宣传特辑,向社会普及绿色建筑知识和绿色生活理念。

2. 推动绿色建筑工程师职称与国际接轨

截至 2022 年底,深圳市绿色建筑协会受深圳市人力资源和社会保障局委托,已在全市评审产生近 800 名绿色建筑初、中、高级绿色建筑工程师。在积极配合深圳市人力资源和社会保障局设置双专业职称证的基础上,深圳市绿色建筑协会再次助力深圳市人力资源和社会保障局实施国际资质与职称对应的创新举措——2022 年 5 月,深圳市人力资源和社会保障局印发《深圳市国际职业资格视同职称认可目录(2022 年)》,试点开展国际职业资格视同职称认可工作。其中,LEED AP、BREEAM AP、BREEAM INC Assessor、BREEAM In-Use Assessor 等与绿色建筑相关的国际资格认定,均可视为工程类中级职称。该政策的推出,对于推动国际绿色建筑专业人才在深圳发展,促进绿色建筑相关国际职业资格与国内职称有效衔接具有重要意义,将为深圳市绿色建筑高质量发展储备优秀国际化人才。

执笔人:王向昱[1] 谢容容[1] 唐振忠[2] 王蕾[2](1. 深圳市绿色建筑协会;2. 深圳市建设科技促进中心)

5 山东省绿色建筑发展总体情况简介

5 General situation of green building development in Shandong

5.1 绿色建筑总体情况

5.1.1 绿色建筑

2022年山东省继续实施绿色建筑创建行动。城镇新建民用建筑全面执行绿色建筑标准，政府投资或以政府投资为主的公共建筑以及其他大型公共建筑执行高星级绿色建筑标准。2022年山东省新增绿色建筑1.79亿 m^2。

截至2022年12月，山东省累计通过绿色建筑评价标识认证的项目共计1469项，建筑面积约1.86亿 m^2。

2022年8月，山东省住房和城乡建设厅公布关于山东省2022年第一批二星级绿色建筑标识项目的公告，经评审、公示等程序，确定"中国（山东）自由贸易试验区青岛片区综合服务中心"等2个项目获得山东省2022年第一批二星级绿色建筑标识项目。这是山东省第一批新国标绿色建筑项目；2022年12月，山东省住房和城乡建设厅确定"山东威海西河220kV变电站项目"等2个工业项目获得山东省2022年第二批二星级绿色建筑标识项目。截至2022年12月，2022年山东省通过《绿色建筑评价标准》GB/T 50378—2019认证的项目达3项，建筑面积约为37万 m^2，其中二星级2个，一星级1个；通过《绿色工业建筑评价标准》GB/T 50878—2013认证的运行标识项目达2项，建筑面积约为1.1万 m^2。

5.1.2 超低能耗绿色建筑

截至2022年12月，山东省累计组织创建超低能耗绿色建筑项目59个，建筑面积达112万 m^2，实现16市全覆盖，并呈现出由单体向集中连片发展态势。

5.1.3 绿色生态城区（城镇）

2022年6月22日，山东省住房和城乡建设厅发布《关于组织开展省级绿色生态示范城区（城镇）核查验收的通知》，全面启动省级绿色生态示范城区（城镇）评估验收工作。2022年山东省组织开展验收5个山东省绿色建筑生态城区城镇。截至2022年12月，山东省已累计创建23个省级绿色生态示范城区，其中已顺利通过验收的达20个；创建67个省级绿色生态示范城镇，其中已顺利通过验收的达10个。

5.2　绿色建筑发展规划和政策法规情况

2022年，山东省组织开展了大量调研，主管部门制订出台了一系列政策法规、技术文件等。

5.2.1 《关于印发〈山东省"十四五"绿色建筑与建筑节能发展规划〉的通知》（鲁建节科字〔2022〕4号）

2022年4月13日，山东省住房和城乡建设厅、山东省发展和改革委员会、山东省工业和信息化厅、山东省财政厅、山东省市场监督管理局、山东省能源局联合发布《关于印发〈山东省"十四五"绿色建筑与建筑节能发展规划〉的通知》（以下简称《发展规划》）。《发展规划》在总结"十三五"工作成就、科学研判发展形势的基础上，结合山东省实际，明确了"十四五"时期发展目标、重点任务和保障措施。在发展目标方面，对绿色建筑、新建建筑节能、既有建筑节能与绿色化改造、可再生能源与清洁能源应用、新型建筑工业化、能耗总量及强度双控6个方面，提出了17项量化指标，其中，约束性指标3项，分别为：新增绿色建筑5亿 m² 以上，新建民用建筑中绿色建筑占比达到100%，新开工装配式建筑占新建建筑比例达到40%以上，其中济南、青岛和烟台3市达到50%以上。在重点任务方面，明确了全面推动绿色建筑高质量集约发展、大力推进建筑节能多领域协同发展、积极推动建筑产业链绿色低碳发展3方面重点任务，提出了提高绿色建筑建设品质、不断提升新建建筑能效水平、大力发展装配式建筑等14项具体工作。

5.2.2 《山东省人民政府办公厅关于推动城乡建设绿色发展若干措施的通知》（鲁政办发〔2022〕7号）

2022年5月2日，为贯彻落实中共中央办公厅、国务院办公厅《关于推动城乡建设绿色发展的意见》，进一步提升山东省城乡建设绿色发展水平，助力实现碳达峰、碳中和目标，山东省政府办公厅印发了《山东省人民政府办公厅关于推动城乡建设绿色发展若干措施的通知》（简称《若干措施》）。《若干措施》明确了落实中央文件的5方面重点任务、18条工作措施。第一，构建城乡绿色发展空间载体。包括推动山东半岛城市群绿色发展、建设绿色低碳城市、建设美丽宜居乡村3条措施。第二，推动基础设施绿色升级。包括推进城乡基础设施一体化、推进生态环保设施体系化、推进公共服务设施便捷化3条措施。第三，推进建造方式绿色转型。包括积极推广绿色建造、促进绿色建筑高质量发展、提升建筑能效水平、推进工程建设组织方式改革4条措施。第四，推动形成绿色治理模式。包括推进新型智慧城市建设、推动形成绿色生活方式、推进城乡垃圾综合利用、加强历史文化保护传承4条措施。第五，切实加强组织领导。包括强化责任落实、强化政策支持、强化科技创新、强化宣传培训4条措施。

5.2.3 《山东省住房和城乡建设厅山东省市场监督管理局关于印发山东省住房城乡建设领域标准化发展"十四五"规划的通知》（鲁建标字〔2022〕4号）

2022年3月22日，山东省住房和城乡建设厅、山东省市场监督管理局联合印发《山东省住房和城乡建设厅 山东省市场监督管理局关于印发〈山东省住房城乡建设领域标准化发展"十四五"规划〉的通知》（简称《规划》）。山东绿化委员会协助起草了《规划》。《规划》从新型标准体系、重点领域标准研制、科技创新与标准化互动支撑、标准实施监督、标准化咨询服务和工作基础6个方面提出了山东省住建领域标准化工作的主要任务。在建筑业高质量发展、住房品质提升、城市建设、城市管理、村镇建设5个领域，确定了碳达峰碳中和、绿色建筑、新型建筑工业化、无障碍环境建设、海绵城市、物业服务、历史文化保护等17项重点工作。

5.2.4 《山东省住房和城乡建设厅关于建立绿色金融支持城乡建设绿色低碳发展储备项目库的通知》

2022年8月15日，山东省住房和城乡建设厅发布《山东省住房和城乡建设厅关于建立绿色金融支持城乡建设绿色低碳发展储备项目库的通知》，山东省住房和城乡建设厅经与中国人民银行济南分行、山东银保监局协商，决定建立绿色金融支持城乡建设绿色低碳发展储备项目库。截至2022年12月，征集入库项目133个。

5.2.5 《山东省住房和建设厅关于开展2022年全省建筑节能、绿色建筑与装配式建筑工作检查的通知》

2022年8月15日，山东省住房和城乡建设厅发布《山东省住房和建设厅关于开展2022年全省建筑节能、绿色建筑与装配式建筑工作检查的通知》。2022年11月8日至11日，山东省住房和城乡建设厅抽调6名专家，随机抽取4个市共20个在建项目，采取实地查看和检查资料相结合的方式，对工程建设活动中各方主体执行工程建设建筑节能、绿色建筑及装配式建筑标准的情况进行了监督检查。从总体看，被抽查4市均认真贯彻落实国家、省有关政策和法规，深入实施绿色建筑创建行动，建筑节能、绿色建筑与装配式建筑相关数据统计流程清晰、准确；所抽查20个项目未发现违反国家、山东省标准规范或强制性条文情况，均较好地执行了绿色建筑、建筑节能及装配式建筑标准，管理工作比较规范、到位。

5.2.6　《山东省城乡建设领域碳达峰实施方案（审议稿)》

2022年10月8日，山东省住房和城乡建设厅组织召开碳达峰碳中和工作领导小组全体会议，研究审议《山东省城乡建设领域碳达峰实施方案》（以下简称《实施方案》)，安排部署下步重点工作。会议听取"山东省城乡建设领域碳达峰实施路径"课题研究成果汇报，集体审议了《实施方案》汇报稿，并围绕山东省城乡建设领域碳排放现状、趋势分析、达峰时间及峰值预测、中长期降碳减排路径及具体举措等开展研究讨论。会议强调，城乡建设领域作为碳达峰重点领域之一，必须提高政治站位、强化责任担当，深入落实党中央、国务院关于碳达峰碳中和决策部署和省委、省政府工作要求，加快推动城乡建设绿色低碳转型，确保如期实现碳达峰目标。

5.2.7　山东省人民政府与住房和城乡建设部签署《共同推动城乡建设绿色低碳发展合作框架协议》

2022年山东省继续深化部省及省市合作共建，认真落实山东省人民政府与住房和城乡建设部签署的《共同推动城乡建设绿色低碳发展合作框架协议》，印发分工方案及年度计划，定期向住房和城乡建设部呈报工作进展情况，并推动山东省住房和城乡建设厅与济宁市人民政府签订《共同推动住房和城乡建设高质量发展合作框架协议》。同年，会同济南市人民政府，推荐济南新旧动能转换起步区申请国家绿色低碳城市试点，支持指导起步区健全城乡建设绿色低碳发展政策制度及标准等体系，启动建设一批高星级绿色建筑、零碳社区、绿色超低能耗园区等项目。

5.3　绿色建筑标准规范情况

2022年山东省主要标准编制情况如表1所示。

2022年山东省主要标准编制　　　　　　　　　　　　　　　表1

序号	标准/图集/导则名称及编号	进度
1	山东省工程建设标准《居住建筑节能设计标准》DB37/T 5026—2022	发布实施
2	山东省工程建设标准《超低能耗公共建筑技术标准》DB37/T 5237—2022	发布实施

序号	标准/图集/导则名称及编号	进度
3	山东省工程建设标准《绿色建筑工程施工质量验收标准》	审查通过
4	山东省工程建设标准《既有居住建筑绿色改造技术规程》	审查通过
5	山东省工程建设标准《可再生能源建筑应用工程检测与评价标准》	在编
6	山东省工程建设标准《健康建筑评价标准》	审查通过
7	山东省工程建设标准《近零能耗居住建筑节能设计标准》	征求意见
8	山东省工程建设标准《民用建筑能效测评标识标准》	在编
9	山东省工程建设标准《绿色建筑检测技术标准》	在编
10	山东土木建筑学会标准《住宅新风系统应用技术标准》	在编

5.3.1 《居住建筑节能设计标准》DB37/T 5026—2022

2022 年 12 月，山东省住房和城乡建设厅、山东省市场监督管理局联合发布新修订的《居住建筑节能设计标准》DB37/T 5026—2022（以下简称《标准》），自 2023 年 5 月 1 日起正式实施。新版《标准》在现行标准的基础上，进一步强化节能措施，能效水平提升 30%，在各省份中率先达到节能率 83% 的设计要求。新版《标准》的发布，标志着山东省居住建筑即将进入第五步节能时代，是住房城乡建设系统贯彻落实碳达峰碳中和、黄河流域生态保护和高质量发展战略决策的重要举措，对进一步优化建筑用能结构、推进建筑领域绿色低碳发展具有重要意义。

5.3.2 《超低能耗公共建筑技术标准》DB37/T 5237—2022

标准中被动式超低能耗公共建筑的能效指标及技术参数依据国家标准《近零能耗建筑技术标准》GB/T 51350—2019 及山东省地方标准《公共建筑节能设计标准》DB 37/ 5155—2019，并在这两本标准的要求基础上提出增量要求。与国标不同的是，由于公共建筑的功能复杂、用能特征差异性较大，《标准》在设计章节提出了充分利用建筑设计方案和优化性能参数等措施降低建筑负荷。对于能耗指标方面，分别给出了办公建筑、酒店建筑、商场建筑、医院建筑、学校建筑（区分教学楼与图书馆）的能耗指标，并对不同建筑面积的办公建筑、酒店建筑给出不同的能耗指标。

5.4 绿色建筑科研情况

5.4.1 科研奖励

2022 年立项山东省住房城乡建设科技计划项目 108 项，推荐其中 7 个项目入选住房和城乡建设部科技计划项目。推荐 5 项科技成果参加 2022 年度山东省科学技术奖评选，通过山东省科技进步奖二等奖、技术发明奖二等奖评审各 1 项；推荐 7 个项目获国家华夏建设科技奖。

获得"2022 年度山东省科技进步奖"二等奖 1 项。由山东省建筑科学研究院有限公司、中建八局第二建设有限公司等单位共同完成的"超低能耗建筑全产业链技术体系构建与规模化应用"项目获得 2022 年度"山东省科技进步奖"二等奖。

获得"山东土木建筑科学技术奖"一等奖和二等奖各 1 项：2022 年 10 月，由山东省建筑科学研究院有限公司、山东建筑大学等单位共同完成的山东省绿色建筑与建筑节能发展"十四五"研究项目获得 2022 年度"山东土木建筑科学技术奖"一等奖；"地铁废热源热泵薄壁管壳式换热技术的研发与应用"项目获得2022 年度"山东土木建筑科学技术奖"二等奖。

5.4.2　科研项目

积极申报 2022 年度住房和城乡建设部和山东省住房城乡建设科技计划项目，评审公布省级科技计划项目 11 个（绿色建筑相关项目）。

2022 年 9 月 22 日至 26 日，山东绿化委员会协助完成《山东省城乡建设领域碳达峰实施方案》编制及相关课题研究。

5.4.3　山东省工程建设泰山杯奖

2022 年 1～5 月，山东省住房和城乡建设厅完成 2021 年"山东省工程建设泰山杯奖"（绿色建筑方向）申报评审工作。"山东省工程建设泰山杯奖"于 2021年经山东省功勋荣誉表彰工作领导小组办公室正式批准设立，是山东省级行政主管部门管理的业务性多行业领域行政表彰。2022 年 5 月，山东省住房和城乡建设厅印发通报，公布 2021 年"山东省工程建设泰山杯奖"获奖名单，100 个项目获一等奖，199 个项目获二等奖，298 个项目获三等奖。其中，绿色建筑方向获得一等奖 6 个、二等奖 15 个、三等奖 21 个。

5.5　绿色建筑技术推广、专业培训及科普教育活动

2022 年 5 月 12 日，山东省住房和城乡建设厅下发《关于公布山东省绿色建筑标识专家库（第一批）专家名单的通知》。2022 年 1～5 月，依照有关规定，结合工作需要，经自愿申请、推荐审核、社会公示等程序，确定山东省绿色建筑标识专家库（第一批）399 名专家名单。山东省绿色建筑标识专家库实行动态管理，原则上每 3 年调整一次。同时，指导山东各市住房城乡建设主管部门参照全

省绿色建筑标识专家库，成立相应的市级绿色建筑标识专家库，并切实做好专家库的组建和管理工作。

2022 年 6 月 15 至 16 日，为提升山东省绿色建筑管理技术人员能力水平，推动绿色建筑高质量发展，按照《山东省住房和城乡建设厅关于印发山东省绿色建筑标识管理办法的通知》有关规定及山东省住房和城乡建设厅 2022 年度教育培训计划，举办了全省绿色建筑标识管理培训班。主要解读《山东省绿色建筑标识管理办法》等文件，讲授绿色建筑设计、评价等地方标准及施工图审查技术要求，介绍绿色建筑标识管理信息系统使用方法，分享绿色建筑标识项目实践案例等。会议采用线上视频培训的方式，并在线上视频直播页面下方评论区支持参训人员进行提问，授课结束后，授课老师现场进行线上答疑。通过系列培训，帮助山东省各级管理部门、各单位从业人员等 2000 余人次全面系统地理解相关内容，进一步提升了行业整体技术水平。

2022 年 6 月 13 日至 19 日为全国节能宣传周，活动主题为"绿色低碳，节能先行"，山东省住房和城乡建设厅通过节能宣传进社区、进工地等多种宣传形式，动员社会各界积极参与，普及生态文明、绿色发展理念和知识，形成崇尚节约、绿色低碳的社会风尚。

2022 年 10 月 19 日，山东省住房和城乡建设厅为进一步加强对高品质住宅建设的业务指导，科学制定政策规范，协同推进相关工作，成立高品质住宅建设专家组并召开座谈会。高品质住宅项目代表了当前和未来房地产市场的需求方向，必须通过引导房地产企业开发建设高品质住宅，促进房地产业转型升级和房地产市场的平稳健康发展。山东省应充分借鉴相关经验，从省级层面加强对各市高品质住宅建设工作的规范和指导。专家指导组将聚焦住宅单体，注重面向大众，关注住宅品质，加强绿色建筑、健康住宅、装配式建筑等方面的标准集成，研究高品质住宅建设工作的指导性意见。

2022 年 8 月 24 日，住房和城乡建设部标准定额司、中国人民银行研究局、银保监会三部门在青岛市组织召开绿色城市建设发展试点中期评估会。青岛市是住房和城乡建设部、中国人民银行、银保监会联合批复的全国唯一一个绿色城市建设发展试点。会议成立由国内相关领域权威专家组成的评估专家组，现场考察了青岛规划展览馆、奥帆中心零碳社区等项目，审议了《青岛市绿色城市建设发展试点中期评估报告》。与会领导和专家一致认为，青岛市完成了绿色城市建设发展试点中期任务，总体建设成效达到国内领先水平。

2022 年 9 月至 10 月，山东省住房和城乡建设厅组织筹备第六届山东省绿色建筑与建筑节能新技术产品博览会，并同期召开城乡建设绿色低碳发展高峰论坛、高品质绿色建筑、建筑领域碳达峰碳中和等论坛工作。山东省绿色建筑与建筑节能新技术产品博览会是全省清理和规范庆典研讨会论坛活动工作领导小组批准保留的展会，每 2 年举办一届，主要宣传城乡建设绿色低碳发展成就，展示相关新技术、新工艺、新产品。受疫情防控影响，本次绿博会延期举办。

　　2022 年 12 月 24 日，为了更好地践行绿色发展理念和"双碳"目标，促进绿色低碳城市和绿色建筑可持续发展，交流学习各地先进经验，在中国城市科学研究会绿色建筑与节能专业委员会的指导下，山东省承办召开"第九届严寒寒冷地区绿色建筑联盟大会"。本次会议主题为"助力'双碳目标'，发展绿色低碳建筑"。鉴于国内疫情形势较为复杂，联盟会议采用"网络视频会议＋网络直播"的方式举行。会议由山东绿化委员会王昭主任委员主持，本次会议邀请中国城市科学研究会绿色建筑专业委员会王有为主任委员，全国工程勘察设计大师、泰山学者徐伟研究员，天津城建大学原副校长王建廷教授，内蒙古城市规划市政设计研究院有限公司杨永胜董事长，北京市住宅建筑设计研究院李群院长，黑龙江省鸿盛建筑科学研究院林国海总设计师，山东省建筑科学研究院有限公司李震研究员，万华化学集团股份有限公司晋艳丽主任 8 位知名专家做专题演讲，共计 4000 余人次通过直播平台观看，业内产生较大影响。

　　执笔人：王昭　王衍争（山东省建筑科学研究院有限公司）

6 湖北省绿色建筑发展总体情况简介

6 General situation of green building development in Hubei

6.1 绿色建筑总体情况

2022 年，湖北省积极贯彻实施政策文件及技术规范，城镇新建民用建筑全部执行国家和湖北省现行节能标准，通过大力发展星级绿色建筑，推动可再生能源建筑应用及太阳能光电建筑发展，积极推进既有建筑节能改造，广泛应用绿色建材，不断巩固"禁实""禁现"工作成效，绿色建筑发展年度目标任务全面完成。

2022 年湖北省通过绿色建筑评价标识认证的项目共 63 项，其中，设计标识项目数量为 61 个，运行标识项目数量为 2 个；一星级标识项目 42 个，二星级标识项目 19 个，三星级标识项目 2 个。同时，积极推动星级绿色建筑试点示范工作，充分发挥示范工程的带动作用，武汉市已确定的示范项目共 8 个，项目总建筑面积为 7.26 万 m^2，石首市丽天湖畔等住宅项目以超低能耗建筑标准进行建设，已获得超低能耗建筑认证。

湖北省推动建筑节能与绿色建筑发展的措施

一是推动绿色建筑高质量发展。持久开展绿色建筑创建行动，严格执行相关标准，控制绿色建筑底线水平，推进绿色建筑规模化发展。引导绿色建筑高质量发展，开展星级绿色建筑项目示范、绿色建筑集中区示范和超低能耗绿色建筑示范工作，提升绿色建筑品质。加强绿色建筑运行管理，鼓励绿色建筑进行智慧运维，充分体现建筑的绿色低碳性能，完善绿色建筑运行管理制度。

二是提高新建建筑节能低碳水平。加强建筑节能新标准宣贯，严格落实设计、施工、验收、运行全过程监管措施，实现"双碳"目标在建筑领域落地；加大建筑节能技术推广，优化建筑用能结构，强化建筑用能监管，提高可再生能源利用效率，把外墙保温、门窗节能落实、落地到企业和项目，因地制宜地解决太阳能光热发展应用相关问题；结合绿色建造，推动绿色、智能和品质 3 个建造科技创新的融合。

三是积极推动超低能耗、近零能耗、低碳建筑的发展。推动《近零能耗建筑技术标准》《被动式超低能耗居住建筑节能设计规范》等标准的实施，认真落实超低能耗建筑相关试点工作，探索近零能耗、零碳建筑、低碳示范区、低碳社区建设示范，确定适合的技术路线和方式，总结可行性经验，在全省范围内推广。

四是大力推广绿色建材应用。推动传统建材向新型绿色低碳建材转型，通过培育区域强大市场，优化区域发展布局，构建现代产业体，推动建设高星级绿色建筑，提高绿色建材应用比例，形成"绿色建筑广泛应用绿色建材，绿色建材大力提升绿色建筑品质"的新发展格局。

五是加强绿色金融供给，支持绿色建筑发展。重点支持范围包括超低能耗建筑、星级绿色建筑、建筑可再生能源应用、装配式建筑、既有建筑节能和绿色化改造项目等。通过对绿色建筑的融资保障、减费让利，降低综合融资成本，提高绿色金融服务的供给能力和水平，推动城乡建设绿色转型和高质量发展。

6.2　绿色建筑发展规划和政策法规情况

2022年4月24日，湖北省住房和城乡建设厅发布《关于实施〈建筑节能与可再生能源利用通用规范〉和〈低能耗居住建筑节能设计标准〉的通知》（鄂建文〔2022〕16号），进一步提升建筑能效水平，推动"双碳"目标和节能减排任务的完成。2022年8月1日之前，取得建设工程规划许可证的项目可执行以上两项标准；2022年8月1日（含）之后取得建设工程规划许可证的项目，应严格执行上述两项标准。

2022年5月15日，湖北省住房和城乡建设厅发布《关于印发〈绿色建筑标识认定管理实施细则（试行）〉的通知》（鄂建设规〔2022〕3号），为规范绿色建筑标识管理，促进绿色建筑高质量发展，根据住房和城乡建设部《住房和城乡建设部关于印发绿色建筑标识管理办法的通知》的要求，结合实际，制定本实施细则，主要内容包括建立标识分级管理制度、明确标识认定申报条件、完善标识认定工作机制、健全绿色建筑标识管理制度、实施绿色建筑预评价、明确执行时间及废止相关文件等内容。

2022年5月15日，湖北省住房和城乡建设厅发布《湖北省住房和城乡建设厅关于印发〈房屋建筑和市政设施工程推广应用磷石膏建材实施方案〉的通知》（鄂建文〔2022〕17号），以推动重点地区磷石膏建材规模化应用为牵引，带动全省开展磷石膏建材推广应用行动，通过科技创新驱动，加快磷石膏建材应用技术研发，研究制订一批磷石膏建材在房屋建筑和市政设施工程应用技术标准。进一步拓宽磷石膏建材产品应用领域和途径，到2025年，力争磷石膏建材在房屋建筑和市政设施工程得到规模化应用。

2022 年 7 月 4 日，湖北省住房和城乡建设厅发布了《关于发布绿色建造智能建造品质建造科技创新融合试点项目的通知》（厅头〔2022〕1176 号），根据《绿色建造智能建造品质建造科技创新联合体工作实施方案》要求，为加强科技成果应用，提炼项目创新实践，推动绿色建造、智能建造、品质建造（"三个建造"）融合发展，扩大科技创新成果应用范围，打造科技标杆工程，发挥示范引领作用，经过申报遴选，确定在"光谷科学岛科创中心项目"等 16 个项目开展"三个建造"科技创新融合试点工作。

2022 年 7 月 21 日，湖北省住房和城乡建设厅发布《关于推动预拌混凝土行业高质量发展的意见》（鄂建文〔2022〕31 号），为贯彻落实新发展理念，坚持协调发展、优化布局，绿色发展、提质增效，创新发展、示范引领，大力推进预拌混凝土行业规范化、标准化、信息化建设，加快建立诚信体系，着力优化营商环境，健全完善监管机制，引导企业转型升级，打造一批具有特色产品和优势技术的品牌企业，壮大一批向上下游产业链、关联产业延伸发展的一体化企业，培育一批规模化、集约化的区域骨干龙头企业，切实推动预拌混凝土行业高质量发展。

2022 年 9 月 16 日，湖北省住房和城乡建设厅联合湖北省发展和改革委员会发布了《关于组织开展绿色建筑示范工作的通知》（鄂建文〔2022〕38 号），通过组织开展省级绿色建筑示范工作，助力全省建筑领域碳达峰碳中和工作，切实推进绿色建筑高质量发展，绿色建筑示范分为星级绿色建筑示范、绿色建筑集中区示范、超低能耗绿色建筑示范 3 个类型。

2022 年 9 月 29 日，湖北省住房和城乡建设厅联合中国人民银行武汉分行、中国银行保险监督管理委员会湖北监管局、湖北省地方金融监督管理局发布了《关于加快推动绿色金融支持绿色建筑产业发展的通知》（鄂建文〔2022〕45 号）。绿色金融支持绿色建筑产业发展是贯彻新发展理念的重要实践，是优化金融资源配置、促进建筑产业转型升级的有力举措，是提升工程品质、增强人民群众获得感的具体行动。主管部门高度重视绿色金融支持绿色建筑产业发展工作，通过强化措施、形成合力，加快构建"金融产品丰富、支持措施有力、办理流程优化、服务便捷高效"的绿色金融支持绿色建筑产业发展工作格局，着力推进城乡建设绿色低碳发展。

2022 年 11 月 23 日，湖北省住房和城乡建设厅发布《关于印发〈湖北省新型墙体材料目录（2022 版）〉的通知》（厅头〔2022〕2291 号），为深入贯彻习近平生态文明思想，推动全省绿色建筑、装配式建筑以及墙体材料行业高质量发展，深化墙材革新，提高固废资源综合利用率，促进循环经济建设。

2022 年 12 月 23 日，湖北省住房和城乡建设厅发布《关于加强可再生能源建筑应用管理的通知》（鄂建文〔2022〕54 号），加大可再生能源建筑应用是优化城乡建筑用能结构的有力举措，是实现建筑领域碳达峰碳中和的重要支撑，提出了大力推进可再生能源规模化应用、严格履行可再生能源建筑应用主体责任、着力保障可再生能源建筑应用系统有效运行、切实加强监督管理等一系列要求。

2022年12月28日，湖北省住房和城乡建设厅发布《关于发布〈湖北省建筑节能与绿色建筑标准体系（2022年版）〉的通知》（鄂建文〔2022〕55号）。此标准体系旨在进一步建立和完善工程标准体系，推动湖北省建筑节能与绿色建筑发展，不断促进建筑节能与绿色建筑领域的科技进步，做好湖北省建筑节能与绿色建筑地方标准应用、立项和编审工作。适用于指导湖北省建筑节能与绿色建筑工作的开展、评估和规范，是组织开展相关标准制订、修订，提高标准编制质量和水平，加强标准管理的基本依据。

2022年12月29日，湖北省住房和城乡建设厅发《关于2022年度建筑节能与绿色建筑发展目标责任考核工作的通知》（厅头〔2022〕2496号），根据《湖北省"十四五"建筑节能与绿色建筑发展实施意见》《建筑节能与绿色建筑发展年度工作目标责任考核方案》《房屋建筑与市政设施工程推广应用磷石膏建材实施方案》的要求，做好建筑节能与绿色建筑发展目标责任考核工作，在碳达峰碳中和目标下，推动湖北省建筑节能与绿色建筑发展，全面完成"十四五"工作目标任务，落实目标责任考核制度，制定该方案。

6.3　绿色建筑标准规范情况

修订发布湖北省地方标准《低能耗居住建筑节能设计标准》，编号为DB42/T 559—2022（代替DB42/T 559—2013），自2022年5月1日实施。本标准规定了居住建筑节能设计的基本规定，规划布局与建筑设计，建筑围护结构热工与建筑节能构造设计，供暖、通风、空调和燃气设计，给水排水设计，电气设计，可再生能源应用等，适用于新建、改建和扩建的居住建筑节能设计。

发布湖北省地方标准《海绵城市建设技术规程》DB42/T 1887—2022与《海绵城市设计文件编制深度》DB42/T 1888—2022，自2022年11月1日实施。为指导湖北省新型城镇化建设，贯彻落实海绵城市建设理念，完善湖北省海绵城市建设标准体系，提高海绵城市建设水平，文件总结了国家海绵城市试点城市武汉市的实践经验，结合湖北省各市（州）气象、水文、地形、土壤等自然特征编制完成。

湖北省地方标准《空气源热泵热水系统应用技术规程》，目前已完成征求意见。本技术规程旨在落实国家节能减排政策，推进新能源的应用，结合空气能热水在湖北省的应用实际，对设计、施工、验收、运维管理、优质服务等各方面的标准和要求作一个阐述和统一，严格把控空气源热水系统领域的技术要点，为湖北省空气源热泵热水行业提供有力的支撑。

湖北省地方标准《外墙保温工程应用技术规范》，已完成征求意见稿。外墙保温是建筑节能的重要组成部分，对保证建筑能效、提升工程品质具有重要作用。当前，外墙保温系统选用不合理、材料质量不合格、设计深度不足、施工控制不严等，导致保温层开裂、空鼓、脱落、拆除等现象时有发生，严重影响使用安全和节能效果。为保障外墙保温工程质量安全，促进绿色建筑高质量发展，助力实现建筑领域"双碳"目标，编制本标准。

湖北省超低能耗系列标准《湖北省超低能耗建筑技术规范 第一部分 评价》《湖北省超低能耗建筑技术规范 第二部分 公共建筑设计》《湖北省民用建筑能效测评规范》等标准已完成立项。《建筑运行碳排放检测、监测与评价》《零碳社区评价标准》《湖北省绿色建筑检测技术规程》等标准已完成初稿编制。

6.4 绿色建筑科研情况

为了认真贯彻习近平总书记关于科技创新的重要讲话和指示批示精神，深入实施创新驱动发展战略，贯彻落实省第十二次党代会精神，进一步提升湖北建设科技创新能力，助力建设全国构建新发展格局先行区，2022年湖北省在绿色建筑方面开展了大量研究，共有126个建设科技项目成功立项，其中绿色建筑相关科研课题如表1所示。

2022年度湖北省绿色建筑相关科技计划立项项目 表1

序号	项目名称	申报单位
1	城市信息模型（CIM）关键技术研究与应用	武汉科技大学
2	基于物联网与大数据技术的多建筑工地智慧系统研究	中建三局信息科技有限公司
3	基于物联网传感技术的海绵城市设施智能监测系统的研发	武汉理工大学
4	基于CIM的智慧人居环境研究及示范应用	中建三局安装工程有限公司
5	基于标准模块的装配式建筑深化设计技术	中建科技武汉有限公司
6	基于BIM技术与精益建造的大型产业园区项目施工关键技术研究	中交二航局建筑工程有限公司
7	多类型光伏一体化设计、施工、运维技术研究	中铁十一局集团电务工程有限公司
8	环保型耐候结构色墙外涂层的研究	湖北第二师范学院
9	城市更新背景下—老旧小区改造与治理策略研究	湖北城市建设职业技术学院

序号	项目名称	申报单位
10	湖北既有农房宜居适老改造及功能提升整体方案研究	湖北城市建设职业技术学院
11	碳达峰碳中和目标下湖北村镇建筑能源多源—荷互补集成规划方法研究	武汉科技大学
12	双碳背景下公共建筑综合能源管理技术研究	湖北理工学院
13	湖北省超低能耗建筑体系的研究与搭建	中南建筑设计院股份有限公司
14	双碳目标驱动下节能与绿色建筑评价体系优化研究	武汉工程大学
15	建筑全生命周期碳排放控制数字化研究	中南建筑设计院股份有限公司
16	武汉地区既有居住建筑节能改造技术研究	武汉市建筑节能检测中心
17	宜昌市建筑领域碳达峰实现路径研究	宜昌市建筑节能推广中心
18	提升建筑门窗节能性能的政策措施及技术路径研究	湖北省建设科技与建筑节能办公室
19	基于全周期碳排放估算的高校校园减碳效果量化研究——以武汉市高校为例	武汉城市学院
20	双碳战略背景下高校校园建设减排降碳路径研究	武昌理工学院
21	健康社区视角下武汉市老旧小区公共空间评估与优化研究	武汉科技大学
22	老旧社区低碳模块化微更新模式及其测评方法研究	武汉科技大学

6.5　绿色建筑技术推广、专业培训及科普教育活动

2022年3月，湖北省住房和城乡建设厅组织开展全省超低能耗建筑试点推进会。会上，武汉、襄阳、宜昌市住房和建设局分别汇报了前期超低能耗建筑试点工作推进情况。湖北省住房和城乡建设厅副厅长强调，一是充分认识发展超低能耗建筑的重要意义。发展超低能耗建筑是实现"双碳"目标的重要抓手，是推进节能减排的有效举措，是提升全民健康宜居环境的全新手段，是拉动建筑行业高质量发展的高效引擎。二是推进湖北省超低能耗建筑发展具有较好的基础条件。包括发展政策支持、技术标准支持、产业基础保障，通过开展实践探索积累了一些经验。三是推进超低能耗建筑试点工作应把握几个重点。各地要提高政治站位，增强责任意识和使命担当。要落实工作部署安排，扎实推进试点工作。要

积极引导，创造优良发展环境。要提高能力建设，完善相关配套产业。同时还要广泛深入宣传，加强业务培训。

2022 年 6 月，湖北省住房和城乡建设厅举办建筑业数字化转型与绿色低碳发展暨节能宣传周活动，活动发起"构建湖北省建筑领域双碳产业生态圈"的倡议，生态圈作为开放的合作联盟与平台，将围绕《湖北建筑业发展"十四五"规划》，落实省委、省政府碳达峰、碳中和行动方案，关注湖北省建筑领域双碳政策研究、科技创新、能源利用、产品研发、项目示范、工程建造、碳排放权交易、绿色金融新发展动态，旨在协同生态圈成员广泛开展建筑领域的务实合作，推动形成共建、共享、共赢的产业生态链，共同促进湖北省建筑领域绿色低碳高质量发展。

生态圈将强化政策体系绿色支撑，探索绿色建筑低碳发展新路径，构建绿色金融与建筑碳交易体系，推广绿色技术与建造工艺，研发新型绿色建材与节能设备，推动建筑运行管理高效低碳，实现建筑全寿命期的绿色低碳发展。生态圈将基于新城建理念，打造"数字经济、双碳经济"双引擎，推动"CLM（城市全生命周期管理）平台"建设，形成"创新驱动、数字引领、平台赋能、资源整合、合作共赢"的局面。

2022 年 8 月，宜昌组织举行全省磷石膏建材应用推进工作会，目前宜昌按照"前端减量、中端提级、末端应用、全程治理"的思路，坚定推、大胆试、科学用，磷石膏综合治理和磷石膏建材应用推广成效明显。住建领域推广应用磷石膏建材是建筑节能与绿色建筑发展工作的组成部分，是推广绿色建材应用、推动全省传统建材向新型绿色低碳建材转型的重要举措。要按照"综合利用、能用尽用、安全可靠"的原则，扎实推进磷石膏建材在房屋建筑与市政设施工程领域的推广应用，用"住建所能"赋能"湖北所需"，此次会议是贯彻落实湖北省委、省政府关于促进磷化工产业高质量发展的部署要求的具体行动。

为推进湖北省绿色建筑高质量发展，各地方住建主管部门、相关建设责任主体积极开展培训宣传，对《绿色建筑设计与工程验收标准》进行深入解读，明确绿色建筑验收的具体流程与注意事项，促进了地方绿色建筑创建行动工作的开展。

执笔人： 罗剑　丁云　秦慧（湖北省土木建筑学会绿色建筑与节能专业委员会）

7 天津市绿色建筑发展总体情况简介

7 General situation of green building development in Tianjin

7.1 绿色建筑总体情况

2022 年，天津市积极推进京津冀协同地方标准《绿色建筑评价标准》《绿色建筑设计标准》的实施，将绿色建筑基本要求纳入工程建设强制规范；全面推进新建民用建筑执行绿色建筑设计标准，加强绿色建筑施工图专项审查，2022 年城镇新建建筑中绿色建筑面积占比达到 80%。持续扩大星级绿色建筑规模，鼓励星级绿色建筑建设，政府投资的保障性住房、学校、医院等公益性建筑，大于 2 万 m^2 的大型公共建筑以及大于 10 万 m^2 的住宅小区按照绿色建筑一星级及以上标准设计和运行，不断提升星级绿色建筑占比。

修订完善天津市绿色建筑标识管理制度，落实绿色建筑评价标识三级管理要求。2022 年，天津市通过《绿色建筑评价标准》GB/T 50378—2019 认证的项目共 3 项，包括二星级项目 2 项，三星级项目 1 项。其中，天津朗泓园住宅项目是自《绿色建筑评价标准》GB/T 50378—2019 这一绿建新国标实施后的天津市首个绿色建筑三星项目，另外 2 个通过二星级绿色建筑评审的项目均为公共建筑，分别为天津理工大学新建电气电子教学科研楼项目与天津东丽先锋路万达广场项目。截至 2022 年 12 月，天津市共有 700 余个项目通过绿色建筑标识评价，超 6500 万 m^2 的建筑项目取得了绿色建筑评价标识。中新天津生态城作为天津市绿色建筑发展先行示范区，在 100% 绿色建筑的前提下，星级绿色建筑占比为 100%，三星级绿色建筑面积占生态城新开工建筑面积的 35%。

基于我国"CO_2 排放力争于 2030 年前达到峰值"的发展目标，重点推进绿色建筑优质发展、建筑能效深度提升、新型建筑工业化 3 大发展任务，从绿色建筑、建筑能效提升、装配式建筑等方面制定具体发展目标，继续保持全国领先水平。"十四五"期间天津市绿色建筑规划具体目标如表 1 所示。

"十四五"期间天津市绿色建筑规划具体目标　　　　　　　　　表 1

重点任务	主要指标	2025 年	性质
绿色建筑	当年城镇新建建筑中绿色建筑面积占比（%）	100	约束性
	一星级及以上等级绿色建筑占城镇新增绿色建筑比例（%）	30	预期性

续表

重点任务	主要指标	2025 年	性质
绿色建筑	新建绿色生态城区（个）	1～2	约束性
建筑能效提升	新建居住建筑五步节能设计标准执行比例（%）	100	预期性
	公共建筑能效提升改造面积（万 m^2）	150	预期性
装配式建筑	全市国有建设用地新建民用建筑实施装配式建筑比例（%）	100	约束性

7.2　绿色建筑发展规划和政策法规情况

7.2.1　《市发展改革委关于印发天津市节能"十四五"规划的通知》

2022 年 1 月，天津市发展和改革委员会发布《市发展改革委关于印发天津市节能"十四五"规划的通知》（津发改环资〔2022〕12 号）。《天津市节能"十五四"规划》提出了大力推动结构调整、加强工业领域节能、推动建筑领域节能、促进交通运输节能、实施公共机构节能、推进商业农业节能、强化用能单位节能 7 个方面 20 条主要任务，以及园区绿色低碳发展、能效提升系统引领、余能高效综合利用、通用设备节能改造、绿色制造体系建设、超低能耗建筑建设、绿色数据中心示范、燃煤减量清洁替代、节能管理智能升级、节能环保产业培育 10 大重点工程。其中，城镇绿色节能改造工程提出：到 2025 年，天津市城镇新建建筑中绿色建筑面积占比达到 100%，实施公共建筑能效提升改造面积 150 万 m^2 以上，建设 1～2 个绿色生态城区，中心城区和中新天津生态城、天津滨海高新技术产业开发区、天津东疆保税港区基本建成"无废城市"。《天津市节能"十四五"规划》提出了：推动制定绿色建筑评价、绿色建筑设计等相关标准，同时深入开展节约型机关、绿色家庭、绿色学校、绿色社区、绿色出行、绿色商场、绿色建筑等绿色生活创建行动，将其纳入文明城区、文明单位、文明社区、文明村镇、文明校园、文明家庭等群众性精神文明创建活动中。

7.2.2　发布多个领域碳达峰实施方案

2022 年，天津市人民政府发布《天津市人民政府关于印发天津市碳达峰实施方案的通知》（津政发〔2022〕18 号）（简称《实施方案》）。《实施方案》提出组织实施城市节能降碳工程，推动建筑、交通、照明、供热等基础设施节能升级改造，推进先进绿色建筑技术示范应用，推动城市综合能效提升。到 2025 年，城镇新建建筑中绿色建筑面积占比达到 100%，新建居住建筑五步节能设计标准执行比例达到 100%，实施公共建筑能效提升改造面积 150 万 m^2 以上。《实施方案》还要求深入开展节约型机关、绿色家庭、绿色学校、绿色社区、绿色出行、绿色商场、绿色建筑等绿色生活创建行动，广泛宣传推广简约适度、绿色低碳、文明健康的生活理念和生活方式，坚决制止餐饮浪费行为。

天津市住房和城乡建设委员会发布了《关于对〈天津市城乡建设领域碳达峰实施方案（征求意见稿）〉公开征求意见的公告》，提出在2030年前天津市力争率先达峰，进一步扩大近零能耗建筑、零能耗建筑、零碳建筑规模，提高星级绿色建筑比例，推动建筑能耗数字化、智能化管理，提升可再生能源替代率。天津市机关事务管理局发布《关于印发天津市公共机构碳达峰实施方案的通知》，明确到2025年，天津市公共机构在2020年的基础上单位建筑面积能耗下降5%，碳排放下降7%。

天津市工业和信息化局、天津市发展和改革委员会、天津市生态环境局3部门联合发布《天津市工业领域碳达峰实施方案》，要求在"十四五"期间，建成一批绿色工厂和绿色工业园区，落实绿色建材产品认证要求，加快绿色建材产品推广应用，推广节能玻璃、高性能门窗、新型保温材料、建筑用热轧型钢和耐候钢、新型墙体材料，推动优先选用获得绿色建材认证标识的建材产品，促进绿色建材与绿色建筑协同发展。

天津市科技局、天津市发展和改革委员会、天津市工业和信息化局等多部门联合发布《市科技局市发展改革委　市工业和信息化局　市生态环境局　市住房城乡建设委　市交通运输委关于印发天津市科技支撑碳达峰碳中和实施方案（2022—2030年）的通知》，力争到2030年，天津市建设10家以上市级碳达峰碳中和创新平台。发挥海河实验室和国家重点实验室的牵引效应，力争实现"从0到1"的突破。建设公共创新服务平台，开展碳达峰碳中和工艺设计、监测评估、管理咨询、检验检测等综合性公共服务。

7.2.3　滨海新区绿色建筑相关政策

为落实《天津市推动城乡建设绿色发展的实施方案》中的任务，发挥"津城""滨城"双城发展格局，加快建设生态、智慧、港产城融合的宜居宜业美丽滨海新城，天津市滨海新区发布了《天津市滨海新区城乡建设绿色发展实施方案》《滨海新区城乡建设领域碳达峰实施方案》《天津市滨海新区绿色建筑管理办法》《政府采购支持绿色建材促进建筑品质提升试点城市申报书》《滨海新区绿色金融服务绿色建筑指南》等系列方案与规划。

7.3　绿色建筑标准规范情况

7.3.1　天津市地方标准

为促进天津市工程建设绿色低碳和高质量发展，实现城市更新和"双碳"目标的技术体系新突破，天津市住房和城乡建设委员会下达了 2022 年天津市工程建设地方标准编制计划的通知，编制计划中包括《天津市建筑碳中和评定标准》《天津市建筑碳排放计算标准》《天津市城市更新（老旧小区改造提升）系列标准》《天津市城市更新区域建筑能源系统设计标准》等绿色低碳相关标准，不少标准理念的提出在全国尚属首次。

天津市工程建设地方标准《天津市绿色建筑检测技术标准》DB/T 29—304—2022，经天津市住房和城乡建设委员会组织专家评审通过，自 2022 年 10 月 1 日起正式实施。

天津市地方标准《建筑碳中和评定标准》T/TJKCSJ 002—2022 于 2022 年顺利通过评审。专家组对标准的先进性和前瞻性给了予了高度评价，也对天津地方管理机构在推动建筑节能降碳方面的高瞻远瞩和高度重视表示称赞，《建筑碳中和评定标准》的编制将为天津市碳中和建筑评定提供依据，对推动天津市建筑领域碳减排工作具有重要作用。

天津市《公共机构节水评价技术规范》与《绿色公共机构评价技术规范》2 项地方标准的制修订任务成功立项。《公共机构节水评价技术规范》梳理了公共机构节水共性及特性问题，提炼总结节水先进手段经验，依据当前公共机构节水工作基础，从管理制度、管理措施、节水技术等多方面提出节水工作标准化文件，指导公共机构日常节水工作的开展。《绿色公共机构评价技术规范》的修订将"双碳"指标纳入绿色公共机构评价体系，推动能耗总量和强度考核向碳排放总量和强度考核转变，客观全面指导绿色公共机构评价工作，使评价方法更具时代领先性和技术前瞻性。

为提高中新天津生态城绿色建筑建造水平，结合新国标要求，2022 年天津市启动《中新天津生态城绿色建筑评价标准》《中新天津生态城绿色建筑设计标准》《中新天津生态城绿色施工技术管理规程》修编工作，从评价、设计、施工角度全面提升建筑标准，在原有绿色建筑基本规定中增加建筑能耗基准线、可再生能源利用率等要求。目前 3 部标准已形成送审稿，上报天津市住房和城乡建设委员会审批。

7.3.2 团体、行业标准

2022 年 2 月，天津市绿色建筑专业委员会参与编制的《建筑碳中和评定标准》发布，这是中国第一个聚焦于碳中和建筑的团体标准。同时，由专委会成员联合中国建筑科学研究院、中建科技集团有限公司主编的《建筑项目碳交易减排量计算标准》，通过中国建筑节能协会审核并批准立项，这也是着眼于建筑领域碳减排交易活动的首部国内标准。

7.4 绿色建筑科研情况

7.4.1 "天津地区公共机构绿色运营关键技术开发"项目通过验收

2022年6月,天津市科学技术委员会重点研发计划"天津地区公共机构绿色运营关键技术开发"项目通过结题验收。该课题完成国家标准1项,出台地方标准5项,发布软件著作权1项,发表论文7篇;构建了以倾斜摄影为基础的可视化信息模型,研发了公共机构能源资源信息化平台,并与能耗定额标准形成了信息化和标准化的两化融合。课题研究成果推动了天津市公共机构由单一的节能管理向全面绿色运营转型,并在国管局节能标准化试点建设评估中名列前茅。

7.4.2 "绿色建筑评价标准可感知性和低碳发展及升级路径研究"验收会召开

2022年11月,能源基金会项目"绿色建筑评价标准可感知性和低碳发展及升级路径研究"验收会召开。项目构建了绿色建筑安全、健康、便捷3方面的可感知技术指标体系,研发了绿色建筑设计阶段和运行阶段碳排放估算/核算模型,并开发了配套碳排放计算软件,具有先进性和实用性,为国家标准《绿色建筑评价标准》GB/T 50378—2019 的修订提供了有力的技术支撑。

7.4.3 成功申报天津市绿色建筑与低碳技术重点实验室

天津建科建筑节能环境检测有限公司联合天津大学、南开大学、天津城建大学、河北工业大学、燕山大学等高校,成功申报天津市绿色建筑与低碳技术重点实验室。按照重点实验室发展规划,将积极围绕绿色建筑参数化性能寻优、绿色建筑性能质量测评、零碳建筑与碳中和建筑、"光储直柔"控制、绿色建材认证、建筑碳排放监测及交易等一系列科技问题开展研究工作,力求为天津市双碳目标的实现做出基础性、战略性和前瞻性的贡献,并带动实验室平台建设迈向行业一流水平。

7.4.4 绿色金融支持绿色建筑发展

结合生态城绿色建筑发展及绿色金融协同地区先进经验,中新天津生态城完成了绿色建筑性能保险产品开发和备案。天津生态城建滨房地产开发有限公司与中国人民财产保险股份有限公司天津市塘沽分公司签订了绿色建筑性能责任保险协议,天津市首单绿色建筑性能责任保险顺利落地。

7.4.5 绿色建筑运营管理发展

天津城建大学开展"双碳"目标下绿色建筑运营管理发展制约因素与创新对策的相关研究，从政府、物业管理企业和业主3个层面确定了制约绿色建筑运营管理发展的15个影响因素指标，通过构建多级递阶解释结构模型，揭示绿色建筑运营阶段各制约因素间的因果关系，挖掘制约绿色建筑运营管理发展的根源因素，为推动绿色建筑运营管理的发展提供理论依据和对策建议。

7.5 绿色建筑技术推广、专业培训及科普教育活动

7.5.1 滨海新区开展绿色建筑专项检查

为促进滨海新区绿色建筑持续健康发展，加快推进新时代滨海新区高质量发展，区政府对新区的16个项目进行了绿色建筑设计文件的专项审查。通过绿色建筑专项检查，提高了政府相关业务部门的监管能力，让各建设单位、设计单位、施工单位更加重视绿色建筑，从而使绿色建筑得到高质量发展。

7.5.2 研发太阳能预制集成式换热一体化机组

滨海新区中新天津生态城启动太阳能热水系统专项调研工作，掌握太阳能热水系统实际运行情况，挖掘运行中存在的问题，从标准、制度、技术研发3个方面提出解决方案。发布《中新天津生态城太阳能热水系统建筑应用暂行管理办法》，重点约束了太阳能热水系统在运维阶段的职责划分。在技术研发方面，研发了太阳能预制集成式换热一体化机组，大幅降低系统运行故障频率，保障了太阳能热水系统的稳定运行。

7.5.3 绿色低碳运营与管理创新专题论坛

组织2022年第十八届国际绿色建筑与建筑节能大会的绿色运营分论坛，此次论坛主题为"绿色低碳运营与管理创新"。专家围绕绿色低碳的建筑运营管理做了系列主题演讲，论坛内容包括理论创新、工程实践等。不同往届的绿建大会，绿色运营论坛是与主论坛同期举办的6场专题研讨论坛之一，建筑绿色低碳运营与管理得到了广泛关注，吸引了相关领域的专家学者和行业从业者参加，取得了良好反响。

7.5.4 专业培训活动

1."绿色建筑碳管理"培训

天津排放权交易所有限公司联合天津生态城绿色建筑研究院有限公司，共同

推出"绿色建筑碳管理"线上录播培训，该课程由双碳及绿色建筑领域专家讲师亲自授课，从绿色建筑政策及标准、建筑节能与可再生能源利用、企业碳中和与碳普惠综述、我国碳市场建设与碳交易实践、碳资产管理与项目开发5大模块进行培训，论坛结合行业、项目案例，对于建筑及相关领域从业者来说，具有较强的针对性和指导性。

2. "建筑领域碳中和实施路径与发展机遇"论坛

2022年7月，由天津市碳中和与绿色金融研究中心、天津排放权交易所与天津市建筑设计研究院有限公司联合主办了"建筑领域碳中和实施路径与发展机遇"论坛。会议邀请建筑与双碳领域的5位专家分别从标准、实施策略、技术路径、碳交易等方面对建筑领域碳中和路径进行了解读。来自建筑与房地产行业的千余名观众线上参加了本次论坛，并与专家们进行了交流与探讨。

3. 第23届全国医院建设大会暨国际医院建设、装备及管理展览会主题演讲

在第23届全国医院建设大会暨国际医院建设、装备及管理展览会（简称CHCC2022）期间，天津建筑设计研究院有限公司专家发表了"碳排放背景下的医院电气设计思考"与"基于运维应用的医院智慧设计"等主题演讲，提出了全面提升绿色低碳建筑水平的具体目标，并给出医院建筑建设用能的建议，以及如何构建绿色低碳转型发展，提前布局医院建筑碳减排，实现双碳目标的方式方法。

7.5.5　科普教育活动

1. "关于双碳背景下工业园区如何实现低碳化绿色化发展"专题协商会

天津市北辰区政协召开了"关于双碳背景下工业园区如何实现低碳化绿色化发展"专题协商会。区政协领导及有关部门负责同志、区政协委员参加了会议。会议从政策背景、愿景目标、双碳场景、开发区双碳路径等方面，详细阐述了北辰经济技术开发区的双碳实施路径，为开发区在双碳背景下实现低碳化绿色化发展建言献策。

2. 2022青年"生态创想·绿色行动"环保大赛

由天津市生态环境局作为指导单位，中新天津生态城管理委员会和中新天津生态城投资开发有限公司联合主办2022青年"生态创想·绿色行动"环保大赛暨生态城"创新之星"评选大赛。大赛旨在鼓励青年人积极进行环保和智慧领域的创新和创业，为生态城市建设探寻切实可行的绿色及智慧解决方案，并持续号召青年人积极践行可持续发展的生态生活方式。本次大赛共征集到196个国内外高质量"双碳"项目，经过初赛、复赛的层层选拔，共有12个项目成功入围决赛。

3. 2022年节能宣传周和全国低碳日活动

为深入开展好2022年节能宣传周和全国低碳日活动，进一步倡导绿色低碳生产生活方式，普及生态文明、建筑领域绿色发展理念和知识，加强群众的节能意识。在天津市滨海新区住房和建设委员会与天津生态城建设局的支持下，天津生态城绿色建筑研究院有限公司联合天津市绿色建筑委员会滨海新区委员会共同开展了节能宣传周系列活动，在生态城和韵社区红树湾、天津外国语大学附属滨海外国语学校等场所，开展了低碳生活进社区与节能宣传进校园的主题活动。

4. 世界城市日低碳节能宣传活动

天津生态城绿色建筑研究院有限公司党支部在生态城美嘉园小区组织开展了世界城市日低碳节能宣传活动暨美嘉园小区太阳能热水系统使用指导及运维宣传相关活动。此次为群众办实事活动，不仅能够提高太阳能热水系统在实际使用过程中的效果，提升居民满意度和认可度，同时，技术人员在提供咨询解难服务的过程中也能够总结建设经验，优化设计思路，取得双赢的效果。

执笔人：李旭东　汪磊磊　郭而郛　刘戈　沈常玉（天津市绿色建筑专委会）

8 大连市绿色建筑发展总体情况简介

8 General situation of green building development in Dalian

2022年，是党的二十大胜利召开，向第二个百年奋斗目标进军新征程的重要一年。大连市在发展绿色建筑上，以100％执行新建民用建筑绿色建筑标准为切入点，积极稳妥推进碳达峰碳中和战略。紧抓施工图审查和竣工验收环节，推动全生命周期的绿色建造和运营管理。通过绿色设计、绿色生产、绿色建材选用、绿色施工和安装、绿色一体化装修和绿色运营，推广绿色建造方式、超低能耗建筑和可再生能源应用，推动可再生能源建筑一体化。

8.1 绿色建筑总体情况

2022年，大连市继续严格落实城镇新建民用建筑100％执行绿色建筑标准，逐步提高星级绿色建筑比例，建设高标准、高质量绿色建筑，印发了《大连市2022年度绿色建筑工作绩效考评办法》和《关于开展绿色建筑和装配式建筑联合检查的通知》，将绿色建筑指标纳入对各区市县的绩效考核，加大对绿色建筑工作的重视程度和推广力度。2022年大连市新建绿色建筑面积519万 m²，占新建建筑面积比例达100％，新建居住建筑全面执行节能75％目标。组织开展绿色建筑竣工验收抽查，进一步强化绿色建筑的全过程监管，确保绿色建筑指标落地落实，截至2022年12月共抽检竣工验收项目12个，建筑面积71.93万 m²。印发《关于公布大连市第一批绿色建材产品名录的通知》，建立绿色建材采信机制，鼓励政府投资项目、绿色建筑和装配式建筑项目优先选用采信数据库中的产品，逐步加强绿色建材推广应用力度。2022年10月，大连市申报政府采购支持绿色建材促进建筑品质提升试点城市获批成功，为辽宁省唯一入选城市。2022年8月，"欧姆龙（大连）有限公司医疗器械生产及研发项目2.1号建筑（第一厂房扩建）"项目中"工业建筑部分"和"公共建筑部分"，分别通过了辽宁省住房和城乡建设厅绿色建筑二星级标识预评价评审，也是辽宁省首个绿色工业建筑标识项目。

8.2 绿色建筑发展规划和政策法规情况

8.2.1 《大连市建设工程绿色施工围挡指导图集》

为进一步强化大连市房屋建筑工程项目施工扬尘管控工作，提升扬尘防治精细化管理水平，编制《大连市建设工程绿色施工围挡指导图集》，以明确房屋建筑工程项目围挡标准。施工围挡建设秉承"安全、绿色、美观、可持续"的发展理念，采用景观化、艺术化方法削弱施工工地对周边环境、居民生活的负面影响，使建设工程施工围挡与周边城市环境相融合。图集适用于大连市行政区域范围内的房屋建筑工程施工围挡的选型、设计。按照"属地管理、各负其责"和"谁管理、谁负责"原则，各区市县、开放先导区建设主管部门、各有关单位在实施过程中可根据实际条件与景观风貌特点细化方案。主要内容为仿真绿植围挡及其他相关配套设施等。

8.2.2 《大连市装配式建筑通用做法（装配式钢筋混凝土叠合板、装配式钢筋混凝土预制楼梯、装配式轻质内隔墙板通用技术要求、装配式轻质外墙板通用技术要求）》

为促进标准化设计，推广装配式建筑标准化部品部件应用，依据《大连市住房和城乡建设局 2021 年建筑行业发展工作经费技术服务采购项目技术咨询合同》，大连市住房和城乡建设局组织都市发展设计集团有限公司编制了《大连市装配式建筑通用做法（装配式钢筋混凝土叠合板、装配式钢筋混凝土预制楼梯、装配式轻质内隔墙板通用技术要求、装配式轻质外墙板通用技术要求）》，公布实施。

8.2.3 《大连市装配式建筑设计阶段 BIM 建模指南》

为贯彻执行国家、省、市装配式建筑相关政策，落实大连市装配式建筑项目实施有关工作要求，提高装配式建筑项目信息应用效率和收益，特制定《大连市装配式建筑设计阶段 BIM 建模指南》（简称《指南》），《指南》规定了装配式建筑设计阶段 BIM 建模标准的定义、属性、基本规定、信息传递、构件编码、建模要求、模型精细度、模型存储和交付等内容。

8.3　绿色建筑标准规范情况

8.3.1　《绿色校园评价规程》DB2102/T 0037—2021

《绿色校园评价规程》DB2102/T 0037—2021 由大连理工大学、大连市绿色建筑行业协会会同相关单位组建团队开展编制工作，规程于 2021 年 12 月 15 日正式发布，并于 2022 年 1 月 15 日开始实施。

规程充分结合大连市自身特点，推动气候适应性、资源节约型、示范效应强的绿色校园建设，为师生提供高品质、健康舒适、低能耗和资源消耗的校园环境，为新建及改建校园提供绿色评价和技术应用的依据，推动绿色建筑技术的发展和产业水平的提升。全面落实遵循"创新、协调、绿色、开放、共享"发展理念，提升大连市绿色建筑产业化和技术水平，促进校园环境和建筑高品质发展、满足人民对美好生活的需求。《绿色校园评价规程》共有 8 章，内容包括：1. 范围；2. 规范性引用文件；3. 术语和定义；4. 总则；5. 基本规定；6. 中小学校；7. 职业院校及高等院校；8. 特色与创新，通过奖励性加分鼓励进一步提升绿色校园品质。

8.3.2　《既有住宅加装电梯工程技术规程》DB2102/T 0038—2021

《既有住宅加装电梯工程技术规程》DB2102/T 0038—2021 由大连市绿色建筑行业协会、大连特种设备检验检测研究院有限公司和大连理工大学会同相关单位组建团队开展编制工作，规程于 2021 年 12 月 15 日正式发布，并于 2022 年 1 月 15 日开始实施。

规程通过因地制宜地研究并总结大连市既有建筑现状和气候特征，重点关注电梯加装工程的策划和评估、设计要点、产品性能和施工水平、后期维护等方面，鼓励或规范加装电梯工作，对电梯本体安全和配置标准提出更高要求，打造适合大连地方特点的更为严格的规程规范体系，推动电梯技术发展及其产业化，解决适老化设计和改造的难题，提升建筑和城市品质，满足人民对健康和美好生活的向往。《既有住宅加装电梯工程技术规程》共有 8 章，内容包括：1. 范围；2. 规范性引用文件；3. 术语和定义；4. 总则；5. 基本规定；6. 设计要点；7. 施工及验收；8. 使用维护。

8.3.3　大连市《绿色智慧建筑评价规程》

标准由大连市绿色建筑行业协会、中国建筑东北设计研究院有限公司和华为数字能源技术有限公司会同相关单位组建团队开展编制工作，拟于 2023 年发布实施。

标准通过因地制宜地研究并总结大连市本地环境、气候、地理、资源、经济文化特征、建筑产业现状和发展趋势，重点关注在全寿命周期内提升建筑绿色智慧等性能，制定适宜于大连市地方特点的绿色智慧建筑规划、设计、评价、技术应用、施工和运行管理全过程控制的分级标准，推动绿色智慧建筑技术发展及其产业化，提升建筑和城市品质，满足人民对健康和美好生活的向往。《绿色智慧建筑评价规程》共有 13 章，内容包括：1. 范围；2. 规范性引用文件；3. 术语和定义；4. 总则；5. 基本规定；6. 信息基础设施；7. 数据资源；8. 安全与安防；9. 资源节约与利用；10. 健康与舒适；11. 服务与便利；12. 智能建造；13. 创新应用。

8.3.4 《建筑信息模型（BIM）施工应用技术规范》

标准由大连市绿色建筑行业协会、大连交通大学会同相关单位组建团队开展编制工作，拟于 2023 年发布实施。

标准通过因地制宜地研究并总结大连市本地经济文化特征、建筑产业发展现状和发展趋势，重点关注在施工全过程中提升建筑信息模型应用水平，推动建筑信息模型施工技术应用发展及其产业化，提升建筑和城市品质，满足建筑业转型升级的迫切需求。《建筑信息模型（BIM）施工应用技术规范》共有 13 章，内容包括：1. 范围；2. 规范性引用文件；3. 术语和定义；4. 总则；5. 基本规定；6. 施工模型的创建与管理；7. 深化设计 BIM 应用；8. 施工实施 BIM 应用；9. 预制加工 BIM 应用；10. 进度管理 BIM 应用；11. 预算与成本管理 BIM 应用；12. 质量与安全管理 BIM 应用；13. 验收与竣工交付 BIM 应用。

8.3.5 《关于印发〈大连市住宅小区电动自行车停放充电场所设计导则〉的通知》

该导则由中国建筑东北设计研究院有限公司、大连市绿色建筑行业协会会同相关单位组建团队开展编制工作，于 2022 年 9 月 26 日批准印发。

导则为规范住宅小区电动自行车停放充电场所建设，为群众生活提供便利，防范消防安全隐患，经广泛调查研究，学习借鉴国内其他城市工作经验，依据和参考相关行业技术标准，在充分征求各方意见的基础上制定指导性技术文件，《大连市住宅小区电动自行车停放充电场所设计导则》共有 9 章，内容包括：1. 总则；2. 术语和定义；3. 通用设计原则；4. 电动自行车停车场（棚）；5. 电动自行车库；6. 充电设备要求；7. 标志和标识；8. 安全措施；9. 编制依据。

8.3.6 《近零能耗建筑测评规程》

2022年7月7日，经大连市市场监督管理局批复，由大连市绿色建筑行业协会主编的大连市《近零能耗建筑测评规程》获批立项，正在会同相关单位组建专家团队组织编写。

8.4　绿色建筑科研情况

2022年大连市绿色建筑科研情况如表1所示。

2022年大连市绿色建筑科研情况　　　　　　　　　　　　表1

项目名称	具体目标	承担单位
核能热电联产系统长输供热半径的优化研究	实现运输供热半径的优化，达到供热节能效果	大连理工大学土木工程学院
低碳目标下近代城市历史及工业遗产区改造前策划体系研究	对改造区域进行规划，降本增效，助力碳达峰碳中和	大连理工大学建筑与艺术学院 大连市绿色建筑行业协会
新型显潜双储太阳能跨季节储热供暖系统性能模拟研究	光伏可再生能源储热，保护环境，降低能耗，实现CSR目标	大连理工大学土木工程学院 中建八局东北公司
近零碳建筑实践与关键技术	以中国国际太阳能十项全能竞赛"24.35"宅家为例，介绍近零能耗建筑的相关经验	大连理工大学建筑与艺术学院 中建八局东北公司 大连市绿色建筑行业协会
主动健康视角下既有住宅适老化改造层级化策略研究	适老化改造提高生活舒适度，使老人生活更安全，提高生活便利性	大连理工大学建筑与艺术学院 大连市绿色建筑行业协会

8.5　绿色建筑技术推广、专业培训及科普教育活动

8.5.1　绿色建筑技术推广

绿色建材产品认证。大连市鼓励绿色建材推广使用，继续推进绿色建材认证工作，鼓励本市建材企业申请绿色建材认证标识，积极推广新型节能砌体材料、保温材料、建筑节能玻璃、陶瓷砖、卫生陶瓷、预拌混凝土、预拌砂浆等绿色建材的应用。政府投资类项目优先选用绿色建材，鼓励新建、改建、扩建的建设项

目使用绿色建材，鼓励绿色建材应用示范项目建设。10 月 12 日，财政部、住房和城乡建设部、工业和信息化部联合发文，决定进一步扩大政府采购支持绿色建材促进建筑品质提升政策的实施范围，大连市已经获批成为第二批国家绿色建材试点城市。为了进一步提升绿色产品认证对产业转型升级的支撑作用，帮助公众更好地了解绿色产品认证相关制度和发展情况，构建绿色生活方式，绿色建材产品认证工作持续稳步进行，截至 2022 年底，共有 15 家企业通过绿色建材产品认证，并获得二星级认证证书。

绿色低碳技术发展。大连市 2022 年进行了多处重点项目改造，其中由新成立的大连洁净能源集团实施的景观照明提升改造工程，以"绿电点亮大连"为理念，全部采用高系统效率的照明电器与储能系统相结合的方式来降低传统能源的消耗，通过新能源电力消纳和谷电峰用，实现景观照明工程负荷绿色能源供电和电力成本节约。既贴合了绿色能源、低碳发展的国家战略，又承载大连市提升夜间景观、激活夜间经济的发展目标。

8.5.2　专业培训

组织高级研修班培训。为进一步推动大连市专业技术人才队伍建设，加大重点领域中高层次专业技术人才培养力度，做好绿色建筑的提质增效，大连市绿色建筑行业协会组织"可再生能源与碳中和建筑"高级研修班，邀请了北京、上海建筑科学研究院、大连理工大学等的知名专家教授进行授课，围绕可再生能源与碳中和建筑的相关政策、现状、实施路径和未来发展方向等进行深度研讨，62 名具有副高级以上职称的会员企业高管参加并获得结业证书。

开展专家服务基层活动。为发挥各类专家专业技术优势，为企业解决实际问题，大连市绿色建筑行业协会主办了"引入绿色建筑 BIM 智能技术高层次专家推动建筑企业绿色低碳发展活动"。聚焦企业需求，技术升级等难点问题，邀请高端专家有备而来、因需而来，到企业中进行精准服务，采取面对面教学、手把手指导、一对一咨询等多种方法，充分发挥好专家在促进交流、服务发展中的示范引领作用，切实帮助企业解决绿色建筑 BIM 智能技术领域存在的困难问题和短板瓶颈，推动企业进行 BIM 智能技术专家人才培养和团队建设，取得了较好的效果，并得到被服务企业的一致好评。2022 年大连市绿色建筑行业协会还被大连市人力资源和社会保障局评选为"大连市专业技术人员继续教育基地"。

组织绿色科技系列公益培训。为实现大连市"强化科技支撑，激发建筑业创新动力"和"积极发展装配式建筑，促进建筑产业转型升级"，全面推进大连市建筑业高质量发展贡献蓬勃力量，由大连市住房和城乡建设局牵头，大连市绿色建筑行业协会承办绿色科技系列公益培训。通过线上的形式对绿色科技进行了培训，大连市各区（市）、县住房和建设局、建设单位、设计单位、施工单位、构件企业及高校等相关人员参与学习，累计点击量达 65.7 万人次，提升了建筑领域技术人员的专业知识与技能，培养了新型建筑工业化、信息化方面的专业人才。

开展公益沙龙课堂。大连市绿色建筑行业协会组织绿建公益沙龙活动，2022年以来，通过线上、线下各种方式，围绕绿色建筑节能、绿色建材认证、可再生能源利用、企业数字化转型、财税法律等主题，举办专项沙龙 10 次，经统计，线上点击量达 20 万余人次。

8.5.3　科普教育活动

组织开展地球日公益周活动。因新冠疫情影响，2022 年第 53 届世界地球日暨第七届大连市绿色建筑公益周活动于 4 月 22 日在线上启幕，邀请了中国工程院院士、同济大学副校长吴志强，辽宁省住房和城乡建设厅党组成员副厅长解宇，大连市人大常委会副主任张志宏，大连市住房和城乡建设局党组成员副局长王野，分别在开幕式上为活动致辞。活动当天，为新增的 18 家绿色校园教育培训示范基地授牌；邀请了中国绿色建筑委员会绿色校园宣讲团专家在线上为孩子们进行绿色校园公益授课；组织大连市绿色志愿者服务中心的志愿者进行"清理垃圾，守护滨城碧海蓝天"公益活动；开展绿色建材公益论坛、绿色健康低碳论坛和可再生能源标准培训。大连市绿色建筑行业协会友好协会、上海市绿色建筑协会、重庆市绿色建筑与建筑产业化协会、深圳市绿色建筑协会、东莞市绿色建筑协会也热情地送来祝福视频和贺信。公益周期间，大连市绿色建筑行业协会在线上组织开展了绿色建材公益论坛、绿色健康低碳论坛和可再生能源标准培训，通过公益周的交流平台，触动参会人员的思想，交流理论技术，夯实人才储备基础，推动新发展理念在城乡建设方面的落实，经统计，整个公益周活动线上点击量达 25.8 万人次。

组织开展绿色家园公益绘画大赛。为培养学生们在"3060"双碳目标背景下的绿色创新、创造能力，树立低碳节能环保的生活理念，大连市绿色建筑行业协会组织绿色家园公益绘画大赛，从"绿色地球"的视角出发，以"落实双碳目标、倡导绿色建筑、共建美丽大连"为主题，对大连市中山区、西岗区、沙河口区、甘井子区、金普新区、长兴岛经济开发区等近百所学校的超万幅作品进行层层筛选，来自鲁美、理工大学艺术学院、工业大学艺术设计学院等 11 位专家对本次公益绘画大赛进行最终评审，有 576 幅作品获奖，其中一等奖 8 名，二等奖27 名，三等奖 541 名，在此次绘画大赛中，表现比较突出的 55 所学校获得优秀组织奖，85 名老师获得优秀指导教师奖。

参加节能宣传周和低碳日系列活动。2022 年辽宁省节能宣传周和低碳日活动于 6 月 13 日至 19 日在线上开展。大连市绿色建筑行业协会作为协办单位，在建筑节能项目"云参观"上，展示了绿色工程、节能低碳技术的 4 个具有代表性的示范项目，并举办了绿色校园公益"云课堂"活动，通过"度看辽宁""北斗融媒"在线上播送，前 2 天直播累计观看人次 29.2 万，并被大连日报报道；6 月 14 日至 17 日，在中国建筑节能协会主办的"第二届中国建筑节能行业助力碳达峰碳中和推进大会暨宣传周系列活动"中，大连市专门开设分会场，组织了 48 家相关单位在分会场观看，同时还有近百人在线上收看。7 月 12 日至 14 日，由中国城市科学研究会绿色建筑与节能委员会举办的"2022（第十八届）国际绿色建筑与建筑节能大会"在沈阳、北京、深圳同步召开，大连市绿色建筑行业协会组织 50 家相关单位在线上同步参加学习，围绕"拓展绿色建筑，落实'双碳战略'"，聆听了行业专家对绿色建筑发展趋势、政策标准、创新发展路径的解读，为大连市城乡建设绿色发展方向提供了较为清晰的思路指引。

　　执笔：大连市绿色建筑行业协会

第六篇 | 实践篇

    本篇遴选了 2022 年完成的 6 个代表性案例，分别从项目背景、主要技术措施、实施效果、社会经济效益等方面进行介绍，其中绿色建筑标识项目 5 个，国际双认证项目 1 个。

    绿色建筑标识项目包括作为超甲级写字楼标杆，屹立于未来深圳城市滨水生活中心，办公、商业、文化、体育、娱乐高度聚集的后海中心区的航天科技广场项目；采取绿色建筑设计理念和全过程管理手段，具有安全耐久、健康舒适、生活便利、资源节约、环境宜居绿色特色的天津朗泓园项目（临海新城 08-05-24 地块住宅项目）；因地制宜采用绿色低碳、文化传承、智慧科技、BIM 技术等绿色理念，在设计建造过程中充分考虑空气品质、健康舒适、节能减排等因素，实现了绿色低碳目标的象屿集团大厦项目；采取可持续发展设计理念，集亮点技术和特色技术于一体，通过绿色技术集成，充分利用可再生能源，打造高品质绿色建筑的中国商飞江西南昌生产试飞中心 A01 号交付中心项目；以儿童健康快乐为主旨，秉承绿色集成设计理念，融合健康元素，采用 BIM 技术，进行全过程的建筑品质和性能控制的南京中央商务区核心区配套学校（含邻里中心）—06♯幼儿园项目。

    国际双认证项目为英国 BREEAM 三星级和绿色建筑预认证一星

级的威海凤集·金茂悦 1～25 号楼项目，项目围绕绿色建筑、可持续发展理念，打造了舒适的居住环境，体现健康、自然的生活态度，优化和践行各种绿色建筑理念，实现设计方案的优化改善，增强整体可持续效果。

由于案例数量有限，本篇无法完全展示我国所有绿色建筑技术精髓，以期通过典型案例介绍，给读者带来一些启示和思考。

1 航天科技广场

1 Aerospace science and technology plaza

1.1 项 目 简 介

　　航天科技广场项目位于深圳市南山后海片区，基地北接滨海大道，西临后海滨路，南侧为海德三道，由深圳市航天高科投资管理有限公司投资建设，悉地国际设计顾问（深圳）有限公司设计，深圳市航天高科物业管理有限公司运营，总占地面积 1.26 万 m^2，总建筑面积 19.66 万 m^2，2023 年 1 月依据《绿色建筑评价标准》GB/T 50378—2019 获得绿色建筑标识三星级。

　　项目主要功能为集中商业和办公，由 2 栋塔楼及 6 层裙房组成，A 座 48 层，建筑高度为 224.35m；B 座 28 层，建筑高度为 129.15m；地下室共 4 层。效果图如图 1 所示。

图 1　航天科技广场效果图

1.2　主要技术措施

航天科技广场本身作为超甲级写字楼标杆，屹立于未来深圳城市滨水生活中心、办公、商业、文化、体育、娱乐高度聚集的后海中心区；项目在设计、施工、运营全过程中，充分考虑节地、节能、节水及环境保护的要求，打造安全耐久、健康舒适、生活便利、资源节约、环境宜居的示范性项目，在图 2 中的绿色技术落地的探索和实践中具有重要意义和推广价值。

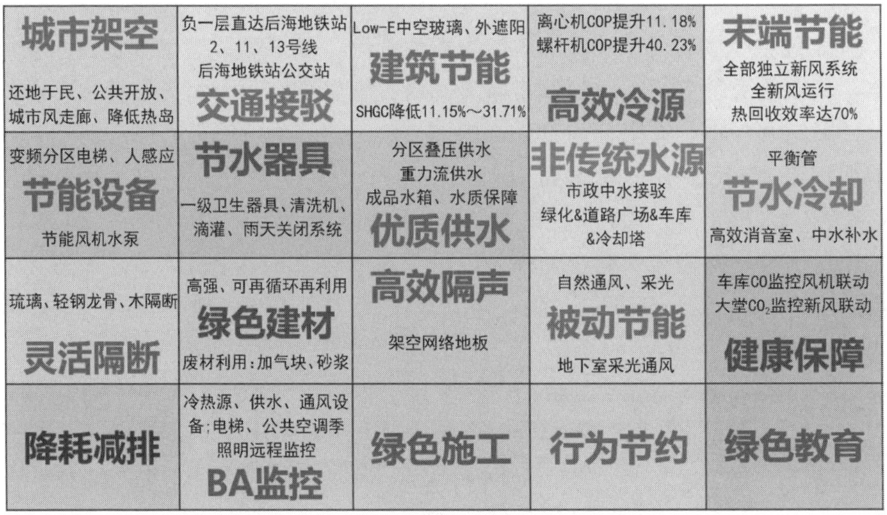

城市架空 还地于民、公共开放、城市风走廊、降低热岛	负一层直达后海地铁站 2、11、13号线 后海地铁站公交站 **交通接驳**	Low-E中空玻璃、外遮阳 **建筑节能** SHGC降低11.15%～31.71%	离心机COP提升11.18% 螺杆机COP提升40.23% **高效冷源**	**末端节能** 全部独立新风系统 全新风运行 热回收效率达70%
变频分区电梯、人感应 **节能设备** 节能风机水泵	**节水器具** 一级卫生器具、清洗机、滴灌、雨天关闭系统	分区叠压供水 重力流供水 成品水箱、水质保障 **优质供水**	**非传统水源** 市政中水接驳 绿化&道路广场&车库 &冷却塔	平衡管 **节水冷却** 高效消音室、中水补水
琉璃、轻钢龙骨、木隔断 **灵活隔断**	高强、可再循环再利用 **绿色建材** 废材利用:加气块、砂浆	**高效隔声** 架空网络地板	自然通风、采光 **被动节能** 地下室采光通风	车库CO监控风机联动 大堂CO₂监控新风联动 **健康保障**
降耗减排	冷热源、供水、通风设备;电梯、公共空调季照明远程监控 **BA监控**	**绿色施工**	**行为节约**	**绿色教育**

图 2　航天科技广场绿色建筑技术体系

1.2.1　安全耐久

1. 人员防护配件

玻璃幕墙用钢化夹胶双银 Low-E 中空玻璃，玻璃门系统采用 15mm 钢化玻璃，安全耐久，自爆率由千分级降至万分级；办公大堂、商业等主要出入口和卫生间、电梯厅走廊等处门，采用红外感应、安装延时闭门器、地弹簧等措施，以防止夹人、伤人事故发生（图 3）。

2. 防滑设计

建筑出入口及平台、公共走廊、电梯门厅、卫生间地面采用石材及仿石材砖，地面毛面或防滑处理，防滑等级达到 Bd、Bw 级；室外活动场地、人行道路面采用烧面浪花白及烧面福鼎黑地砖，防滑等级均达到 Ad、Aw 级；建筑坡道、楼梯踏步均设有防滑条，防滑等级均达到 Ad、Aw 级（图 4）。

图 3　主入口安全防护门（雨棚、旋转门）

图 4　广场防滑地砖

1.2.2　健康舒适

1. 电梯空气净化装置

电梯内设置等离子体消毒系统，实时显示电梯内空气温湿度、臭氧浓度及颗粒物浓度，该项目实现在出现一例新冠确诊患者的情况下，与其同乘电梯的乘客零感染（图 5）。

图 5　电梯内等离子体消毒系统

2. CO、CO_2 监测系统

车库每 $450m^2$ 设有 1 个 CO 监测器并与通风系统联动，选用工业级设备保障监测准确、联动灵敏、效果显著。当 CO 浓度达到 $30mg/m^3$ 时启动风机，当 CO 浓度降低至 $20mg/m^3$ 时关闭风机，保障地下室空气的安全。项目办公大堂及各新风回风管设置 CO_2 浓度监控系统，并与新风系统联动，实现健康、节约运行（图 6）。

图 6　CO、CO_2 监测点

1.2.3　生活便利

1. 公共交通

倡导步行、公交为主的公共交通出行方式。大厦首层、负一层设置了后海地铁站的便捷衔接通道，直通地铁 2、11、13 号线及 58、80、229 路等公交车（图 7）。

图 7　后海地铁站

2. 公共休闲

室外场地开辟为城市公共广场，并种植乔灌草相结合的复层绿化，提高场地的人体热舒适度。地下一层及裙房设有公共商业区域，项目周边餐饮、商业齐全，A 座 39 层设有室内公共健身空间，提高办公生活便利性。出入口到达城市公园绿地的步行距离为 0~280m（粤海街道街心花园 0m，科技公园 280m）；到达中型多功能运动场地的步行距离为 410m（深圳湾体育中心 410m），图 8 为公共休闲设施实景。

图 8　公共休闲设施设置

1.2.4　资源节约

1. 高效冷热源

本项目共设置 2 套制冷系统，1 号制冷系统采用 3 台离心式冷水机组和 2 台螺杆式冷水机组，2 号制冷系统采用 2 台离心冷水机组和 1 台螺杆式冷水机组，选用的高能效水冷机组 COP 提升 12.39% 以上（图 9）。

图 9　冷水机组能效标识

2. 高效机房改造

为了提升冷站的系统能效，改造设置了高效机房，高效机房通过对冷冻水、冷却水的水源温度和流量监测等实现用冷需求、冷源机房设备的调度，冷源的年系统能效达到 5.0 以上。空调自动控制系统可计算系统的实际空调负荷，对通风空调系统的运行模式进行优化，IPLV 达到 6.71 以上（图 10）。

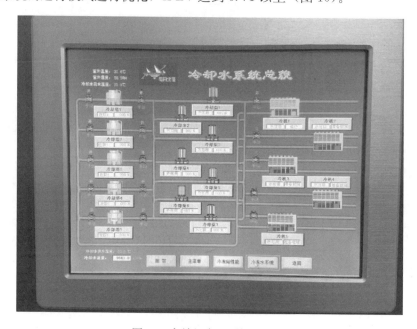

图 10　高效机房预测控制系统

3. 雨水回用及绿化灌溉

本项目 1 号、2 号塔楼分别设置 80m³ 及 50m³ 雨水收集处理水箱（图 11），收集屋面雨水，经处理后用于绿化浇灌、地下车库冲洗。在屋顶绿化采用微喷灌，并在绿化浇灌干管上配置雨天关闭装置，当装置感应到降雨时，停止浇灌（图 12）。

图 11　雨水收集处理水箱　　　　　图 12　雨天关闭系统雨量感应器

1.2.5　环境宜居

热岛环境

为降低场地的热岛强度，种植乔灌草相结合的复层绿化，在场地中处于阴影区外的步道、广场等室外活动场地设有乔木等遮阴措施，比例达到 20%；屋顶设置有屋顶花园及高反射地砖和涂料，以降低太阳辐射的热量。基于上述技术措施的实践，场地内热岛强度得到有效控制，夏季黑球温度为 27.55℃，平均热岛强度为 1.34℃，显著低于城市建成区平均值指标（图 13、图 14）。

图 13　场地绿化实景图　　　　　图 14　屋顶绿化实景图

1.3 实 施 效 果

项目实际运行状态良好，空调系统能耗较设计建筑供暖、通风与空调系统年能耗的降低幅度达 20% 以上；项目全年非供暖能耗指标控制在 68.12kW·h/(m²·a)，比《民用建筑能耗标准》GB/T 51161—2016 规定的约束值要求低 10%，比深圳市平均水平约低 21.59%，按普通工商业平期电价 0.7661 元/度电计算，年节约电费合计约为 273.00 万元。回用雨水利用和节水器具使用，2021 年入住率达到 100% 的情况下，商业、办公用水对比《民用建筑节水设计标准》GB 50555—2010

下限值用水量分别降低 48.56%、54.13%，节水效果显著；年节约用水量约149474.00t，年节约水费约为 620317 元（按自来水价为 2.95 元/t，污水处理费用为 1.2 元/t 计算）。即全年节约电费、水费合计达到 335.03 万元。

1.4　增量成本分析

项目总投资为 196594.53 万元，为实现绿色建筑而增加的初投资成本为6102.93 万元，单位面积增量成本为 310.43 元/m²，绿色建筑可节约的运行费用为 580.69 万元/年。增量成本统计见表 1。

增量成本统计　　　　　　　　　　　　　　　　表 1

实现绿建采取的措施	单价（元）	标准建筑采用的常规技术和产品	单价（元）	应用量（个）/面积（m²）	增量成本（万元）
土壤氡浓度检测	100	无	0	124.00	1.24
CO₂ 监测联动	6000	无	0	10.00	6.00
CO 监测联动	4500	无	0	17.00	7.65
夹胶 Low-E 玻璃	1800	中空玻璃	1500	196594.53	5870.84
高效中央空调机组	2400	普通空调	2000	5430.00	217.20
合计					6102.93

1.5　总　　结

航天科技广场基于以上实践和探索，通过项目不断地改造提升，顺利成为自《住房和城乡建设部关于印发绿色建筑标识管理办法的通知》（建标规〔2021〕1号）发布以来，由住房和城乡建设部组织的第一批（全国共 4 个）获得《绿色建筑评价标准》GB/T 50378—2019 绿色建筑三星级标识的项目，代表本项目在安全耐久、健康舒适、生活便利、资源节约、环境宜居等方面具有全国领先的示范意义。同时该项目先后获得广东省建设工程优质奖、广东省建设工程金匠奖、2018—2019 年度国家优质工程奖、2021 年度深圳市绿色建筑创新奖一等奖、2022 年度南山区绿色建筑示范项目等。作为新时期绿色建筑理念的先行者，将持续带动后海总部基地、深圳市、粤港澳大湾区的绿色建筑实践与探索；通过绿色物业建设与评价，将持续进行绿色运营、绿色教育、绿色推广，实现持续的绿色影响力。

作者：苏志刚[1]　李善玉[1]　丁嘉城[1]　严贞桢[1]　王月侠[2]　廖勇[3]　刘继军[3]（1. 深圳万都时代绿色建筑技术有限公司；2. 深圳市航天高科投资管理有限公司；3. 深圳市航天高科物业管理有限公司）

2 天津朗泓园（临海新城08-05-24地块住宅项目）

2 Langhong community，Tianjin（the residential project of lot 08-05-24 in Linhai New City）

2.1 项 目 简 介

天津朗泓园（临海新城08-05-24地块住宅项目）位于中新天津生态城海博道与明盛路交叉口东南角，由中福颐养（天津）置业有限公司投资建设，上海朗诗规划建筑设计有限公司设计，南京朗诗物业管理有限公司天津分公司运营，总占地面积为4.62万 m^2 ，总建筑面积为7.36万 m^2 ，2022年9月依据《绿色建筑评价标准》GB/T 50378—2019获得三星级绿色建筑标识。

项目主要功能为住宅及配套公建，主要由3栋6层住宅、14栋8层住宅、2栋沿街商业、1栋社区服务和物业用房、1栋消防安全用房及地下车库构成，效果图如图1所示。

图1 天津朗泓园（临海新城08-05-24地块住宅项目）效果图

2.2　主要技术措施

项目采取绿色建筑设计理念和全过程管理手段，具有安全耐久、健康舒适、生活便利、资源节约、环境宜居绿色等特色。

2.2.1　安全耐久

1. 住宅安全设计

项目结构设计严格按照现行国家标准建设和管理维护。住宅出入口采用凸出建筑主体的单元门，可降低外墙饰面、门窗玻璃意外脱落带来的危险；建筑周边结合场地景观设计形成可降低坠物风险的缓冲区、隔离带；场地内实行人车分流系统，将行人、自行车及机动车的场地内行进路线分开，并在人行路线及自行车路线上设有照明路灯。具体如图2所示。

图2　建筑出入口防坠物单元门、周边防坠物绿化带、人车分流

2. 建筑耐久性能

建筑设计施工采用建筑结构与建筑设备管线分离的处理方式，设公共管井，集中布置设备主管线，提升建筑适变性。选取耐腐蚀、抗老化、耐久性能好的钢塑复合管、双面热镀锌钢管等，活动配件选用长寿命产品且便于拆换；选用的外饰面材料、防水密封材料及室内装修装饰材料均为耐久性好的材料。

2.2.2　健康舒适

优化外围护结构设计，卧室、起居室等主要功能房间铺设木地板，外窗采用三玻两腔节能窗，提高建筑隔声性能，削弱环境噪声对生活的影响，避免邻里之间噪声干扰。南向卧室采用铝合金可调节外遮阳卷帘，外遮阳卷帘的启闭由安装在室内墙壁上的手拉皮带机构控制，当室内产生眩光或温度较高时，用户通过调整卷帘开度，改善室内光环境。建筑设计中着重优化室内空间布局，通过控制各房间的通风开口面积比例，制定最优的自然通风方案；户内设置集中新风系统，各支管安装风量调节阀保证新风量恒定，并装设新风过滤器，提升室内空气品质，保障热舒适性。具体如图3所示。

图3　木地板、外遮阳卷帘、地面新风出风口

2.2.3　生活便利

1. 出行和服务便利性

建筑室内外无障碍设计和设施齐全，无障碍系统连续，住宅单元安装可容纳担架的无障碍电梯，方便行动不便者和需紧急救护者通行。项目周边服务设施完善，在规定的服务半径内，幼儿园、小学、中学、社区活动中心、健身房、老年人日间照料、商业服务设施等均匀分布，居民步行可达。具体如图4所示。

图4　项目东侧公交站点（中福幼儿园）

2. 智慧科学运维

给水泵房安装水质在线监测系统，对生活用水的电导率、pH、溶解氧、水温度、浊度、余氯等进行实时监测，保障水质安全。地源机房 24 小时人员值守，辅以智慧能源管理平台实时监测系统运行状态，及时处理异常信息，确保户内恒温运行，实现科学运维。具体如图 5 所示。

图 5 水质在线监测系统及智慧能源管理平台界面

2.2.4 资源节约

1. 被动节能与主动节能结合

项目采用被动与主动相结合的节能理念，从优化建筑设计、施工选材和运行维护全过程保障理念落实。通过融合主动与被动技术，找到了能源供给和需求之间的平衡点，在源头上为建筑节能创造条件。具体如图 6 所示。

被动节能方面，通过优化建筑体型系数和窗墙面积比，降低建筑本体的能耗

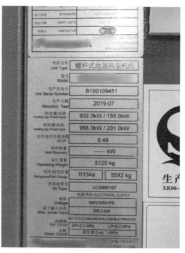

图 6 三玻两腔节能外窗、地源热泵机组性能

损失；选用高性能保温材料和节能外窗，外窗传热系数较国家现行节能设计标准降低 20％，各楼栋供暖空调负荷降低 17.69％以上；优化建筑空间和平面布局，充分利用自然通风和自然采光；住宅南向卧室全部安装铝合金外遮阳卷帘，综合实现保温隔热，降低供暖和空调能耗。

主动节能方面，选用了高性能的地源热泵机组，其性能系数 COP 较现行《公共建筑节能设计标准》GB 50189—2015 规定的能效限定值提升 17.8％；合理选用风机、水泵来降低供暖空调系统的末端系统及输配系统的能耗；选用高效节能灯具，光源采用 LED 光源或高效（T5）荧光灯，主要功能房间的照明功率密度值达到现行《建筑照明设计标准》GB 50034—2013 规定的目标值。

2. 可再生能源应用

项目集成应用太阳能热水系统和地源热泵系统，为使用者提供生活热水和冷热量。住宅设计使用户数为 416 户，全部住户安装分散式太阳能热水系统，各户安装阳台分离式太阳能热水器，带电辅助加热系统，太阳能热水保证率≥80％。17 栋住宅中，选取 9 栋设计建设为"科技住宅"，"科技住宅"的冷、热源由地源热泵系统提供，冬季供热不足时由市政补热（图 7）。

图 7   阳台分离式太阳能热水器

3. 节水与中水利用

基于市政用水条件，统筹应用自来水和非传统水源，引入市政中水用于室内冲厕、绿化灌溉和道路冲洗，冲厕、绿化灌溉和道路冲洗采用非传统水源的用水量比例均为 100％。室内卫生器具选用节水器具，全部卫生器具的用水效率等级达到 1 级，住宅节水性能良好。

2.2.5　环境宜居

1. 生态环境保护

本项目原场地为盐碱荒地，生态环境较为恶劣，工程施工时，采取改土、排盐、种植等措施改良土质，结合场地绿化施工进行生态恢复和补偿，采取复层绿化的方式建成乔、灌、草、花结合的立体绿化体系，增加绿地面积，保护场地生态系统，为本土动物提供停留和栖息的场所，形成错落有致的社区景观（图8）。

图 8　场地生态景观实景图

2. 低影响开发

运用海绵城市建设理念，将场地生态绿化与低影响开发活动结合。开展海绵城市专项设计，合理规划汇水分区，设置雨水花园和下凹绿地，硬质铺装选用植草砖、透水砖和透水混凝土等透水铺装材料；屋面和道路雨水排放采用断接的形式，衔接和引导雨水进入地面生态设施。通过海绵城市建设，有效促进雨水下渗、滞蓄，防止场地积水或内涝（图9）。

图 9　下凹绿地、屋面雨水断接

2.3 实 施 效 果

2.3.1 室内环境

通过采取上述营造健康舒适环境的技术措施，住宅室内的空气品质、声环境、光环境和湿热环境均达到标准规定的先进水平。

1. 室内空气品质

通过采用满足国家现行绿色产品评价标准中对有害物质限量的装饰装修材料，并结合自然通风和新风系统作用，主要功能房间的氨、甲醛、苯、总挥发性有机物、氡等污染物浓度较现行《室内空气质量标准》GB/T 18883—2022 的规定限值降低 33％以上，对保障使用者身体健康具有重要意义。

2. 声环境

小区周边种植高大乔木以隔绝道路交通噪声，建筑采用隔声性能良好的围护结构和门窗，构件及相邻房间之间的空气声隔声性能和楼板的撞击声隔声性能达到现行《民用建筑隔声设计规范》GB 50118—2010 中的高要求标准限值，室内噪声级达到现行《民用建筑隔声设计规范》GB 50118—2010 中的高要求标准限值。

3. 光环境

建筑的照明数量和质量符合现行《建筑照明设计标准》GB 50034—2013 的规定，并满足相关标准对光生物安全性和光输出波形的波动深度的规定。通过对采光外门窗的优化设计和可调节外遮阳设施的利用，住宅主要功能空间采光达标比例均大于 60％，以最不利楼栋 3 号楼为例，其主要功能空间采光达标率为 69％，室内采光良好，光环境舒适。

4. 室内湿热环境

建筑采用市政热、分体空调和地源热泵等人工冷热源，主要功能房间达到现行《民用建筑室内热湿环境评价标准》GB/T 50785—2012 规定的室内人工冷热源热湿环境整体评价Ⅱ级面积比例为 100％。室内空间布局合理，主要功能房间通风开口面积与房间地板面积的比例大于 5％，以最不利的 U 户型主卧室为例，其房间通风开口面积比为 5.25％。南向卧室外置可调节遮阳卷帘，可调节遮阳设施面积占外窗透明部分比例为 54.95％。在自然通风与设备调节相结合的运行模式下，住宅使用者能够切实感受到室内环境的舒适性，直观的应用体验良好。

2.3.2 节约资源

1. 节能与降低碳排放

应用被动节能优先、主动节能优化、可再生能源补充的节能体系，建筑节能效果显著，经计算，各楼栋供暖空调负荷降低幅度达到 17.69% 以上，太阳能热水系统供应生活热水的比例达到 100%，地源热泵系统为小区提供冷热量的比例可达 70.99%，建筑运行阶段碳排放强度为 $33.07kgCO_2/(m^2 \cdot a)$。

2. 节水

住宅冲厕、室外绿化灌溉等采用市政中水，非传统水源利用率达到 39%，卫生器具全部采用用水效率等级 1 级的节水器具，节水效果良好。

2.3.3　场地环境

1. 室外物理环境

项目所在地中新天津生态城原为盐碱荒地，通过改土、排盐等土壤改良手段进行生态恢复，项目通过绿化种植提升小区环境，项目绿地率为 61.40%，达到规划指标的 175.4%，住宅建筑所在居住街坊内人均集中绿地面积为 $2.50m^2$/人，可供居民休憩、开展户外活动。室外活动场地采用高大乔木遮阴，遮阴面积比例为 56.1%，能够有效降低场地内热岛强度。

2. 雨水径流控制

雨水花园面积为 $3019m^2$，下凹绿地面积为 $507m^2$，透水铺装面积为 $6743m^2$，透水铺装地面占硬质铺装面积的比例达到 67.5%，屋面和道路雨水断接，以上措施能够促进雨水下渗、滞蓄，场地年径流总量控制率大于 80%，建成后场地未出现积水或内涝。

2.4　增量成本分析

项目应用了可再生能源、节水器具、建筑外遮阳、围护结构性能提升等绿色建筑技术，提高了能源利用效率和住宅绿色健康性能。项目总投资 5 亿元，为实现绿色建筑特性而增加的初投资成本为 1061.92 万元，单位面积增量成本为 144.26 元/m^2，绿色建筑可节约的运行费用约 150 元/年。增量成本统计如表 1 所示。

增量成本统计　　　　　　　　　　　　　　　　表 1

实现绿建采取的措施	单价	标准建筑采用的常规技术和产品	单价	应用量/面积	增量成本（万元）
太阳能热水系统	3500 元/户	无太阳能热水系统	0 元/户	416 户	145.60
洗脸盆安装（含龙头）	1000 元/套	普通脸盆	600 元/套	1272 套	50.88
蹲便器	800 元/套	普通坐便器	500 元/套	752 套	22.56
地源热泵系统	300 元/m^2	市政供暖+分体空调	260 元/m^2	29930m^2	119.72

续表

实现绿建采取的措施	单价	标准建筑采用的常规技术和产品	单价	应用量/面积	增量成本（万元）
外遮阳卷帘	296.27 元/m²	无外遮阳卷帘	0 元/m²	3957.14m²	117.24
土壤氡检测	100 元/点	无土壤氡检测	0 元/点	470 点位	4.70
节能电梯	160000 元/部	普通电梯	140000 元/部	27 部	54.00
围护结构提升—外窗	1100 元/m²	满足标准要求	600 元/m²	7200.98m²	360.05
CO 监测系统	3500 元/点	无 CO 监测系统	0 元/点	9 点位	3.15
BIM 应用	25 元/m²	无 BIM 应用	0 元/m²	73609.46m²	184.02
合计					1061.92

2.5 总　　结

项目因地制宜采用了安全耐久、健康舒适、生活便利、资源节约和环境宜居的绿色理念，主要技术措施总结如下：

（1）场地交通体系采用人车分流设计，提高了安全性；

（2）建筑结构与建筑设备管线分离，提升了建筑适变性；

（3）南向卧室安装铝合金可调节外遮阳卷帘，降低了空调能耗；

（4）户内设置集中新风系统，并装设新风过滤器，促进通风，保障室内空气品质；

（5）给水泵房安装水质在线监测系统，实施给水水质监测；

（6）地源机房 24 小时人员值守，辅以智慧能源管理平台实时监测系统运行状态；

（7）采用被动节能优先、主动节能优化、可再生能源补充的节能体系，全面降低建筑能耗；

（8）应用非传统水源用于室内冲厕、绿化灌溉和道路冲洗，节约水资源；

（9）采取改土、排盐、种植等改良土质的生态保护措施；

（10）开展海绵城市专项设计，控制场地雨水径流。

该项目通过设计优化、施工管理和科学运维，最终通过线上评审的方式，被住房和城乡建设部授予三星级绿色建筑评价标识，达到了节能减排和绿色发展的目的，也为绿色低碳建筑推广提供了成熟的技术经验。

作者：郑娜[1]　李小芳[1]　郑立红[1]　刘超[1]　李鹏[2]（1. 天津生态城绿色建筑研究院有限公司；2. 中福颐养（天津）置业有限公司）

3 象屿集团大厦

3 XMXYG Corp. Building

3.1 项 目 简 介

象屿集团大厦项目（2015G12 地块）位于福建省厦门市湖里区港中路与屿南四路交叉口东南侧，由厦门象屿集团有限公司投资建设，中国建筑设计研究院有限公司设计，总占地面积为 17397.28m²，总建筑面积为 97714.35m²，2022 年 9 月依据《绿色建筑评价标准》GB/T 50378—2019 获得绿色建筑标识三星级。

本项目为办公建筑，地上 11 层，地下 3 层，地上包括办公、会议、食堂及办公配套，地下室功能主要为地下车库（兼作人防）与设备机房。实景图如图 1 所示。

图 1　象屿集团大厦项目实景图

3.2 主 要 技 术 措 施

项目采取绿色建筑的设计理念，采用了多项先进的绿色建筑技术措施，如太阳能热水、屋顶绿化、雨水回收利用、BIM 技术等绿色节能的设计理念。基于对地域自然气候条件的考虑，在建筑造型上结合了最具地域特色的空间形式——闽南厝屋，形成内部围合的半室外中庭空间，有利于自然通风采光。选择合适的绿色化技术，既能提高建筑室内的舒适性，也能节约能源、减少废物的排放量。本项目采用的绿色建筑技术见图 2。

图 2　象屿集团大厦绿色建筑技术

3.2.1　安全耐久

1. 外部设施一体化设计施工

项目外部设施包括太阳能集热器、冷却塔、空调机组、风机、水箱及擦窗机基础设施。

室外机组设置于屋面设备基础上，并且通过地脚螺栓与基础相连接。

幕墙构件连接位置应有梁、板、柱、构造柱、圈梁等结构构件。埋件跟随土建结构施工进度事先预埋。设备基础平面示意如图 3 所示。

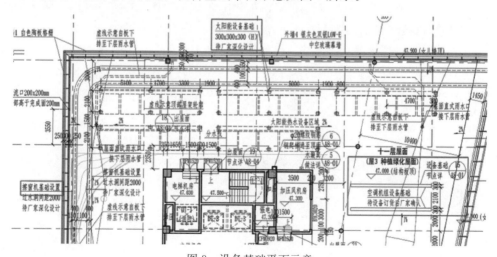

图 3　设备基础平面示意

2. 防坠设计

项目采用了主动防坠设计,在窗户、窗台、防护栏杆等均强化设计防止坠落,降低坠物产生伤人的风险。项目可开启外窗,采用高窗设计、部分窗台与绿化种植整合设计。防护栏杆满足抗水平力验算的要求及国家规范规定的材料最小截面厚度的构造要求。项目的被动式防坠设计包括:建筑主入口的雨棚设计,其降低了坠物带来的危害;同时,通过设置实土绿色和覆土绿地形成缓冲区来达到隔离带的作用,进一步减少高空坠物带来的风险。防坠设计如图 4 所示。

图 4　防坠设计

3. 防滑设计

项目建筑出入口及平台、公共走廊、电梯门厅、厨房、浴室、卫生间等设置防滑措施,防滑等级不低于现行行业标准《建筑地面工程防滑技术规程》JGJ/T 331—2014 规定的 Bd、Bw 级,建筑室内外活动场地所采用的防滑地面,防滑等级达到现行行业标准《建筑地面工程防滑技术规程》JGJ/T 331—2014 规定的 Ad、Aw 级,建筑坡道、楼梯踏步防滑等级达到现行行业标准《建筑地面工程防滑技术规程》JGJ/T 331—2014 规定的 Ad、Aw 级,并采用防滑条。防滑设计如图 5 所示。

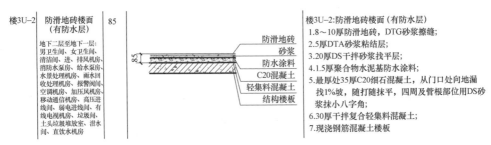

图 5　防滑设计

4. 适变性设计

项目采用灵活隔断，隔墙采用轻钢龙骨和玻璃隔断等轻质隔断，方便拆卸；采用吊顶和架空地板，管线在吊顶及架空地板下铺设，设备管线与建筑结构分离，方便检修；设备布置及控制方式可根据空间变化而变化。适变性设计如图 6 所示。

图 6　适变性设计

3.2.2　健康舒适

1. 室内空气品质

通过选用优质室内装饰装修建材，并设置新风系统，控制室内空气中的氨、甲醛、苯、总挥发性有机物、氡等污染物浓度。前端设备采用五合一传感器，能够同时监测室内温度、湿度、CO_2 浓度、$PM_{2.5}$ 浓度、PM_{10} 浓度，并依托于 TCPIP 网络进行通信，前端设备主要设置于大开间办公区、健身房、会议层茶歇区、大堂公共走道等区域。具体如图 7 所示。

2. 地下车库 CO 监控

地下车库设置 CO 浓度监测装置，并与风机设备联动。当浓度高压为 $30mg/m^3$ 时进行报警，并联动风机运行。地下车库 CO 监控平面图如图 8 所示。

3. 室内光环境

项目外立面主要为玻璃幕墙，办公区域的隔断以玻璃为主，使得室内天然采光效果良好。室内光环境如图 9 所示。

图 7 污染物浓度实时监测

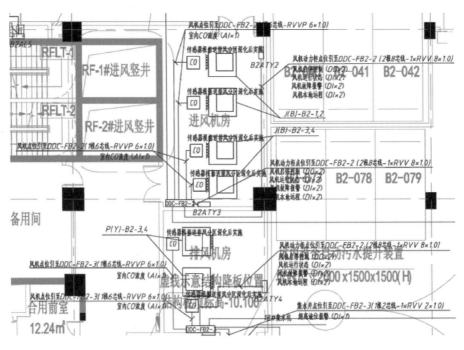

图 8 地下车库 CO 监控平面图

图 9 室内光环境

4. 室内热湿环境

项目以办公为主,办公区域采用风机盘管+新风系统,气流组织形式为上送上回。图 10 为办公区域风机盘管分布图,图 11 为敞开办公风机盘管分布图。

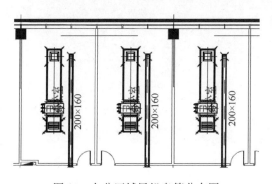

图 10 办公区域风机盘管分布图

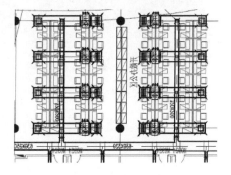

图 11 敞开办公风机盘管分布图

3.2.3 生活便利

1. 停车场所

项目机动车停车位为 720 个,其中 7 个为无障碍车位,128 个为充电桩车位,1 个货车车位,4 个微型车位,均设置在地下车库,地面无停车位。自行车停车位为 629 个,均设置在地下一层,内部设有照明系统,设有紧急指示灯。图 12 为停车场所实景图。

图 12　停车场所

2. 健身设施

项目地面空间有限，为鼓励建筑使用者健身，在屋顶设置约 1200m² 的健身空间，设置多种健身器材。并设置长度约为 320m、宽度约为 1.25m，材质为塑胶的健身专用跑道。同时，在 4F 设置了约 2200m² 的健身空间，并配有更衣室和淋浴间。图 13 为拳击健身区，图 14 为器械健身区。

图 13　拳击健身区　　　　　　　　　　　图 14　器械健身区

3.2.4　资源节约

1. 高效冷热源

项目使用高效冷热源机组设备。冷源设置集中水冷冷水系统，采用 2 台制冷量为 2110kW（600RT）常规电动水冷变频离心式冷水机组（国标工况 COP 为 5.94）＋2 台制冷量（制热量）为 824kW（831kW）超低噪风冷螺杆热泵机组联合供冷（国标工况 COP 为 3.36）。热源设置集中热水系统，由上述 2 台制热量为 831kW 的超低噪风冷螺杆热泵机组提供冬季供热热水。

2. 高效节水器具

项目采用土建与装修一体化设计，所有节水器具均为一级节水器具（图 15）。

图 15　节水器具

3. 景观水体及非传统水源利用

项目收集整个地块屋面及道路雨水，处理净化后用于地块内的绿化灌溉、道路浇洒、地库冲洗以及水景补水之用，多余的雨水通过弃流装置流入市政雨水口中。水景补水时，雨水进入景观水体前设置的卵石沟，对雨水进行过滤，降低径流污染。通过水生动植物和过滤装置来净化景观水体。

4. 绿色建材

项目使用的绿色建材比例不低于 50%。其中，预拌混凝土、预拌砂浆、玻璃、内墙涂料、防水涂料、瓷砖、木地板等，均采用绿色建材。

3.2.5　环境宜居

1. 复层绿化

项目绿化大量选取乡土植物，采用乔、灌、草的复层绿化形式，且乔、灌、地被比例协调，在平面布置上疏密得当，错落有致，在竖向布置上进行分层设计。

2. 海绵城市

项目设置下凹式绿地、雨水花园等生态设施，结合场地地形条件合理布置，对场地内雨水进行调蓄，溢流雨水通过管网进入蓄水池，超出控制容积的雨水溢流至市政雨水管网中。图 16 为下凹绿地详图。

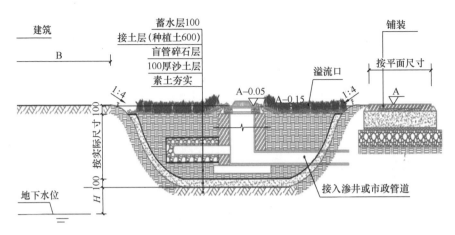

图 16　下凹绿地详图

3. 标识系统

项目在各个楼层及场地内设置标识系统，促进建筑便捷使用。图 17 为标识系统。

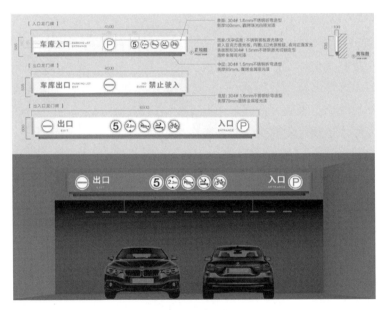

图 17　标识系统

3.2.6　提高与创新

1. 特色地域建筑文化——闽南厝屋

在项目的设计中，结合公共功能，如会议、餐厅和健身等，在中庭设置了多层次上人景观平台，形成积极的半室外灰空间。为员工营造出一个个在风景中憩息的诗意场景，为员工在建筑间的穿梭往来提供遮阳避雨、舒适惬意的步行空间。有机穿插的庭院与平台，为员工提供一处处绿树掩映、尺度宜人的交往空间。富有地域特色的空间氛围，使建筑显得亲切熟悉。图 18 为闽南厝屋设计实景图。

图 18 闽南厝屋设计

2. 钢结构

项目主体结构采用钢结构体系。

3. 碳排放计算

项目根据行业标准《民用建筑绿色性能计算标准》JGJ/T 449—2018 和《建筑碳排放计算标准》GB/T 51366—2019 中的全生命周期方法（LCA）计算建筑的全生命期碳排放量，单位面积碳排放量为 $1.29\ tCO_2e/m^2$。

3.3 实 施 效 果

3.3.1 建筑能耗

1. 围护结构节能设计

项目屋面传热系数为 $0.4W/(m^2 \cdot K)$，外墙传热系数为 $0.87W/(m^2 \cdot K)$，外窗（包括玻璃幕墙）传热系数为 $2.1W/(m^2 \cdot K)$，在仅考虑围护结构传热性能的条件下，建筑供暖空调负荷降低了 15.17%。

2. 暖通空调和照明系统的节能设计

办公区域设置风机盘管＋新风系统，气流组织形式为上送上回。入口通高大堂和首层多功能厅采用全空气空调系统，系统可根据室内外气象参数，通过焓值控制，调节新、回风的比例达70％以上。

采取分区控制，门厅、电梯厅等空间提高温度降低空调系统能耗。

各房间照明功率密度参照《建筑照明设计标准》GB 50034—2013 目标值设计，照明开关时间参照《公共建筑节能设计标准》GB 50189—2015 设计。

建筑供暖、通风与空调系统能耗较参照建筑的降低幅度为10.94％。

3.3.2　室外环境

1. 室外热环境

项目通过建筑自遮阳和合理设置绿化及屋顶花园，降低场地内热岛强度。经过模拟可得，建筑室外夏季逐时湿球黑球温度（WBGT）为32.46℃，室外平均热岛强度为1.3℃，场地遮阴面积比例达到81.18％。

2. 场地年径流总量控制

项目在地面和屋面均采取了海绵措施，下凹式绿地面积为996m²，雨水花园面积为230m²，道路雨水径流顺坡汇至下凹绿地或通过植草沟引至下凹绿地。雨水花园深为0.2m，增大了场地雨水调蓄的容积，消纳地面雨水径流。

项目设置屋顶绿化1116.4m²，屋面雨水收集后通过雨水立管传输至室外雨水管网，排至位于地下室的雨水回用蓄水池。超量雨水通过水泵排至室外市政排水管网。年径流总量控制率为70.4％。

3.3.3　室内环境

1. 室内污染物控制

对室内污染物浓度进行模拟分析，得出本项目甲醛浓度、苯浓度、TVOC浓度低于现行国家标准《室内空气质量标准》GB/T 18883—2022 规定限值的20％，且室内 $PM_{2.5}$ 年均浓度不高于 $25\mu g/m^3$，室内 PM_{10} 年均浓度不高于 $50\mu g/m^3$。

2. 室内隔声降噪

项目室外主要噪声源为交通噪声，室内主要噪声源为空调室内机噪声，通过将室内机进行吊装，并安装在吊顶内，结合围护结构的隔声，减少环境和设备对室内的影响。经过计算，办公室的室内噪声值为37.75dB，会议室的室内噪声值为37.87dB，达到现行国家标准《民用建筑隔声设计规范》GB 50118—2010 中的高要求标准限值。

办公室采用架空楼板，楼板撞击声隔声值为65dB，达到现行国家标准《民用建筑隔声设计规范》GB 50118—2010 中的高要求标准限值。

3. 室内热湿环境

项目以办公为主,办公区域采用风机盘管＋新风系统,气流组织形式为上送上回。现选取两种办公空间进行模拟分析,得到室内热湿环境良好,主要功能房间达到现行国家标准《民用建筑室内热湿环境评价标准》GB/T 50785—2012规定的室内人工冷热源热湿环境整体评价Ⅱ级的面积比例为90％以上。

3.4　增量成本分析

项目应用了高效冷热源、雨水回收、室内空气质量监控系统、太阳能热水系统等绿色建筑技术,通过实施绿色建筑各项措施,每年热水节约费用为3.72万元,雨水收集系统年总节约水费0.95万元,单位面积增量成本为70.42元/m²。具体见表1。

增量成本统计　　　　　　　　　　　　　　　　表1

实现绿建采取的措施	单价(元)	标准建筑采用的常规技术和产品	单价(元)	应用量(个)	增量成本(万元)
高效水冷变频离心式冷水机组	250000	普通水冷变频离心式冷水机组	150000	2	20
高效风冷螺杆热泵机组	120000	普通水冷变频离心式冷水机组	80000	2	8
雨水回收系统	200000	无	0	1	20
室外健身场地	100000	无	0		10
室内空气质量监控系统	500000	无	0		50
太阳能热水系统	100000	无	0		10
屋顶花园	100000	无	0		10
节水器具	200000	普通器具	100000		10
高性能玻璃幕墙	8500000	普通器具	5000000		350
绿色建材	8000000	常规建材	6000000		200
合计(万元)					688

3.5　总　　结

项目因地制宜采用了绿色低碳、文化传承、智慧科技的绿色理念,主要技术措施总结如下:

(1)采用高效冷热源机组、照明设备等,降低了建筑能耗。

(2)结合当地特色建筑结构进行设计,充分利用自然通风。

(3)室外回收利用雨水进行道路冲洗、绿化浇洒等,室内全部采用1级节水器具，降低了建筑水耗。

（4）设置了太阳能热水系统，此部分提供生活热水的比例达到了 42.3%，降低了建筑能耗。

（5）设置了空气质量检测系统、能源管理系统等智慧监控系统，提高了运维管理效率，同时也能达到节能的目的。

该项目在设计建造过程中充分考虑空气品质、健康舒适、节能减排等因素，实现了绿色低碳的目标，获得了三星级绿色建筑《绿色建筑评价标准》GB/T 50378—2019 的标识成果，也将助力于我国建筑产业满足新时代高质量的要求。

作者：缪裕玲[1]　向滕[1]　邵怡[1]　江德坤[2]　林晗[2]（1. 中建研科技股份有限公司上海分公司；2. 厦门象屿港湾开发建设有限公司）

4 中国商飞江西南昌生产试飞中心 A01 号交付中心

4 The A01 Delivery Center of Comac's Nanchang Production and Test Flight Center in Jiangxi Province

4.1 项 目 简 介

中国商飞江西生产试飞中心 A01 号交付中心项目位于江西省南昌市南昌县商飞大道，由南昌城飞置业有限公司投资建设，中国航空规划设计研究总院有限公司单位设计，总占地面积为 31485.14m²，总建筑面积为 13160.00m²，项目依据《绿色建筑评价标准》GB/T 50378—2019 获得了绿色建筑标识三星级。

项目主要功能分区包括：用于飞机销售和交付的客户办公、会议空间，商飞公司及合资公司的行政办公区、公共设施（餐厅、纪念品商店、展厅等）及设备用房等配套设施。效果图如图 1 所示。

图 1　A01 号交付中心效果图

4.2 主要技术措施

项目采取可持续发展的设计理念，集亮点技术和特色技术于一体，通过绿色

371

技术集成，充分利用可再生能源，高品质打造绿色建筑三星级示范项目。

4.2.1 安全耐久

1. 建筑结构、围护结构耐久性

建筑结构满足承载力和建筑使用功能要求。建筑外墙、屋面门窗幕墙及外保温等围护结构满足安全、耐久和防护的要求。门窗单块玻璃面积大于 $0.9m^2$，采用钢化玻璃。所有内门均做门套，颜色及表面处理形式与室内装饰协调。防火门安装闭门器，双扇防火门安装顺序闭门器。对于门窗与墙体的连接，在施工中预留埋件，保证门窗与墙体连接牢固。门窗框与墙体之间的缝隙采用发泡聚氨酯密封。

2. 卫生间防水防潮

卫生间、浴室的地面设置防水层，墙面、顶棚设置防潮层。卫生间等有水楼（地）面防水层采用 2 厚 JS 防水涂膜。建筑出入口及平台、公共走廊、电梯厅门、厨房、浴室、卫生间都设防滑措施，防滑等级不低于《建筑地面工程防滑技术规程》JGJ/T 331—2014 规定的 Bd、Bw 级。屋面防水层采用 SBS 改性沥青防水卷材。围合外露竖管隔墙采用 C75 系列轻钢龙骨、单面双层 12 厚防潮纸面石膏板。地面在混凝土垫层上做 0.3mm 厚 PE 膜防潮层。

3. 装修材料

合理采用耐久性好、易维护的装饰装修建筑材料（图 2）。防水涂料、密封胶采用满足《绿色产品评价防水与密封材料》GB/T 35609—2017 的产品。防水卷材应具有抗拉力性能高、延展性良好、低温柔韧性好、不脆裂、抗腐蚀、耐老

图 2 绿色产品认证证书

化的性能。各类幕墙采用的密封胶、密封胶条等密封材料均应符合国家现行规定以及行业规范对其的各项性能要求，并应有保质年限的质量证书，保证在有效期内使用。

4.2.2 健康舒适

1. 污染物达标

室内空气中的氨、甲醛、苯、总挥发性有机物、氡等污染物浓度符合现行国家标准《室内空气质量标准》GB/T 18883—2002 的有关规定，并较标准低 20%（表 1）。建筑材料及装修材料均选用环保材料，其室内污染物氡（Rn-222）、甲醛、氨、苯和总挥发性有机化合物（TVOC）的含量均符合《民用建筑工程室内环境污染控制规范》GB 50325—2020 的规定。聚氯乙烯、卤化物不能用于建筑装修、设备、管线等材料。

室内污染物浓度预评估结果   表 1

房间名称	甲醛 mg/m³（1h 均值）		苯 mg/m³（1h 均值）		TVOC mg/m³（8h 均值）	
	预评估	标准值	预评估	标准值	预评估	标准值
1 层客户监造办公室(4 人)	0.015	0.10	0.010	0.11	0.432	0.60
1 层交付员工监造办公室(8 人)	0.018	0.10	0.011	0.11	0.376	0.60
1 层办公室(14 人)	0.015	0.10	0.009	0.11	0.309	0.60
2 层客户关系办公室(8 人)	0.018	0.10	0.011	0.11	0.358	0.60
2 层交付办公室(10 人)	0.007	0.10	0.007	0.11	0.328	0.60
2 层交付会议室(24 人)	0.008	0.10	0.006	0.11	0.400	0.60
3 层经理办公室	0.012	0.10	0.009	0.11	0.472	0.60
3 层办公室(20 人)	0.013	0.10	0.009	0.11	0.217	0.60
3 层视频会议室(37 人)	0.007	0.10	0.006	0.11	0.170	0.60

2. 健康照明

本工程所有普通照明灯具均采用 LED 光源，显色指数 Ra≥80。照明频闪的限值执行《LED 室内照明应用技术要求》GB/T 31831—2015 6.1.4 条规定。本工程采用的 LED 照明光源及灯具均符合《建筑照明设计标准》GB 50034—2013、《灯和灯系统的光生物安全性》GB/T 20145—2006、《均匀色空间和色差公式》GB/T 7921—2008、《电能质量公用电网谐波》GB/T 14549—1993，以及 IES LM80-08 的有关规定。

3. 装饰材料有害物质限量

本项目防水涂料、密封胶采用满足《绿色产品评价防水与密封材料》GB/T 35609—2017 的产品。内墙涂料颜色符合设计要求，采用弹性涂料，亚光涂料的固含量应不低于 50%（重量比），漆膜具有优异的耐水、抗碱、耐擦洗性能，又抗菌防霉。内墙涂料采用满足《绿色产品评价—涂料》GB/T 35602—2017 的产品。

4. 储水设备卫生要求

本项目生活饮用水水池、水箱等储水设施采取措施满足卫生要求。本建筑餐厅设有热水系统，采用空气源热水机组作为主要热源（电辅热）的形式供应热水，采用不锈钢承压热水箱，有效容积为 $3m^3$，为避免系统内细菌滋生，本设计在热水供水总管上设置一台可以杀菌消毒的水净化设备，采用光催化水体高级氧化技术，将水中的细菌、病毒、微生物、有机物等迅速分解成 CO_2 和 H_2O，使微生物失去复活、繁殖的物质基础，从而达到杀菌、消毒的目的。

5. 光环境

本项目具有良好的光环境，基于选址条件，周边无采光遮挡建筑，通过优化开窗面积，主要功能空间至少 60% 面积比例区域采光照度值不低于采光要求的小时数平均不少于 4h/d（图3）。

图3　采光效果图

6. 热湿环境

本项目通过合理设计室内环境参数及暖通空调系统，打造了良好的室内热湿环境，主要功能房间空调总面积为 $5613.36m^2$，热湿环境整体评价达到Ⅱ级的面积比例达 100%。

4.2.3　生活便利

1. 电动汽车充电设施

停车场具有电动汽车充电设施或具备充电设施的安装条件，并合理设置电动汽车和无障碍汽车停车位。本项目西北侧设置 A02 号停车楼，停车楼设置机动车停车位共计 61 个，其中电动车停车位 8 个，并配置 5 个立式充电桩，2 个壁式充电桩；地面停车位共计 35 个，其中无障碍停车位 2 个，电瓶车停车位 2 个。

2. 建筑设备管理系统自动监管功能

本项目设置建筑设备自动监控系统，系统硬件部分由 UPS 电源、监控计算机、网络交换设备、现场控制器、传感器执行器及通信线路等组成。采用二级网络的形式，上级网络主要连接监控主机、网络交换设备等，通过光缆接入位于动力站的厂区监控中心。

3. 智能监控系统

本项目设置智能监控系统，包括建筑设备监控系统、集中电源集中控制型消防应急照明和疏散指示系统、物联网照明系统、供电监控系统、电气火灾监控系统、消防电源监控系统、能源管理系统。

4. 健身场所

合理设置健身场地和空间。本项目 1 层设置健身房，面积为 $80.33\mathrm{m}^2$，为员工提供室内健身空间。

5. 空气质量监测

设置监测 PM_{10}、$PM_{2.5}$、CO_2 浓度的空气质量监测系统，且具有存储至少 1 年的监测数据和实时显示等功能（图 4、图 5）。本项目典型办公室、会议、餐厅、人员密集场所等设置室内空气质量 CO_2 浓度、$PM_{2.5}$ 浓度、PM_{10} 浓度监测，并可连锁新风阀自动调节新风量。新风量设置风量测量装置，当新风量与设定值偏差超过 15% 时报警，并带数据控制输出接口。

图 4　现场空气质量传感器

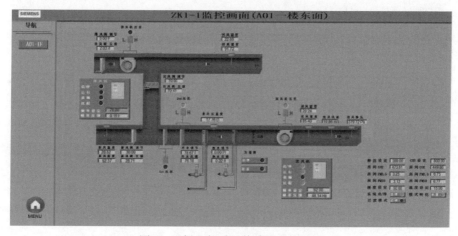

图 5　现场空气质量传感器监控画面

6. 水质监测系统

本项目设置水质在线监测系统，给水系统分别在建筑引入口和末端最不利用水点处安装一套水质监测仪器（每套包括在线浊度仪、在线余氯测定仪、在线PH计、在线电导仪各一套，均带 BA 接口），在给水引入管、3F 茶水区支管、中水系统加压给水引入管及 3F 冲厕支管后分别设置一套水质在线监测系统（共计 4 套），用于监测水质情况，监测数据上传至本建筑楼宇自控系统。

4.2.4　资源节约

1. 高效暖通空调系统

本项目空调供暖热媒均采用 60/50℃ 热水，由动力站集中提供，直接供空调末端使用。热力入口处设自力式压差平衡阀及热计量装置。本项目集中空调系统一次冷媒采用 5~14℃ 的冷冻水，由厂区动力站供给。空调末端使用的二次冷媒为 7~14℃ 冷冻水，由暖通入口间的混水系统得到，混水泵采用变频电机调速水泵。冷水入口处设自力式压差平衡阀及计量装置。网络机房、数据机房等重要设备用房设置独立的机房专用机组，并按工艺要求设置备用机组，满足全年运行需要。消防安防中心、UPS 间、弱电间、强电间等区域，由于其工作性质的需要，单独设计独立冷热源的空调系统。

2. 节能照明

主要功能房间的照明功率密度值不高于现行国家标准《建筑照明设计标准》GB 50034—2013 规定的现行值；公共区域的照明系统应采用分区、定时、感应等节能控制；采光区域的照明控制应独立于其他区域的照明控制。

采用智能型照明控制系统，通过移动感应器控制公共走廊、卫生间及楼梯间等场所自动开灯、延时关灯；通过人体感应器、光线传感器、控制面板和控制模块，实现办公室照明灯具的开关，临窗灯具的恒照度自动调光，无人关灯等节能措施。会议室、报告厅等场所照明采用场景控制。

3. 能耗独立计量

冷热源、输配系统和照明等各部分能耗应进行独立分项计量。所有用户电能计量表计均采用智能型远传仪表，通过通信网络接入园区能源管理系统，做到用电分类计量、分时段计量、分区域计量、分用户计量，供运维部门管理使用。

4. 水资源利用

项目制定水资源利用方案，统筹利用各种水资源。采用空气源热泵提供淋浴、厨房生活热水，空气源热泵提供的生活热水比例为 87.59%（图6）。项目采用一级节水器具、节水灌溉系统，并收集雨水回用于绿化灌溉、景观补水、冲厕用水。

图 6　空气源热泵热水机组

4.3　实　施　效　果

A01 号交付中心，通过绿色规划、绿色设计、绿色施工、绿色运营，全过程采用绿色低碳节能技术，在可持续发展方面收获颇丰。

本项目建筑材料及装修材料均选用环保材料，其室内污染物氡（Rn-222）、甲醛、氨、苯和总挥发性有机化合物（TVOC）的含量均符合《民用建筑工程室内环境污染控制规范》GB 50325—2020 的规定，并且污染物浓度低于现行国家《室内空气质量标准》GB/T 18883—2002 规定限值的 20%。餐厅热水采用空气源热泵热水供应，并在热水供水总管上设置杀菌消毒的水净化设备，采用光催化水体高级氧化技术，达到充分地杀菌、消毒的目的。项目主要功能房间空调总面积为 5613.36m²，热湿环境整体评价符合《民用建筑室内热湿环境评价标准》GB/T 50785—2012 Ⅱ 级的面积比例达到 100%。

4.4　增量成本分析

本项目采用了雨水收集回用系统，回收用水用于冲厕、绿化灌溉，项目整体采用一级节水器具，并采用节水灌溉技术，每年雨水收集回用可直接节省费用 9.92 万元。项目整体预计产生的增量成本为 302 万元（表 2），单位面积增量成本约为 229 元/m²。

增量成本统计 表 2

实现绿建采取的措施	单价	标准建筑采用的常规技术和产品	单价	应用量/面积	增量成本（万元）
雨水花园	200 元/m²	常规绿地	30 元/m²	900m²	15.3
高效冷热源系统	240 元/m²	常规系统	210 元/m²	13160m²	39.48
空气源热泵热水系统	350000 元/套	电或燃气热水器	150000 元/套	1 套	20
节能灯具	20 元/m²	满足《建筑照明设计标准》GB 50034—2013 现行值要求的灯具	10 元/m²	13160m²	13.16
节能照明控制系统	100000 元/套	常规控制	0 元/套	1 套	20
节水器具	300 元/套	同品牌或同档次的满足《节水型生活用水器具》CJ 164—2002 及《节水型产品技术条件与管理通则》GB/T 18870—2002 要求的器具	100 元/套	69 套	1.38
雨水回用系统及管网	1000000 元/套	无	0 元/套	1 套	100
节水灌溉系统	20 元/m²	人工漫灌	10 元/m²	10127m²	10.13
空气过滤器系统	50 元/m²	无	0 元/m²	13160m²	65.80
室内空气质量监控系统	20 元/m²	无	0 元/m²	13160m²	26.32
合计					302

4.5 总 结

中国商飞江西南昌生产试飞中心 A01 号交付中心项目因地制宜地采用了"以人为本，可持续发展"的绿色理念，主要技术措施总结如下：

（1）非传统水源利用、高效节水器具、节水灌溉体现了因地制宜的技术措施。

（2）绿色照明、智能照明控制系统、空气质量监测系统从节能和人的体验角度合理采取相应措施。

（3）空气源热泵热水及光催化消毒技术是以人为本，并采用先进技术及可再生能源的有效措施。

该项目建成后将成为南昌生产试飞中心的重要场所，在此平台向南昌人民展示绿色建筑技术的应用，起到很好的示范推广效应，社会效益、经济效益显著。

作者：林杰[1]　陈红玲[2]（1. 中建科技集团有限公司；2. 南昌城飞置业有限公司）

5 南京中央商务区核心区配套学校 (含邻里中心)-06号幼儿园

5 Nanjing Central Business District Core District Supporting School (including Neighborhood Center)-06♯ Kindergarten

5.1 项 目 简 介

中央商务区核心区配套学校 (含邻里中心)-06号幼儿园项目，位于南京市江北新区纵六路以西，纵七路东侧居住用地以东，横江大道以北，横三路以南；由南京江北新区中央商务区开发运营有限公司投资建设，江苏省建筑设计研究院有限公司设计，幼儿园占地面积为 6082.68m²，总建筑面积为 9516.88m²，其中地上建筑面积为 4836.63m²，地下建筑面积为 4680.25m²，容积率为 0.80，绿地率为 35.55%，建筑密度为 32.72%，建筑高度为 12m，地上 3 层/地下 1 层，2022 年 7 月依据《绿色建筑评价标准》GB/T 50378—2019 获得绿色建筑预评价标识三星级。

项目主要功能为幼儿园，设有主楼、门卫、地下车库，主楼设有 12 个班的活动单元、综合活动室、厨房、晨检大厅、科学发现室、阅览室、美工室、教师办公及其他辅助功能。门卫室设有值班和卫生间的功能。本项目总投资为 3.8 亿元，其中幼儿园项目投资为 7239.98 万元。效果图如图 1 所示。

图 1　项目效果图

5.2　主要技术措施

项目以儿童健康快乐为主旨，设计功能分区明晰，管理办公区域与活动室、寝室合理分离，室内外活动场所内外交融，创造了有趣和活泼的变化空间、秉承的绿色、集成的设计理念，融合健康元素，优先采用 BIM 技术，进行全过程的建筑品质和性能控制，给幼儿创造最直接的绿色健康体验。图 2 为设计理念及实景图。

●采用"积木"的主题，将活动单元的体块转化成积木块，富有韵律感地进行排列。

●增添明亮的色彩，培养幼儿对五彩斑斓世界的喜爱与好奇心。

图 2　设计理念及实景图

5.2.1　安全耐久

1. 完善的防滑设计

防滑措施完善，从建筑出入口、公共走廊、到楼梯等部位均考虑了防滑措施，具体措施如下：建筑出入口及平台采用防滑等级为 Bw 级的石材；公共走廊、电梯门厅、厨房、卫生间等处采用防滑等级为 Bd 级的地砖；建筑坡道处采用防滑等级为 Aw 级的石材铺地；楼梯踏步采用防滑地砖装饰层，且每个踏步均设置凹凸防滑条，防滑等级为 Ad 级。图 3 为防滑措施实景图。

2. 全面的人车分流

机动车停车位 99 个全部设置在地下停车库，机动车出入口处均设置地下车库坡道，实现全面的人车分流，车辆迅速下地，不设置地面通勤交通，解决上下学拥堵问题。由于幼儿园与邻里中心地下空间互通，可以引导接送车辆进入邻里中心地下车库进行接送，既保证了学生的安全，又减小了出入口对主线交通的影响。图 4 为人车分流实景图。

3. 安全防护措施

项目在存在安全隐患处采用安全玻璃；设置大量安全防护栏杆保护幼儿安

图 3　防滑措施实景图

图 4　人车分流实景图

全。图 5 为安全防护措施实景图。

5.2.2　健康舒适

1. 防疫通风精细化

在传统外窗基础上，增加走廊侧通风窗，与外窗形成空气对流，大大地提升了室外通风的效果。图 6 为通风实景图。

2. 空气质量精细化

本项目除安防值班室、门卫值班室外，其他区域采用直接膨胀可变冷媒流量多联机空调系统，安防值班室、门卫值班室采用分体空调。空调方式为采用多联

381

图 5　安全防护措施实景图

图 6　通风实景图

式中静压风管机，采用格栅送风口。气流组织为顶送顶回。室内空调设备装配亚高效过滤网（过滤效率≥99%），可去除 $PM_{2.5}$、粉尘、烟雾，抑制和灭杀多种霉菌和病毒，通过模拟试验选用安全可靠的装修材料，可有效地降低甲醛、苯、TVOC 对幼儿的影响。

3. 可调节遮阳设计

本项目可调节遮阳设施的面积占外窗透明部分的比例为 55.32%。主要应用中置百叶、活动外遮阳设置、平板遮阳＋内部高反射遮阳设备。图 7 为可调节遮阳实景图。

图 7　可调节遮阳实景图

5.2.3 生活便利

1. 充分利用公共交通网络

建筑出入口不仅方便进出，并便于充分利用公共交通网络，与周边地区保持良好的联系。图8和图9分别为轨道交通示意图和公交车交通示意图。

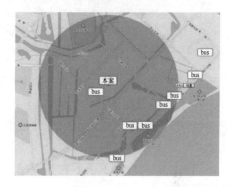

图8　轨道交通示意图　　　　图9　公交车交通示意图

2. 能耗监测系统设计

本项目能量计量装置和流量计量装置具有数据远传功能，具有符合行业标准的物理接口，通信协议采用Modbus协议或相关行业标准协议；能量计量装置精度等级不低于1.0级。图10为能耗监测示意图。

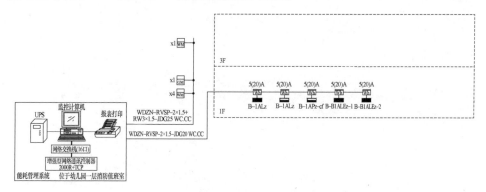

图10　能耗监测示意图

3. 合理设置健身场地和空间

本项目充分利用室内外场地，室外健身场地面积不少于总用地面积的0.5%；设置宽度不少于1.25m的专用健身慢行道，健身慢行道长度不少于用地红线周长的1/4且不少于100m，室内健身空间的面积不少于地上建筑面积的0.3%且不少于60m²；楼梯间具有天然采光和良好的视野，且与主入口的距离不大于15m。图11为健身场地实景图。

图 11 健身场地实景图

4. 水质在线监测设计

设置水质在线监测系统，监测生活饮用水、非传统水源的水质指标，记录并保存水质监测结果，且能随时供用户查询。生活给水系统最不利用水点设置监测点，对微生物指标、浊度、余氯、pH 值、总硬度等指标进行监测。图 12 为水质监测示意图。

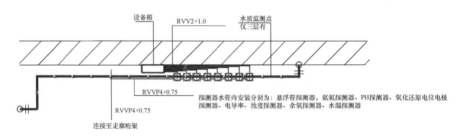

水质监测点平面图

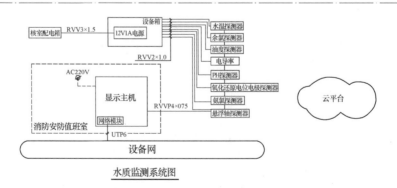

水质监测系统图

图 12 水质监测示意图

5. 室内环境品质

本项目在管理中心设置空气质量监测管理软件，具备空气质量实时监测显示、统计、存储、分析、报警等功能；在各机械通风设备的电气控制箱内设置空气质量控制器，所有控制器通过 LonWorks 现场总线接入空气质量监测管理平台；在地下车库有固定人员的区域及其他分布位置设置 CO 传感器，传感器以 485 总线监测方式接入空气质量控制器；在人员密度较高且随时间变化大的区域分布设置 CO_2、甲醛、$PM_{2.5}$ 等的传感器，传感器以总线方式接入空气质量控制器；空气质量控制器实时接收各探测器检测的信号，并依据温湿度、CO_2 浓度和 CO 浓度的变化，自动控制通风设备，使空气质量达到绿色环境的要求。室内空气质量检测系统可自成体系，也可通过 OPC 等方式与楼宇自控系统互联。图 13 为室内空气质量监测示意图。

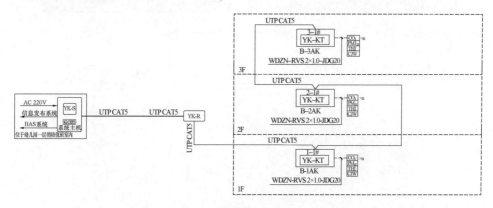

图 13 室内空气质量监测示意图

5.2.4 资源节约

1. 灯具设计精细化

本项目室内照度、眩光值、一般显色指数等照明数量和质量指标符合现行国家标准《建筑照明设计标准》GB 50034—2013 的规定。人员长期停留的场所采用符合现行国家标准《灯和灯系统的光生物安全性》GB/T 20145—2006 规定的无危险类照明产品。选用 LED 照明产品的光输出波形的波动深度满足现行国家标准《LED 室内照明应用技术要求》GB/T 31831—2015 的规定，照明频闪的限值执行《LED 室内照明应用技术要求》GB/T 31831—2015 的规定。照明系统采取分区控制、感应延时、智能控制等节能控制措施，并设计了智能照明控制系统（图 14）。

2. 节水灌溉设计

本项目充分利用非传统水源，雨水经收集处理后用于绿化灌溉、道路浇洒等。绿化灌溉采用微喷灌并配合土壤湿度感应器，雨天自动关闭装置（图 15～图 17）。

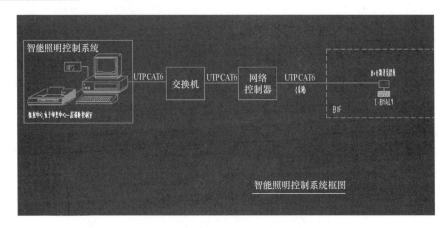

图 14　智能照明控制系统示意图

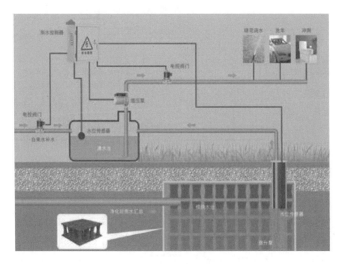

图 15　雨水回收系统

图 16　土壤湿度感应器，雨天
　　　自动关闭装置

图 17　微喷灌

3. 可再生能源利用

本项采用太阳能光热系统提供生活热水，太阳能集热器置于楼顶。热水供应范围包括一层食堂厨房热水和盥洗室洗手槽恒温热水。本建筑屋面设置的真空管太阳能集热器总集热面积为100m²。太阳能热水系统应采取防冻、防结露、防过热、防电击、防雷、抗雹、抗风、抗震等技术措施。安装在建筑上或直接构成建筑围护结构的太阳能集热器，应有防止热水渗漏的安全保障措施。幼儿园热水应有防烫伤措施，幼儿热水使用点处设置"小心烫伤"标志，热水管道采用暗敷等措施。图18为太阳能热水系统图。

图18 太阳能热水系统图

4. 节水器具

本项目采用的龙头、大便器、小便器等卫生器具，用水效率等级全部达到1级（图19）。

图19 节水器具图

5.2.5 环境宜居

1. 标识设计

项目契合建筑整体形象进行标识系统设计，主要包括：安全警示标识、指令标识、提示标识、引导标识、禁烟标识等（图20）。

2. 海绵城市设计

本项目通过绿色雨水基础设施，秉承"低冲击开发"理念，可持续地管理雨

图 20 标识系统图

洪，营造生态景观。项目场地海绵城市措施有生物滞留池、下沉绿地、下渗铺装等。合理规划地表与屋面雨水径流，对场地雨水实施外排总量控制。

3. 垃圾分类设计

本项目设置垃圾回收总站点 1 个，垃圾回收站点 14 个，分类收集后由环卫部门统一清运。

5.2.6 提高与创新

1. 绿色低碳性能

本项目以中国建筑设计研究院编制的《建筑碳排放计算标准》GB/T 51366—2019 为依据，采用全生命周期的方法（LCA）计算碳排放量。对于建筑而言，全生命周期的方法是指建筑在材料生产、施工建造、运行维护、拆解直至回收的生命过程中都产生能源及材料的消耗，引起直接或间接的 CO_2 排放。

经计算，本项目采用高效的机组、高效节能水泵、风机、太阳能热水、大量可再生能源等减排措施后，碳排放强度比同类建筑低 47.28%。图 21 为机房实景图。

图 21 机房实景图

388

2. 全流程采用 BIM 技术

运用 BIM 技术对项目全生命周期中的施工图设计、深化设计、施工准备、现场施工和后期交付等各个环节，进行信息的建立与收集，最终形成完整的竣工信息模型，并设运维平台，集成所有智能化系统，实时监控整个建筑的运行状况，从而实现基于三维信息化模型的设计优化、进度管理，提高本项目信息化管理水平和工作效率（图 22～图 24）。通过 BIM 技术的应用，保证从设计、施工到运营的 BIM 信息的延续性和完整性，充分保障业主对工程的智能化管理。

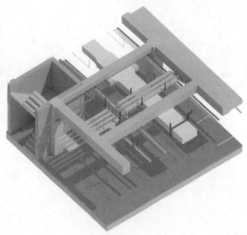

图 22　设计阶段

图 23　施工阶段

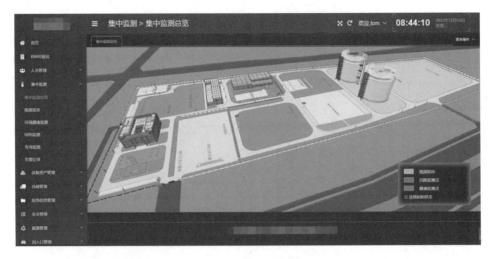

图 24　运营阶段

5.3　实　施　效　果

本项目通过上述技术措施，达到了绿色建筑三星级评价要求。其中，建筑整体能耗降低 25.51%；可再生能源占比为 94.4%；主要功能房间平均自然通风换气次数不低于 2 次/h；主要功能房间的室内空气中的氨、甲醛、苯、总挥发性有机化合物、氡等污染物浓度，均低于《室内空气质量标准》GB/T 18883—2022规定限值的 20%，室内空气中化学类污染物甲醛、苯、TVOC 的浓度限值分别为 0.08、0.088、0.48。室内 $PM_{2.5}$ 年均浓度不高于 $25\mu g/m^3$，且室内 PM_{10} 年均浓度不高于 $50\mu g/m^3$，本项目模拟得出 $PM_{2.5}$ 年均浓度为 $9\mu g/m^3$，PM_{10} 年均浓度为 $16\mu g/m^3$。绿化灌溉、车库及道路冲洗、洗车中非传统水源利用率达到100%。100% 采用一级节水器具。可调节遮阳设施的面积占外窗透明部分的比例为 55.32%。场地年径流总量控制率达到 90.43%，有调蓄雨水功能的绿地和水体的面积之和占绿地面积的比例为 47.08%，硬质铺装地面中透水铺装面积的比例达到 52.0%。

5.4　增量成本分析

项目应用了节能保温、高效空调系统、节水灌溉、雨水回用、太阳能热水、能耗监测、空气质量品质系统、水质监测系统、全流程 BIM 等绿色建筑技术。其增量成本见表 1。

增量成本统计　　　　　　　　　　　　　　　　　　表 1

实现绿建采取的措施	单价	标准建筑采用的常规技术和产品	单价	应用量/面积	增量成本（万元）
智能化服务系统	185.7 万元/套	无	0	1 套	185.7
太阳能	65 万元/套	无	0	1 套	65
一级节水器具	9.5 万元/套	普通节水器具	5 万元/套	1 套	4.5
节水灌溉	46 万元/套	人工浇洒	10 元/m²	1 套/2162m²	43.84
BIM 技术	约 150 万元/套	无	0	1 套	150
水质在线监测系统	13.6 万元/套	无	0	1 套	13.6
雨水收集系统	52 万元/套	无	0	1 套	52
合计					513.94

5.5　总　　结

本项目布局考虑南京的气候特点，遵从基地的自然地形，新建建筑朝向与周边建筑相同，契合整个片区的城市肌理，与周边建筑与环境协调一致（图 25）。

图 25　本项目幼儿园与周围环境

项目因地制宜采用了安全、人文、创新、智慧、环保的绿色理念，主要技术措施总结如下：

（1）室内外采用防滑型材料，保障人员行走安全；

（2）设置建筑能效管理系统，对冷、热水及电量进行分项计量采集并上传；

（3）全部卫生器具采用一级能效的节水器具；

（4）绿化100％采用微喷灌的节水型灌溉系统。节水灌溉提供雨天自动关闭等服务保障；

（5）绿化灌溉、地库冲洗非传统水源利用率达到100％；

（6）本项目的混凝土结构中，400MPa级及以上受力普通钢筋用量的比例达到98.75％；

（7）太阳能热水可再生能源比例为94.4％；

（8）可调节遮阳设施的面积占外窗透明部分的比例为55.32％；

（9）场地年径流总量控制率达到90.43％。

本项目通过打破传统的教育建筑方式，结合自然，融入自然；采用绿色环保、低能耗、高耐久性的建造体系，打造绿色校园。综合考虑周边道路、相邻地块建筑条件和日照影响等，力求设计出布局合理、功能完善、交通便捷、融入整个城市肌理的总平面格局。本工程属于夏热冬冷地区，根据《公共建筑节能设计标准》GB 50189—2015的要求，对单体进行建筑专业、给排水、供暖空调和建筑电气的节能设计，缩短管线，减少能耗。设备选型、系统设计和计量方式考虑节约能源以满足节能要求。本项目的实施，将有效地推动绿色建筑技术在建设项目中的应用和发展。提高项目的使用品质的同时，亦加重了科学技术在建筑行业领域中的分量，带动非传统水源利用技术、围护结构保温隔热技术、BIM技术等一批相关产业的持续发展，其经济效益相当显著，对于整个建筑产业结构的调整有着积极的促进作用。为同类项目建筑提供设计指导和依据，实现资源、能源的高效利用，达到节能减排的目的，因此综合效益明显。

作者：姜丹凤[1] 包颖颖[1] 章世香[2] 郭承香[2] 蒋永欣[2] 范宇[2] 凌海琴[2]（1. 江苏上止正工程咨询有限公司；2. 江苏省建筑设计研究院有限公司）

6 威海凤集·金茂悦 1～25 号楼
6 Fengji，Jinmaoyue

6.1 项 目 简 介

  威海凤集·金茂悦项目地块位于山东省威海市经济技术开发区齐鲁大道南，西临东海路，东临深圳路，由威海兴茂置业有限公司投资建设，青岛北洋建筑设计有限公司设计，中国建筑第五工程局有限公司施工，威海上诚物业服务有限公司运营，总用地面积为 91961m²，总建筑面积为 226868.92m²，2022 年 6 月依据《绿色建筑评价标准》GB/T 50378—2019 以及《BREEAM 国际新建建筑技术手册 2016 版》获得绿色建筑预认证一星级和 BREEAM 三星级设计认证双认证。

  项目为住宅小区，地上由 25 栋住宅建筑、2 栋沿街商业用房和 1 栋配套幼儿园组成，地下为停车库。场地中部存在文物保护单位"从氏宗祠"。平面图和效果图如图 1 和图 2 所示。

图 1　威海凤集·金茂悦平面图

图 2　威海凤集·金茂悦效果图

6.2　主要技术措施

项目按照《绿色建筑评价标准》GB/T 50378—2019 的绿色建筑理念进行设计建造，本项目的设计要求已满足绿色建筑对于人车分流、高耐久管件管材、室内污染物浓度控制、室内声环境、采光通风和无障碍的要求，为了确保本项目具有安全、节能低耗、舒适的优点，增加了防滑、防护栏杆安全防护水平、安全玻璃、太阳能热水、节能灯具、室外吸烟点、海绵城市设计等绿色建筑技术。

6.2.1　安全耐久

1. 安全防护

本项目建筑外窗均为面积大于 $1.5m^2$ 的外窗，客厅通过门联窗通向室外开敞阳台，在位于阳台、外廊、开敞楼梯平台下部的公共出入口设置玻璃雨棚，按照《建筑玻璃应用技术规程》JGJ 113—2015 和《关于印发〈建筑安全玻璃管理规定〉的通知》（发改运行〔2003〕2116 号）及地方主管部门的有关规定使用安全玻璃（图 3）。

建筑出入口及平台、公共走廊、电梯门厅、厨房、浴室、卫生间等设置防滑措施，防滑等级不低于现行行业标准《建筑地面工程防滑技术规程》JGJ/T 331—2014 规定的 Bd、Bw 级，建筑室内外活动场地所采用的防滑地面，防滑等级达到现行行业标准《建筑地面工程防滑技术规程》JGJ/T 331—2014 规定的

图 3　安全防护玻璃以及构件示意图

Ad、Aw 级，建筑坡道、楼梯踏步防滑等级达到现行行业标准《建筑地面工程防滑技术规程》JGJ/T 331—2014 规定的 Ad、Aw 级或按水平地面等级提高一级，并采用防滑条等防滑构造技术措施。

2. 人车分流

本项目实行人车分流，地块内交通组织科学合理。基地人行出入口靠近东海路，机动车出入口均在靠近道路及场地内车道侧，人行出入口和车库出入口分开设置，避免相互干扰。车行道路进入场地内直接连接车库出入口，避免车辆在场地内穿行。场地内无机动车车行道，主要人行道路在场地内形成环路，行人可直接到达场地内的各个房间（图 4）。

图 4　场地内人车分流

室外景观照明灯具主要选用高杆灯、草坪灯和植物射灯，小区内部步行道路两侧均匀布置有高杆灯或草坪灯，同时每栋楼每个单元门入口处设有高杆灯或草坪灯，为夜间行人提供充足的照明。

3. 高耐久性管件管材

本项目室内给水系统按照《建筑给水排水设计规范》GB 50015—2019 的规定选用耐腐蚀和安装连接方便可靠的管材，给水干管及立管选用衬塑钢管，管径不小于 DN80 时，卡箍连接，管径小于 DN80 时，螺纹连接，分户水表后采用 PPR 管，热熔连接，住宅卫生间的排水立管采用中空壁消音硬聚氯乙烯 PVC-U 排水管，住宅厨房的排水立管、洗衣机排水立管均采用优质 PVC-U 消声管，一层单独排出管支管采用光壁 PVC-U 管，均为粘接，排水立管在转换层弯头以下的立管（包括弯头）、所有的排水出户管及出屋面排水立管均采用柔性接口机制排水铸铁管，承插连接。

辐射供暖管道采用使用条件级别为 4、管径为 De20 的 PE-RT 管（S4.0 系列，工作压力为 0.8MPa，管材壁厚 2.3mm），管道采用热熔连接，敷设在管道井至户内分、集水器的供暖供回水主管道采用条件级别为 4、管径为 De32 的 PPR 管（S4 系列，工作压力为 0.8MPa），热熔连接，通风管均采用镀锌钢板，均满足耐腐蚀、抗老化、耐久性能好的要求。

普通动力、照明干线选用 WDZ-YJY-0.6/1kV 铜芯无卤低烟交联聚乙烯绝缘聚烯烃护套阻燃电力电缆（图 5）。普通动力、照明支线选用 WDZ-BYJ-450/750V 铜芯交联聚乙烯无卤低烟阻燃聚烯烃绝缘环保型电线。设备控制线选用 KYJY 铜芯交联聚乙烯绝缘聚氯乙烯护套控制电缆。

图 5 高耐久性管材与阻燃电力电缆

6.2.2 健康舒适

1. 室内污染物浓度控制

本项目对所有采购的精装建材的污染物浓度进行约束（图 6），并选取每种户型的卧室及起居室，对室内空气中的甲醛、苯、总挥发有机物浓度水平进行预评估，得出室内装修污染物浓度均低于现行国家标准《室内空气质量标准》GB/

图6　室内精装环保建材

T 18883—2022规定限值的20%以上。地下车库合理布置CO浓度传感器，及时反馈，及时通风换气，保障住户身心健康，打造全方位的健康舒适环境。

2. 居民用水安全

关注建筑用水质量的控制，防止出现水体污染，保障使用者用水质量可以与欧盟标准媲美。本项目住宅各类生活供水系统水质均符合国家现行标准《生活饮用水卫生标准》GB 5749—2022、《城市供水水质标准》CJ/T 206—2005的规定。

项目在二次生活给水加压水泵的吸水管上装设紫外线消毒器，对二次供水进行消毒，防止水池或水箱二次污染，保证生活饮用水的水质，为建筑使用者提供安全放心的用水环境。

供暖系统水质满足现行国家标准《供暖空调系统水质》GB/T 29044—2012，其中pH（25℃）值满足9～10，悬浮物≤10mg/L，氯化物Cl^-≤100mgCl^-/L，硫酸根SO_4^{2-}≤150mg$CaSO_4$/L，总硬度≤0.6mmol/L，溶氧量≤0.1mg/L，含油量≤1.0mg/L，总铁量Fe≤0.5mg/L，总铜量Cu≤0.5mg/L。

3. 降噪隔声

本项目选用高效、低噪声、低振动的设备。悬吊安装电动设备均采用减震弹簧支吊架，电动设备落地安装时，转速不大于1500转/min的设备采用弹簧减震器，转速大于1500转/min的设备采用弹簧减震座或橡胶减震器。对于噪声要求较高的房间，选用低噪声设备或采取消声器等降噪措施。通风设备机房、设备夹层均由土建专业隔声降噪处理，机房采用防火隔声门。通风设备进出口设柔性不燃材料制作的软接头。室内噪声级达到高要求标准限值，楼板的撞击声隔声性能达到高要求标准限值。主要功能房间室内噪声值列表如表1和表2所示。

室内噪声值模拟数据　　　　　　　　　　　　　　　　表1

主要功能房间	室内噪声值 [dB（A）]	高、低限值平均值 [dB（A）]	高要求标准限值 [dB（A）]
卧室（昼）	36.27	42.5	40

续表

主要功能房间	室内噪声值 [dB（A）]	高、低限值平均值 [dB（A）]	高要求标准限值 [dB（A）]
卧室（夜）	31.22	33.5	30
起居室	37.87	42.5	40

项目构件隔声数据 　　　　　　　　　　　　　　表 2

	主要功能 房间	构件类型	隔声值 [dB（A）]	高、低限值平均值 [dB（A）]	高要求标准限值 [dB（A）]
空气声隔 声性能	住宅	分户墙	48	＞47.5	＞50
	住宅	外墙	46	≥47.5	≥50
	住宅	外窗	34	≥27.5	≥30
	住宅	楼板	48	＞47.5	＞50
	住宅	分户门	30～40	≥27.5	≥30
楼板撞击 声性能	主要功能 房间	楼板部位	撞击声隔声值 （dB）	高、低限值平均值 （dB）	高要求标准限值 （dB）
	住宅	楼板	＜62	≤70	＜65

4. 采光通风

本项目严格对室内空气的质量进行把控，根据建筑的外形特征、负荷特点、地区气候特征等，综合考虑风压通风和热压通风，最大限度地引入新风和减少空调的开启时间与能耗（图 7）。

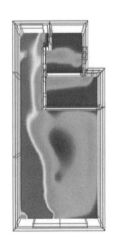

图 7　室内采光与风速模拟示意图

规划住宅建筑依据标准《城市居住区规划设计标准》GB 50180—2018，至少有一个居住空间采光满足大寒日日照 2h 要求（图 8）。本项目主要功能空间通过浅色饰面等有效的措施控制眩光，眩光值均满足《建筑采光设计标准》GB 50033—2013 要求。楼梯间具有天然采光和良好的视野，且与主入口的距离不大于 15m。

日照分析图

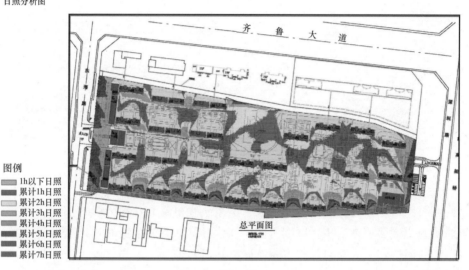

图例
- 1h以下日照
- 累计1h日照
- 累计2h日照
- 累计3h日照
- 累计4h日照
- 累计5h日照
- 累计6h日照
- 累计7h日照

总平面图

图 8　日照模拟示意图

6.2.3　生活便利

1. 交通便利与无障碍出行保障

本工程执行《无障碍设计规范》GB 50763—2012 和地方主管部门的有关规定；单元入口高差为 15mm，做斜坡过渡，室外连廊与室内地坪高差及门内外高差均做斜坡过渡；乘客电梯在满足乘客电梯要求的同时，电梯及轿厢内按无障碍电梯要求设置，并设有尺寸合规的担架电梯轿厢；小区内设置联通、连续的无障碍道路，并可与市政无障碍道路连贯；无障碍门距地 350mm 范围内安装防护门板，门内外地面高差不大于 15mm，并以斜坡过渡。

项目场地附近 300m 内有 2 个交通站点，800m 内有 6 个交通站点，共有 8 条公交线路途中经过，项目建造了配套幼儿园以及商业服务设施，步行距离还有学校、医院以及养老设施（图 9），能够使市民享受到便利舒适的服务。

2. 建筑 BA 系统

本项目设置火灾自动报警系统及消防联动系统，由火灾探测报警系统、消防联动系统、电气火灾监控系统组成。

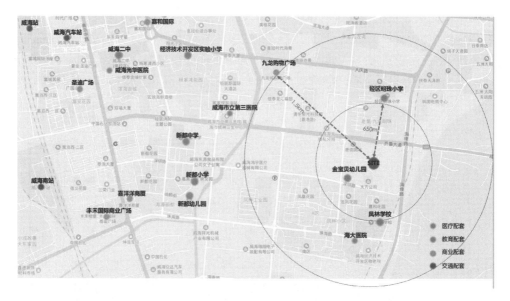

图 9　项目配套服务设施示意图

同时项目还设置安防系统，可视对讲系统主机安装在单元入户门上，可视对讲系统与小区监控中心主机联网（图 10）。当发生火灾报警时，疏散通道上和出入口处的门禁须由火灾自动报警系统联动控制，实现自动失效解锁。

图 10　安防可视化系统

6.2.4　资源节约

1. 能源节约

建筑围护结构的热工性能符合国家及地方标准，并经过设计优化后，围护结构热工性能比国家现行相关建筑节能设计标准规定的值提高 5%。

对能耗及水耗进行"开源节流式"控制，通过分项计量，使用 2 级节水器具等措施，建筑能耗和水耗比常规有效降低，并采用可再生能源，节能环保。本项目采用分户计量方式，对能耗及水耗数据进行实时、清晰计量，减少不必要的能耗及水耗；走廊、楼梯间、门厅、大堂及地下停车场等场所的照明系统采用分区、定时、感应等节能控制，各设备用房、物业用房等采用分散就地控制，符合 BREEAM 对于节水节能的要求。本项目采用高效节能电梯，打造高效的垂直交通系统，减少能耗，降低运营成本，满足 BREEAM 对于建筑交通系统的要求。

本项目中所有建筑均设计了合理的围护结构开启比例，各房间的采光系数均高于标准要求，为建筑使用者提供充足的通风及采光要求，在最小的成本投入前提下，享受较高的室内热舒适性。住宅户内光源采用 LED 光源，一般场所为荧光灯或其他节能型灯具，光源采用高效节能光源（T5），本工程荧光灯均配电子镇流器或节能型电感镇流器。光源显色指数 $R_a \geqslant 80$，色温在 3300K～5300K 之间。其中车库照明光源选择 LED 光源，地下室设备用房选择 T5 高效节能光源。

2. 节材与材料资源利用

本项目结构形式为钢筋混凝土结构，建筑造型要素应简约，且无大量装饰性构件。项目合理采用高强度建筑结构材料，项目主钢筋用量为 8971.17t，其中 HRB400 级钢筋的重量为 8162.32t，受力钢筋使用 HRB400 级（或以上）钢筋且占主筋总量的 90.98%。建筑可循环材料使用重量为 13782.02t；所有建筑材料总重量为 202788.00t；可再利用材料和可再循环材料使用重量占所有建筑材料总重量的比例为 6.80%。

3. 清洁能源

本项目位于山东省威海市，年总辐射量为 5137.75 MJ/m²。项目在阳台设置壁挂式太阳能热水系统（图 11），集热器面积为 1.92m²，太阳能热水系统提供一次热水，水箱内置电加热 2.0kW，优先利用太阳能，太阳能不足时，启动辅助电加热，保证全天候有热水使用。项目住宅总户数为 1556 户，太阳能热水使用户数为 1556 户，使用比例为 100%。

图 11　太阳能热水安装示意图

6.2.5 环境宜居

1. 场地生态与景观

本项目绿地率高达50％，为建筑使用者提供舒适温馨的散步及交流空间。在各栋建筑周边进行绿化规划，种植物以乔木、花灌木及藤本植物为主，丛植或群式种植的乔灌木均采用高低错落的方式种植，充分体现自然生长的特点，同时为建筑使用者营造精致、优雅的居住环境（图12）。

图12 室外景观绿化实景图

本项目共设置3处吸烟点，均位于场地内部景观种植区内，远离建筑出入口及可开启窗扇，同时远离儿童及老年人活动场地，景观种植区内的高大乔木可以为吸烟点提供遮阴，吸烟点处均配备有座椅、"吸烟有害健康"警示牌、垃圾桶及立式烟蒂柱，防止吸烟者随意丢弃烟头。

各季节主导风向条件下，参评建筑周边流场分布较为均匀，基本上未出现明显的旋涡区、无风区，有利于室外散热和污染物的消散。

2. 海绵城市建设

场地生态设计结合海绵城市措施，提高场地排水能力，打造"会呼吸"的宜居环境，实现场地年径流总量控制率达到国家标准，景观设计结合透水铺装、下凹式绿地、雨水花园等措施，实现城市级渗透—社区级渗透—组团级渗透3级渗透，有效提高项目内的排水效率，防止产生地面积水或内涝的情况。

本项目场地下凹绿地面积为20067.63m²，下凹绿地面积占绿地总面积的比值为50.7％，硬质铺装总面积为24595.16m²，透水铺装总面积为7299.84m²。其中，植草砖面积为1505.94m²，透水沥青面积为5793.00m²，透水铺装面积占硬质铺装总面积的比例为29.68％。

3. 减少室外光污染

夜景照明灯具全部开启时，熄灯时段前建筑立面垂直面照度基本在 2.0lx 以下，熄灯时段建筑立面垂直面照度基本在 1.0 lx 以下，满足《室外照明干扰光限制规范》GB/T 35626—2017 及《城市夜景照明设计规范》JGJ/T 163—2008 第 7.0.2 条第 1 款"居住建筑窗户外表面产生的垂直面照度 E3 环境区域熄灯时段前最大允许值为 10lx、熄灯时段最大允许值为 2lx"的要求。

各灯具在与向下垂线成 85°和 90°方向间的最大平均亮度为 0.06d/m²，不存在眩光污染，满足《室外照明干扰光限制规范》GB/T 35626—2017 及《城市夜景照明设计规范》JGJ/T 163—2008 第 7.0.2 条第 3、4 款的要求。建筑立面亮度基本在 0.25cd/m² 以下，满足《室外照明干扰光限制规范》GB/T 35626—2017 及《城市夜景照明设计规范》JGJ/T 163—2008 第 7.0.2 条第 6 款"建筑立面和标识面产生的平均亮度 E3 环境区域最大允许值为 10cd/m²"的要求。

6.3　实　施　效　果

本项目设置安全防护栏杆的阳台、上人屋面、凸窗窗台防护栏杆竖向杆件间距不大于 110mm，阳台、上人屋面防护栏杆高度从可踏面起算不小于 1100mm，凸窗窗台防护栏杆高度自凸窗窗台完成面起算不小于 900mm，并不得设有可攀爬水平构件，护栏安装时可踏部位均不留空。

本项目水表计量采用三级水表计量方案，一级水表为市政生活总用水，二级水表为各用水分区生活总用水、绿化浇洒总用水、车库冲洗总用水、地面冲洗总用水，三级水表为住宅各用户生活总用水，采用远传水表计量系统。

本项目一共开发有一层地下空间，主要用作地下车库及设备用房，根据项目地质勘察报告，拟建场区地貌类型单一，地形起伏较大，地质构造比较简单，场区内无全新活动断裂构造，无影响工程安全的如崩塌、泥石流滑坡、采空区等不良地质作用，场区地层不液化，区域稳定性良好，适宜进行项目建设。

围护结构热工性能比国家建筑节能设计标准规定的值提高 5% 以上。主要功能房间的照明功率密度值达到现行国家标准《建筑照明设计标准》GB 50034—2013 规定的目标值。满足了绿色建筑一星级以及 BREEAM 三星级对于节能的设计要求。

给水系统：生活给水泵房设置无负压供水设备 3 套。1~2 层为低区，由市政压力供给；3~10 层为加压一区，11~18 层为加压二区，19~24 层为加压三区，由无负压设备供给。在满足用水压力要求的前提下，用水点供水压力最大不超过 0.2MPa，入户支管供水压力超过 0.2MPa，采用专用减压阀减压，自带过滤器及压力表。

热水系统：本工程住宅设置阳台壁挂式太阳能热水系统，采用电辅助加热。

生活污水系统：本工程污、废水采用合流制。室内高于室外地面的污废水采用重力自流排入室外污水管，室内低于室外地面的污废水采用潜污泵排水。污、废水经室外化粪池处理后，排入市政污水井。

雨水系统：依据威海市暴雨强度公式：$q = 167 \times (10.924 + 8.347 \lg P)/(t_1 + t_2 + 10)0.685$，地下车库坡道入口处雨水设计重现期 $P=50$ 年，屋面雨水设计重现期 $P=3$ 年，屋顶女儿墙设溢流口，屋面排水和溢流的总能力按 50 年重现期设计，屋面采用 87 型雨水斗。

建筑用水量：本项目建筑用水定额按照根据《民用建筑节水设计标准》GB 50555—2010 进行选取，住宅用水定额为 200L/（人·日），绿化浇洒用水定额为 2L/（m^2·d），车库冲洗用水定额为 2.5L/（m^2·次），地面冲洗用水定额为 0.5L/（m^2·次），项目年总用水量为 426192.26m^3/a。

本项目结构形式为钢筋混凝土结构，项目合理采用高强度建筑结构材料，项目主钢筋用量为 8971.17t，其中 HRB400 级钢筋的重量为 8162.32t，受力钢筋使用 HRB400 级（或以上）钢筋且占主筋总量的 90.98％。

本项目绿地率为 50.00％，人均公共绿地面积为 1.60m^2/人。采用 CFD 方法对项目室外风环境状况进行模拟，分春季、夏季、秋季、冬季的平均风速 4 个工况对建筑周边人行区域风环境的舒适性、室内自然通风的可行性、冬季防风进行分析，冬季典型风速和风向条件下，参评建筑除第一排建筑外，参评建筑前后平均压差基本在 10.0Pa 以上，不利于建筑防风节能；夏季、过渡季典型风速和风向条件下，迎风面和背风面平均压差基本处于 5.0Pa 左右，有利于污染物消散。各季节主导风向条件下，参评建筑周边流场分布较为均匀，基本上未出现明显的旋涡区、无风区，有利于室外散热和污染物的消散。

6.4　增量成本分析

项目在悦系产品的设计要求之上，增加了室内外地面或路面防滑措施、节水灌溉系统、室外吸烟区以及相应标识系统、三玻 Low-E 透明围护结构性能提升、海绵城市透水铺装以及下凹绿地等多种绿色建筑技术，真正体现了绿色建筑的现实意义，威海凤集·金茂悦—住宅项目绿色建筑方案成本增量如表 3 所示。

威海凤集·金茂悦—住宅项目绿色建筑方案成本增量　　　　表 3

技术名称	单价	对应常规技术	单价	应用量或面积	增量成本（元）
应具有安全防护的警示和引导标识系统。建筑内外均应设置便于识别和使用的标识系统	0.3 元/m²	无	0 元/m²	226566.00	67969.80
室内外地面或路面设置防滑措施	80 元/m²	未采取防滑措施的地砖及坡道和楼梯	70 元/m²	8621.05	86210.50
围护结构热工性能（按照提高 5%）	90 元/m²	规范限制	80 元/m²	172421.00	1724210.00
节水灌溉系统	15 元/m²	普通漫灌	10 元/m²	40985.50	204927.50
室外吸烟区位置布局合理	500 元/套	无	0 元/套	2.00	1000.00
海绵城市设计（下凹绿地）	220 元/m²	普通绿地	200 元/m²	16394.20	327884.00
海绵城市设计（透水铺装）	250 元/m²	普通铺装	200 元/m²	13113.76	655688.00
增量成本共计：	306.79 万元				
单位面积增量成本：	13.54 元/m²				

6.5 总　结

绿色建筑的发展是实现建筑可持续发展的关键，威海凤集·金茂悦项目因地制宜，制订了适合本项目的绿色建筑技术方案，满足了绿色建筑一星级以及 BREEAM 三星级的要求，主要技术措施总结如下：

（1）建筑设计提升了栏杆与玻璃的防护要求和围护结构的性能，通过多次模拟调整，提升了降噪隔声、采光通风的体验感。

（2）机电安装采购了高耐久性管件管材、2 级能效节水器具，100% 住户采用了太阳能热水提供家庭热水。

（3）景观设计中融入了海绵城市的要求，通过模拟优化，满足室外声、光、热的要求。

（4）室内精装采购绿色环保建材、可视化安防系统，为居民创造出健康舒适的生活环境。

威海凤集·金茂悦项目以规划、设计、环境配置的建筑手法来改善和创造舒适的居住环境，体现健康、自然的生活态度，能够优化和践行各个绿色建筑理念，进而实现设计方案的优化改善，增强整体可持续效果。

作者：杜珂[1]　魏三强[1]　李昊[1]　曲熙政[1]　李叶骄[1]　谢贝[2]（1. 北京金茂人居环境科技有限公司；2. 威海兴茂置业有限公司）

附录篇

附录1 绿色建筑定义和标准体系
Definition and Standard System of Green Buildings

一、绿色建筑定义
Definition of Green Buildings

绿色建筑是在全生命期内，节约资源、保护环境、减少污染，为人们提供健康、适用、高效的使用空间，最大限度地实现人与自然和谐共生的高质量建筑。

绿色建筑的五大性能指标体系：安全耐久、健康舒适、生活便利、资源节约、环境宜居。5 大性能共有 110 条具体指标要求。

绿色建筑的发展理念：（1）因地制宜；（2）全生命周期分析评价（LCA）；（3）"权衡优化"和总量控制；（4）全过程控制。

发展绿色建筑是贯彻落实国家绿色发展战略的具体实践，实现建筑工程领域的资源降低消耗且利用高效，尽量减少对自然环境的影响，建筑物安全耐久且有较长的适用性。

绿色建筑突出以人为本，为人们提供健康、适用的室内环境，优美的室外环境，便利的生活条件，以及较低的水电等生活成本。

绿色建筑评价标识：由低至高划分为一星级、二星级、三星级 3 个等级。

二、绿色建筑相关国家、行业及主要团体标准体系
National，Industrial，and Institutional Standard System of Green Buildings

《绿色建筑评价标准》GB/T 50378—2019

《绿色建筑评价标准》英文版 GB/T 50378—2020

《绿色博览建筑评价标准》GB/T 51148—2016

《绿色饭店建筑评价标准》GB/T 51165—2016

《绿色商店建筑评价标准》GB/T 51100—2015

《绿色医院建筑评价标准》GB/T 51153—2015

《绿色铁路客站评价标准》TB/T 10429—2014

《绿色办公建筑评价标准》GB/T 50908—2013

《绿色工业建筑评价标准》GB/T 50878—2013

《既有建筑绿色改造评价标准》GB/T 51141（修订中）

《绿色校园评价标准》GB/T 51356—2019

《绿色生态城区评价标准》GB/T 51255—2017

《建筑工程绿色施工规范》GB/T 50905—2014

《建筑工程绿色施工评价标准》GB/T 50640—2010

《建筑节能与可再生能源利用通用规范》GB 55015—2021

《建筑环境通用规范》GB 55016—2021

《既有建筑维护与改造通用规范》GB 55022—2021

《建筑碳排放计算标准》GB/T 51366—2019

《民用建筑绿色性能计算标准》JGJ/T 449—2018

《严寒和寒冷地区居住建筑节能设计标准》JGJ26—2018

《绿色建筑运行维护技术规范》JGJ/T 391—2016

《民用建筑绿色设计规范》JGJ/T 229—2010

《被动式超低能耗绿色建筑技术导则（试行）》住房和城乡建设部 2015 年 10 月印发

《绿色工业建筑评价技术细则》住房和城乡建设部 2015 年 2 月印发

《绿色保障性住房技术导则（试行）》住房和城乡建设部 2013 年 12 月印发

《绿色超高层建筑评价技术细则》住房和城乡建设部 2012 年 5 月印发

《绿色建筑检测技术标准》T/CECS 725—2020

《绿色养老建筑评价标准》T/CECS 584—2019

《既有建筑绿色改造技术规程》T/CECS 465—2017

《绿色小城镇评价标准》CSUS/GBC 06—2015

附录 2　中国城市科学研究会绿色建筑与节能专业委员会简介

Brief introduction to CSUS'S Green Building Council

中国城市科学研究会绿色建筑与节能专业委员会（简称：中国城科会绿建委，英文名称 CSUS'S Green Building Council，缩写为 China GBC）于 2008 年 3 月正式成立，是经中国科协批准，民政部登记注册的中国城市科学研究会的分支机构，是研究适合我国国情的绿色建筑与建筑节能的理论与技术集成系统、协助政府推动我国绿色建筑发展的学术团体。

成员来自科研、高校、设计、房地产开发、建筑施工、制造业及行业管理部门等企事业单位中从事绿色建筑和建筑节能研究与实践的专家、学者和专业技术人员。本会的宗旨：坚持科学发展观，促进学术繁荣；面向经济建设，深入研究社会主义市场经济条件下发展绿色建筑与建筑节能的理论与政策，努力创建适应中国国情的绿色建筑与建筑节能的科学技术体系，提高我国在快速城镇化过程中资源能源利用效率，保障和改善人居环境，积极参与国际学术交流，推动绿色建筑与建筑节能的技术进步，促进绿色建筑科技人才成长，发挥桥梁与纽带作用，为促进我国绿色建筑与建筑节能事业的发展作出贡献。

本会的办会原则：产学研结合、务实创新、服务行业、民主协商。

本会的主要业务范围：从事绿色建筑与节能理论研究，开展学术交流和国际合作，组织专业技术培训，编辑出版专业书刊，开展宣传教育活动，普及绿色建筑的相关知识，为政府主管部门和企业提供咨询服务。

一、中国城科会绿建委（以姓氏笔画排序）

主　　任：王有为　中国建筑科学研究院有限公司顾问总工
副 主 任：王建国　中国工程院院士、东南大学教授
　　　　　毛志兵　中国建筑股份有限公司原总工程师
　　　　　尹　波　中国建筑科学研究院有限公司副总经理
　　　　　尹　稚　北京清华同衡规划设计研究院有限公司技术顾问
　　　　　叶　青　深圳建筑科学研究院股份有限公司董事长

朱　雷　上海市建筑科学研究院（集团）总裁

江　亿　中国工程院院士、清华大学建筑节能研究中心主任

李百战　重庆大学土木工程学院教授

吴志强　中国工程院院士、中国城市科学研究会副理事长

沈立东　华东建筑集团股份有限公司党委副书记、总裁

修　龙　中国建筑学会理事长

副秘书长：李　萍　原建设部建筑节能中心副主任

李丛笑　中国建筑集团有限公司双碳办公室副主任

常卫华　中国建筑科学研究院有限公司科技标准处副主任

戈　亮　中国城市科学研究会管理职员

主任助理：李大鹏　中国城市科学研究会职员

通信地址：北京市海淀区三里河 9 号住建部大院中国城科会办公楼二层 205

电　　话：010-58934866　010-88385280

公 众 号：中国城科会绿建委

Email：Chinagbc2008@chinagbc.org.cn

二、地方绿色建筑相关社团组织

广西建设科技与建筑节能协会绿色建筑分会

会　　长：广西建筑科学研究设计院技术委员会副主任　朱惠英

秘 书 长：广西建设科技与建筑节能协会　韦爱萍

通信地址：南宁市金湖路 58 号广西建设大厦 2407 室　530028

深圳市绿色建筑协会

会　　长：中建科工集团有限公司原董事长　王宏

秘 书 长：王向昱

通信地址：深圳市福田区深南中路 1093 号中信大厦 1502 室　518028

四川省土木建筑学会绿色建筑专业委员会

主　　任：四川省建筑科学研究院有限公司董事长　王德华

秘 书 长：四川省建筑科学研究院有限公司建筑节能研究所所长　于忠

通信地址：成都市一环路北三段 55 号 610081

江苏省绿色建筑协会

会　　长：江苏省建筑科学研究院有限公司院长　刘永刚

秘 书 长：江苏省住房和城乡建设厅科技发展中心副主任　张赟

通信地址：南京市北京西路 12 号　210008

厦门市土木建筑学会绿色建筑分会

会　　长：厦门市土木建筑学会　何庆丰

秘 书 长：厦门市建筑科学研究院有限公司　彭军芝

通信地址：厦门市美湖路 9 号一楼　361004

福建省土木建筑学会绿色建筑与建筑节能专业委员会

主　　任：福建省建筑设计研究院有限公司总建筑师　梁章旋

秘 书 长：福建省建筑科学研究院原总工　黄夏东

通信地址：福州市鼓楼区洪山园路华润置地中心 A 座写字楼 8-19 层　350004

福建省海峡绿色建筑发展中心

理 事 长：福建省建筑科学研究院有限责任公司工程事业部副总经理

　　　　　王云新

秘 书 长：福建省建筑科学研究院有限责任公司节能所所长　胡达明

通信地址：福建省福州市高新区高新大道 58-1 号　350108

山东省土木建筑学会绿色建筑与（近）零能耗建筑专业委员会

主　　　　任：山东省建筑科学研究院绿色建筑分院院长　王昭

秘　书　　长：山东省建筑科学研究院绿色建筑研究所所长　李迪

常务副秘书长：山东省建筑科学研究院绿标办　王衍争

通 信 地 址：济南市无影山路 29 号　250031

辽宁省土木建筑学会绿色建筑专业委员会

主　　任：沈阳建筑大学教授　石铁矛

秘 书 长：沈阳建筑大学教授　顾南宁

副秘书长：夏晓东　徐梦鸿

通信地址：沈阳市浑南区浑南中路 25 号沈阳建筑大学中德节能中心　110168

天津市城市科学研究会绿色建筑专业委员会

主　　　任：天津市城市科学研究会理事长　王建廷

常务副主任：天津市建筑设计院副院长　张津奕

秘　书　长：天津市建筑设计院副总工　李旭东

通 信 地 址：天津市西青区津静路 26 号　300384

河北省土木建筑学会绿色建筑与超低能耗建筑学术委员会

主　　任：河北省建筑科学研究院有限公司总工　赵士永

秘 书 长：河北省建筑科学研究院有限公司副主任　康熙

通信地址：河北省石家庄市槐安西路 395 号　050021

中国绿色建筑与节能（香港）委员会

主　　任：香港大学教授　刘少瑜

　　　　　房屋署前总建筑师　严汝州

秘 书 长：香港绿建科技顾问有限公司总裁　张智栋

通信地址：香港九龙弥敦道 555 号九龙行 7 楼 702 室

重庆市绿色建筑与建筑产业化协会绿色建筑专业委员会

主　　　任：重庆大学土木工程学院教授　李百战

秘 书 长：重庆大学土木工程学院教授　丁勇

通信地址：重庆市沙坪坝区沙北街 83 号　400045

湖北省土木建筑学会绿色建筑与节能专业委员会

主　　　任：湖北省建筑科学研究设计院股份有限公司党委书记、董事长
杨锋

秘 书 长：湖北省建筑科学研究设计院股份有限公司　丁云

通信地址：武汉市武昌区中南路 16 号　430071

上海市绿色建筑协会

会　　　　　长：崔明华

副 会 长 兼 秘 书 长：朱剑豪

副秘书长兼办公室主任：张俊

通 信 地 址：上海市宛平南路 75 号 1 号楼 9 楼　200032

安徽省建筑节能与科技协会

会　　　长：项炳泉

秘 书 长：叶长青

通信地址：合肥市包河区紫云路 996 号　230091

郑州市城科会绿色建筑与节能专业委员会

主　　　任：郑州交运集团原董事长　张遂生

秘 书 长：河南沃德环境科技有限公司董事长　曹力锋

通信地址：郑州市淮海西路 10 号 B 楼二楼东　450006

广东省建筑节能与绿色低碳协会

会　　　长：廖江陵

执行会长兼秘书长：赖文彬

通信地址：广州市天河区五山路 381 号华南理工大学建筑节能研究中心旧楼
510640

广东省建筑节能与绿色低碳协会绿色建筑专业委员会

主　　　任：广东省建筑科学研究院集团股份有限公司节能所所长　吴培浩

秘 书 长：广东省建筑科学研究院集团股份有限公司副总工程师　周荃

通信地址：广州市先烈东路 121 号　510500

内蒙古绿色建筑协会

理 事 长：内蒙古城市规划市政设计研究院有限公司董事长　杨永胜

秘 书 长：内蒙古城市规划市政设计研究院有限公司院长　王海滨

通信地址：呼和浩特市如意开发区如意和大街万铭公馆 505　010070

陕西省建筑节能协会

会　　　长：陕西省住房和城乡建设厅原副巡视员　潘正成

秘 书 长：李荣

通信地址：西安市新城区南新街 30 号公安厅家属院 B2-1902 室　710000

河南省城市科学研究会生态城市与绿色建筑专委会（河南省绿建委）

主 任 委 员：刘寅

执行主任委员：王明磊　田伟华

秘 　书 　长：曹力锋

执 行 秘 书 长：张弘

通 信 地 址：郑开大道 75 号河南建设大厦东塔 819 室　450000

浙江省绿色建筑与建筑工业化行业协会

会　　　长：浙江省建筑科学设计研究院有限公司　国有董事、副总经理

　　　　　　林奕

常务副会长兼秘书长：浙江省建筑设计研究院绿色建筑工程设计院院长

　　　　　　袁静

通信地址：杭州市滨江区江二路 57 号杭州人工智能产业园 A 座 16 楼

　　　　　　310000

中国建筑绿色建筑与节能委员会

会　　　长：中国建筑工程总公司副总经理　宋中南

秘 书 长：中国建筑工程总公司科技与设计管理部副总经理　蒋立红

通信地址：北京市海淀区三里河路 15 号中建大厦 B 座 8001 室　100037

宁波市绿色建筑与建筑节能工作组

组　　　长：宁波市住房和城乡建设委员会科技处处长　张顺宝

常务副组长：宁波市城市科学研究会副会长　陈鸣达

通 信 地 址：宁波市江东区松下街 595 号　315040

湖南省绿色建筑与钢结构行业协会

会　　　长：湖南建设投资集团有限责任公司　工程技术部部长　张明亮

副会长兼秘书长：黄洁

通信地址：湖南省长沙市雨花区和馨佳园 2 栋 1 单元 301　410116

湖南省建设科技与建筑节能协会绿色建筑专业委员会

主　　　任：湖南大学建筑与规划学院院长　徐峰

副秘书长：何弯

通信地址：长沙市雨花区高升路和馨家园 2 栋 204　410116

黑龙江省土木建筑学会绿色建筑专业委员会

主　　　任：国家特聘专家、中国工程院外籍院士、英国皇家工程院院士

　　　　　　康健

常务副主任：哈尔滨工业大学建筑学院教授　金虹

秘 书 长：哈尔滨工业大学建筑学院教授　赵运铎

通 信 地 址：哈尔滨市南岗区西大直街 66 号　150006

中国绿色建筑与节能（澳门）协会

会　　长：四方发展集团有限公司主席　卓重贤

理 事 长：汇博顾问有限公司理事总经理　李加行

通信地址：澳門友谊大马路 918 号，澳门世界贸易中心 7 楼 B-C 座

大连市绿色建筑行业协会

会　　长：大连亿达集团有限公司副总裁　秦学森

常务副会长兼秘书长：徐梦鸿

通信地址：辽宁省大连市沙河口区东北路 99 号亿达广场 4 号楼 5 楼　116021

北京市建筑节能与环境工程协会生态城市与绿色建筑专业委员会

会　　长：北京市住宅建筑设计研究院有限公司董事长　李群

秘 书 长：北京市住宅建筑设计研究院　白羽

通信地址：北京市东城区东总布胡同 5 号　100005

甘肃省土木建筑学会节能与绿色建筑学术委员会

主任委员：兰州城市建设设计研究院有限公司院长　金光辉

秘 书 长：兰州城市建设设计研究院有限公司总建筑师　刘元珍

通信地址：兰州市七里河区西津东路 120 号　730050

东莞市绿色建筑协会

会　　长：广东维美工程设计有限公司董事长　邓建军

秘 书 长：叶爱珠

通信地址：广东省东莞市南城区新基社区城市风情街

　　　　　原东莞市地震局大楼 1 楼　523073

苏州市绿色建筑行业协会

会　　长：苏州北建节能技术有限公司总经理　蔡波

秘 书 长：朱向东

通信地址：苏州市吴中区东太湖路 66 号 1 号楼 5 层　215104

西藏自治区勘察设计与建设科技协会

理 事 长：管育才

副理事长兼秘书长：陶昌军

通信地址：西藏自治区拉萨市城关区林廓北路 17 号　850000

江西省绿色建筑协会

会长、江西省盐业集团股份有限公司党委委员、副总经理　喻君龙

秘 书 长：江西师范大学双碳研究中心副主任　刘谨

副秘书长：江西省咨询投资集团有限公司碳中和创新中心副主任　周臻

通信地址：江西省南昌市红谷滩区凤凰中大道 929 号吉成大厦 1501

三、绿色建筑专业学术小组

绿色工业建筑组

组　　长：机械工业第六设计研究院有限公司副总经理　李国顺

副组长：中国建筑科学研究院国家建筑工程质量监督检验中心主任　曹国庆

　　　　中国电子工程设计院科技工程院院长　王立

绿色智慧城市与数字化组

组　　长：上海延华智能科技（集团）股份有限公司董事、联席总裁　于兵

副组长：同济大学浙江学院教授、实验中心主任　沈晔

绿色建筑规划设计组

组　　长：华东建筑集团股份有限公司总裁、党委副书记、副总建筑师

　　　　沈立东

副组长：深圳市建筑科学研究院股份有限公司董事长　叶青

　　　　浙江省建筑设计研究院副院长　许世文

联系人：华东建筑集团股份有限公司上海建筑科创中心副主任　瞿燕

绿色建材与设计组

组　　长：中国中建设计研究院有限公司总建筑师　薛峰

副组长：中国建筑科学研究院建筑材料研究所副所长　黄靖

　　　　中国建筑一局集团科技与设计管理部副总经理　唐一文

联系人：中国中建设计研究院有限公司科技质量部高级经理　吕峰

零能耗建筑与社区组

组　　长：中国建筑科学研究院建筑环境与能源研究院院长　徐伟

副组长：北京市建筑设计研究院专业总工　徐宏庆

联系人：中国建筑科学研究院建筑环境与能源研究院副主任　陈曦

绿色建筑理论与实践组

名誉组长：清华大学建筑学院教授　袁镔

组　　长：清华大学建筑学院所长、教授

　　　　清华大学建筑设计研究院有限公司　副总建筑师　宋晔皓

副 组 长：华中科技大学建筑与城市规划学院社长、教授　李保峰

　　　　东南大学建筑学院院长、教授　张彤

　　　　绿地集团总建筑师、教授级高工　戎武杰

　　　　北方工业大学建筑与艺术学院教务长、教授　贾东

　　　　华南理工大学建筑学院教授、博导　王静

清华大学建筑设计研究院有限公司第六分院副院长、高工　袁凌

联 系 人：清华大学建筑学院 院长助理、副教授　周正楠

东北大学建筑学院 教授、博导　丁建华

清华大学建筑学院 副教授　朱宁

绿色施工组

组 长：北京城建集团有限责任公司副总经理　张晋勋

副组长：北京住总集团有限责任公司总工程师　杨健康

中国土木工程学会总工程师工作委员会秘书长　李景芳

联系人：北京城建五建设集团有限公司总工程师　彭其兵

绿色校园组

组 长：中国工程院院士　吴志强

副组长：沈阳建筑大学教授　石铁矛

苏州大学金螳螂建筑与城市环境学院院长　吴永发

立体绿化组

组 长：北京市植物园原园长　张佐双

副组长：中国城市建设研究院有限公司城乡生态文明研究院院长　王香春

北京市园林绿化科学研究院绿地与健康研究所所长　韩丽莉

副组长兼联系人：中国中建设计研究院有限公司工程技术研究院　副院长
王珂

联系人：中国建筑技术集团有限公司生态宜居环境建设研究中心主任　李慧

绿色轨道交通建筑组

组 长：北京城建设计发展集团股份有限公司副总经理　金淮

副组长：北京城建设计发展集团副总建筑师　刘京

中国地铁工程咨询有限责任公司副总工程师　吴爽

绿色小城镇组

组 长：清华大学建筑学院教授、原副院长　朱颖心

副组长：中建科技集团有限公司副总经理　李丛笑

清华大学建筑学院教授、副院长　杨旭东

联系人：武汉科技大学　陈敏

绿色物业与运营组

组 长：天津城建大学教授　王建廷

副组长：新加坡建设局国际开发署高级署长　许麟济

中国建筑科学研究院环境与节能工程院副院长　路宾

广州粤华物业有限公司董事长、总经理　李健辉

天津市建筑设计院总工程师　刘建华

联系人：天津城建大学经济与管理学院院长　刘戈

绿色建筑软件和应用组

组　　长：建研科技股份有限公司副总裁　马恩成

副组长：清华大学教授　孙红三

欧特克软件（中国）有限公司中国区总监　李绍建

联系人：北京构力科技有限公司经理　张永炜

绿色医院建筑组

组　　长：中国建筑科学研究院有限公司建科环能科技有限公司顾问总工
邹瑜

副组长：中国中元国际工程有限公司医疗建筑设计一院院长　李辉

天津市建筑设计院院总建筑师　孙鸿新

联系人：中国建筑科学研究院有限公司环能科技供热工程技术研究中心主任
袁闪闪

建筑室内环境组

组　　长：重庆大学土木工程学院教授　李百战

副组长：清华大学建筑学院副院长　林波荣

西安建筑科技大学副主任　王怡

联系人：重庆大学土木工程学院教授　丁勇

绿色建筑检测学组

组　　长：国家建筑工程质量监督检验中心副主任　袁扬

副组长：广东省建筑科学研究院集团股份有限公司总经理　杨仕超

联系人：中国建筑科学研究院有限公司研究员　叶凌

四、绿色建筑基地

北方地区绿色建筑基地

依托单位：中新（天津）生态城管理委员会

华东地区绿色建筑基地

依托单位：上海市绿色建筑协会

南方地区绿色建筑基地

依托单位：深圳市建筑科学研究院有限公司

西南地区绿色建筑基地

五、国际合作交流机构

中国城科会绿色建筑与节能委员会日本事务部

Japanese Affairs Department of China Green Building Council

主　　　任：北九州大学名誉教授　黑木莊一郎

常务副主任：日本工程院外籍院士、北九州大学教授　高伟俊
办 公 地 点：日本北九州大学

中国城科会绿色建筑与节能委员会英国事务部
British Affairs Department of China Green Building Council

主　　任：雷丁大学建筑环境学院院长、教授　Stuart Green
副 主 任：剑桥大学建筑学院前院长、教授　Alan Short
　　　　　卡迪夫大学建筑学院前院长、教授　Phil Jones
秘 书 长：重庆大学教育部绿色建筑与人居环境营造国际合作联合实验室主
　　　　　任、雷丁大学建筑环境学院教授　姚润明
办公地点：英国雷丁大学

中国城科会绿色建筑与节能委员会德国事务部
German Affairs Department of China Green Building Council

副主任（代理主任）：朗诗欧洲建筑技术有限公司总经理、德国注册建筑师
　　　　　　　　　　陈伟
副 主 任：德国可持续建筑委员会-DGNB首席执行官　Johannes Kreissig
　　　　　德国EGS-Plan设备工程公司/设能建筑咨询（上海）有限公司总
　　　　　经理　Dr. Dirk Schwede
秘 书 长：费泽尔　斯道布建筑事务所创始人/总经理　Mathias Fetzer
办公地点：朗诗欧洲建筑技术有限公司（法兰克福）

中国城科会绿色建筑与节能委员会美东事务部
China Green Building Council North America Center (East)

主　　任：美国普林斯顿大学副校长 Kyu-Jung Whuang
副 主 任：中国建筑美国公司高管　Chris Mill
秘 书 长：康纳尔大学助理教授　华颖
办公地点：美国康奈尔大学

中美绿色建筑中心
U. S. - China Green Building Center

主　　任：美国劳伦斯伯克利实验室建筑技术和城市系统事业部主任
　　　　　Mary Ann Piette女士
常务副主任：美国劳伦斯伯克利实验室国际能源分析部门负责人　周南
秘 书 长：美国劳伦斯伯克利实验室中国能源项目组　冯威
办 公 地 点：美国劳伦斯·伯克利国家实验室

中国城科会绿色建筑与节能委员会法国事务部
French Affairs Department of China Green Building Council

主　　　任：法国绿建委主席 Marjolaine MEYNIER-MILLEFERT

执行主任：法国建筑与房地产联盟中国发展总监　曾雅薇

副　主　任：中建阿尔及利亚公司总经理、法国地中海公司负责人　罗建鹏

　　　　　　法国建筑科学技术中心 CSTB 董事局成员兼法国绿色建筑认证公

　　　　　　司总 Patrick Nossent

附录3 中国城市科学研究会绿色
建筑研究中心简介
Brief introduction to CSUS Green
Building Research Center

中国城市科学研究会绿色建筑研究中心（CSUS Green Building Research Center）成立于2009年，是我国绿色建筑大领域重要的理论研究、标准研编、科学普及与行业推广机构，同时也是面向市场提供绿色建筑标识评价、技术支撑等服务的综合性技术机构。主编或主要参编了《绿色建筑评价标准》《健康建筑评价标准》《健康社区评价标准》等系列标准，在全国范围内率先开展了绿色建筑新国标项目、健康建筑标识项目、既有建筑绿色改造标识项目、绿色生态城区标识项目、健康社区标识项目、国际双认证项目、健康小镇标识项目、碳中和建筑标识项目以及智慧建筑标识项目评价业务，为我国绿色建筑的量质齐升贡献了巨大力量。

绿色建筑研究中心的主要业务分为三大版块：**一、标识评价。**包括绿色建筑标识（包括普通民用建筑、既有建筑、工业建筑等）、健康建筑标识（包括健康社区、健康小镇、既有住区健康改造）、绿色生态城区标识、碳中和建筑标识、智慧建筑标识、国际双认证评价。**二、课题研究与标准研发。**主要涉及绿色建筑、健康建筑、超低能耗建筑、绿色生态城区、低碳建筑、碳中和建筑、智慧建筑等领域。**三、教育培训、行业服务、高端咨询等。**

标识评价方面：截至2022年底，中心共开展了3295个绿色建筑标识评价（包括133个绿色建筑运行标识，2921个绿色建筑设计标识，234个2019版预评价项目），其中包括15个香港地区项目、1个澳门地区项目以及15个国际双认证评价项目；114个绿色工业建筑标识评价；32个既有建筑绿色改造标识评价；18个绿色生态城区实施运管标识评价；9个绿色铁路客站项目；3个绿色照明项目；2个绿色医院项目；2个绿色数据中心项目。243个健康建筑标识评价（包括9个健康建筑运行标识，234个健康建筑设计标识）；33个健康社区标识评价（1个健康社区运营标识，32个健康社区设计标识）；3个健康小镇设计标识评价；10个既有住区健康改造标识评价。11个智慧、低碳建筑标识评价。

信息化服务方面：截至2022年底，中心自主研发的绿色建筑在线申报系统已累积评价项目 1843 个，并已在北京、江苏、重庆、宁波、贵州等地方评价机构投入使用；健康建筑在线申报系统已累积评价项目 242 个；建立"城科会绿建中心"、"健康建筑"官网以及微信公众号，持续发布绿色建筑及健康建筑标识评价情况、评价技术问题、评价的信息化手段、行业资讯、中心动态等内容；自主研发了绿色建筑标识评价 app 软件"中绿标"（Android 和 IOS 两个版本）以及绿色建筑评价桌面工具软件（PC 端评价软件），具有绿色建筑咨询、项目管理、数据共享等功能。

标准编制及科研方面：中心主编或参编国家、行业及团体标准《健康建筑评价标准》《绿色建筑评价标准》《绿色工业建筑评价标准》《绿色建筑评价标准（香港版）》《既有建筑绿色改造评价标准》《健康社区评价标准》《健康小镇评价标准》《健康医院评价标准》《健康养老建筑评价标准》《城市旧居住小区综合改造技术标准》等；主持或参与国家"十三五"课题、住建部课题、国际合作项目、中国科学技术协会课题《绿色建筑标准体系与标准规范研发项目》《基于实际运行效果的绿色建筑性能后评估方法研究及应用》《可持续发展的新型城镇化关键评价技术研究》《绿色建筑运行管理策略和优化调控技术》《健康建筑可持续运行及典型功能系统评价关键技术研究》《绿色建筑年度发展报告》《北京市绿色建筑第三方评价和信用管理制度研究》等。

交流合作方面：截至 2022 年底，中心与英国 BREEAM、法国 HQE 和德国 DGNB 等海外绿色建筑机构达成标准和评价的双认证合作协议，建立伙伴关系，并落地多个联合认证项目；推进科研交流，共同承担国家级课题、参编国际标准《国际多边绿色建筑评价标准》；发布中德、中英、中法绿色建筑标准对比手册、实现部分技术条款的互通。与德国能源署 dena 共同编制和发布《超低能耗建筑评价标准》。与世界绿色建筑协会 WorldGBC 达成合作协议，参与世界绿色建筑平台工作，交流实践案例，推荐中国优秀项目参与世界评比并获奖。启动中国绿色建筑国际化工作，累计评价 4 个海外绿建项目，扩展了国际影响力。与江苏省住房和城乡建设厅科技发展中心、四川省建设科技协会、深圳市绿色建筑协会达成健康建筑标识项目联合评价友好合作协议，并与美国 IWBI 和 UL 公司达成联合互认友好合作意向。

绿色建筑研究中心有效整合资源，充分发挥有关机构、部门的专家队伍优势和技术支撑作用，按照住房和城乡建设部和地方相关文件要求开展绿色建筑评价工作，保证评价工作的科学性、公正性、公平性，创新形成了具有中国特色的"以评促管、以评促建"以及"多方共享、互利共赢"的绿色建筑管理模式，已经成为我国绿色建筑标识评价以及行业推广的重要力量。并将继续在满足市场需求、规范绿色建筑评价行为、引导绿色建筑实施、探索绿色建筑发展等方面发挥积极作用。

联系地址：北京市海淀区三里河路 9 号院（住建部大院）

中国城市科学研究会西办公楼 4 楼（100835）

公 众 号：城科会绿建中心

电　　话：010-58933142

传　　真：010-58933144

E- mail：gbrc@csus-gbrc. org

网　　址：http：www. csus-gbrc. org

附录 4 中国绿色建筑大事记（2022）

Milestones of China Green Building Development in 2022

2022年1月12至21日，中央广播电视总台纪录片频道播出由住房和城乡建设部组织拍摄了纪录片《中国传统建筑的智慧》。

2022年1月18日，国家发展和改革委员会等部门关于印发《促进绿色消费实施方案》的通知，强调到2025年，绿色低碳循环发展的消费体系初步形成。

2022年1月19日，住房和城乡建设部华夏建设科学技术奖励委员会发布"2021年度华夏建设科学技术奖"授奖项目的公告，共授奖199项。

2022年1月19日，住房和城乡建设部关于印发《"十四五"建筑业发展规划》的通知。要求坚持稳中求进工作总基调，以推动建筑业高质量发展为主题，以深化供给侧结构性改革为主线，以推动智能建造与新型建筑工业化协同发展为动力，加快建筑业转型升级，实现绿色低碳发展，切实提高发展质量和效益，不断满足人民群众对美好生活的需要，为开启全面建设社会主义现代化国家新征程奠定坚实基础。

2022年1月20日，全国住房和城乡建设工作会议在北京以视频形式召开。

2022年1月24日，国务院印发《"十四五"节能减排综合工作方案》通知，明确了实施节能减排重点工程与健全节能减排政策机制等多项措施。

2022年2月5日，由中国建研院与德国gmp国际建筑设计有限公司承担总包设计的"中国工艺美术馆、中国非物质文化遗产馆"历经八年的前期研究、全过程设计、施工建造，已落成开馆，并举办首展"中华瑰宝——中国非物质文化遗产和工艺美术展"。

2022年2月21日，2022"科创中国"年度会议在中国科技会堂召开，由中国城市科学研究会承担的"生态城市建设与产业创新专业科技服务团"被评选为"优秀科技服务团"称号。

2022年3月1日，住房和城乡建设部印发《"十四五"建筑节能与绿色建筑发展规划》的通知。《规划》提出到2025年，完成既有建筑节能改造面积3.5亿m²以上，建设超低能耗、近零能耗建筑0.5亿m²以上，装配式建筑占当年城镇新建建筑的比例达到30%，全国新增建筑太阳能光伏装机容量0.5亿kW以上，地热能建筑应用面积1亿m²以上，城镇建筑可再生能源替代率达到8%，建筑能耗中电力消费比例超过 55％。

2022 年 3 月 1 日，住房和城乡建设部印发《"十四五"住房和城乡建设科技发展规划》。规划聚焦"十四五"时期住房和城乡建设重点任务，在城乡建设绿色低碳技术研究、城乡历史文化保护传承利用技术创新、城市人居环境品质提升技术、城市基础设施数字化网络化智能化技术应用、城市防灾减灾技术集成、住宅品质提升技术研究、建筑业信息技术应用基础研究、智能建造与新型建筑工业化技术创新、县城和乡村建设适用技术研究 9 个方面，加强科技创新方向引导和战略性、储备性研发布局，突破关键核心技术、强化集成应用、促进科技成果转化。

2022 年 3 月 27 日，人民日报头版头条刊发文章《调整能源结构 加快转型升级（稳字当头 稳中求进）》，报道各地各部门正持续推动生态文明建设，有序推进碳达峰碳中和工作，在以生态优先、绿色发展为导向的高质量发展道路上稳步前行，绿色发展动能更加强劲。

2022 年 3 月 28 日，《深圳经济特区绿色建筑条例》经深圳市第七届人民代表大会常务委员会第八次会议通过，将于 2022 年 7 月 1 日起施行。《条例》是全国首部将工业建筑和民用建筑一并纳入立法调整范围的绿色建筑法规，并首次以立法形式规定了建筑领域碳排放控制目标和重点碳排放建筑名录。

2022 年 3 月 30 日，重庆市住房和城乡建设委员会正式发布《重庆市城市更新技术导则》《导则》细化了城市更新的工作内容、规范了工作流程，是全国首部城市更新技术导则。

2022 年 4 月 4 日，联合国政府间气候变化专门委员会（IPCC）举行新闻发布会，正式发布 IPCC 第六次评估报告（AR6）第三工作组报告《气候变化2022：减缓气候变化》。中国建研院环能科技四项研究成果被纳入该报告。包括国家标准《近零能耗建筑技术标准》GB/T 51350—2019、《APEC 100 栋近零能耗/零能耗最佳案例研究》《零能耗建筑对中国中长期建筑能耗的影响研究》《2050 年亚太地区零能耗建筑推广的节能潜力研究》等。

2022 年 4 月 25 日，由中国建研院主编的国家标准《绿色建筑评价标准》GB/50378—2019 局部修订编制组成立暨第一次工作会议顺利召开。

2022 年 5 月 6 日，中国银保监会印发《关于银行业保险业支持城市建设和治理的指导意见》，指出加大支持绿色建筑、超低能耗建筑等。

2022 年 5 月 13 日，世界银行执董会按简化程序（AOB）批准了中国利用全球环境基金（GEF）赠款"绿色和碳中和城市项目"（China-GEF7：Green and Carbon-Neutral Cities Project）。该项目旨在将生物多样性保护纳入项目参与城市的发展进程中，并确立实现碳中和路径。

2022 年 5 月 15 日，中国城市科学研究会绿色建筑与节能专业委员会主办，东北大学江河建筑学院承办，举办"双碳背景下的绿色建筑理论、实践与教学"线上学术论坛。本次论坛旨在更好地贯彻落实国家"双碳"工作战略要求，推动"双碳"背景下绿色建筑高质量发展，开展广泛的学术研讨。

2022 年 5 月 30 日，中国科协、科技部以线上的形式举办了 2022 年全国科技工作者日，活动上宣布了《2022 年度科学家精神教育基地认定名单》，由中国城市科学研究会推荐的澳门科学馆成功获选列入全国首批"科学家精神教育基地"，这也是我国港澳台地区首个获此称号的科技场馆。

2022 年 5 月 30 日，第十四届光华工程科技奖获奖人员名单在中国工程院第十六次院士大会上公布，中国城市科学研究会秘书长余刚获得光华工程科技奖。

2022 年 5 月 30 日，财政部印发的《财政支持做好碳达峰碳中和工作的意见》提出，到 2025 年财政政策工具不断丰富，有利于绿色低碳发展的财税政策框架初步建立，有力支持各地区各行业加快绿色低碳转型。2030 年前，有利于绿色低碳发展的财税政策体系基本形成，促进绿色低碳发展的长效机制逐步建立，推动碳达峰目标顺利实现。2060 年前，财政支持绿色低碳发展政策体系成熟健全，推动碳中和目标顺利实现。

2022 年 6 月 8 日，《人民日报》发布《绿色建筑 让城市更美更宜居》一文，报道了绿色建材、装配式建筑和绿色化改造等内容。

2022 年 6 月 13 日，浙江省财政厅发布《关于支持碳达峰碳中和工作的实施意见》，是全国首个省级财政支持碳达峰碳中和的政策出炉。

2022 年 6 月 15 日，中国城市科学研究会和中国房地产业协会联合发布了《碳中和建筑评价导则》，导则将建筑分铜、银、金、铂金四个等级进行评定。

2022 年 6 月 16 日，央视《朝闻天下》栏目关注"加快推动城乡建设绿色转型"。

2022 年 6 月 30 日，住房和城乡建设部、国家发改委联合印发《城乡建设领域碳达峰实施方案》指出：2030 年前，城乡建设领域碳排放达到峰值，建筑节能、能源资源利用效率达到国际先进水平，推动低碳建筑规模化发展，鼓励建设零碳建筑和近零碳建筑；力争到 2060 年前，城乡建设方式全面实现绿色低碳转型，系统性变革全面实现，美好人居环境全面建成，城乡建设领域碳排放治理现代化全面实现，人民生活更加幸福。

2022 年 7 月 10 日，央视《新闻联播》报道：今年上半年，全国新开工装配式建筑占新建建筑面积的比例超过 25%，装配式建筑建设面积累计达到 24 亿平方米。

2022 年 7 月 12 日，中国科协批复同意 50 家全国学会成为中国科协 2022 年决策咨询专家团队建设试点单位。中国城市科学研究会成功入选决策咨询专家团队建设试点单位，组建中国城市科学研究会城市发展决策咨询专家团队。

2022 年 7 月 12 日，国家发改委发布了《"十四五"新型城镇化实施方案》，明确提出，要严格限制新建超高层建筑，不得新建 500 米以上的建筑。对新建 250 米以上的建筑，也提出要进行严格限制。

2022 年 7 月 12-14 日，第十八届国际绿色建筑与建筑节能大会暨新技术与产品博览会通过"线上＋线下"的形式在沈阳、北京、深圳同步召开！大会主题为"拓展绿色建筑，落实'双碳战略'"。

2022 年 7 月 15 日，住房和城乡建设部关于发布国家标准《民用建筑通用规范》的公告，编号为 GB 55031—2022，自 2023 年 3 月 1 日起实施，本规范为强制性工程建设规范。

2022 年 8 月 6 日，中国建研院主办的"2022（第四届）健康建筑大会"在京顺利召开，本届大会主题为"推动健康建筑协同创新，加快健康人居迭代升级"。

2022 年 8 月 7 日，第 26 届夏安世教育基金会"三花-夏安世奖学奖教金"颁奖盛典在天津举行。重庆大学李百战教授荣获"夏安世杰出教授奖"。

2022 年 8 月 15-16 日，2022 中国绿色低碳创新大会将在浙江湖州举办，大会以"科技创新 绿色低碳"为主题。

2022 年 8 月 18 日，科学技术部、住房和城乡建设部等九部门近日联合印发《科技支撑碳达峰碳中和实施方案（2022—2030 年)》的通知。《实施方案》提出了 10 大行动，具体包括：能源绿色低碳转型科技支撑行动，低碳与零碳工业流程再造技术突破行动，城乡建设与交通低碳零碳技术攻关行动，负碳及非二氧化碳温室气体减排技术能力提升行动，前沿颠覆性低碳技术创新行动，低碳零碳技术示范行动，碳达峰碳中和管理决策支撑行动，碳达峰碳中和创新项目、基地、人才协同增效行动，绿色低碳科技企业培育与服务行动，碳达峰碳中和科技创新国际合作行动。

2022 年 9 月 9 日，由中国城市科学研究会绿色建筑与节能专业委员会、中国建设教育协会主办，华中科技大学、武汉大学、北京绿建软件股份有限公司承办、清华大学建筑设计研究院有限公司、知识产权出版社有限责任公司、筑龙学社、《建筑节能》杂志社、武汉理工大学、湖北工业大学协办的第五届"绿色建筑"技能大赛通知发布。自 2019 年举办首届以来，大赛已成功举办四届，并获得全国各建筑类高校的关注和参与，旨在为提高绿色建筑人才培养，践行绿色建筑在设计、建造、运维中的技能应用。

2022 年 9 月 21 日，"2021—2022 中日高层次科学家研讨交流活动（零碳增长）"以线上线下相结合方式在北京举办，中建科技作为唯一中方企业代表与来自中国和日本的近 30 名科学家、企业代表参加活动。

2022 年 10 月 9 日，国家能源局印发《能源碳达峰碳中和标准化提升行动计划》。文件提到，到 2025 年，初步建立起较为完善、可有力支撑和引领能源绿色低碳转型的能源标准体系，能源标准从数量规模型向质量效益型转变，标准组织体系进一步完善，能源标准与技术创新和产业发展良好互动，有效推动能源绿色低碳转型、节能降碳、技术创新、产业链碳减排。

2022 年 10 月 11 日，根据《住房和城乡建设部标准定额司关于开展〈公共建筑节能设计标准〉等 4 项标准全面修订工作的函》（建司局函标〔2021〕127 号）的要求，由中国建筑科学研究院有限公司牵头全面修订的《绿色工业建筑评价标准》GB/T 50878 编制组成立暨第一次工作会议以线上和线下相结合的形式召开。

2022 年 10 月 12 日，世界绿色建筑委员会（World Green Building Council）公布了 2022 亚太地区绿色建筑先锋奖入围名单，经评审工作组多轮评选，由中国城科会绿色建筑与节能专业委员会提名的大同能源馆（DaTong Energy Resources Exhibition Building）和恒通运和蓝湾（The Hengtong Yunhe Lanwan）顺利入围。最终获奖名单将于 11 月 23 日在印度尼西亚巴厘岛举行的颁奖典礼上公布。

2022 年 10 月 12 日，财政部、住房和城乡建设部、工业和信息化部联合印发《关于扩大政府采购支持绿色建材促进建筑品质提升政策实施范围的通知》，明确加大绿色低碳产品采购力度，全面推广绿色建筑和绿色建材，在南京、杭州、绍兴、湖州、青岛、佛山等 6 个城市试点的基础上，进一步扩大政府采购支持绿色建材促进建筑品质提升政策实施范围。

2022 年 10 月 26 日，教育部印发《绿色低碳发展国民教育体系建设实施方案》《方案》聚焦绿色低碳发展融入国民教育体系各个层次的切入点和关键环节，培养践行绿色低碳理念、适应绿色低碳社会、引领绿色低碳发展的新一代青少年，发挥好教育系统人才培养、科学研究、社会服务、文化传承的功能，为实现碳达峰碳中和目标作出教育行业的特有贡献。

2022 年 10 月 31 日，市场监管总局、国家发展改革委、工业和信息化部、自然资源部、生态环境部、住房和城乡建设部、交通运输部、中国气象局、国家林草局等九部门近日联合发布《建立健全碳达峰碳中和标准计量体系实施方案》。实施方案提出到 2025 年碳达峰碳中和标准计量体系基本建立，到 2030 年碳达峰碳中和标准计量体系更加健全。

2022 年 11 月 6 日，第 27 届联合国气候变化大会（COP27）在埃及的沙姆沙伊赫召开，于 11 月 20 日落下帷幕。

2022 年 11 月 6 日，中国工程建设标准化协会正式公布了"2022 年度标准科技创新奖"授奖决定，由中国建筑科学研究院有限公司等单位编制、中国工程建设标准化协会、中国城市科学研究会联合发布实施的《健康社区评价标准》荣获"2022 年度标准科技创新奖"一等奖。

2022 年 11 月 12～13 日，由中国城市科学研究会绿色建筑与节能专业委员会主办，湖北工业大学承办，华中科技大学、武汉大学、武汉理工大学、知识产权出版社有限公司、北京绿建软件股份有限公司协办的"绿色建筑进校园"公益活动。"工匠精神·筑梦中国—绿色低碳建筑研究与工程实践"国际产学研讨会以线下＋线上形式在湖北工业大学举办，旨推动绿色低碳建筑相关学术研讨交流和专业教育普及。

2022 年 11 月 20 日，"2020—2021 绿色中国年度人物"颁授仪式在中国生态文明论坛南昌年会上顺利举办，中国工程院院士、中国城市科学研究会副理事长吴志强荣获"2020—2021 绿色中国年度人物"称号。

2022 年 11 月 23 日，世界绿色建筑委员会（WorldGBC）在印度尼西亚巴厘岛宣布了 2022 绿色建筑先锋奖获奖名单并举行了颁奖典礼。由中国城市科学研究会绿色建筑与节能专业委员会提名的大同能源馆获奖。

2022 年 11 月 24 日，瑞士联邦外交事务部（EDA）与中华人民共和国住房和城乡建设部（MoHURD）签署了关于中瑞在建筑节能领域发展合作谅解备忘录。在此背景下，"中瑞零碳建筑合作项目"启动，项目中方执行单位为中国建筑科学研究院（CABR），瑞方执行团队为 intep/Skat 联合团队。项目旨在共同开发面向未来的"零碳建筑技术标准"，在中国不同气候区建设零碳建筑示范项目，以及开展专业培训、系列研讨会等能力建设，推动零碳建筑在中国的发展。

2022 年 11 月 24 日，第十二届热带、亚热带（夏热冬暖）地区绿色建筑技术论坛在南宁顺利举办，论坛由广西住房和城乡建设厅、中国城市科学研究会绿色建筑与节能专业委员会主办，广西建筑科学研究设计院、广西建设科技与建筑节能协会等承办，论坛以"绿色宜居 低碳发展"为主题，是广西首届中国—东盟建筑业合作与发展论坛的 8 个分论坛之一，旨在加强中国与东盟国家建筑业合作交流，积极探讨推进夏热冬暖地区建筑节能降碳和绿色建筑高质量发展话题，线上超过万人观看直播。

2022 年 11 月 29 日，由中国城市科学研究会绿色建筑与节能专业委员会、湖南省绿色建筑与钢结构行业协会共同主办，湖南建设投资集团有限责任公司承办，多家联盟地区单位及企业支持协办的第十二届夏热冬冷地区绿色建筑联盟大会在湖南长沙以线上直播的方式顺利召开。大会以"聚焦双碳目标 推进城乡建设绿色发展"为主题，立足"碳"探讨夏热冬冷地区建筑绿色低碳发展的新趋势、新发展、新方向。三大直播平台同步播出吸引了超万人业内外人士在线观看。

2022 年 12 月 12 日，工业和信息化部、国家发展改革委、住房和城乡建设部、水利部四部委联合发布《关于深入推进黄河流域工业绿色发展的指导意见》，提出到 2025 年，黄河流域工业绿色发展水平明显提升，产业结构和布局更加合理，城镇人口密集区危险化学品生产企业搬迁改造全面完成，传统制造业能耗、水耗、碳排放强度显著下降，工业废水循环利用、固体废物综合利用、清洁生产水平和产业数字化水平进一步提高，绿色低碳技术装备广泛应用，绿色制造水平全面提升。

2022 年 12 月 15～16 日，中央经济工作会议在京召开。会议提出，要推动经济社会发展绿色转型，协同推进降碳、减污、扩绿、增长，建设美丽中国。引导金融机构加大对小微企业、科技创新、绿色发展等领域支持力度。

2022 年 12 月 15 日，中国城市科学研究会绿色建筑研究中心和英国建筑研究院（BRE）签署了关于继续推进双认证的谅解备忘录。签约仪式在线上举办的中英城市绿色低碳发展论坛上进行。

2022 年 12 月 16 日，北京市碳达峰碳中和工作领导小组办公室日前发布《北京市民用建筑节能降碳工作方案暨"十四五"时期民用建筑绿色发展规划》。根据规划，到 2025 年，北京市新建居住建筑将全面执行绿色建筑二星级及以上标准，新建公共建筑力争全面执行绿色建筑二星级及以上标准，力争基本完成全市2000 年前建成的需要改造的城镇老旧小区改造任务。

2022 年 12 月 20 日，中国城市科学研究会第七次会员代表大会以线上加线下方式举行，大会选举产生了新一届中国城市科学研究会理事会和监事会。中国科协党组成员、书记处书记王进展到会致辞。

2022 年 12 月 20 日，中国城市科学研究会召开第七届理事会第一次会议，中国科学院院士、中国生态城市研究院院长杨焕明先生当选为第七届理事会理事长，王建国、曲久辉、江亿、郭仁忠、王俊、俞孔坚、吴志强、张爱林和余刚当选为第七届理事会副理事长。

2022 年 12 月 24 日，第九届严寒、寒冷地区绿色建筑联盟大会以网络视频会议＋网络直播形式组织召开，大会以"助力双碳目标，发展绿色低碳建筑"为主题，大会由中国城市科学研究会绿色建筑与节能专业委员会、山东土木建筑学会绿色建筑与（近）零能耗建筑专业委员会联合主办，山东省建筑科学研究院有限公司承办，主办方邀请了来自该气候区的 8 位知名专家学者做精彩报告，超过万人通过线上直播平台观看了本次大会。

英文对照
参考信息

Foreword

The "14th Five Year Plan" period is the first five years of the new journey of comprehensively building a modern socialist country, and it is also a key period to implement the goal of carbon peak by 2030 and carbon neutrality by 2060. In March 2022, the Ministry of Housing and Urban Rural Development issued the "14th Five Year Plan for Building Energy Efficiency and Green Building Development" (referred to as the "Plan"), which deployed nine main tasks and clarified five guarantee measures, indicating the implementation path for comprehensively improving the level of building energy efficiency and green building development, and strengthening high-quality green building construction.

In order to comprehensively and systematically summarize the experiences of research and practice of green architecture in our country, to guide our country's green building planning, design, construction, evaluation, use and maintenance, in a larger scope to promote green building concept, promote the development of green building, China Green Building Council organized the preparation of the annual development report of green building. This book is the16th in a series of reports, presenting the development panorama of green buildings in China in 2022. This book takes the article of Dr. Qiu Baoxing, Councilor of the State Council and Chairman of the Chinese Society of Urban Sciences, "There are six major misconceptions in the current' carbon peaking and carbon neutrality' strategy design" as the preface, with a total of 7 chapters——comprehensive, standard, scientific research, exchange, local, practice and appendix.

The first article is a comprehensive one, which introduces and analyzes current new trends, ideas, and measures from an industry perspective. This article elaborates on the evolution and future of green buildings in China, the comprehensive realization of a new era of green buildings, and the development path of green buildings with Chinese characteristics under the guidance of the green development policy and the constraints of the dual carbon goals, as well as the considerations of intelligent construction, urban underground space construction, digital era updates, building structure earthquake prevention and disaster reduction, solar energy technology, and the dual carbon goals.

The second part is the standard part. One representative national standards, three industry standard and three group standards are selected to introduce the latest progress of standards in the field of green construction in 2022 from the aspects of compiling background, compiling work, main technical content and main characteristics.

The third part is the research section, which reflects the progress and prospects of green building technology during the 14th Five Year Plan period by introducing 7 representative research projects. In order to jointly improve the new concepts and technologies of green buildings and take the path of sustainable development through multiple discussions and exchanges.

The fourth part is an exchange part, which is jointly compiled by various academic groups of Green Building and Energy Conservation Committee of Chinese Society for Urban Science, aiming to reveal the related technologies and development trends of green building for readers and promote the development of green building in China.

The fifth chapter is the local chapter, which mainly introduces the green building related work in Shanghai, Jiangsu, Zhejiang and other 8 provinces and cities, including the local green building development policies and regulations, green building standards and scientific research.

The sixth part is the practical part. This part selects 6 representative cases from the 2022 new national standard green building project and international double certification project, and introduces them from the project background, main technical measures, implementation effects, social and economic benefits, etc.

The appendix introduces the definition and standard system of green buildings, the China Green Building Council and the Green Building Research Center of China Society for Urban Sciences, and summarizes the research, practice and important activities of China's green building in 2022, presenting them in the form of memorabilia.

The book can be used for reference by professional and technical personnel, government administrative departments and teachers and students of colleges and universities who are engaged in technical research, planning, design, construction, operation and management in the field of green building.

The book is the result of the hard work of experts from China Green Building

Council, local green building institutions and professional groups. Although in the process of writing several revisions, but because of the short writing cycle, the task is heavy, the deficiencies in the draft ask the majority of readers to criticize and correct friends.

Editorial Committee

August 8, 2023

Contents

Part 1   General Overview

The report of the 20th National Congress of the Communist Party of China explicitly proposed to 'promote green development, promote harmonious coexistence between humans and nature,' 'accelerate the green transformation of development patterns,' 'actively and steadily promote carbon peaking and carbon neutrality, and promote clean and low-carbon transformation in industries, construction, transportation, and other fields.' In March 2022, the Ministry of Housing and Urban-Rural Development issued the '14th Five-Year Plan for Energy Conservation and Green Building Development,' which proposed that by 2025, all new buildings in China's urban areas would be built as green buildings. The plan also outlined a goal for steady improvement in the energy efficiency of buildings, gradual optimization of the energy structure of buildings, effective control of the growth trend of building energy consumption and carbon emissions, and the formation of a green, low-carbon, and circular development mode.

This chapter includes the latest research from several authoritative experts on industry development, trend analysis, and experience summarization. Academician of the International Eurasian Academy of Sciences and former Deputy Minister of Housing and Urban-Rural Development, Qiu Baoxing, sorted out the development stages of green buildings in China, elaborated on some misconceptions that have arisen in the development of green buildings, and analyzed the factors driving the development of green buildings. Academician of the Chinese Academy of Engineering, Wu Zhiqiang, discussed the urban renewal in the digital age and proposed an implementation path. Academician of the Chinese Academy of Engineering, Liu Jiaping, analyzed the difficulties faced in promoting green buildings in China, introduced the research and application of green building technologies for different regions, and made suggestions for the development of green buildings. Academician of the Chinese Academy of Engineering, Zhou Xuhong, proposed ideas for promoting the development of intelligent construction under the background of goals of 'dual carbon'.

441

Academician of the Chinese Academy of Engineering, Chen Xiangsheng, introduced the development of underground space in cities from a low-carbon perspective. Academician of the Chinese Academy of Engineering, Lv Xilin, summarized the methods and technologies for reducing carbon emissions in concrete structure earthquake prevention and disaster reduction in building engineering and looked forward to future development directions. Academician of the Chinese Academy of Sciences, Chu Junhao, introduced the new progress in solar energy technology in the context of energy, environment, and dual-carbon goals. Wang Tiehong, former Chief Engineer of the Ministry of Housing and Urban-Rural Development, conducted a profound analysis of the issues that need to be highly concerned in the transformation and development of China's urban construction. The Chairman of the Architectural Society of China, Xiu Long, reviewed the development of green buildings in China, pointed out the path of green building development with Chinese characteristics, and shared typical cases.

The new development concept insists on putting people at the center, and the goal of green building is to provide good life to people. We expect that readers can have a better understanding of the industry development trend through the articles.

Part 2 Standards

In 2022, the Ministry of Housing and Urban-Rural Development issued *Work Plan for the Implementation of the National Standardized Development Outline in the Field of Housing and Urban-Rural Development*, proposing "improving urban function and facility safety standards" "improving rural construction and evaluation standards" "promoting green and low-carbon development standardization in urban and rural construction""increasing efforts to internationalize standards" and other work tasks. The tasks are of great significance for playing a supporting and leading role in standardization, ensuring high-quality and green development of housing and urban and rural construction.

With the continuous deepening of the standardization reform of engineering construction in China, a new standard system with mandatory engineering construction specifications as the core, recommended technical standards and group standards as supporting has begun to take shape. Among them, compared to recommended national standards and industry standards, recommended local standards are more regional and operable, and can also respond faster to the development of new technologies, new materials, new equipment, and new processes; group standards also play an important role in responding to market demand and playing a leading role in technology. This chapter mainly introduces the new achievements and trends of the standard work in the field of green buildings, including local standards and group standards, involving urban green planning, green villages, green building testing, green building construction, international green building evaluation, and digital operation and maintenance of green buildings. These standard projects focus on improving the urban and rural living environment, innovating green technologies, and promoting the internationalization of green buildings. They also promote green development in the construction field and lay a solid foundation for building a green home.

Part 3   Scientific Research

In order to implement the relevant deployment arrangements for national scientific and technological innovation during the 14th Five-Year plan period, the National Key R&D Plan has launched the implementation of the key project of "Key Technologies and Equipment for Urban Sustainable Development". The overall goal of this key project is to strengthen technology supply in six aspects, including spatial optimization, quality improvement, intelligent operation and maintenance, green empowerment, intelligent construction, and low-carbon transformation, around achieving sustainable economic, social, and ecological development of cities and towns, break through the application of basic theories, develop core technology equipment, and provide innovative technological system support for improving the functional quality of cities and buildings in China and achieving green and low-carbon sustainable development.

This article comprehensively summarizes the special technologies and forms the progress and prospects of China's green building technology during the 14th Five-Year plan period. Seven projects (subjects) were selected and briefly introduced in terms of research objectives, main achievements, promotion and application, and expected research results, with a view to providing technical support and reference for readers and forming implementable, promotable, and replicable green building technologies.

Part 4　Communication

The communication chapter focuses on the hot issues, theoretical research and technical practice in the development of green building, etc. Six articles are selected from the articles and reports submitted by the academic group to show the readers the current situation and development trend of green building development from zero carbon building, ultra-low energy building development, indoor environment of farm buildings, urban and community integrated transformation, and the recent fire of digital intelligence. The aim of this article is to improve the new concept and technology of related key technologies through the exchange of various aspects of green building, and to help promote the high-quality development of green building in China.

The building industry has a large volume and faces huge challenges in implementing the national dual carbon strategy to reduce carbon emissions in the building industry. This article explains the development of zero-carbon buildings, the index system, and the project examples. The Green Building Planning and Design Group shared the paper "Shanghai's Ultra-low Energy Building Practice Characteristics and Development Prospects", which also contributes to the reduction of carbon emissions from buildings in this climate zone. The Building Indoor Environment Group shared the indoor environment quality improvement of farm buildings, based on the integrated enhancement of envelope structure and comprehensive use of energy resources, coupled energy resource optimization applied to environmental suitability improvement technology system, and carried out demonstration in Xinjian Village, Qianjiang District, Chongqing City and Wenfeng Village, Wulong District, Chongqing City. The Green Building Materials and Design Group shared a study on the integrated transformation of urban and community public space areas, analysing and suggesting methods for the problems in the quality improvement of the current huge number of existing building communities, and introducing the transformation of the Shuiduizi Xili community in Chaoyang District, Beijing. The Green Intelligence Group presented a paper on "Digital Drive, AI Empowering Smart and Low Carbon Development in Urban Buildings", which fits in with the current outlook of new technologies such as ChatGPT and AI technology showing new changes and opportunities in the construction field, helping to develop smart urban buildings. The three-dimensional greening group has measured and monitored planted roofs in Beijing as a research object, allowing for a quantitative calculation of the carbon neutral effect of planted roofs on cities. The Green Building Software and Applications Group demonstrated the application of the home-grown BIMBase platform, including performing carbon emission calculations and optimisation analysis of envelope structures.

Part 5   Experiences

The report of the 20th National Congress of the Communist Party of China repeatedly emphasized the promotion of green development and accelerating the green transformation of the development model. And the Central Economic Work Conference further pointed out to promote the green transformation of economic and social development to build a beautiful China. The construction industry is an important component of China's national economy, driving the development of over 50 upstream and downstream industries. Therefore, promoting the sustainable development of green buildings is an essential task to promote the green transformation of the economy and society, and is also one of the crucial means to achieve China's 'carbon peak' and 'carbon neutrality' goals.

In the '14th Five-Year Plan for the Development of the Construction Industry' released by the Ministry of Housing and Urban-Rural Development, there is a clear requirement to strengthen the construction of high-quality green buildings to promote the development of the construction industry.

In 2022, local governments and competent authorities was continue to actively promote the related work of green building and building energy efficiency, implement the development requirements put forward by the Central Committee of the Communist Party of China and the State Council, improve and publish relevant laws and regulations, formulate development plans, compile local standards, carry out scientific and technological research in various fields, and organize related technology promotion, professional training, and science popularization activities.

This chapter briefly introduces the development of green building and building energy efficiency in provinces and cities such as Shanghai, Jiangsu, Zhejiang, Shenzhen, Shandong, Hubei, Tianjin, and Dalian, as well as relevant work.

Part 6　Engineering Practices

This paper selected six representative cases completed in 2022, introduced the project background, main technical measures, implementation effect, social and economic benefits, etc. Among them, there are five green building labeling projects and one international double certification project.

The green building labeling project included the Aerospace Science and Technology Plaza, which serves as a benchmark for super Grade A office buildings and stands tall in the future Shenzhen urban waterfront living center, as well as the Houhai central area where offices, commerce, culture, sports, and entertainment are highly concentrated. Adopting the concept of green building design and full process management methods, Langhong Community, Tianjin (The Residential Project of Lot 08-05-24 in Linhai New City) has the characteristics of safety and durability, health and comfort, convenient living, resource conservation, and livable environment. The XMXYG Corp. Building, which adopts green and low-carbon, cultural inheritance, smart technology, BIM technology and other green concepts according to local conditions, fully considers factors such as air quality, health and comfort, energy conservation and emission reduction during the design and construction process, and achieves the green and low-carbon goals. Adopting the concept of sustainable development design, integrating highlight and characteristic technologies, and integrating green technologies to fully utilize renewable energy to create high-quality green buildings, the A01 Delivery Center of Comac's Nanchang Production and Test Flight Center in Jiangxi Province. With the theme of children's health and happiness, adhering to the concept of green integrated design, integrating health elements, and using BIM technology to control the entire process of building quality and performance, Nanjing Central Business District core District supporting school (including neighborhood center) -06# Kindergarten.

The international double certification project is the BREEAM three star and green building pre evaluation one star of Fengji, Jinmaoyue. The project revolves around the concept of green building and sustainable development, creating a comfortable living environment that reflects a healthy and natural lifestyle attitude, optimizing and practicing various green building concepts, achieving optimization and improvement of design schemes, and enhancing the overall sustainable effect.

Due to the limited number of cases, this paper cannot fully demonstrate the essence of all green building technologies in China, so as to bring some facts and thoughts to readers through the introduction of typical cases.